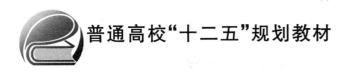

普通高校"十二五"规划教材

精密仪器设计原理

王中宇　　许　东
韩邦成　　赵建辉　　编著

U0245808

北京航空航天大学出版社

内 容 简 介

本书对精密仪器设计的基本原理和常用方法进行了系统的论述,主要内容包括精密仪器设计中的一般问题与典型航空航天仪器系统设计的特色问题,反映了当前精密仪器设计的技术水平和相关成果,体现了该学科领域的研究前沿和发展方向。

全书分为 8 章,包括精密仪器设计概论、精密仪器的设计思路、精密仪器的误差分析、精密机械系统设计、精密机械伺服系统设计、精密光学系统设计、精密定位系统设计和航天陀螺系统设计。

本书为北京航空航天大学"精密仪器设计"研究生精品课程建设项目的标志性成果之一,可作为工科高等学校相关课程的教材或教学参考书,还可供相关科研工作者和工程技术人员使用。

图书在版编目(CIP)数据

精密仪器设计原理 / 王中宇等编著. -- 北京 :北京航空航天大学出版社,2013.8

ISBN 978 - 7 - 5124 - 1227 - 9

Ⅰ. ①精… Ⅱ. ①王… Ⅲ. ①仪器—设计 Ⅳ. ①TH702

中国版本图书馆 CIP 数据核字(2013)第 185996 号

精密仪器设计原理

王中宇　许　东　编著
韩邦成　赵建辉

责任编辑　刘晓明

*

北京航空航天大学出版社出版发行

北京市海淀区学院路 37 号(邮编 100191)　http://www.buaapress.com.cn
发行部电话:(010)82317024　传真:(010)82328026
读者信箱: bhpress@263.net　邮购电话:(010)82316936
北京市同江印刷有限公司印装　各地书店经销

*

开本:787×960　1/16　印张:27　字数:605 千字
2013 年 8 月第 1 版　2013 年 8 月第 1 次印刷　印数:2 500 册
ISBN 978 - 7 - 5124 - 1227 - 9　定价:59.00 元

序　言

　　精密仪器是信息技术的源头和科技创新的源泉,它广泛地应用于科学技术各领域,从太空的测控到微观的检测,为科学技术的进步提供了技术支持,已经成为一个国家综合国力的重要标志。国家"十二五"规划强调要发展量大、面广的科学仪器设备,实现国产优质科学仪器设备的广泛应用,并且带动相关产业和服务业的发展。

　　仪器科学与技术是我国唯一的仪器类专业博士学科,近年来全国各高校培养了一大批优秀的高级技术人才,为我国的科技进步做出了可喜的贡献。

　　"精密仪器设计"则是仪器科学与技术学科中的核心课程之一。

　　教材在人才培养中起着举足轻重的作用,多年来仪器科学与技术学科的研究生教材大部分仍然是油印讲义,没有正式出版的优秀教材。其原因是研究生教材要求高、难度大,要求具有"先进性、创新性、实用性"。随着科学技术发展的日新月异,新技术不断涌现,要求编著者紧紧把握世界科技前沿并具有深厚的功底,既要有较扎实的理论基础,又要有丰硕的科研成果。另外,由于研究生教材发行量较小,经济效益低,出版难度大,造成教材建设踏步不前,20年来几乎没有多大的变化。近年来,仪器科学与技术学科下属的测控技术与仪器专业出版了一批优秀教材,例如清华大学出版社1991年出版了薛实福教授等编著的《精密仪器设计》,获1996年机械工业部优秀教材一等奖;机械工业出版社1991年出版了天津大学陈林才教授编写的《精密仪器设计》教材;李庆祥教授经过多次修订后,由清华大学出版社2004年出版了"普通高等教育'十五'国家级规划教材"、"北京高等教育精品教材"《现代精密仪器设计》;上海交通大学出版社1992年出版了叶曼华教授主编的《精密仪器计算机辅助设计》;机械工业出版社1993年出版了张善钟教授主编的《精密仪器精度理论》和《精密仪器结构设计手册》等等。这些教材被国内高校广泛采用并产生了积极的影响,为培养高等技术人才起到了积极的作用,有力地促进了该学科的发展。但这些教材仍然不是研究生专用的教材,只能作参考。近年来我国的科教事业有了突飞猛进的发展,研究生招生量大增,为培养高质量人才,研究生教材是当前急需解决的重要问题。

北京航空航天大学的仪器科学与技术学科是国家一级重点学科,近年来在精密光机电一体化技术、新型惯性仪表与导航系统技术、精密测试技术与科学仪器、航天器姿态测量与控制和先进传感技术等方面取得了多项成果。王中宇教授长期在该专业的科研和教学第一线工作,有深厚的理论基础和多项科研成果。他主编的《精密仪器设计原理》(普通高校"十二五"规划教材),从理论的角度全面阐述了精密仪器设计中有关各系统的设计理论和方法,是他多年从事科学研究和教学工作的科学技术规律的总结。该书内容新颖,涉及多门学科前沿知识的综合运用,符合认识规律;在精密仪器设计基本原理的基础上,突出了航空航天仪器设计中的一些特色问题。在"精密仪器设计概论"一章,从仪器科学的内涵及其发展开始,不仅对精密仪器的基本组成与设计问题进行了常规介绍,而且对航空航天精密仪器的研究现状及其发展趋势进行了深入论述,突出了航空航天学科的特点以及自身专业的优势。"航天陀螺系统设计"一章,其中姿态控制是保证卫星姿态控制精度的前提;控制力矩陀螺尤其是磁悬浮控制力矩陀螺则是实现姿态控制的新型惯性执行机构。该章既是一个有典型工程应用背景的设计实例,又是学校特点与专业特色的集中体现,理论联系实际,实用性强,有创新。

当然,任何一本教材都需经教师反复使用,不断更新改进,才能成为一本优秀教材。在此,谨希望作者在教学实践中,吸取学生的良好意见,不断提高质量,使该教材成为一本优秀教材。

希望从事仪器科学与技术的同行专家在教学、科研、实践的漫长过程中,努力编写出符合中国教学特点和学生认识规律的教材,全面提升教材质量,创新教学体系,丰富并发展教学内容,促进我国仪器科学与技术学科向着更高的水平发展。

提高教学质量,培养高水平的学生永远是教师不懈的追求。

清华大学精密仪器系教授
2013 年 4 月于清华园

前　言

精密仪器是用于精密测量几何量和物理量的仪器或仪表,是信息获取的主要手段,也是信息技术领域中的源头和基础,被广泛应用于国防、工业、农业等现代化国民经济活动的各个方面。精密仪器是仪器科学技术领域中的核心内容,是当前高新技术中的前沿技术。我国载人航天、深海探测、高速铁路等重大工程的建设与发展,无一不是依靠仪器科学发展的推动作用。可以说,仪器科学的整体发展水平已经成为国家综合国力的重要标志。

"精密仪器设计"是一门实践性很强的课程,在把握核心问题的同时,还需要紧跟学科的发展趋势。在本教材的编写过程中,通过对现有教学参考书的综合分析、比较与总结,作者确立了以先进科学仪器为主线、结合现代精密仪器设计中的核心问题、兼顾航空航天仪器中的特色问题的指导思想。与国内相关教材相比,本书更加注重航空航天特色,围绕一些专题来分析国内外相关研究的最新进展、设计方法和典型应用,做到点和面相结合、理论和实验相补充,力图形成具有航空航天特色的精密仪器设计课程教学内容体系。

本书的写作特点是,在讲授精密仪器设计基本原理的基础上,突出航空航天仪器设计中的特色问题;在讲授精密仪器设计常用方法的基础上,注重学生实践能力的培养;坚持"以科研优势推进高水平教学"的指导思想,注重培养学生的创新意识及实践能力。

全书分为 8 章,包括精密仪器设计概论、精密仪器的设计思路、精密仪器的误差分析、精密机械系统设计、精密机械伺服系统设计、精密光学系统设计、精密定位系统设计和航天陀螺系统设计。各章在编排顺序上前后衔接,内容上则相对独立。

本书由北京航空航天大学仪器科学与光电工程学院王中宇、许东、韩邦成和赵建辉共同撰写;万聪梅在实践性教学环境的建设方面、李帆在开放式网络教学环境的建设方面对本书的编撰做出了积极的贡献;博士生李萌、孟浩、葛乐矣、孙茜参加了部分内容的编写,王倩在清稿过程中做了大量的工作。清华大学精密仪器与机械学系李庆祥教授、北京航空航天大学惯性技术与导航仪器系赵剡教授给予了热情的指导,在此一并致谢!

　　作者的工作得到了学术界前辈和同行专家、学者的长期支持与鼓励,同时还得益于从相关著作与科技论文中所汲取的丰富的素材,谨致谢意!

　　审稿专家提出了许多宝贵意见,在此表示衷心的感谢!

　　作者水平有限,不当之处敬请批评指正。

作　者

2012 年 12 月

目　　录

第1章 精密仪器设计概论

仪器仪表是获取信息的重要手段,涉及人类生活的各个方面。精密仪器是用于精密测量各种几何量和物理量(包括长度、角度等几何量,力学、热学、电磁学、光学、无线电学中的物理量,以及时间频率和电离辐射等)的装置。利用精密仪器进行准确的测量,是国防、工业、农业等领域中不可或缺的一项基础性工作。精密仪器属于仪器科学与技术这个一级学科,它和信息科学与技术密切相关,是信息技术的源头,也是与机械、材料、电子、光学、控制和计算机等学科相互交叉的一门综合学科,在信息技术领域处于前沿的地位。

本章根据现代精密仪器设计的一般问题,兼顾航空航天仪器的特色,对精密仪器科学的内涵及其发展、仪器仪表的基本组成与设计等问题进行系统论述。

1.1 仪器科学的内涵及其发展

1.1.1 仪器科学的内涵

仪器是获取信息的主要手段,属于高新技术领域中的前沿和关键。在现代化国民经济的各个领域中,仪器科学涉及人类活动的各个方面,仪器科学与技术是现代科技中的重要学科之一,并与许多学科有着紧密的联系,它的整体发展水平是衡量一个国家综合实力的重要标志之一。

1. 仪器科学的概念

随着人类制造和使用工具不断地向着高、精、尖的方向发展,人们活动的规模、深度与广度也不断拓展,人类已经很难通过自己的感觉、思维和器官来直接观测或操作复杂的工具,使之达到既定的目标。

现代科学技术的发展与实验水平的提高,对仪器仪表先进性的依赖程度越来越高。先进的仪器设备既是知识创新和技术变革的前提,也是创新研究的主题内容及其成果的重要体现形式。

仪器仪表是工业生产的"倍增器"、科学研究的"先行官"、军事装备的"战斗力"、国民活动的"物化法官"。这种提法已经广为人们所理解并接受。

仪器科学是一门对新技术极度敏感并且集各种高技术于一体的应用型学科。

早期的仪器仪表主要是采用机械结构,其后在仪器的设计中引入了光学技术,不少仪器采用了光与机械相结合的结构。随着电子技术的发展,电子技术逐渐成为仪器技术的重要组成部分。后来在仪器的设计中又不断地引入先进的光电技术与激光技术,使得仪器朝着光、机、电相结合的集成化方向发展。随着计算机技术的出现,仪器仪表向着智能化的方向迈进。Internet 技术的普及则又促使仪器仪表向着网络化的方向发展,一些现代化的尖端仪器还引入了生物技术、材料技术以及物化技术。仪器仪表的用途也从单纯的信息获取发展为融数据采集、信号传输、信号处理以及反馈控制于一体的复杂测量与控制过程。

进入 21 世纪以来,随着计算机网络技术、软件技术、微纳米技术的发展,测量、控制与仪器技术呈现了虚拟化、远程化和微型化的发展趋势。仪器技术始终是以各种高新技术的发展为动力,新概念、新原理、新技术、新材料和新工艺等最新科学技术的集成,使得仪器学科成为对高新技术最敏感的学科之一,它的多学科交叉进而形成的边缘学科属性和多技术集成的特点也越来越鲜明。

仪器科学就是专门研究、开发、制造、应用各类仪器,使人类的感觉、思维和器官得以延伸的科学,人们通过使用科学仪器获得更强的感知和操作工具的能力,以最佳或接近最佳的方式发展生产力,进行科学研究,预防和诊断疾病,以及从事各种社会活动。

2. 仪器科学的学科领域和属性

根据仪器科学与技术学科的内涵,有关仪器的开发、运行、应用的理论与技术研究,包括新材料、新技术、新器件、新工艺在新型仪器仪表的开发及相关传感器等方面的应用基础及其产业化研究,都是该学科所面临的重要任务。

仪器科学的学科领域主要包括:
① 仪器仪表技术及其系统;
② 工业自动化测控技术及仪器;
③ 科学测试、分析技术及其仪器;
④ 人体诊断技术及医疗仪器设备;
⑤ 计量测试技术及电测仪器;
⑥ 仪表校验装置和计量检定;
⑦ 电子测量仪器和电工测量系统;
⑧ 专用检测技术及各类专业测量仪器;
⑨ 相关传感器技术及其系统集成。

在现代科学技术和生产力的推动下,仪器技术在促进科技和生产力发展的同时,已经从最初简单的测量器具发展成为一门相对独立并且比较系统的学科。作为测量和测试技术集中体现的仪器科学与技术这个学科,在当今国民经济和科技发展的进程中发挥着日益重要的作用,其学科属性也发生了很大的变化。

仪器科学的学科属性主要体现在以下四个方面。

(1) 仪器技术处于信息技术中的源头

信息技术包括信息获取、信息处理和信息传输三部分。其中信息获取是通过仪器来实现的,仪器中的传感器、信号采集系统就是完成这一任务的具体执行机构。如果不能有效地获取信息或信息获取不准确,那么信息的存储、处理与传输都是毫无意义的。因此信息获取不仅是信息技术的基础,而且还是信息处理与信息传输的前提条件。仪器则是获取信息的工具,没有仪器就不可能进入信息社会,因此仪器技术是"信息获取—信息处理—信息传输"这个信息链中的源头,起着信息源的作用,也是信息技术中的核心与关键。

美国商务部在 1999 年关于新兴数字经济的报告中指出,信息产业包括计算机软硬件行业、通信设备制造行业和仪器仪表行业,仪器仪表在现代社会中具有极为重要的作用。国际上一般将信息技术生产行业定性为计算机、通信和仪器仪表三个行业。

(2) 仪器科学与技术属于信息技术领域

仪器仪表在学科分类上属于信息获取技术的范畴。如何获得自然界中的各类信息是人类在认识世界、改造世界的过程中首先要解决的问题。"信息获取"是"信息传输"与"信息处理"工作的前提和基础,仪器仪表则是人类获得并认知自然界各类信息的工具,是对物质世界的信息进行测量与控制的基础手段和必要设备,因此仪器仪表是信息技术及其相关产业的源头和重要组成部分。仪器仪表技术的快速发展,已经成为信息时代的一个典型特征。

(3) 仪器技术是现代科技中的前沿技术

在仪器科学与技术学科领域中,科技和产业的发展具有以下特点:

① 学科领域所面对的产品种类多样化;

② 对产品的稳定性、可靠性和适应性要求都很高;

③ 技术指标和功能不断提高;

④ 最先应用新的科学研究成果,并且大量采用高新技术;

⑤ 测控单元小型化、智能化,既可以独立使用,又可以嵌入或联网使用;

⑥ 测控范围向着立体化、全球化的方向发展,测控功能则向着系统化、网络化的方向发展;

⑦ 便携式、手持式以及个性化仪器的发展迅速。

(4) 仪器产业是国民经济发展中的瓶颈产业

现代化大规模生产如发电、冶金、炼油、化工、飞机和船舶制造等,如果离开了各种测量与控制仪器仪表装置,就无法开展正常的安全生产,更难以创造巨额的产值和利润。仪器仪表已经成为促进当代生产力的主流环节,在现代工业的投资中占据相当大的比重。例如重大工程项目的投入,仪器仪表平均占 10 % 左右的设备资金;运载火箭的试制费用主要是用于购置仪器仪表。因此可以形象地把仪器仪表比喻成国民经济领域中的"瓶颈"产业。

仪器学科发展的主要趋势是:

① 利用各学科最新的科技成果,特别是结合微电子、光电子、生物化学、信息处理等学科及大规模集成电路、微纳加工、网络技术等,形成了一些交叉学科领域中的高新计量技术,包括微弱信号敏感、传感、检测与融合技术等;

② 物质的原子、分子级检测技术；

③ 复杂组成样品的联用分析技术；

④ 生命的原位、在体、实时、在线、高灵敏、高通量、高选择性检测技术；

⑤ 工业自动化测控的在线分析、原位分析，高可靠性、高性能和高适用性技术；

⑥ 医疗诊断中的健康状况监测、早期防治、无损诊断、无创和低创直视诊疗、精确定位治疗技术；

⑦ 各类应用领域中的专用、快速、自动化监测及其计量技术。

现代仪器仪表是集光、机、电、计算机和许多种基础学科群高度综合的产物，对高新技术极为敏感，因此成为现代科技中的前沿技术。

3. 仪器科学的主要研究内容

仪器科学的主要研究内容如下。

(1) 计量测试技术与精密测量仪器

主要进行精密测试与仪器的研究开发，例如远程、在线及智能化测试，计量专家系统与计算机仿真，以及误差理论与数据处理等方面的研究工作。

(2) 光机电一体化技术与测试仪器

主要进行光机电一体化测试仪器的设计方法、精度技术、优化及可靠性设计、虚拟仪器、虚拟设计与虚拟现实等方面的研究工作。

(3) 近代光学、光电检测技术及应用

主要进行干涉与偏振测量、光学非球面检测、激光多普勒及光散射测量、紫外测量、三维检测等方面的研究工作。

(4) 光电信息传感及其处理技术

主要进行光学遥感、图像采集与处理、光学信息处理技术与方法等方面的研究工作。

(5) 微小型光机电集成技术与系统

主要进行微小型光机电系统的设计、制造与检测，微小型机器人及其有效载荷技术，微小型运动及传感仿生技术等方面的集成研究工作。

(6) 微纳米测试仪器与控制技术

主要进行微观形貌的检测、微纳米测量技术、微纳米计量等方面的研究工作。

(7) 瞬态、动态测试技术及仪器

主要进行瞬态与动态参数测试仪器与标定技术、动态信号采集与分析、信号处理技术等方面的研究工作。

(8) 传感器技术的系统集成及其工程应用

主要进行传感器技术的基础研究及其系统集成，包括传感器的特性测试、多传感器的状态监测与信息融合、近感探测技术等方面的基础理论及其应用研究工作。

4．我国在仪器科学领域的差距与对策

目前我国仪器科学领域的科技和产业发展既具备了可持续发展的有利条件，又面临着激烈的国际竞争与产业化的压力；我们既有广阔的国内外市场，又受到国际强势集团的挤压、扩资甚至鲸吞；我们既有一定规模的产业化基础，又存在着由于历史原因所造成的技术落后、产品档次低、仪器性能不如进口仪器稳定与可靠的困难状况。进入 21 世纪以来，虽然我国在仪器科学领域的科技和产业发展取得了前所未有的进步，但就近几年的总体水平与世界先进水平相比，我们还存在着很多的差距，主要表现在以下几个方面。

（1）科技产业的自主创新尚未形成主流

我国在仪器仪表科技及其产业的发展方面，与国外产品亦步亦趋的状态尚未得到根本的改变；与发达国家相比，我国在仪器学科基础研究方面的总体水平还存在着较大的差距。例如在微纳材料和微纳器件、新型传感原理与器件、仪器的固态化和集成化、仪器的工程化设计与制造工艺、集成化微电子仪器专用器件等基础科技水平方面，与国外的差距很大。在中、高端精密仪器仪表产品方面的差距更大，其中高端仪器仪表 90 ％以上被国外产品所占据和控制。例如在 2008 年的北京奥运会上，仅检测兴奋剂一项指标就高达 4 500 例，所用的高档、精密分析仪器基本上全部依赖进口。

（2）产业规模小，企业综合实力弱

我国仪器仪表产业的总产值较低，不仅是产业的规模小，在经济总量中的比例也很小，尚不能成为科技创新的主力。国内很多仪器仪表的生产企业在人力、财力和物力方面，缺乏足够的、长期的技术创新投入，在市场上很难与国外公司或跨国集团相抗衡，生产企业普遍缺乏大型工程的承接能力。

（3）国家对仪器仪表的投入不足

仪器仪表学科对国家的安全利益、社会稳定、人民健康具有突出的作用和地位，不能单纯地从产值的角度把仪器仪表看成一般的科技产业。应当从把我国尽快建成全球科技强国的宏观思维出发，重新审视对仪器仪表学科的支持力度和资金投入。

总之，我国目前在科学仪器的研究和制造方面，与发达国家相比还存在着比较大的差距，突出表现在对外依赖的程度过高，其根本原因是对科学仪器在国家发展中的战略地位认识不深刻。要扭转这种局面，首先需要从提高认识入手，克服一系列的制约因素，制定并建立健全合理的、适合于我国国情的发展战略和长远运行机制。

对于测试技术和仪器领域的长远规划，可以从以下几个方面进行考虑。

① 加强测试计量与仪器仪表基础理论的研究。

仪器科学与技术的发展离不开相关基础理论的研究。在测试技术与仪器领域，一些新的基础理论和方法如人工智能理论、频率基溯源与标准器获得方法、新型测控系统总线及系统结构、测量与仪器标准的建立与制定等，都将是未来理论研究方面的重点。随着人工智能技术的迅速发展，知识工程、专家系统、模糊逻辑和神经网络等理论已经成为该领域重要的基础理论，

在新型仪器设计、故障诊断技术、综合测试系统集成等方面起到越来越重要的作用,并且与具体工程应用的结合更加紧密。

② 加强仪器仪表现代设计技术与方法的研究。

随着高新技术的迅猛发展,测试技术与仪器在测量的基本原理、测量技术和测量方法方面都将发生重大的变化。在硬件设计方面,新型器件在测量仪器中的作用越来越突出。一些高新技术如嵌入式系统技术、高速/超高速的模拟/数字(A/D)转换和数字/模拟(D/A)转换技术、有源/无源滤波技术、高精度时钟/频率源技术、数字变频技术、数字频率合成技术、智能化接口技术、可编程 ASIC(Application Specific Integrated Circuits)技术、软件无线电技术等已经成为现代仪器设计中的核心与支撑技术。软件设计技术所占的比重也越来越大,逐步成为仪器设计的重要组成部分。嵌入式操作系统、组件化功能软件模块也正在被越来越多的仪器所采用,而且还将得到更快的发展与推广应用。

③ 加强仪器仪表产品生产和测试技术的研究。

仪器产品的设计和生产水平是一个国家科技工业基础和生产能力强弱的重要标志,贯穿于整个产品生产的全过程和全寿命周期。近年来我国仪器仪表产业经过坚持不懈的努力,已经取得了一定的进步;但是与发达的工业国家相比仍存在着比较大的差距,还不能完全满足国民经济、科学研究和国防建设的需求。产品的生产和测试是一个高度集成的过程,从产品的早期设计到生产加工、后期使用维护,都离不开多学科知识与技术的综合运用。在仪器仪表生产技术的研究中,要注意解决好产品设计和过程监管的模式问题,研究开发高精度和高质量的新型仪器仪表专用元器件、零部件和整机的质量检验设备,研究虚拟实验验证和工程化验证技术,研究先进的生产工艺及其流程,研究稳定、可靠和可测试的新型评估方法,以及产品的标准化质量认证体系。

④ 加强综合测试和诊断技术的基础研究及其应用。

综合测试和综合诊断技术代表着一个国家在测量控制与仪器仪表系统集成领域的整体水平,在国民经济、国防军事和科学研究中发挥着重要的作用。从发展的前景来看,综合测试研究的重点在:综合测试系统的体系优化;测控系统的统一性和整体性技术;传感器信息处理和多传感器数据融合技术;大区域现场测试的分布式网络互联、触发与同步技术;以及基于合成仪器与系统的可重构测控系统技术等。综合诊断是一个系统工程,它是实现所有相关要素的有效集合,包括系统的自动测试、诊断预测、安全评估与风险预测等,并将其综合功能分配到系统工程的各个阶段,包括系统的设计、使用、维修和保障等,以便经济、有效地检测和准确地隔离应用系统中已知的或可能发生的故障,满足任务要求并使寿命周期的费用为最低。该领域的主要内容包括:基于故障检测和健康管理系统的综合诊断体系结构;基于系统建模、自动测试、故障诊断、外场维修、交互式辅助维修与虚拟维修、信息综合管理技术等综合诊断为一体的支撑技术;以及系统并行工程、智能数据库、数据挖掘、计算机网络、无线网络等综合诊断所需的设计、分析与验证技术等。

近年来仪器仪表在我国许多重大工程项目(如载人航天工程)和社会突发事件(如汶川地震)中发挥的作用更是有目共睹。

在历届诺贝尔自然科学的奖项中,有 68.4 ％的物理学奖、74.6 ％的化学奖和 90 ％的生物医学奖是借助于各种先进的科学仪器完成的。

王大珩院士曾经指出:"仪器仪表往往被看作科研和工业生产的'配角',然而它早已成为我国科技发展和提升工业产品质量的核心组成部分,作用举足轻重。事实证明,中国科技实力与经济发展的'咽喉',在很大程度上被卡在仪器仪表这一关上。"王大珩院士还有一个非常经典的比喻,那就是"中国科学技术要像蛟龙一样腾飞,这条蛟龙的头是信息技术,仪器仪表则是蛟龙的眼睛,要画龙点睛。"金国藩院士认为:"科学技术是第一生产力,而现代仪器设备则是第一生产力的三大要素之一。"他又进一步概括指出:"仪器仪表对促进精神文明建设和提高全民科学素质也具有重要的作用。"

1.1.2　仪器科学的发展

天文望远镜为人们展示了飘渺浩瀚的星空,地震仪揭示着蕴藏在地球深处的奥秘。人类为了认识世界与更好地适应客观环境,需要借助于仪器仪表不断地对自然界的各种现象进行观测和分析。

1. 精密仪器的概念

人类在认识自然和改造自然的过程中,需要对各种自然现象进行必要的认识。人们通过仪器仪表来获取外界的信息进而认知客观世界。仪器仪表是一种具体的装置或者系统,它能够延伸、扩展、补充或者代替人的听觉、视觉、触觉等感官的功能。

精密仪器属于仪器仪表学科,它所研究的对象是各种用于测量的仪器和仪表。精密仪器广泛地应用于精密测量各种几何量和物理量,包括长度、角度等几何量,力学、热学、电磁学、光学、无线电学中的物理量,以及时间、频率、电离辐射等。

精密仪器所包括的范围非常广泛,并且还在不断地建立和发展一些新兴的学科门类。例如近年来生物医学仪器、人造地球卫星探测仪器、激光仪器和遥感仪器等,都得到了迅速的发展。

2. 精密仪器的分类

一般所说的精密仪器均指精密计量类仪器,主要包括以下几种。

(1) 尺寸计量仪器

用于将被测尺寸与标准尺寸进行比较,给出相应的测量结果,如坐标测量机(见图 1-1)、激光干涉比长仪、圆度仪、轮廓仪、经纬仪、立式测角仪、扫描隧道显微镜(见图 1-2)等。

(2) 热工量精密仪器

主要包括温度、湿度、压力和流量检测仪器,如多波长测温仪表(见图 1-3)、流量计(见图 1-4)、气压计、高度表和真空计等。

图 1-1　坐标测量机

图 1-2　扫描隧道显微镜

图 1-3　多波长测温仪表

图 1-4　流量计

(3) 力学精密仪器

主要包括各种测力仪器(见图 1-5)、应变仪(见图 1-6)、速度与加速度测量仪、转矩测量仪、振动测量仪等。

图 1-5　测力仪器

图 1-6　应变仪

（4）时间计量精密仪器

主要用于将被测时间和标准时间进行比较，并显示输出测量结果，包括各种原子钟（见图 1-7）、时间频率测量仪（见图 1-8）和计时仪器与仪表等。

图 1-7　原子钟

图 1-8　时间频率测量仪

（5）电工精密仪器

主要用于测量各种电磁量，如电流表、电压表、电容测量仪（见图 1-9）、功率表、磁参数测量仪（见图 1-10）、电阻测量仪和静电仪等。

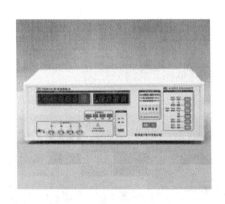

图 1-9　电容测量仪

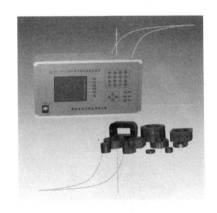

图 1-10　磁参数测量仪

（6）无线电精密仪器

主要包括示波器、信号发生器（见图 1-11）、频谱分析仪（见图 1-12）、相位测量仪和动态信号分析仪等。

（7）光学精密仪器

主要包括光谱仪、光度计（见图 1-13）、色度计（见图 1-14）、激光参数测量仪和光学传递函数测量仪等。

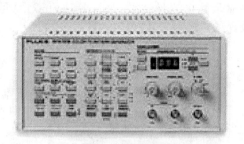

图 1-11　信号发生器

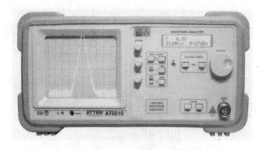

图 1-12　频谱分析仪

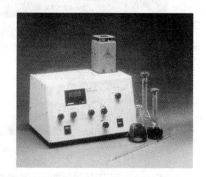

图 1-13　光度计

图 1-14　色度计

(8) 声学精密仪器

主要包括噪声测量仪(见图 1-15)和声纳测量仪(见图 1-16)等。

图 1-15　噪声测量仪

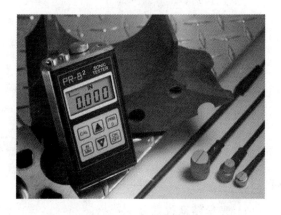

图 1-16　声纳测量仪

不属于精密计量的仪器有以下几种。

1）观察仪

为扩大人们的视觉，以便真实地反映客观现象的一些仪表，例如显微镜、望远镜、夜视镜等。

2）显示仪

用于接收某些计量仪表输出部分的信号，且经处理后将结果显示出来的一些仪表，例如显示器、数码管、测微计、流量指示仪等。

3）记录仪

用于把客观存在的暂态现象和动、静物理量的变化情况用记录的方式保存下来，以便分析研究的一些仪表，例如摄像机、打印机、圆图记录仪等。

4）计算器

代替人脑进行数学运算和数据处理的一些器具，例如计算器等。

5）调节仪

按生产要求对受控对象进行调节、控制的一些仪表，例如温度/湿度调节仪、速度控制器等。

另外，按照仪器应用的行业、用途与工作原理的不同，还可以有不同的分类方法。例如按照行业可以分为化工仪表、冶金仪表、动力仪表等；按照用途可以分为实验仪表和工程仪表；按照工作原理可以分为电气仪表、热工仪表、成分分析仪表、机械仪表和光学仪表等。但需要注意的是，这些分类不是绝对的，例如自动化仪表就是一种多功能型的组合体。

现代精密仪器技术是一门与精密机械、传感技术、信息技术、光电技术、激光与红外技术、自动控制技术、材料技术和计算机技术等多学科技术紧密结合并相互渗透的高新技术，常见的精密仪器有精密计量仪器、精密天文观测仪器、精密遥感仪器、精密测控仪器和精密医疗仪器等。目前精密仪器正向着自动化、智能化、数字化、网络化、多维度和动态测量的方向发展，在科研、生产、司法、商业和社会活动的各个领域中发挥着日益积极的作用。

3. 精密仪器的发展历程

精密仪器技术领域的内容十分广泛，涉及到工业技术、产品开发和一些前瞻科学技术的研究开发，与人们的生活质量密切相关。随着半导体集成电路技术、机电技术、光电技术和纳米技术的迅速发展，以及网络与通信等高新技术的综合应用，精密仪器的精密程度与复杂程度与日俱增，它的发展历程也产生了深刻的变革。一方面，随着光学、机械、电子等技术领域的日趋成熟，精密仪器朝着光机电系统集成的方向发展；另一方面，由于市场对于产品轻、薄、短、小的需求，使得一些精密仪器朝着微型化的方向快速发展。

精密仪器作为一门学科，经历了一个漫长的发展历程。

精密仪器发展的最初阶段是以精密机械结构为基础的。

例如浑仪是我国古代的一种典型天文观测仪器（见图1-17）。古人认为天是圆的，形状像蛋壳一样,出现在天上的星星是镶嵌在蛋壳上的弹丸;地球则是蛋黄,人们在这个蛋黄上观测日月星辰的位置及其变化。后来为了便于观测太阳、行星和月球等更大的天体,在浑仪内又添置了几个圆环,就是环内再套环,使浑仪成为多种用途的天文观测仪器。浑仪的基本构件是四游仪和赤经环,其中四游仪由窥管和一个双重的圆环组成,窥管是一根中空的管子,类似于近代的天文望远镜,只是没有镜头;赤经环的表面上刻有周天度数,可以绕着极轴旋转。窥管夹在四游仪的环上,可以在双环里面滑动。一旦转动四游仪并移动窥管的位置,就可以观测到任何位置的天区。赤道环在四游仪的环之外,上面刻有周天度数,固定在与天球赤道平行的平面上。这样就可以通过窥管观测到待测量的天区或星座,并得出该天体与北极之间的距离,称做"去极度";该天体与二十八宿距星的距离,称做"入宿度"。去极度和入宿度是表示天体位置的主要数据。

又如温庭筠在《鸡鸣埭歌》中记载着"铜壶漏断梦初觉,宝马尘高人未知",所提到的铜壶漏刻(见图1-18)就是一种古老的精密仪器。人们最初发现陶器中的水会从裂缝中一滴一滴地渗漏出来,于是专门制造出一种留有小孔的漏壶。一旦把水注入漏壶内,水便从壶孔中一点一点地流出来。再用一个容器收集漏下来的水,在这个容器内有一根刻有标记的箭杆,相当于现代钟表上显示时刻的钟面。用一个竹片或木块托着箭杆浮在水面上,容器盖的中心开有一个小孔,箭杆从盖孔中穿出,这个容器叫做"箭壶"。随着箭壶内收集的水逐渐增多,木块托着箭杆也慢慢地往上漂浮。通过盖孔处观看箭杆上的标记,古人就能够知道具体的时刻。这种著名的铜壶漏刻是由单纯的机械结构精心设计而成的。

图1-17 浑 仪

图1-18 铜壶漏刻

在精密仪器发展的最初阶段,其典型特征是应用单一的精密机械。

随着人们对光学知识的了解和掌握,精密仪器进入了以精密机械和传统光学相结合的发展阶段。古典的光学显微镜(见图1-19)就是一种精密仪器,它由一组光学元件和精密机械元件组合而成,以人眼作为接收器来观察放大了的被测物体。

欧洲在中世纪封建统治时期,伽利略自行研制了望远镜(见图1-20)。伽利略采用这种精密仪器,通过实验技术来观测并揭示天体运动的规律,得到了一系列伟大的科学发现。

图1-19　古典光学显微镜　　　　　　　图1-20　伽利略望远镜

这一时期的精密仪器技术,是以精密机械和传统光学理论为基础的。

精密仪器的高科技化,成为仪器仪表科技与产业发展的主流。精密机械技术、特种加工技术、高密封技术、微电子技术、计算机技术、网络技术、激光技术、超导技术、纳米技术、薄膜技术、生物技术、集成技术等高新技术的迅猛发展,给仪器仪表提出了更高、更新和更多的要求。例如要求测量的速度更快、灵敏度更高、稳定性更好、样本量更少、微损甚至无损检测、遥感/遥测/遥控更远距、成本更低廉、使用更方便、无污染等,这为仪器仪表科技与产业的发展提供了强大的推动力,并为仪器仪表技术的进一步发展奠定了新的理论、技术与物质基础。

特别是进入20世纪70年代以来,为适应现代化工农业生产和国防科技发展的需求,精密仪器进入了光、机、电和网络相结合的新阶段。从学科的发展来看,光学、机械和电子原本是互相独立的学科,随着市场的需求和科技的发展,多学科技术的交叉融合成为精密仪器向高科技方向发展的必然趋势。如果没有20世纪科学技术的进步,就没有今天先进的精密仪器技术。例如移动通信扫频仪(见图1-21)就是近年来在移动通信网络规划与优化中广泛应用的一种新型测量仪器;核磁共振仪(见图1-22)是一种由光学、机械、电子和计算机相结合的高精度现代化典型精密仪器。

图 1－21　移动通信扫频仪

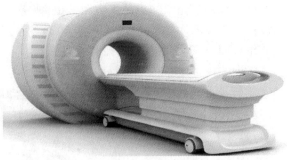

图 1－22　核磁共振仪

1.2　航空航天精密仪器

航空航天精密仪器是现代飞机和载人飞船中的重要机载设备,空间探测器、载人航天器、运载火箭、卫星、民用飞机和战斗机的安全飞行与任务执行都离不开机载仪器仪表。飞行器在飞行中的各种信息、指令操纵,都要通过各种仪器来传递、测量、控制、处理与实现。现代民用飞机、载人飞船必须配备先进的通信、导航、自动着陆、推进控制、环境控制和生命保障等仪器设备;现代军用飞机在作战过程中还要配置侦察、反潜、预警、电子对抗和火力控制等仪器设备。

1.2.1　航空航天精密仪器的研究现状

随着现代科学技术的不断发展,由于广泛地采用了最新的科技成果,航空航天精密仪器已经成为提高飞机和飞船的飞行技术与作战能力的重要因素。微电子技术、自动控制技术和计算机技术的综合应用,使得航空航天精密仪器实现了数字化、小型化和智能化,极大地提高了飞控能力和精度水平,特别是利用计算机对信息进行深层次的分析处理,显著地提高了飞机和飞船的机动飞行、目标捕捉、跟踪识别、火力控制以及全天候飞行能力。

自助控制技术和电传操纵技术的应用,使飞机的设计发生了深刻的变化,不仅简化了飞机的结构,减轻了飞机的质量,而且构成了最佳的气动外形,显著地提高了飞行的机动性、适应性和安全性。因此,从世界航空航天工业的发展过程来看,航空航天精密仪器技术的总体水平已经成为衡量现代飞机先进性的重要标志之一。

1. 惯性导航仪器的研究现状

惯性导航(简称"惯导")仪器是飞机与飞船上非常重要的一种机载设备,它能够全天候、全地域、连续、实时地为飞行员或航天员提供即时的位置、速度、航向以及各种导航信息,同时还能为飞行控制系统、机载武器火控系统、机载雷达等设备提供稳定的姿态和航向基准。许多国家都把惯导技术作为军事实力的基础给予优先发展。挠性惯性仪器平台式惯导系统与捷联式惯性参考系统,都属于第二代航空航天惯导系统,目前已经广泛地应用于对新机型的配套和老机型的改造。

　　惯性导航系统(Inertial Navigation System, INS)是利用安装在载体上的惯性测量装置(如加速度计和陀螺仪)等敏感载体的运动,输出载体的姿态和位置信息。惯性导航系统(见图 1-23)完全自主,保密性强,并且机动灵活,具备多功能参数输出;但是存在误差随时间迅速累积的问题,导航精度随时间而发散,不能长时间单独工作,必须不断地加以校准。

　　全球定位系统(Global Positioning System, GPS)是当前应用最为广泛的一种卫星导航定位系统(见图 1-24),它使用方便、成本低廉,定位精度可以达到 5 m 之内,但存在着易受干扰、动态环境中的可靠性差以及数据输出频率低等问题。

图 1-23　惯性导航系统

图 1-24　全球定位系统

　　GPS/INS 组合制导系统能够充分发挥两者各自的优势并且取长补短。利用 GPS 的长期稳定性与适中精度,可以弥补 INS 的误差随时间传播或增大的缺点;利用 INS 的短期高精度,可以弥补 GPS 接收机在受干扰时误差增大或遮挡时丢失信号的缺点,从而进一步突出捷联式惯性导航系统结构简单、可靠性高、体积小、质量轻、造价低的优势,并借助于 INS 的姿态信息和角速度信息来提高 GPS 接收机天线的定向操纵性能,使之快速捕获或重新捕获全球定位卫星的信号,同时借助于 GPS 连续提供的高精度位置信息和速度信息,估计并校正 INS 的位置误差、速度误差和系统中其他的误差参数,实现空中信息传递的对准和标定,放宽对精度的要求,使得整个组合制导系统达到最优化和最优的效费比。

　　国外的 GPS/INS 组合制导技术,已经广泛地装备于制导炸弹以及中/远距空地导弹,用于导弹的全程制导和中段制导。例如美国的"战斧"巡航导弹、洛·马公司研制的"联合防区外空地导弹(JASSM)"和波音公司制造的"联合直接攻击武器(JDAM)"等,均依靠 GPS/INS 进行高精度制导。GPS/INS 组合制导系统可为飞机等机载平台提供导航定位服务,例如美国和一些北约国家空军的绝大部分主战飞机,都换装了以激光陀螺为核心的第二代标准惯导仪并在惯性系统黑匣子中嵌入结实的、抗干扰的 GPS 接收机 OEMB 板。这种 INS 和 GPS 的耦合系统一般称做"嵌入惯导系统中的 GPS(简称为 EGI)",其定位精度为 0.8 n mile/h(圆概率误差),准备时间也由过去的 15 min 减少到 5~8 min,整个系统的可靠性从原来的几百小时提高到 2 000~4 000 h。GPS/INS 组合制导系统还可以为军事侦察行动提供高精度的定位信号。目前很多国家正在利用高空成像技术建立全球地理信息数据库。高空成像系统主要由高空侦察机、低轨和中轨卫星组成。该系统使用的是 GPS/INS 组合制导系统,利用其提供的无人侦察机实时位置和炮弹所放出的侦察降落伞的实时位置,连同图像一并发送到基地进而确定目标的准确位置。

常见的惯性导航仪器主要有以下几种。

(1) 陀螺地平仪

陀螺地平仪是利用三自由度陀螺仪的特性和摆的特性做成的陀螺仪表,用来测量飞机的姿态角。飞行员凭借陀螺地平仪的指示保持飞机的正确姿态,完成飞行和作战任务。特别是在云中飞行或进行夜航时,飞行员看不见地面上的地平线和地标,如果不借助于仪表就很容易产生错觉,无法驾驶飞机,甚至造成机毁人亡的事故。由于飞行姿态对飞行的运动状态具有决定性的影响,对保证飞行安全具有极为重要的意义,因此作为飞行仪表的陀螺地平仪,通常都安装在飞机仪表面板中间最显眼的位置上。在有些飞机上还加装了应急地平仪,以备主地平仪一旦出现故障时的应急使用。

飞机的姿态角是指俯仰角和倾斜角。假设飞机上有一个地平面基准,当飞机抬头或低头时,飞机的纵轴与这个地平面之间的夹角就是飞机的俯仰角。当飞机绕着纵轴向左或右转动时,飞机在纵向对称平面绕纵轴转过的角度就是飞机的倾斜角。测量飞机姿态角的关键是在飞机上建立一个地平面或地垂线基准。尽管摆具有方向的敏感性,能够自动寻找地垂线,但当受到加速度的干扰时会产生很大的误差,因此缺少方向的稳定性。三自由度陀螺仪的自转轴不会由于加速度的干扰而改变方向,具有很高的方向稳定性,但它却不能自动寻找地垂线,因此缺乏方向的敏感性。即使把自转轴调整到与地垂线重合,由于地球的自转和飞机的运动导致地垂线在惯性空间中不断地改变方向,陀螺的漂移也会导致自转轴在惯性空间中不断改变方向,使得起初与地垂线重合的自转轴逐渐偏离地垂线。人们由此想到把摆和陀螺仪的优点结合起来,通过摆对地垂线的敏感性来对陀螺仪的方向进行修正,使具有方向稳定性的自转轴同时获得方向的敏感性,这样便可以在飞机上建立一个精确而稳定的地垂线基准。以三自由度陀螺仪为基础加上修正装置,再装上指示机构就构成了陀螺地平仪(见图 1 - 25)。若不装指示机构而是装上信号传感器,则构成垂直陀螺仪(见图 1 - 26)。

(2) 陀螺半罗盘与陀螺磁罗盘

飞机的航向角是指飞机纵轴在水平面上的投影与子午线之间的夹角。由于子午线有地理子午线(真子午线)与地磁子午线两种,故相应地,航向角也有真航向角和磁航向角之分。由于地磁的南、北极与地理的南、北极不相重合,所以地理子午线与地磁子午线之间相差一个角度,一般称为磁差角。地球各地的磁差角不同,可以通过查阅实际测定绘制的磁差地图作为参考。测量飞机航向角的关键是在飞机上建立一个地磁子午线或地理子午线基准。自由悬挂的磁针可以确定出地磁子午线的方向,利用磁针定向原理制成的航向测量仪表称为磁罗盘。在地球上放置的三自由度陀螺仪可以感受到地球的自转,加上适当的修正装置之后就能够自动寻找到地理子午线的方向。这种由陀螺仪做成的测量真航向角的陀螺仪,一般称为陀螺罗盘(也称陀螺罗经)。从 21 世纪初开始,在航海上已经使用陀螺罗盘代替磁罗盘,目前在大海里航行的轮船和舰艇都是用它来精确测量航向的。但是陀螺罗盘的工作精度受航行体的速度和加速度等的影响比较大,而飞机的速度又比舰船快得多,在飞行的过程中使用陀螺罗盘会造成很大的误差,甚至不能正常工作,因此目前飞机上并未使用陀螺罗盘作为航向仪表。一般可以利用陀螺仪的方向稳定性做成陀螺半罗盘供飞机使用,以弥补磁罗盘或天文罗盘等航向仪表中的不足之处。

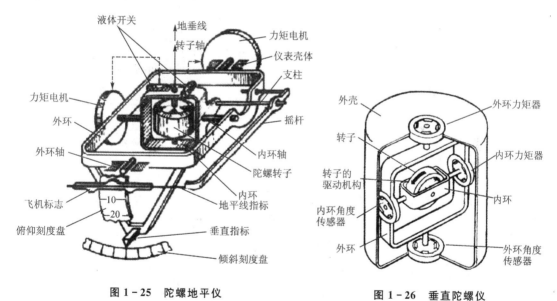

图 1-25　陀螺地平仪　　　　　　　　　　图 1-26　垂直陀螺仪

　　陀螺半罗盘与陀螺磁罗盘都是十分重要的飞行仪表。飞行员借助于陀螺半罗盘或陀螺磁罗盘,来判明飞机的航向并按一定的航向飞行,驾驶飞机沿着正确的航线到达预定的目标。飞行员在战时根据敌机飞行的情况不断地修正自己的航向,最终准确地飞入空战区域向敌机发起攻击。以二自由度陀螺仪为基础,加上水平修正装置和方位修正装置,再装上指示机构就构成了陀螺半罗盘。陀螺半罗盘(见图 1-27)是利用三自由度陀螺仪的方向稳定性做成的陀螺仪表,来测量飞机的航向角;但陀螺半罗盘不能够自动找北,它的方位修正装置也不能完全消除方位偏离误差。因此,飞行员在仪表启动以及使用的过程中,每隔一定时间(例如半小时)还必须根据磁罗盘或天文罗盘的航向指示,来调整陀螺半罗盘的航向指示。由于需要通过人工进行航向的校正,只起到了半个罗盘的作用,陀螺半罗盘因此得名。人工校正的办法显然增加了飞行员的工作负担,所以在近代飞机上都采用自动校正的方法,把陀螺半罗盘与磁罗盘或者天文罗盘组合在一起使用。陀螺磁罗盘(见图1-28)就是把陀螺半罗盘与磁罗盘组合在一起而形成的,它能够更好地解决飞机航向的测量问题,目前各种飞机都把它作为基本航向仪表广泛使用。

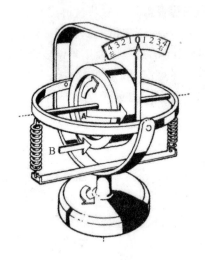

图1-27 陀螺半罗盘

图1-28 陀螺磁罗盘

(3) 陀螺转弯仪

陀螺转弯仪是利用二自由度陀螺仪的特性做成的陀螺仪表,用来测量飞机转弯的角速度(见图1-29)。飞机在空中飞行一般有两种状态,即保持飞机平直飞行状态和操纵飞机转弯或盘旋飞行状态。飞机的转弯就是改变航向。正确的转弯需要一定的倾斜来协调进行,转弯的快慢则用转弯角速度来表示。飞行员除了借助陀螺地平仪和陀螺磁罗盘(或陀螺半罗盘)了解飞机的姿态和航向之外,还需借助陀螺转弯仪进一步了解飞机转弯的实际方向和转弯的快慢。因此陀螺转弯仪也是飞机上必备的一种飞行仪表。

当基座绕着二自由度陀螺仪的轴线转动并带动陀螺仪转动时,陀螺仪将出现绕内环轴的转动,使自转轴趋向于与基座转动角速度的方向相重合。可以利用二自由度陀螺仪的这种特性来测量角速度。但二自由度陀螺仪仅对基座转动的方向敏感,无法测量出转动角速度的大小,为此需要在陀螺仪中安装弹簧(如螺旋弹簧、片簧等)或弹性扭杆。当基座转动使陀螺仪绕内环轴转动而出现转角时,弹簧的弹性变形产生了与该转角成正比的恢复力矩,以平衡基座转动角速度所产生的绕内环轴转动的力矩。当这两个力矩恰好平衡时,陀螺仪绕内环轴的转动停止。基座转动的角速度愈大,陀螺仪绕内环轴的转角也愈大。输出转角与输入角速度成正比关系,由此可测量出角速度的具体数值。

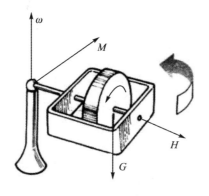

(a) 二自由度陀螺仪　　　　　　　(b) 转弯仪表面板

图 1－29　陀螺转弯仪

2. 机载电子综合显示仪器的研究现状

随着飞机性能的不断提高,飞机上仪表指示器的数量也迅速增加,在有些机种上甚至多达百种。这不仅使座舱仪表的面板拥挤不堪,也增加了驾驶员搜索被测参数的示值和进行判断的困难,甚至造成操纵不及时而发生飞行事故。从 20 世纪 30 年代开始,陆续出现了各式各样的综合仪表。在发动机上用的电动三用表是最早期的一种综合仪表,它是将功能相近的三个仪表(包括燃油压力、滑油压力和滑油温度)指示器合装在一个表壳内,减少了指示器的个数,便于驾驶员集中观察。随后又产生了综合程度更高、性能更加完善的多种综合化与自动化仪表,有的是将原理相近的多种仪表综合成为一种完整的测量系统,如前述的大气数据系统;有的则是将仪表的指示和指令系统相结合,直接给出操作指令。例如自动加强仪就是将测量参数直接与控制系统相联系,并根据参数的变化对飞机进行自动控制的一种调节仪表。这样不仅减少了仪表的数量,提高了自动化的程度,而且还使判读更加方便,仪表面板上的配置也更加合理,利用率得到了明显的提高。

飞机性能的进一步提高对仪表的综合化程度提出了更高的要求。早在 20 世纪 50 年代初期,歼击机驾驶员就希望在瞄准目标的状态下同时看到有关仪表的指示,为此开始了平视仪(HUD)的研制工作。早期的平视仪是机电模拟式的。随着电子技术和数字计算机的发展,平视仪已经发展成为一种电子化与数字化相结合的综合电子显示仪;同时,还产生了多种综合电子显示仪,主要有飞行参数综合显示仪(FPID)、导航参数综合显示仪(NPID)、多功能显示仪(MFD)和地图显示仪(MD)等。这些显示仪以数字、符号、线段或图形等多种形式,按照预定的排列规律将驾驶员所需要的一组信息在屏幕上同时显示出来。当飞行状态改变时,可以自动或手工调整显示的画面,具有一表多用的显著优点。

电子显示仪一般由电源、显示电路和显示器件三个基本部分组成。电源用于供电,通过显示电路输入需要显示的参数信号(输入信号),经过处理形成控制显示器件工作的显示信号。显示器件则是将显示信号(电信号)转换成相应的光信号,显示出参数信息的图像。在电子综合显示仪上一般采用阴极射线管(CRT)和平板显示器(FPD)作为显示器件,目前以阴极射线管为主;但平板显示器近年来发展很快,有可能取代阴极射线管。各显示仪的原始信息均来自于机载电子设备,如大气数据系统、导航攻击系统、雷达系统、飞机监控系统等。这些设备所提供的参数信息如飞机的航向、高度、地速、空速、姿态角、角速度和位置等,均经过接口转换成计算机(或处理器)能够接收的信号形式,控制字符或图形发生器产生相应的显示信号,在显示屏(荧光屏)上显示出相应的画面。这种显示仪实际上是一个多功能的机载计算机的终端数据-图形显示设备,可以在不变动任何硬件设置的情况下,通过设计或修改软件来实现画面的更换,灵活地组合或搭配每幅画面上所需要的信息。显示仪在不同的飞行阶段只显示当时所需要的一组信息,与当前飞行状态关系不大的信息则暂时存储起来不予显示,并且根据需要可以灵活地增加或减少所显示的内容,极大地减轻驾驶员扫视仪表与综合信息的负担,提高操纵飞机的实时性与准确性。在驾驶员有限的视域内还增加了显示的信息量,有效地解决了显示信息量增加与仪表板面积有限之间的矛盾。这种显示仪具有很强的故障监控和报警能力,不论是正在显示还是暂时消隐不显示的参数,一旦出现异常情况均能及时地发出报警信息,提高飞行的安全性与可靠程度。

飞行器机载电子综合显示仪器(见图1-30)主要包括电子式水平指示器、电子式指引地平仪、电子飞行仪表系统、雷达显示仪器、发动机参数指示仪器、飞机外挂管理显示仪器、多功能显示仪器、数字地图显示仪器和气象雷达显示仪器等。

图1-30 飞行器机载电子综合显示仪器

20 世纪 70 年代末,美国研制出 F—18 战斗机的机载电子综合显示系统,如图 1-31 所示。该系统由一个平视显示器和三个多功能显示器组成。其中平视显示器显示飞行和武器瞄准攻击的相应信息;多功能显示器则分别显示雷达搜索、跟踪和地图测绘信息,水平导航和敌情通报信息,以及武器外挂的自检信息。在军用飞机电子显示技术突飞猛进的同时,美国科林斯公司、霍尼韦尔公司等航空电子仪器的制造厂商,纷纷推出了民用飞机电子飞行仪表系统(EFIS)、发动机参数指示系统和乘员告警系统。法国空客 A380 干线客机首次采用了 EFIS 系统,这标志着民用驾驶舱进入了电子综合显示系统的新时代。

图 1-31　F—18 机载电子综合显示系统

随着超大规模集成电路、微处理机芯片和数字多路传输技术的不断发展,飞行器的机载电子综合显示仪器将朝着大屏幕、语音控制,以及机载平板显示技术融合的数字化、智能化的方向发展。

3. 航空电子系统的研究现状

现代飞机的航空电子系统属于第三代联合式航空电子系统。例如 JF—17 战斗机的航空电子系统以 1553B(GJB 289A)数据总线为骨干,以任务计算机为核心,将火控雷达、INS/GPS、外挂管理、通信系统和大气数据计算机等有机地联接,形成的机载网络实现了信息的统一管理和综合显示,如图 1-32 所示。其中以任务计算机为系统的主控设备,负责飞行、导航、总线控制、作战及武器的使用等。所携带的 KLJ—10 机载雷达可以对目标提供 70 km 的平面搜索距离,在 TWS 模式下同时跟踪 8 个目标。JF—17 采用全玻璃化座舱,与先进的航空电子系统相配合,装备有战术输入控制面板的广角宽视屏显示器、三块大屏幕多功能液晶显示器及双杆操纵系统。其中显示器分别显示飞行/导航信息、雷达/电子战系统数据和叠加了战术信息的数字地图,大大地提高了飞行员处理战时突发状况的能力。JF—17 的综合电子作战系统还包括装备有导弹逼近、告警系统的电子支持与测量系统,整合了箔条/照明弹投放架的主动雷达干扰机,提高了现代战机在日益激烈的空战中的生存能力。JF—17 还配备了数据链系统,可以与预警机和地面防空自动化系统相联接,在广域的空间范围内实现作战资源的优化配置,有助于提高作战系统的整体战斗能力。

图 1 – 32　JF—17 的航空电子系统

4. 航空火力控制仪器的研究现状

　　飞行器、机载电子设备和武器是决定航空航天机载武器系统作战能力的主要因素,武器火力控制仪器则是机载电子设备的核心部分。它的基本任务是引导飞机寻找目标,待发现目标之后,沿着最佳航线接近目标并实施搜索、识别与跟踪,测量出目标参数与载机的运动参数,进行火力计算并选择武器类型,进而控制武器的发射方式与数量,如图 1 – 33 所示。

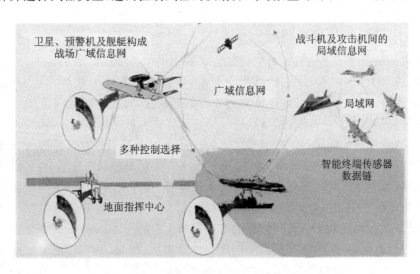

图 1 – 33　航空火力控制系统

航空航天机载火力控制仪器在作战过程中发挥着重要的作用,主要包括战前准备、起飞、巡航、攻击以及返航着陆后的作战效果评估。

随着高性能作战飞机和高效能、远距离、自主式作战武器的研制成功和广泛应用,航空火力控制仪器除了在综合化、模块化方面获得迅速发展之外,还在以下方面取得了重大进展:

① 利用地面指挥站、预警机、侦察卫星所提供的信息,以及机载雷达、光电传感器、惯性导航仪、全球定位系统等组成的多传感器信息融合系统,充分地发挥了隐蔽、高分辨力和快速机动的特性,有效地提高了杀伤预测的置信度,保证了制导武器具有更高的命中精度,提高了本机的作战能力,减轻了飞行员的工作负荷。

② 飞行控制系统、推力控制系统和武器火力控制系统等综合技术系统已日趋成熟,瞄准攻击的全过程进入自动化。人工智能技术、专家系统等高新技术逐渐应用于火力控制仪器的研制之中。

③ 高速大容量计算机、高速光纤总线、光传操纵技术、语音控制技术、综合显示技术等的综合应用,使得航空火力控制仪器及机载电子设备的综合化达到了更高的水平。

5. 雷达的研究现状

20 世纪出现的雷达使得人类在电磁波的多个频段上获得了遥感外界的能力。半导体元件、集成电路在机载雷达电子仪器中的应用、功率行波管的出现以及数字技术的发展,极大地推动了机载雷达技术的进步。数字信号处理技术的成熟和大规模集成电路的应用,使得微处理机芯片早在 1975 年就开始应用于雷达。雷达不仅能够进行自适应控制与处理,还能与其他电子设备之间进行数字化数据传输,使电视光栅扫描显示得以实现;通过对地形的实时测绘,以多普勒波束锐化(DBS)的方式获得更高的角分辨力,机内的自检系统也更加完善。低旁瓣天线、低噪声接收前端、声表器件、力矩驱动电机、卡尔曼滤波等技术的应用,使得机载雷达电子仪器的许多性能得到提高。

美国远程轰炸机从 1976 年开始就采用了无源相控阵雷达 AN/APQ - 140;20 世纪 80 年代出现了 EAR 二维固态相控阵雷达,它的半导体微波功率超过 3.5 W;VH - SIC 数字电路使处理机缩小到原来的 1/10;雷达的平均故障间隔时间(MTBF)超过 100 h。俄罗斯空军在 1985 年装备了集 PD、相控阵、多功能及其他多种新技术成果于一体的 AN/APQ - 164 雷达,体现了当时机载雷达的最高水平。20 世纪 80 年代以后,航空器开始装备毫米波雷达仪器。美国西屋电气公司研制的 35 GHz 毫米波段 AN/APG - 78 火控雷达(见图 1 - 34),于 1991 年安装在"长弓阿帕奇"直升机上。

JF—17 战斗机主要采用了法国泰利斯公司的 RC400 火控雷达(见图 1 - 35)。RC400 工作在 I/J 波段,具有双通道宽频接收机和可编程信号处理系统,平均功率为 400 W,平面搜索距离接近 100 km。它所提供的空空模式包括在空空状态下进行全向上视/下视探测;高、中、低脉冲重复率自动管理;自动锁定;同时拦截多个目标;敌我目标识别等。空地模式包括空地测距、真实波束绘图、多普勒波束锐化(DBS)、合成孔径成像(SAR)、低空突防、等高线测绘和动目标显示等,可以同时跟踪 2 个目标。在对海模式下,可以提供远程海上搜索,同时跟踪 2 个海上运动目标,并进行海上目标的校正。特别是其具备逆合成孔径成像模式,可以对舰艇目标提供高分辨力图像甚至识别出舰艇的具体型号。

图 1 - 34　AN/APG - 78 火控雷达　　　　　　　图 1 - 35　RC400 火控雷达

我国近年来在直升机、航空电子领域取得了长足的进步。例如在直—9 直升机的旋翼上面增加的一个球状物(见图 1 - 36)就是机载毫米波火控雷达。这种雷达的波长恰好位于普通雷达和光电探测系统之间,使光电探测系统具备分辨力高、天线口径小、系统质量轻的优点,同时具备较强的全天候探测能力。

6. 飞行数据记录器的研究现状

飞行数据记录器(FDR)是在航空产品的使用过程中记录飞机系统数据的设备(见图 1 - 37),也是在民用运输机上广泛应用的飞行数据记录器,是数据采集记录系统(FDARS)中的一个强制性部件。自 1960 年开始在飞机上安装记录机组成员语音的记录器以来,民用航空委员会(FAA)于 1965 年要求在所有大型客机上安装座舱音频记录器。随着 1992 年半导体 Flash E^{2}PROM 存储器件的出现,FDR 的数据记录介质普遍采用这种半导体存储器,从这个时间开始 FDR 进入固态时代。目前的飞行数据记录器可以记录从 30 min～2 h 的 4 个通道座舱内的音频信号以及 25 h 的飞行数据。飞行数据记录器在设计的过程中,在确保实现基本功能的前提下,最大限度地保证了安全性和可靠性,以及故障的隔离处理问题。

航空航天精密仪器的设计逐渐采用电子设计自动化(EDA)工具和系统工程的方法。一般是首先从用户的需求出发,结合总线布局、设备性能协调、软硬件接口关系、任务调度安排和各分系统的具体要求,把航空航天精密仪器作为一个整体自上至下地层层分解,再由局部到整体综合。根据实际工程的需求,结合系统的系列化、通用化、仿真化,全面地考虑系统的可靠性、可维护性、可测试性、电磁兼容性和环境适应性等要求,最终设计出符合航空航天需求的精密仪器仪表。

图 1-36　直—9 机载毫米波火控雷达

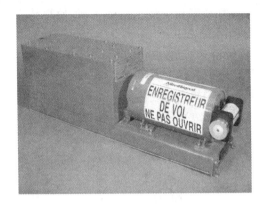

图 1-37　飞行数据记录器

1.2.2　航空航天精密仪器的发展趋势

单片机已经成为精密仪器中的核心部件,它将推动航空航天精密仪器朝着微型化、功能多样化、人工智能化、网络化和虚拟化的方向发展。

1. 微型化

随着微电子机械技术的不断成熟与日益发展,微型精密仪器的价格不断降低,应用的领域不断扩大。微型精密仪器不但具有传统仪器的基本功能,而且能够在航空航天、军事、自动化、生物医学、医疗技术等领域发挥独特的作用。将单片机、微电子技术、微机械技术和信息技术等综合应用于精密仪器的生产中,完成观测信号的采集、数据的远程传输、数字信号的智能处理与输出,并实现与其他仪器的接口、人机交互等功能,同时使仪器的体积更加小巧、功能更加齐全,是航空航天精密仪器朝着微型化方向发展的重要特征。

2. 功能多样化

功能多样化本身就是精密仪器的一个基本特点。例如为了设计速度较快和结构较复杂的数字系统,仪器生产厂家制造了具有脉冲发生器、频率合成器和任意波形发生器等多功能化的函数发生器。这种多功能的综合产品不仅在准确度、灵敏度、可靠性等性能上比专用脉冲发生器或频率合成器高,而且可以为多种不同的测试功能提供更加完善的解决方案。

3. 人工智能化

CPU、存储器、逻辑器件和 IC 芯片都是通用型的,在精密仪器的设计过程中,首先要从通用型芯片中选出所需的芯片。随着精密仪器在高频、高速、高灵敏度、高稳定性和低功耗等主要性能指标上的进一步提高,通用型芯片往往难以满足这些复杂的要求。专用集成电路ASIC 是 20 世纪 80 年代初兴起的第三代半导体集成电路产品,近十年以来无论在价格、集成度还是在产量方面均取得了飞速的发展。在精密仪器的设计中可以把一些性能要求很高的单元设计成专用集成电路的形式,使得精密仪器的结构更加紧凑,性能更加优良,保密性更强。现场可编程门列阵(Field Programmable Gates Array,FPGA)与复杂可编程逻辑器件(Complex Programmable Logic Device,CPLD)都是可编程的逻辑器件,是在 PAL、GAL 等逻辑器件的基础上发展起来的。与 PAL 或 GAL 相比,FPGA/CPLD 的规模更大,适合于时序、组合等逻辑电路的复杂应用场合,可以替代几十甚至上百块通用 IC 芯片,具有优异的可编程性和实现方案容易调整的特点。这种芯片及其开发系统问世不久,就受到世界范围内设计人员的广泛关注和普遍欢迎。融合 ASIC、FPGA/CPLD 等技术实现精密仪器的人工智能化,是航空航天精密仪器发展的基本趋势。

人工智能是计算机应用中一个崭新的领域,通过计算机模拟人的智能可用于机器人、专家系统、推理证明、医疗诊断等各方面。精密仪器的进一步发展必将融入一定的人工智能,代替人的部分脑力劳动,在视觉(图形及色彩辨别)、听觉(语音识别及语言领悟)、思维(推理、判断、学习与联想)等方面达到一定的智能水平,使精密仪器在无需人的干预的情况下,自主地完成检测或控制等复杂功能。人工智能在现代仪器仪表中的应用,不仅可以解决以前通过传统方法所很难解决的一些问题,而且还可望解决用传统方法根本无法解决的问题。

4. 网络化

伴随着网络技术的飞速发展,Internet 技术正在逐渐向工业控制和精密仪器仪表系统设计领域渗透,实现精密仪器仪表系统基于 Internet 的通信能力,以及对已有精密仪器仪表系统的远程升级、功能重置和系统维护。系统编程技术(In - System Programming,ISP)是对软件进行修改、组态或重组的一种新技术。它是 LATTICE 半导体公司首先提出的,可以在产品设计、制造过程中的每个环节甚至在产品卖给用户以后,仍然具有对其器件、电路或整个系统的逻辑和功能进行组态或重组能力的最新技术。嵌入式微型因特网互联技术(Embedded Micro Internetworking Technology,EMIT)是 VMware 公司创立的扩展 Internet(Extend the Internet,ETI),是一种将单片机等嵌入式设备接入 Internet 的新技术。目前美国的 Connect One 公司、荷兰的 TASKING 公司和国内的 P&S 公司等均提供基于 Internet 的 Device Networking 软件、固件(Firmware)和硬件(Hardware)产品。

网络传感器、ISP 和 EMIT 等技术的融合,是实现精密仪器仪表系统网络化的前提条件。作为现代信息技术中核心技术之一的传感器技术,从它的诞生到现在经历了普通传感器、智能传感器和网络化传感器三个发展阶段。20 世纪 80 年代以来,网络通信技术逐步走向成熟并渗透到各行各业,各种高可靠性、低功耗、低成本、微结构的网络接口芯片陆续开发出来,微电子机械加工技术的飞速发展给现代加工工艺注入了新的活力。把网络接口芯片与智能传感器集成起来并使通信协议固化到智能传感器的 ROM 中,就产生了网络传感器。网络传感器继承了智能传感器的全部功能,并且能够和计算机网络进行通信,在现场总线控制系统(FCS)中得到了广泛应用,已经成为 FCS 中现场级数字化传感器的主流。

将网络传感器技术融入到航空航天精密仪器的设计中,大大地提高了信号的检测能力,推动了精密仪器总体性能的全面提升。

5. 虚拟化

虚拟技术、计算机通信技术与网络技术是信息技术的重要组成部分。虚拟技术一般包括虚拟加工、虚拟测试、虚拟控制及各种虚拟环境模拟等内容。

在 20 世纪 80 年代中期,美国国家仪器公司(National Instrument,NI)首先提出了"软件就是仪器"(The Software is the Instrument)这一虚拟仪器的广义概念,可见软件系统是虚拟仪器的核心。这个概念的提出,为用户定义、构造自己的仪器系统提供了完美的解决途径。测量仪器一般是由数据采集、数据分析和数据显示三大部分组成的。在虚拟现实系统中,数据分析和显示完全可以通过计算机软件实现。因此只要额外提供一定的数据采集硬件,就可以与计算机组成测量仪器,这种基于计算机的测量仪器称为虚拟仪器。

虚拟仪器是虚拟技术的一个重要组成部分,是由计算机技术、测量技术和微电子技术高速发展而孕育出的一项新技术。它以计算机为核心,充分利用计算机强大的数据处理能力、总线吞吐能力和图形界面,具有对测量信号的分析处理、测量结果的表达与输出等多种功能,用户可以方便地通过更新软件的形式对仪器的结构和功能进行修改与扩展。作为虚拟仪器核心的软件系统,具有通用性、通俗性、可视性、可扩展性和升级性,能为用户带来极大的利益。因此虚拟仪器具有传统的精密仪器所无法比拟的应用前景和市场需求。虚拟仪器以其良好的开放性,全面地适应信息时代对仪器的要求,代表了未来仪器技术的发展方向。

虚拟仪器是精密仪器发展的一个里程碑,是当前测控仪器领域发展的热点技术。这一创新使得用户能够根据自己的需要重新定义仪器的功能,而不像传统仪器那样受到生产厂商的限制。它不仅可以代替传统的测量仪器如示波器、逻辑分析仪、信号发生器、频谱分析仪等,还可以集成于自动控制与工业控制系统中,自由构建成专有的仪器系统。在虚拟仪器中使用同一个硬件系统平台,只要应用不同的软件编程就可以得到功能完全不同的测量仪器。因此虚拟仪器的出现彻底改变了传统的仪器测试方法,开辟了测控技术的新纪元。

1.3 精密仪器的基本组成与设计

精密仪器的种类虽然繁多、要求各异,所测对象千变万化,但其基本目的都是为了测量。为达到这个目的,一台精密仪器需要由各个具有独立功能的部分有机地、合理地组合成为一个完整的测量系统。精密仪器设计的任务,就是在保证测量精度的前提下,按照精密仪器设计的基本思想、基本原则和基本程序,通过选择不同功能的部件设计出符合给定功能要求的仪器仪表测量装置。

1.3.1 精密仪器的基本组成

下面以虚拟仪器为例来说明精密仪器的基本组成。

如图 1-38 所示的虚拟仪器测量系统,由传感器、信号调理模块、数据采集板和计算机软硬件组成。其中传感器模块的作用是拾取被测信号;信号调理模块实现对测量信号的放大、滤波与整形;数据采集板实现模拟量与数字量之间的转换,并提供时钟信号发生装置;对测量数据的处理分析和显示等功能则由计算机软件完成,软件一般包括数据采集驱动程序、数字信号处理程序和用户接口程序等。

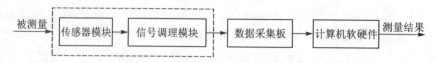

图 1-38 某虚拟仪器测量系统

一台完整的精密仪器,主要由基准部件(标准器)、感受转换部件(传感器、转换放大部件、瞄准部件、数据处理与计算部件、显示部件等),以及将它们连接起来的特定部件组成。

1. 基准部件

基准部件是精密仪器中的重要组成部分,是决定仪器精度的主要环节。基准的形式很多,如量块、线纹尺、光栅尺(见图 1-39)、磁栅尺(见图 1-40)、分度盘、多面棱体、精密丝杠、感应同步器和光波等。测量复杂参数的基准部件还有渐开线样板、表面粗糙度样板,以及一些无形的基准运动如标准圆运动、渐开线运动和齿轮啮合运动等。此外,还有标准硬度块、标准频率计、标准测力计、称重标准、时间标准、温度标准、照度标准、流量标准、色度标准、激光参数标准等。

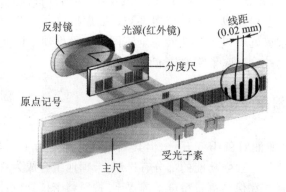

图 1-39 光栅尺

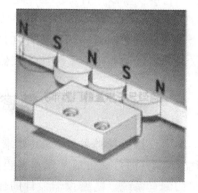

图 1-40 磁栅尺

2. 感受转换部件

感受转换部件的作用是拾取原始信号、感受被测量的变化。在有些场合感受转换部件仅起感受原始信号的作用;但在更多的场合,它在感受原始信号的同时,也起到信号的一次转换作用。感受转换部件有接触式和非接触式两类。接触式感受转换部件一般指各种机械式测头（见图 1 - 41）；非接触式感受转换部件又可以分为光学探头（见图 1 - 42）、电涡流测头、CCD、红外线探头、气动测头和拾音器等。

图 1 - 41　机械式测头

图 1 - 42　光学探头

　　感受转换部件在参数测量中的作用显得特别重要，它的精度直接影响整个测量系统的精度。例如在小孔内表面粗糙度的测量中，主要问题是如何感受小孔内表面的微观不平整。由于表面缺陷的存在，原始粗糙度信号的规律不易掌握，因此首先遇到的是拾取原始信号的困难。如果无法准确地采集到原始测量信息，就谈不上后续的信号转换与处理。

3. 转换放大部件

　　转换放大部件的作用是将感受到的微小信号，通过光、机、电、气等原理进一步地转换和放大，成为可供观测者读取的信息，进而提供显示信号或有待进一步处理的信号。在绝对测量的条件下，感受基准量部分的转换放大部件可以是一套测微读数装置（见图 1 - 43），也可以是莫尔条纹或光波干涉条纹的细分装置（见图 1 - 44）或者细分电路。

图 1 - 43　数显测微读数装置

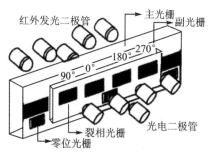

图 1 - 44　莫尔条纹细分装置

4. 瞄准部件

瞄准部件一般不作读数用,它的主要作用是指零准确,因此不要求具有很高的灵敏度。瞄准显微镜对被测信号虽然具有一定的感受、转换和放大功能,但对于被测量主要起的还是瞄准作用,一般把这类部件统称为瞄准部件。

在具体的测试工作中,瞄准部分和读数部分有时是分不开的,它们可以优势互补。例如测微仪主要用于读数,但亦可作为瞄准部件使用(见图 1 – 45)。

5. 数据处理与计算部件

测量数据的分析、处理与计算等工作,一般是通过微处理器或者微处理机来实现的。

6. 显示部件

显示部件的作用是显示测量结果。显示部件的种类很多,如指针表盘、数字显示器、打印机、记录器、荧光屏图像显示器等。

7. 驱动控制部件

驱动控制部件(见图 1 – 46)的作用是驱动测量头或者工作台,实现测量中的相对扫描运动。在自动检测仪器中,驱动控制部件还用于实现测量误差的实时控制或者自动补偿。

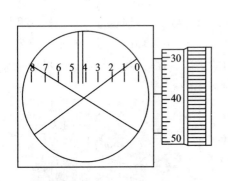

图 1 – 45　瞄准读数部件

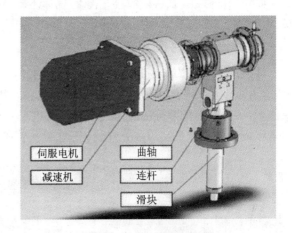

图 1 – 46　数控驱动控制部件

8. 机械结构部件

机械结构部件主要包括基座、工作台、导轨、立柱、支架、轴系以及其他辅助部件,如微调机构(见图 1 – 47)、锁紧机构(见图 1 – 48)、调整和保护机构等。它们都是仪器中不可缺少的部件,对仪器的测量精度有很大的影响。

一台具体的仪器仪表需要包括上述哪些部件,在总体设计时应根据实际需要统筹考虑。

图 1 - 47　微调机构

图 1 - 48　锁紧机构

1.3.2　精密仪器设计的主要问题

在精密仪器的设计中需要考虑的主要问题包括功能、性能、精度、经济实用和外观等方面。

1. 功能方面

在精密仪器的具体设计过程中,需要考虑的因素或者要求有时可能很多,但首先要满足的是功能要求,例如仪器的检测、信号分析、数据传输、数据处理、误差修正、故障诊断、控制、显示、存储、记录、打印功能等。

2. 性能方面

要使精密仪器在一定的使用条件下和一定的时间内有效地实现其预期的性能,必须要求仪器工作安全可靠,操作维修方便。因此精密仪器所使用的零部件应当具有相应的强度、刚度、振动稳定性和时间稳定性等。

3. 精度方面

精度是精密仪器最重要的技术指标之一,设计时必须保证精密仪器在正常工作条件下能够达到所要求的精度指标。例如有传感器的精度、工作台的运动精度、导轨的导向精度、控制系统的精度、转换电路的精度、运算精度等。

4. 经济实用方面

精密仪器产品的经济性要求既是增加产品市场竞争力、赢得用户的需要,也是节约社会资源、提高社会效益的需要。提高产品的经济性是以寿命周期成本最低为目标的,要求组成精密仪器的机械、电子、光学零部件,能够最经济地被制造出来,使得零件的结构简单、工艺性好、价格低廉、实用性强。

5. 外观方面

随着科技水平的提高,人们对产品外观的审美意识越来越强,尤其是新研发的各类仪器仪表。仪器外观品质的好坏,直接反映了一个企业的实力和对细节的注重,间接地反映了企业的生产状况及服务质量,还有可能影响到测量的效果。因此在设计精密仪器时应使其造型美观大方、色泽柔和,尤其要处理好一些细节的问题。

1.3.3　精密仪器设计的指导思想

精密仪器设计的指导思想主要包括功效性、可靠性、精度、经济性、使用寿命和造型等。

1. 功效性

在工业生产领域中,测量或检验的效率应与生产或制造的效率相适应。考虑到测量效率通常比生产效率低,应尽量采用自动化或半自动化测量的方案;在工艺稳定时,还可以采用统计检验的方案。自动化生产线上的整个过程是严格按照节拍进行的,要求测量的速度必须与生产的节拍相吻合。因此精密仪器的操作方式要适应于生产与测量的需要。提高测量速度不仅能提高生产效率,有时甚至可能起到提高精度的作用。因为生产效率的提高会缩短测量的时间,减少温度变化对测量精度的影响。

采用自动化测量可以缩短生产时间、提高生产效率,不仅可以提高测量的精度,节省人力、物力,消除人为误差,减少费用,避免重复单调的手工劳动,而且还便于远距离显示或反馈,避免可能造成的辐射影响,因此成为测量技术发展的重要方向之一。

2. 可靠性

可靠性是指一种产品在一定的时间内和一定的条件下,不出现故障地发挥其规定功能的概率。可靠性指标除了可以用完成规定功能的成功概率表示以外,还可以用平均故障的间隔时间或产品的平均寿命、故障率,或失效率、有效性、平均保养的间隔时间等相关指标来表示。

一台精密仪器或一套自动化测量系统,无论在原理上如何先进、在功能上如何全面、在精度上如何高,倘若可靠性差、故障频繁、不能长时间地稳定工作,那么就没有真正的使用价值。因此,随着现代化仪器及测量技术的发展,对可靠性的要求愈来愈高。对于可靠性的评价也不能像过去那样简单地停留在定性分析上,而应当尽可能地进行定量计算并且给出量化的结果。

3. 精　度

评价精密仪器的首要指标是测量精度(有时也用不确定度来表征)。根据不同的精密仪器与不同的测量条件,要使用相应的静态或动态精度特性指标,来进行产品的选型与设计。

对仪器精度的要求要合理。不分场合地要求仪器的精度愈高愈好,实际上是完全没有必要的。在实际的测量工作中,应当根据被测对象的精度要求来确定仪器的精度等级,仪器的测量误差一般可取被测对象误差的 $1/3$,有时也取被测件误差的 $1/10 \sim 1/5$。对仪器零件精度的要求也要合理,不宜要求组成仪器所有的零部件都具有很高的精度,而只需要对其中直接参与测量的那些零部件或者组件,即测量链中的关键零件制定严格的精度要求。另外,还可以采取相应的误差补偿措施,提高仪器测量精度的整体等级。

4. 经济性

在设计精密仪器时不应盲目地追求高品质或复杂的方案,如果能够通过一些简单的方案就满足所提出的功能要求,那么该方案便是最经济的或最佳的设计方案。因为方案简单意味着零部件或元器件的数量少、成本低、可靠性高。一般而言,简单的方案往往比较经济,但也不能一概而论,还要根据被测件批量的大小、效率的高低、测量误差的大小、零件的公差带大小和尺寸分布等情况统筹考虑。

在大批量制造精密仪器的过程中,如果对精度或效率的要求很高,则很有可能需要对设计方案进行相应的调整,以适应大规模生产的需求。在技术设计阶段中还应注意遵循"三化"(标准化、系列化、规范化)的原则,优化加工的工艺性,使精密仪器的零件制造符合经济性的要求。在制造小批量、多品种的精密仪器过程中,当组织设计与实施生产时,还要灵活地采用各种先进技术,争取获得最大的经济效益。

在考虑仪器经济性的时候,不应单纯地局限于仪器的制造成本,还要考虑仪器在使用过程中的保养、工时、备件、运转、辅料以及管理费用等,经过综合考虑之后才能够最终取得较高的经济效益,从而对设计方案做出正确的选择。

5. 使用寿命

在精密仪器的设计过程中,应注意考虑提高使用寿命的方法。例如在结构设计中要尽量减少磨损件,可以选用分子内摩擦元件代替外摩擦元件,使用适当的材料及相应的热处理工艺或化学处理方法,制定合理的操作使用规程与维护保养方法,提出包装与搬运的具体要求及使用环境条件等。

6. 造　型

精密仪器的外观设计也是非常重要的。要认真研究仪器总体结构的美化、部件之间的配合、局部细节的协调等,还要注意用户使用的方便性。精密仪器的外观设计最好经过专业美工人员的专门设计,使产品的造型优美、色泽柔和、美观大方、外廓整齐、细部精致,使用户从外观上就能感觉到它是一台精致的仪器,需要合理操作与细心维护,保持仪器的精度水平和延长使用寿命。

1.3.4　精密仪器设计的基本要求

在设计任务分析、确定主要参数及技术指标的基础上,制定精密仪器的设计方案,主要包括仪器的工作原理、方案论证、总体布局、系统结构图绘制、精度分配、装配图绘制、造型与装饰、设计报告的编写等。在确定精密仪器设计的总体方案以及主要结构方案时,要注意遵循一些基本的要求,力求获得最佳的设计方案。

1. 对设计的要求

精密仪器的使用性能是最基本和最重要的设计要求,主要包括功能要求、可靠性要求和其他要求等。

(1) 功能要求

仪器的功能首先必须满足执行机构的运动规律和运动范围的要求,其次还要严格控制执行机构的位置、位移和空间精度等。

(2) 可靠性要求

1) 强度要求

在使用的期限内各零件不发生损坏,保证运动或能量传递的正确性。

2) 刚度要求

在满负荷工作的情况下,零件受力所发生的弹性变形控制在允许的范围之内。

3) 灵敏度要求

输出参量对输入参量(如惯量、摩擦、效率等)的动态响应程度要高。

4) 稳定性要求

在冲击、振动、腐蚀、潮湿、灰尘、高低温等环境条件下,能够保持工作性能的相对稳定性。

5) 耐久性要求

仪器中的易损零件满足一定的耐久性,与仪器的工作寿命相适应。

(3) 其他要求

在结构工艺性方面,要求组成仪器仪表的零件便于加工、装配和维修,体现标准化、系列化和通用化的基本原则。为了使仪器仪表能够经济地制造出来,在结构设计的过程中应保持整体结构的工艺性和各个零件的工艺性之间协调一致。具体是指:

① 结构工艺性良好的零件应具备的基本条件是:制造和装配的工时相对比较少,需要复杂设备的数量较少,材料的消耗较低,准备生产的费用较少。

② 结构工艺性与具体的生产条件有关,对于某一种生产条件下工艺性很好的结构,在另一种生产条件下不一定也是很好的。尽管如此,仍然可以提出改善结构工艺性的一些通用原则:

- 整个结构能够很容易地分拆成若干个部件,各部件之间的联系清楚,相互配置得当,并且易于装配、维修和检验。
- 在结构中应尽量采用已经掌握并生产过的零部件,特别是尽量选用标准件或通用件。在同一个结构中尽量采用相同的零件。
- 零部件之间具有互换性,在精度要求较高的情况下,还可以设计相应的调整环节,尽可能不用选择装配。

③ 零件的工艺性还与具体的生产条件有关,改善零件工艺性的一般原则如下:

- 合理选择零件毛坯的种类。例如模锻件、冲压件一般适用于大批量生产,在单件或小批量生产时不宜采用,以免模具造价太高而使零件的成本提高。

● 零件的形状应当力求简单,尽可能减少被加工表面的数量,以降低加工的成本。

● 零件上的孔、槽、沟等,应尽可能使用标准刀具加工。

● 在满足工作要求的前提下,合理地确定加工精度和热处理条件。

2. 对结构的要求

仪器仪表结构部分的设计要综合已经具备的各种知识,认真地总结生产实践和科学研究的成果。仪器的结构设计涉及很多具体问题。下面从结构设计的工艺性出发,讨论对结构的一般要求。

结构工艺性的要求贯穿于产品结构设计的全过程,不仅要考虑到产品生产中的各个阶段(如毛坯的选材与制造、机械加工、装配调整等)的不同要求,还需考虑使用过程中检查与维修的要求。结构工艺性对新产品的研制至关重要,对产品的性能、成本、研制周期等都有影响,因此结构工艺性在新产品的结构设计中具有重要的意义。

(1)在使用方面对结构的要求

1)缩小尺寸和减轻质量

① 合理地选择断面形状可以有效地减轻仪器的质量。

② 尽可能使零件的受力仅为拉伸或压缩,避免弯曲或扭转。

2)经久耐用

① 寿命在很大程度上取决于磨损,要选择耐磨、减摩性好的材质,如铸铁、青铜、轴承合金等。适当的热处理措施有助于增强材料的耐磨性能,例如淬火可以提高零件表面的耐磨性,适当的润滑方式可以降低摩擦系数与减少表面的摩擦磨损,将滑动摩擦改为滚动摩擦可以从机理上改善摩擦的状况,因为滚动摩擦因数只有滑动摩擦因数的 $1/5 \sim 1/2$。

② 零件在变载条件下的寿命还取决于疲劳强度,从结构上应使零件各处受力的大小相同或接近,减小应力集中的影响。

3)使用维修

① 符合人机工程的基本原理,使用户易于操作。

② 保证操作安全,如在设计带绝缘的电气外壳时,外壳应当有提手;外壳上开设加油孔,便于拆卸与维护。

③ 检修和拆装方便,联接处要容易拆卸,方便易磨损件的更换、定期清洗与润滑。

④ 保证在重复拆装后零件的相对位置保持不变。

4)消除冲击和振动

① 采用缓冲、减振装置,如弹簧、橡胶、塑料或瓦楞纸等。

② 可拆联接部分采用防松措施,如螺纹联接可以使用防松垫圈。

5)消除温度变化

在发热较大或环境温度较高时,仪器仪表的工作精度会受到影响甚至无法正常工作,严重时还会造成零部件的损坏、运动部位卡死等现象,因此要采取温度补偿或调节的措施。

6)精度的要求

① 增加调整零件或调整结构。对精度要求高、难以完全靠加工精度保证的零部件,为了补偿加工误差,在结构上应保证装配时零件的相对位置具有可调整性。

② 按定位原理设计结构。为了保证已经调整好零部件的相对位置在检修和重复拆卸后的精度保持不变,可以适当采用静定结构或静不定结构,例如在调整好的零部件上打入定位销等。

(2)在生产方面对结构的要求

在现有的生产规模和制造条件下,尽量以最少的社会劳动量生产出合格的零件并装配成为仪器。

1)生产方面

① 在保证产品技术要求的前提下,力求结构简单合理,减少结构中零部件的数量,从而减少误差的来源,降低对装配工艺的要求,有效地提高劳动生产率。

② 从实际出发,尽可能适合本企业的生产条件,使得加工、装配与测量统筹兼顾。

③ 在结构设计中尽可能采用标准件,对非标准件也要尽量采用标准刀具进行加工,提高标准化的程度,降低制造、装配和维修的成本。

④ 保证加工质量的可靠性。

⑤ 保证装配和拆卸的方便性。

2)轴、齿轮类切削加工零件在结构上的特点

① 为了刀具能自由退刀,要留出足够的退刀槽、空刀槽或越程槽。

② 尽量减少刀具的种类和数目。

③ 尽量减少加工量,例如采用标准型材可以简化零件的结构,减少加工的面积。

④ 使零部件容易装夹并具有足够的刚度,减少在夹紧力或切削力作用下的变形,保证加工精度。

⑤ 在加工中尽量减少走刀的次数。

3)壳、罩类冷冲压加工零件在结构上的特点

① 冲模要容易制造,模具的使用寿命尽可能长。

② 合理地设计工件的形状,节省原材料。

③ 避免弯形零件可能发生的折裂。

4)注塑类及压铸、压制零件在结构上的特点

① 注塑制件在结构设计上应注意的问题如下:

塑件沿脱模方向的内、外表面在一般情况下都应带有一定的斜度,以减少脱模时遇到的阻力。只有当塑件的高度很小并采用缩小率较小的熟料成型时,才可以不考虑脱模斜度。塑件的壁厚要结合使用要求考虑,例如强度、刚度、绝缘性、质量、稳定性和其他零件之间的装配关

系。同时，还要考虑成型时的工艺性要求，例如对熔体的流动阻力、顶出时的力度和刚度等。在满足工作要求和工艺性能的前提下，塑件壁厚的设计还应遵循一些基本原则。由于壁厚的塑件容易产生表面凹陷和内部缩孔，因此首先要尽量减小壁厚，这样不仅可以节约材料、降低能源消耗，还可以缩短成型的周期，有利于获得质量较优的塑件。其次要尽可能保持壁厚的均匀性，当塑件的壁厚不均匀时，成型中的各部分冷却所需的时间不同，收缩率也不一样，容易造成塑件的内应力和翘首等变形，还要尽可能减少各部分的壁厚差别，一般情况下应使壁厚的差别保持在 30 % 以内。最后是加强筋，塑件上增设加强筋是为了在不增加壁厚的情况下增强塑件的刚性，防止塑件发生变形。对加强筋设计的基本要求是，塑件上筋条的方向应不妨碍脱模，也不妨碍充模过程中的流动和收缩。加强筋本身应带有大于塑件主体部分的脱模斜度，使塑件壁厚的均匀性没有明显变化。

② 塑料压制件的特点如下：

● 在塑件的转角部位采用过渡圆角，减少应力集中的影响，提高塑件的强度。

● 在设计仪器仪表的旋钮时可以使用滚纹，增加旋钮时的摩擦力。

● 孔的位置应不影响塑件的总体强度，孔与塑件边缘之间的距离或各孔之间的边缘距离，最小不应小于孔径。

● 凡是带内、外螺纹的塑件，在形成螺纹的起始和收尾部分，都要留有一定高度不带螺纹的台阶，避免在螺纹上形成尖边，因为尖边可能导致使用过程中的崩扣。

③ 压制具有金属嵌入件的塑料零件在结构上需注意的问题如下：

● 金属嵌入件应具有对称性。

● 压缩套管不应放在零件的表面或者边缘附近。

● 长的金属嵌入件可为塑料的收缩创造有利条件。

● 为了增加嵌入件的强度，埋入部分应当使用填充塑料的孔或凹口。

3. 确定尺寸的要求

确定尺寸是仪器设计过程中的一个重要环节，具体要求如下。

(1) 根据外廓确定尺寸

仪器仪表一般安装在主体设备上或单独使用，设计时应根据安装的空间拟定出大致的外廓尺寸，再确定各部件的尺寸，最后根据零部件确定详细的外廓尺寸。

(2) 根据使用要求确定尺寸

使用要求包括强度、刚度、稳定性、可靠性、使用方便性等。

1) 根据强度条件确定尺寸

强度条件是零件完成使用目的的最基本要求。

2) 根据刚度条件确定尺寸

刚度条件是指零件的弹性变形不超过使用要求所容许的限定值。

3）根据稳定性条件确定尺寸

当细、长轴杆等受纵向力时要考虑它的稳定性，对壁薄零件也是如此。

4）根据精度条件确定尺寸

影响精度的因素很多。例如从摩擦学理论可知，转动轴颈的直径越大，则其摩擦力矩就越大；从相对位移的角度出发，压力表的指针轴颈应尽可能小，指针的刻度盘则应尽可能大；从运动规律的条件出发，齿轮传动或齿形带传动能够保证准确的瞬时传动比，链传动则能够保证准确的平均传动比，普通带传动和摩擦轮传动具有一定的滑差率。

5）根据运动不自锁的条件确定尺寸

不自锁条件是相对运动部分必须保证的条件之一。

6）根据实现运动规律的条件确定尺寸

如凸轮机构运动规律是确定凸轮径向尺寸的依据。

7）根据使用方便的条件确定尺寸

仪器仪表各按钮的位置尺寸，应尽量让使用者在不频繁移动或改变姿态的情况下容易操作。

(3) 根据生产的要求确定尺寸

根据加工的可能性和经济原则确定尺寸，具体原则如下。

1）经济性原则

尽量采用标准直径、标准长度、标准件等标准尺寸，是设计者应力求遵循的经济性原则。标准尺寸是标准化的重要内容之一，其目的在于简化刀具和量具的数目，提高互换性。

2）工艺性原则

铸造、塑料压制、冷冲压、切削、装配等都应遵循工艺极限尺寸的要求。

3）经验原则

对于一些不重要的零件，当影响因素复杂而无法计算尺寸时，可以根据以往仪器仪表在设计、使用过程中的实践经验确定尺寸，并吸取富有经验的设计师所积累的经验数据。

1.3.5　精密仪器设计的任务分析

为了把仪器设计好，首先需要对设计任务有详细的了解并进行认真的分析。设计任务分析就是要弄清楚对仪器设计所提出的要求和限制，使仪器能够实现和满足设计任务所要求的各项技术指标。

精密仪器的设计任务一般有三种：

① 仪器的技术指标一般由用户提出，根据用户的要求，针对特定的被测对象和被测参数开展仪器的设计工作。设计者应根据具体的技术指标编制出相应的设计任务书。

② 对于通用仪器产品和系列产品的设计，一般是根据对市场需要的调查，由生产厂家提出适当的产品系列及相应的技术指标，以便用最少的系列来满足最大的社会需求。

③ 根据技术的发展和对社会需求的预测，研制性能好、功能全、技术先进的新型仪器产

品,进行开发性设计。

就设计任务的分析而言,对以上三种情况需侧重考虑的内容是不同的。

对精密仪器设计任务的分析还要参照以下内容。

(1) 被测参数的特点

设计仪器的任务是为了实现对被测参数的测量,了解被测参数的特点是仪器设计的基础。被测参数的特点是指被测参数的性质(单值参数、复合参数)、状态(瞬态值、稳态值、动态量、静态量)、定义、精度和范围等。测量原理必须严格地与被测参数本身的定义相符合。几何量测量中的各种被测参数如量块的长度、零件的表面粗糙度及各种形位公差等都有明确的定义,如果不理解这些定义,就可能在测量原理或数据处理方面出现错误而导致设计失败。被测参数的其他特点也都与仪器设计有着密切的关系。

(2) 被测参数载体(被测对象)的特点

在几何量测量中的被测参数载体即被测对象,一般是指各种各样的机械零件,被测参数则是在这些零件上的各种几何量。为了把仪器设计好,就必须了解有关的被测参数载体,包括被测零件的大小、形状、材料、重量和状态等特点。对于其他物理量的测量,同样要了解被测参数载体的相关特点。

(3) 仪器的功能要求

仪器在功能方面的要求包括用途、检验效率、承载能力、操作方式、外廓尺寸、承载重量,以及测量结果的显示方式,如指示表、数字显示、图像显示、记录、打印等。

(4) 仪器的使用条件

使用条件指仪器是在室内还是室外工作、在计量室还是车间使用、在线测量还是离线测量、间歇工作还是连续工作(以及连续工作的时间)、温度变动的范围、振动、湿度、灰尘、油污以及外界干扰等使用条件。

(5) 国内外同类产品的状况

通过查找资料、收集产品样本以及调研等多种途径,对国内外同类产品的类型、原理、技术水平及特点等进行分析研究。

(6) 制造厂商的相关情况

了解仪器制造厂商的有关资质、人员状况、研发能力、设备档次、生产规模、制造能力、加工水平、产品质量、信誉等级等,为仪器的优质生产打下基础。

通过以上分析,对设计任务以及与所设计仪器有关的问题有了一个全面的认识。在此基础上还应弄清楚上述问题中哪些是主要的,是要在设计中必须首先解决和保证的;哪些是次要的,在设计中不必重点解决和保证的,以便集中精力针对一些关键的问题进行深入研究。通过对设计任务的分析,还应当进一步审定设计任务中所提出各项技术指标的合理性,对于其中不确切或不恰当的要求应提出修改意见,协商解决。另外,还要注意在仪器的精度储备与功能扩展方面,是否有必要在设计上留有余地,这对于设计任务的分析也有一定的参考意义。

1.3.6 精密仪器设计的程序步骤

精密仪器设计的基本程序步骤可以归纳如下。

(1) 确定设计任务

根据国家的发展、国内外市场的需求或用户的要求确定。

(2) 调研同类产品

调查研究国内外同类产品的性能、技术指标和特点。

(3) 制定设计任务书

对设计任务进行分析,制定出设计任务书。

(4) 总体方案设计

在明确设计任务和深入调查之后,开展总体方案的构思和设计。

总体方案设计的内容主要包括:

① 对需要实现的功能进行分析;

② 确定信号转换的原理与流程;

③ 确定有关机、光、电、算系统的配置并建立数学模型;

④ 确定仪器的主要参数,包括必要的分析和计算;

⑤ 对设计的经济性进行评价。

总体设计是仪器设计中的关键一步。在分析时要绘出示意图,画出关键部件的结构图,包括机、光、电各部分的结构设计与计算,进行初步的精度试算和精度分配,开展方案论证和必要的模拟运算,检验所拟定的方案是否可行。待最佳方案确定之后,进入下一步具体的技术设计。

(5) 技术设计

技术设计的内容主要包括:

① 总体结构设计;

② 零部件设计;

③ 精度设计与计算;

④ 技术经济性评价;

⑤ 编写设计说明书。

(6) 样机制造与技术鉴定

样机制造与产品试验,发现问题及时修改设计;样机鉴定后编写设计说明书、使用说明书、检定规程。根据试制和试验总结修正设计,最后定型并进行技术、经济评价及市场情况分析。

(7) 批量投产

经济、合理地组织批量生产,正确选择批量的大小与合理确定批量的生产间隔,对提高仪器的批量生产与经济效益具有重要意义。

习　题

1. 仪器科学的概念是什么?
2. 仪器科学的学科属性体现在哪几个方面?
3. 精密仪器由哪几部分组成?
4. 简单介绍航空航天精密仪器的研究现状与发展趋势。
5. 精密仪器设计的基本要求有哪些?
6. 精密仪器设计的程序步骤有哪些?

第 2 章 精密仪器的设计思路

在长期的精密仪器设计与实践的过程中,为了提高测量精度、改善仪器的性能,积累了一些很好的设计构思和方法,按照这些思路进行设计,就能够达到良好的效果。在开始设计精密仪器时,首先要从理论分析和实验研究两个方面入手,对精密仪器设计中测量原则的确立、测量原理的分析、测量方法的建立、主要结构参数和技术指标的确定等进行深入研究,这样,设计工作往往就容易获得成功;反之,如果盲目地开展设计,则难免遭到失败。精密仪器的总体设计是指在具体的设计之前,从仪器的总体角度出发,对设计问题进行全面的构思和整体的规划。每个从事精密仪器设计的人员都应该认识到,总体设计是仪器设计中必不可少的一个重要环节。

本章包括精密仪器的总体设计、精密仪器设计中的主要因素和精密仪器设计中的基本原则等内容。

2.1 精密仪器的总体设计

本节在仪器设计实践的基础上,结合一些具体的实例对精密仪器总体设计中需要考虑的主要问题和相应的分析方法进行论述。

2.1.1 精密仪器的设计原理

精密仪器的设计原理主要包括平均读数原理、位移量同步比较原理、补偿原理、零位测量原理及差动测量原理等。

1. 平均读数原理

在实际测量中经常利用多次读数求取算术平均值的原理来提高读数的准确程度,称之为平均读数原理。由于仪器的读数值是由多个读数的平均值所构成的,所以能够获得比较高的读数精度。

在圆分度测量装置例如光学分度头中,当采用单个读数头的单面读数时,由于读数晃动或度盘安装偏心等原因,使仪器不可避免地产生读数误差。如图 2-1 (a)所示,设 O 为度盘的几何中心,O' 为主轴的回转中心,即度盘存在着安装偏心;I 为读数头的瞄准位置。当主轴转过一个 θ 角时,度盘的几何中心转至 O_1 点,如图 2-1(b)所示。此时相对于读数头的瞄准位置 I 而产生的读数误差为

$$\Delta\theta = \frac{e}{R} \cdot \sin\theta \tag{2-1}$$

式中　e——安装偏心；

　　　R——度盘的刻划半径；

　　　θ——主轴的偏转角。

如果仪器的主轴在转动时还伴有轴系的晃动，那么所产生的读数误差与上面的分析类似。

式（2-1）所表示的读数误差是单面读数的圆分度测量装置所固有的。

为了消除这一误差，在高精度的圆分度测量装置中一般不采用单面读数，而是采用平均读数的方法。例如在度盘直径的两端分别安装两个读数头 I 和 II，如图 2-1(c) 所示，将这两个读数头的平均值作为度盘在该位置处的读数值。这样因度盘的安装偏心或轴系晃动带来的读数误差便可自动消除。这种消除读数误差的基本原理是很容易理解的，因为如果读数头 I 的读数误差为正，则读数头 II 的读数误差一定为负，且两者的大小相等、符号相反，所以取它们的平均值便自动消除了读数误差。

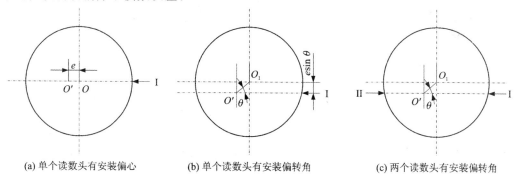

(a) 单个读数头有安装偏心　　　(b) 单个读数头有安装偏转角　　　(c) 两个读数头有安装偏转角

图 2-1　度盘的平均读数原理

下面讨论更一般的情况。

假设度盘同时存在刻划误差、安装偏心误差和分度头轴系晃动误差，沿度盘的圆周均布着 n 个读数头。下面分析当用 n 个读数头的读数平均值作为读数结果时，这些误差对读数结果的误差影响情况。

这些误差对于一个读数头而言，所引起的读数误差可由各阶谐波的周期误差来表示：

$$\Delta\theta_{\Sigma 1} = \sum_{k=1}^{m} \frac{e_k}{R} \cdot \sin k\theta \tag{2-2}$$

式中　k——各阶谐波的阶次；

　　　e_k——各阶谐波的幅值。

当用 n 个读数头的读数平均值作为读数结果时，读数误差可以表示为

$$\Delta\theta_{\Sigma n} = \frac{1}{n}\sum_{k=1}^{m} \frac{e_k}{R} \cdot \left\{ \sin k\theta + \sin k\left(\theta + \frac{2\pi}{n}\right) + \sin k\left(\theta + 2\times\frac{2\pi}{n}\right) + \cdots + \right.$$
$$\left. \sin k\left[\theta + (n-1)\times\frac{2\pi}{n}\right] \right\} \tag{2-3}$$

对于某一阶谐波而言,式(2-3)可以改写为

$$\Delta\theta_{\Sigma nk} = \frac{1}{n} \cdot \frac{e_k}{R}\left\{\sin k\theta + \sin k\left(\theta + \frac{2\pi}{n}\right) + \sin k\left(\theta + 2\times\frac{2\pi}{n}\right) + \cdots + \right.$$

$$\left. \sin k\left[\theta + (n-1)\times\frac{2\pi}{n}\right]\right\} \tag{2-4}$$

将式(2-4)整理后得

$$\Delta\theta_{\Sigma nk} = \frac{1}{n} \cdot \frac{e_k}{R}\left\{\sin k\theta\left[1 + \cos k\left(\frac{2\pi}{n}\right) + \cos k\cdot 2\cdot\left(\frac{2\pi}{n}\right) + \cdots + \cos k\cdot(n-1)\cdot\left(\frac{2\pi}{n}\right)\right] + \right.$$

$$\left. \cos k\theta\left[\sin k\left(\frac{2\pi}{n}\right) + \sin k\cdot 2\cdot\left(\frac{2\pi}{n}\right) + \cdots + \sin k\cdot(n-1)\cdot\left(\frac{2\pi}{n}\right)\right]\right\} \tag{2-5}$$

利用三角数列公式:

$$1 + \cos k\left(\frac{2\pi}{n}\right) + \cos k\cdot 2\cdot\left(\frac{2\pi}{n}\right) + \cdots + \cos k\cdot(n-1)\cdot\left(\frac{2\pi}{n}\right) =$$

$$\frac{\cos\left(\frac{n-1}{2}\cdot k\cdot\frac{2\pi}{n}\right)\sin\left(\frac{n}{2}\cdot k\cdot\frac{2\pi}{n}\right)}{\sin\left(k\cdot\frac{2\pi/n}{n}\right)}$$

$$\sin k\left(\frac{2\pi}{n}\right) + \sin k\cdot 2\cdot\left(\frac{2\pi}{n}\right) + \cdots + \sin k\cdot(n-1)\cdot\left(\frac{2\pi}{n}\right) =$$

$$\frac{\sin\left(\frac{n-1}{2}\cdot k\cdot\frac{2\pi}{n}\right)\sin\left(\frac{n}{2}\cdot k\cdot\frac{2\pi}{n}\right)}{\sin\left(k\cdot\frac{2\pi/n}{n}\right)}$$

则式(2-5)可改写为

$$\Delta\theta_{\Sigma nk} = \frac{1}{n} \cdot \frac{e_k}{R}\left\{\sin k\theta \cdot \frac{\cos[k\pi - (k/n)\pi]\sin k\pi}{\sin(k/n)\pi} + \cos k\theta \cdot \frac{\sin[k\pi - (k/n)\pi]\sin k\pi}{\sin(k/n)\pi}\right\} \tag{2-6}$$

由于谐波的阶次 k 为整数,故式(2-6)中等号右边的第 2 项为零。于是式(2-6)简化为

$$\Delta\theta_{\Sigma nk} = \frac{1}{n} \cdot \frac{e_k}{R}\left[(-1)^k\sin k\theta \cdot \frac{\cos(k/n)\pi\cdot\sin k\pi}{\sin(k/n)\pi}\right] \tag{2-7}$$

下面对式(2-7)进行讨论:

① 当 $k=cn$(其中 c 为正整数),即谐波的阶次为读数头个数 n 的整数倍时,则式(2-7)中的 $\frac{\cos(k/n)\pi\cdot\sin k\pi}{\sin(k/n)\pi} = n$,于是式(2-7)绝对值的最大值为

$$|\Delta\theta_{\Sigma nk}|_{\max} = \frac{1}{n} \cdot \frac{e_k}{R}\cdot n = \frac{e_k}{R} \tag{2-8}$$

② 当 $k\neq cn$,即谐波的阶次不等于读数头个数 n 的整数倍而为其他整数时,则式(2-7)中的

$\dfrac{\cos(k/n)\pi \cdot \sin k\pi}{\sin(k/n)\pi} = 0$，于是式(2 - 7)进一步简化为

$$\Delta\theta_{\Sigma nk} = 0 \qquad\qquad (2 - 9)$$

由式(2 - 8)和式(2 - 9)可知，在光学度盘式的圆分度测量装置中，当采用在度盘的圆周上均布 n 个读数头的结构并取 n 个读数头的读数平均值作为读数结果时，可以消除 $k = cn$（其中 c 为正整数）阶谐波以外的所有谐波分量对读数误差的影响。

需要说明的是，考虑到加工工艺及其他方面的原因，在光学度盘式测角仪中一般并不采用多于两个读数头的结构，而是在度盘直径的两端（对径位置）分别安置两个读数头或采用合像的方法。在光学度盘式分度头中一般都是采用合像的方法，这样便可以消除所有奇次谐波误差对读数结果误差的影响。关于合像的具体方法及其消除读数误差的基本原理，可参阅有关文献，此处不再赘述。

2. 位移量同步比较原理

对于一些复杂参数如渐开线齿形误差、齿轮运动误差和丝杠周期误差等的测量，过去普遍采用的是建立相应的标准运动，然后与被测运动进行比较测量的方法。这类方法的共同特点是在原理上符合按被测参数的定义进行测量的基本原则，但是为了实现两个运动之间的相互比较，仪器的结构复杂，测量链长，传递环节多，工艺难度大；特别是当要求仪器具有比较大的通用性时，这些问题尤其突出。例如老式万能渐开线检查仪的机械结构非常复杂；老式机械式齿轮单面啮合检查仪长期停滞在原理阶段而得不到推广应用的原因，也是机械结构过于复杂。

近年来由于光栅、激光、电子技术的发展，对上述复杂参数的测量采用了位移量同步比较的原理，在仪器的方案设计方面有所突破。由于这类参数大都是由线位移和角位移通过一定的复合运动所形成的，因此从位移量同步比较的原理出发，设计的思路是：在相应的位移作同步运动过程中分别测出各自的位移量，根据其间的特定关系直接进行比较进而实现测量。这样，避免了通过标准运动和被测运动之间的比较所需要的复杂机械结构。

图 2 - 2 所示的渐开线齿形测量方案就是采用了位移量同步比较的原理，仪器的结构简单，测量链短，精度高，性能好。从总体机械结构来看，除了要求轴系及导轨有较高的精度外，其他机械部分均比较简单。这种位移量同步比较的原理在复合参量的测量中已经广泛应用，收到了良好的效果，有取代传统的建立标准运动原理的趋势。但位移量同步比较原理在非连续复合参数的测量中也存在一定的问题。例如滚刀的检验，如图 2 - 3 所示，由于在滚刀上开有刃口，使得螺旋线变为不连续，无法在两个位移量之间进行同步比较。因此如果需要反映齿轮滚刀的各项精度指标，在设计滚刀检查仪或其他类似仪器时，仍然建议采用标准运动的测量原理。

3. 补偿原理

在精密仪器的设计中，补偿原理是一种内容广泛和意义重大的设计原理。仪器的精度主

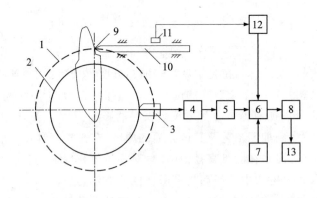

1—齿轮基圆；2—磁盘；3—磁头；4—放大与波形变换电路；
5—分频器；6—计算机；7—预调开关；8—模/数转换器；9—触头；
10—光栅尺；11—读数头；12—放大与波形变换电路；13—记录器

图 2-2　渐开线齿形的测量图

要是靠加工精度保证的,在设计中如果巧妙地采用一些补偿、调整、校正环节等技术措施,则往往能够在提高精度和改善性能方面收到良好的效果。补偿原理的范围几乎包含了精密仪器设计中有关调整、校正、修正等所有内容。尤其是采用计算机之后,补偿原理的使用范围愈加广泛。

补偿原理的内容主要包括以下几点。

(1) 补偿环节

为了取得比较明显的补偿效果,应很好地选择实施补偿的环节。一般应在仪器工艺中的一些薄弱环节、精度上的关键环节和对环境条件及外界干扰的敏感环节进行补偿。在选择具体的补偿措施时,还要考虑该环节的补偿是否易于实现、补偿的效果是否显著等。

2-3　各类滚刀

(2) 补偿方法

常用的补偿方法包括硬件补偿和软件补偿两种。硬件补偿是指采用具体的结构措施对仪器进行补偿;软件补偿则是通过数据处理或计算机编程进行补偿。例如在精密刻线机中对精密丝杠螺距误差所做的结构补偿就属于硬件补偿;在圆度仪中为消除轴系的径向误差而对测量结果所实施的修正就属于软件补偿,它是运用误差分离技术,通过数据处理把轴系的径向误差从测量结果中修正掉而实现补偿的。下面对轴系径向误差的软件补偿原理进行说明。

图 2-4 是轴系径向误差的分离方法。它分别利用两个测头 A 和 B,其中测头 A 用于测量位移,测头 B 则同时测量位移和角度。

假设 P 为被测件上的某一点。测头 B 在某时刻的位移输出为 $S_B(\theta)$,角度输出为 $\Phi_B(\theta)$;测头 A 的位移输出为 $S_A(\theta)$,则下列关系式成立:

$$\left. \begin{aligned} S_B(\theta) &= r(\theta) + e_x(\theta) \\ \Phi_B(\theta) &= \frac{dr(\theta)}{R_r d\theta} - \frac{e_y r(\theta)}{R_r} \\ S_A(\theta) &= r(\theta - \beta) + e_y(\theta)\sin\beta + e_x(\theta)\cos\beta \end{aligned} \right\} \quad (2-10)$$

式中　θ——矢径 $\overrightarrow{OP}$ 与 x 轴之间的夹角;

$r(\theta)$——被测件的圆度误差;

R——被测件的半径。

在式(2-10)中,测头的输出信号中含有三个未知分量,分别为主轴的圆度误差 $r(\theta)$、主轴的回转误差 $e_x(\theta)$ 和 $e_y(\theta)$。

如果消除了主轴的回转误差,则差分输出可表示为

$$S(\theta) = r(\theta) - \frac{r(\theta - \beta)}{\cos\beta} - \tan\beta \frac{dr(\theta)}{d\theta}$$

相应的传递函数为

$$H(\omega) = \frac{M(\omega)}{R(\omega)} = 1 - \frac{e^{-i\omega\beta}}{\cos\beta} - i\omega\tan\beta$$

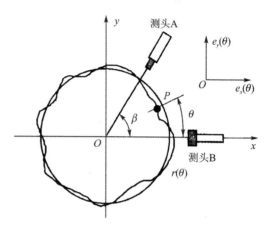

图 2-4　轴系径向误差的分离

式中,$M(\omega)$ 和 $R(\omega)$ 分别是 $S(\theta)$ 和 $r(\theta)$ 的傅里叶变换。再通过反傅里叶变换即可求出主轴的圆度误差 $r(\theta)$,进而将轴系的径向误差分离出来。

(3) 补偿要求

不同的补偿对象有不同的补偿要求。有时要求对整个行程范围或量程范围进行连续的逐点补偿,例如对导轨直线度误差的补偿,一般就要求在整个行程范围内实施连续补偿;有时则仅要求在几个特征位置进行补偿,例如对仪器示值误差的校正,一般仅要求校正几个特征点,如首尾两个点或中间再选几点,在几个特征点上保证仪器的示值准确即可。

(4) 综合补偿

为了达到补偿、校正仪器总体或部分误差的目的,在仪器的设计中往往采用综合补偿的办法。不论误差产生于哪个环节,通过某些特定环节的调整之后就可以收到综合补偿的效果。例如杠杆齿轮式机械测微仪中的杠杆短臂,就是综合补偿的调整环节,它具有结构简单、补偿效果好的优点。

4. 零位测量原理及差动测量原理

在测量时调整与被测量在平衡时有已知关系的量,其中被测量和调整的量可以是不同类型的,这种利用平衡原理确定被测量值的方法称为零位测量原理。

下面以称重传感器为例说明零位测量的基本原理。图 2-5 所示为利用电磁力平衡称重的零位测量原理,其中秤盘 1 与吊杆 2 连接,吊杆 2 和平行导向杆 3 组成平行四边形。吊杆 2 在弹性支承 4 的导向下只能作垂直方向移动。秤盘中砝码的重力作用在吊杆 2 上,并通过联接杆 5 作用到横梁 6。横梁 6 支撑在挠性支点 7 上,能够绕支点 7 摆动。线圈 8 固定在横梁 6 上。当有电流流过线圈 8 时,在横梁 6 上产生一个电磁力,不同大小的电流产生不同的电磁力。通过调节流过线圈电流的大小,使作用在横梁 6 上的电磁力与称重力之间达到平衡。选择支点 7 的不同位置,可以使称重力与电磁力之间达到不同的比例关系。光电位置指示器 12 通过横梁 6 上的遮光板 11 检测出横梁 6 的零位。当横梁偏离零位时,遮光板 11 部分地遮挡了从光源发出的光;横梁偏离零位愈多,光电传感器输出的电压就愈大。该电压经放大之后送

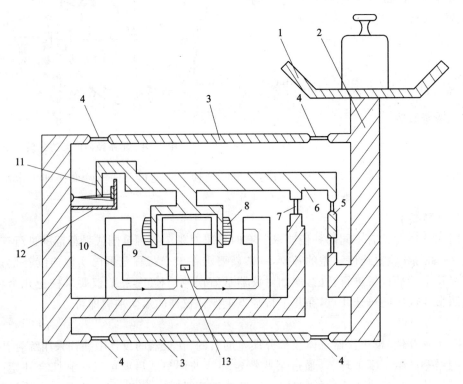

1—秤盘;2—吊杆;3—平行导向杆;4—弹性支承;5—联接杆;6—横梁;7—挠性支点;
8—线圈;9—永久磁铁;10—磁力线;11—遮光板;12—光电位置指示器;13—温度传感器

图 2-5 电磁力平衡称重的零位测量原理

到电流调节器以调节流过线圈的电流,使横梁上的作用力重新趋于平衡,横梁恢复到零位,即通过电流量来平衡称重,根据电流的值就可以测得被称重的量值。在传感器达到力的平衡位置时,由于横梁的几何位置始终处于同一位置的零位,消除了支承机构作用力的影响和位置传感器非线性的影响,使传感器的非线性小、灵敏度高、无滞后。这是零位测量原理传感器所具有的主要优点。

差动测量原理的应用也很普遍。它具有线性范围大、精度高、灵敏度好以及抗干扰能力强等优点。差动测量原理在精密仪器的设计中已经得到了广泛的应用,如在几何量测量传感器中就有差动气动传感器、差动电感传感器等多种不同形式的差动测量器件。

2.1.2　精密仪器的设计方法

设计方法反映设计过程中的客观规律,是仪器设计质量的重要保证。它可为设计进程中的各个阶段、工序、环节提供具体的方法,为提高设计的功效与综合管理水平提供技术手段,加快从经验设计或类比设计到现代科学设计的进程,尽快地找出最佳的测量方案,保证高效的设计质量,减少盲目设计的程度,使专业技术人员有更多的时间从事创新性的设计工作。近年来出现的现代设计主要是指系统工程、优化设计、可靠性设计、计算机辅助设计以及价值工程等方面的理论或方法。

1. 系统工程在仪器设计中的应用

系统工程包括系统和工程两部分。所谓系统是指按一定秩序分布的各个元素的总体,这些元素依靠其各自的特性以一定的关系相互地联系起来;工程则是产生一定效能的方法。系统工程的定义有很多种,钱学森认为它是一种科学方法,也有学者认为是一门科学,还有人说是一门特殊的工程学,但多数人认为它是一种管理技术。一般认为系统工程就是从整体出发,合理地设计、开发、实施和运用系统科学的一种工程技术。它根据总体协调的需要,综合应用自然科学和社会科学中有关的思想、理论和方法,利用电子计算机作为工具,对系统的结构、要素、信息和反馈等进行分析,达到最优规划、最优设计、最优管理和最优控制的目的,为复杂系统的设计、分析、计划和管理提供最优方法或手段。

系统工程是系统科学的一个重要领域。它的理论基础和基本思想是:首先为了获得信息要对系统进行研究,找出系统结构的相关知识、组织、经验和实体的系统特性;其次为了处理信息还要研究关于真实状态选择中合理特性的相关知识,通过一定的模型找出相应的决策;最后再利用运筹学进行系统中函数过程的最优计算。

技术结构的输入与输出可分成能量流、材料流和信息流三大流。一般把待设计系统看成是经三大流转换的一种技术系统。图 2-6 所示为模块式产品设计的系统工程工作步骤,系统工程的工作过程分为信息获得(或系统分析)、信息处理(或系统选择)和信息数据给定(或系统计划实现)三个主要阶段。例如信息获得阶段是从系统研究或系统规划开始的,一般是通过对市场的分析和发展趋势的研究获得相关信息;系统研究是为了清楚地描述待解决的问题,所形成的信息将成为系统开发的起点。信息获得阶段的系统综合是在获得信息的基础上进行方案研究和开发,在信息处理中应当提出尽可能多的原理方案或结构设计,了解每个方案或设计的特点,分析哪些方案能够最优地满足设计任务的要求。在系统综合阶段也要进行相应的系统分析,找出相关的特性作为系统评价的基础,从中找出最优的方案。信息处理阶段的系统评价是系统决策的基础,也即确定最终有效方案的基础。最后在信息数据给定阶段给出相应的信息数据。上述工作步骤往往需要经过若干次之后才能最终得到所求问题的最优解。

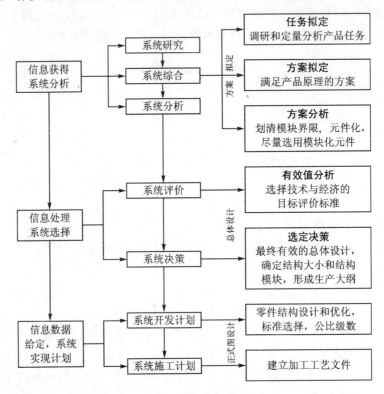

图 2 - 6　模块式产品设计的系统工程工作步骤

2. 优化设计——三次设计技术

某试验机的优化设计原理如图 2-7 所示。图 2-7(a)为试验机的主机结构,主要由上横梁、滚珠丝杠副、导向立柱、导向套、支撑立柱、压盘座、传感器、上下压盘、轴承、轴承盖、螺栓、移动横梁、拉杆、底座、左右支脚等组成。图 2-7(b)为采用 ANSYS 优化设计迭代算法对试验机结构进行优化设计的步骤。该方法将试验机的结构建模与分析过程编成参数化结构分析命令流文件的形式,在 ANSYS 中对试验机的结构进行有限元分析,提取与优化目标及约束有关的各状态变量;在敏度分析命令流文件中分别设置设计变量、状态变量和目标函数,并利用 ANSYS 梯度法求解目标函数和状态变量对设计变量的敏度,然后利用导重法进行迭代寻优。

在结构重量不变和满足材料许用应力的前提下,能够得到较好的优化效果。

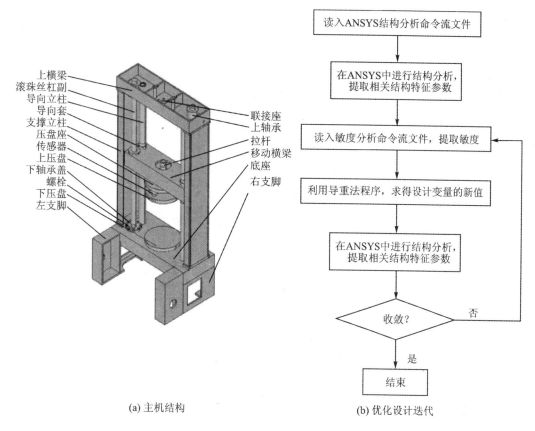

(a) 主机结构　　　　　　　　　　　(b) 优化设计迭代

图 2 - 7　某试验机的优化设计原理

任何仪器均可以看成为一个系统。一旦确定了系统的输入与输出指标,系统的优化问题便转化为从系统的结构集合和系统的参数集合这两个集合中挑选出最佳的元素。

优化设计就是将优化技术应用于仪器的设计过程中,以便获得比较合理的精密仪器设计参数。优化设计方法分为直接法和求导法两种。其中直接法是直接计算系统的函数值或比较函数值作为迭代收敛的基础;求导法则是以多变量函数的极值理论为依据,利用函数性态作为迭代收敛的基础。两种方法的择优和运算过程均按预先编制的程序在计算机上进行,因此也称为自动优化设计。

自动优化设计的具体步骤如下:

① 将精密仪器的设计问题转化为数学规划问题,建立相应的数学模型,选取设计变量为目标函数,确定约束条件;

② 选择最优化计算方法;

③ 按最优化算法编写迭代程序；

④ 利用计算机选择最优设计方法；

⑤ 对该方法进行分析，判断是否满足仪器的设计需求。

近年来优化设计技术得到了迅速的发展，已经开始应用于仪器的工程设计之中。实践证明，优化设计可以显著地提高仪器设计的质量和加快仪器设计的进度。

在优化设计中，三次设计目前在仪器中的应用比较多。

仪器的三次设计一般分为三个阶段：

系统设计为第一阶段。由专业人员设计出产品的结构和各元器件的中心值及其误差范围，通常称为专业设计。这个阶段通常采用传统设计的方法，主要依据传统的经验公式、实验公式以及设计者的经验。从优化的角度来看，无论是以计算为主还是以实验为主，所设计的参数均带有直接的性质，即通过系统的输入、输出指标，根据系统的物理性能直接设计出系统的参数值，以符合设计指标的要求，完成相应的设计工作，这时尚未考虑系统参数的优化问题。

参数设计为第二阶段。这是一个新的设计技术，是设计高质量仪器的重要阶段，其目的是从庞大的组合关系中找出最好的参数搭配关系，以使产品的质量稳定可靠。这个阶段用到了非线性技术以及处理多种因素之间搭配关系的优选技术，结果可能会改变第一阶段所设计元器件的参数与中心值。该阶段往往可以使产品的精度、质量和稳定性得到大幅度的提升。这项技术要反复应用大型正交表在计算机上完成。在多数情况下，不经过参数设计的仪器不可能成为质量最好的产品。

允差设计为第三阶段。找出对产品质量影响显著的元件，对其进行经济效益计算，确定高质量、低成本的方案。其一般也是在计算机上反复应用正交设计技术完成的。

经过三个阶段的设计之后，产品的质量接近于最佳平均值，同时趋近于正态分布。

3. 可靠性设计

可靠性设计包括从仪器的设计开发到产品生产的全过程，通常包括定义、论证与研制、生产、功能与维修四个阶段，各阶段的内容及其相互关系如图 2-8 所示。

(1) 产品的可靠性分析

产品的可靠性分析是可靠性设计中的基本内容之一，可以从不同角度对产品的可靠性进行分析。例如对产品结构原理的分析，目的在于分析组成产品的各系统工作原理，以及它们与整机之间的关系，系统的输入/输出及反馈关系，产品与运输、使用与外界环境之间的关系等。在可靠性分析中，要建立整机与部件、部件与部件、部件与元件之间的逻辑图和数学、物理模型，通过对逻辑图和模型的分析，保证所设计产品的可靠程度。

(2) 产品设计与研制中的可靠性

任何产品都具有一定的功能以达到所要求的使用目的。产品设计与研制中的可靠性具体包括以下几点。

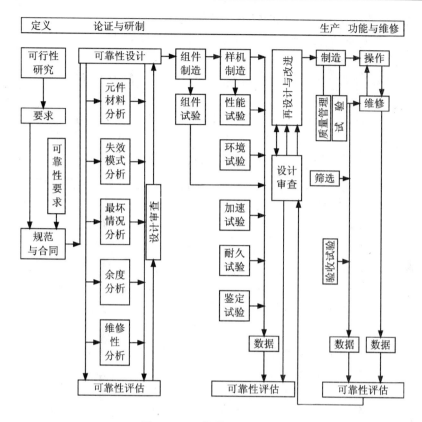

图 2-8　可靠性设计流程图

1）可行性研究

可行性研究是指在达到目标的多种可能途径与手段中选择最优的一种，属于一种工程决策。在可行性研究的基础上，要充分考虑产品的效果及长远利益，通过论证对各项指标的各种可能的实现方法，结合试验做出进一步的判断；还要对材料及元器件进行详细的分析，特别是它们的寿命和失效率；在引用手册上的数据时，要注意相应的使用条件。

2）产品的可靠性设计

产品的可靠性设计通常包括以下内容。

① 失效模式、效果及致命度分析。

分析硬件单元所有可能的故障模式及其机理，研究确定每种故障对硬件单元、产品及人员安全的影响，提出设计的修改意见。故障分析不仅要包括最坏情况的定性分析，而且要尽量予以量化。

② 可靠性预计及可靠性分配。

在没有相关产品失效数据的条件下，可以通过可靠性预计使产品可靠性的设计达到定量化。根据失效数据确定元器件的可靠性,然后确定部件乃至整个产品的可靠性。可以根据具体产品的可靠性指标,将其合理地分配到相应的部件和元器件之中。

③ 结构、漂移及兼容设计。

根据给定的精度条件进行合理的结构设计。可以对元器件参数的容许误差、电路的寄生参数漂移等进行设计,以及进行防止外界干扰、误操作的兼容设计等。

④ 安全与维修设计等。

(3) 可靠性试验

可靠性试验是为确定产品可靠性的特征量数值而开展的一种试验。由于产品的复杂程度不同,使用条件、抽样方法、失效数据及统计方法存在差异,在说明产品的可靠性时应当给出具体的试验条件及数据处理方法。

可靠性试验的目的是:

① 及时发现产品在设计、材料、工艺等方面的缺陷,为改进设计提供依据;

② 积累准确的可靠性数据,为工作状态的检查、维修与成本估计提供基础。

产品可靠性试验分为破坏性试验和非破坏性试验两种。试验的内容包括寿命试验、可靠性增长试验、可靠性鉴定试验等。

(4) 可靠性统计评定

仪器产品的主要性能及可靠性指标均与使用的环境有关,产品在使用一定时间之后能否继续保持原有的设计指标以及寿命的分布规律如何,只能采用随机抽样的方法进行试验,根据试验数据获得可靠性的特征量,来进一步评定产品的可靠性指标。通常采用统计分析的方法,如点估计法和区间估计法。如果经过统计处理得出的数值是一个单值,则称为点估计法;如果得出的是一个有上限和下限的区间,则称为区间估计法。

(5) 可靠性管理

管理工作与技术规划均属于可靠性管理的范畴。精密仪器仪表的特点是技术要求高、品种繁多、材料新、工艺好,因此可靠性管理对于设计工作尤为重要。

4. 计算机辅助设计 (CAD)

计算机的飞速发展为产品设计提供了良好的条件。CAD 系统的开发为设计工作提供了极大的便利,如设计、检索、计算、绘图、汇总、放大或缩小、打印等。

计算机辅助设计的目标是通过人机合作,最大限度地发挥人和机各自的功能。新产品的设计内容一般包括创造性和常规性工作两部分。人的创造性是不能用计算机代替的,但产品设计过程中的大量繁琐、常规性工作却可以由计算机来承担。

某零件 CAD 设计的系统工作流程如图 2-9 所示。

目前 CAD 技术的发展已经日趋成熟,建立了各种设计数据库及设计程序,设计者可以根据需要进行选择。采用 CAD 设计可以把设计师从复杂的劳动中解脱出来,使其将主要精力用于创造性的劳动,以最快的速度设计出最佳的产品。

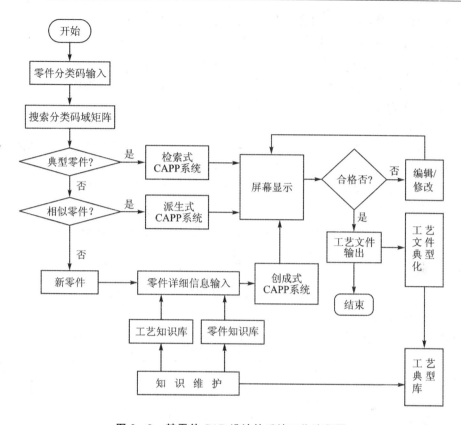

图 2 - 9 某零件 CAD 设计的系统工作流程图

CAD 设计的基本程序如下。

(1) 建立数学模型

在利用计算机求解一个具体的设计问题时,首先要建立一个能够代表实际物理系统的数学模型,用数学方程表示各参数之间的关系。在建立方程时常常要对物理模型作一些必要的简化和假设,对于复杂的结构还可以用离散的子结构模型来代替。例如求解一个系统的动力学分析问题,就可以建立一组反映系统刚度、质量、惯性、摩擦和阻尼等关系的方程式。

(2) 方程的解算

求解所建立的数学方程,得到该方程所代表的系统在给定条件下的性能或结果。如果所建立的是一组比较复杂的微分方程,则还需要一些适合于求解的算法,一般是数值解法。

(3) 计算结果的检查与调整

将计算结果与给定值进行比较,根据需要进一步修改物理系统的某些原始数据。可以预先赋值,由计算机自动进行检查;也可以由设计人员随时控制,根据实际情况进行适当的调整。

（4）重复上述步骤，直到得到满意的结果为止

利用计算机进行系统的模拟分析，不仅可以节省大量的计算时间，还可以在制造样机之前对系统进行模拟研究，预先排除设计与制造中可能出现的故障或缺陷。对已有仪器进行的模拟分析有助于发现问题，进一步改进设计，提高仪器的总体技术性能。对于一些复杂的结构，模拟分析更是一种比较适宜的方法。模拟分析方法的最大优点是，可以施加很严格的初始条件而不至于"损坏"系统。

总体设计是仪器设计中的重要环节。总体设计可以为具体的设计工作提供总体原则和布局，指导具体设计的顺利进行；具体设计则是在总体设计基础上的进一步细化。在设计的过程中，要不断地丰富和修改总体设计，使总体设计与具体设计两者之间相辅相成、有机结合，成为一个有机的整体。

经常遇到要对工程设计的意义、作用和影响做出客观评价的情况，这就对工程设计的质量、经济价值、进程速度提出了更高的要求，对设计师的素质与修养的要求也更加全面。任何一项工程设计在决策上的失误或者技术上的失败，都会导致企业的经济损失，严重时还会丧失市场信誉，危及企业的生存。因此，先进设计方法的探讨引起了世界科学家的普遍重视。近十年来设计方法学得到了迅速发展，并在实际工作中广泛应用。

设计理论和设计方法是一门新兴的学科，设计科学则是设计领域逻辑关系的综合。设计方法学反映了设计过程中的客观规律，能够保证工程设计的进度与质量，提高设计的功效性，为后续工作提供技术基础，加快从经验设计到科学设计的进程。科学设计的目的是找出最佳方案，保证设计的质量，减轻设计师的冒险程度，充分利用现代设计手段，使设计师有更多的时间从事创造性的工作。目前所讨论的现代设计理论与方法，主要是指系统工程学、优化设计、可靠性设计、价值工程以及计算机辅助设计等理论和方法。

2.1.3 精密仪器的设计内容

精密仪器的设计内容主要包括以下几点。

1. 使用要求

使用要求是指精密仪器在一定的工作范围内有效地实现预期的功能，并在一定的使用期限内不丧失原有的功能。在开始设计之前首先要分析清楚仪器的使用要求及其应当具备的功能。

2. 仪器精度

精度是精密仪器的一项重要技术指标，也是仪器设计中的关键问题。

精密仪器一般分为中等精度、高精度、超高精度 3 类，分别以直线位移误差、主轴回转误差和圆分度误差为例进行划分。

① 中等精度——直线位移误差为 $1\sim10~\mu m$，主轴回转误差为 $1\sim10~\mu m$，圆分度误差为

$1'\sim10''$。

② 高精度——直线位移误差为 $0.1\sim1~\mu m$，主轴回转误差为 $0.1\sim1~\mu m$，圆分度误差为 $0.2''\sim1''$。

③ 超高精度——直线位移误差小于 $0.1~\mu m$，主轴回转误差小于 $0.1~\mu m$，圆分度误差小于 $0.1''$。

由于精度等级的不同，在设计时无论是精密机械系统还是控制系统都有很大的差异，甚至可能由于实现原理的不同，导致价格的差别很大。高精度仪器或设备在低精度场合下使用显然是不经济的，而且也达不到使用的目的，所以精度必须与经济性相适应。

仪器的精度与误差是同一个问题的两个方面，精度有时也可以用测量不确定度定量地予以表征。

3. 生产批量

生产批量是由市场的需要决定的。不同生产批量的同一类仪器，在结构的设计上可能是不同的。大批量生产的结构设计，应尽量采用专用机床和专用工、夹具，零件结构应尽量简单，尽量采用标准件或通用件；对于小批量或单件生产，则一般选择通用机床进行加工，毛坯尽量避免使用铸造件。

4. 生产效率

生产效率是指在单位时间内能够加工出仪器产品的数量；对于计量、检测仪器来说，则是在单位时间内的检测效率。在设计时要根据所要求的效率来考虑仪器的自动化程度，例如可以采用全部自动化方式，包括微机控制、自动上下料、自动传送、自动检测、自动定位、自动修正、自动打印结果等；也可以采用部分自动、部分半自动及手动相结合的方式等。

5. 工作环境

工作环境包括振动、温度、湿度和空气净化的程度等，其对精密机械与仪器的使用有很大的影响。仪器的使用要求或使用场合不同，在设计时需要考虑外界条件影响的侧重点也有所不同。例如一般在计量室内使用的都是高精度精密仪器，在设计时应尽量采取措施避免外界条件变化对精度的影响，或者有消除外界条件变化对测量结果影响的相应措施；在生产车间使用的仪器则需要考虑防尘、防油、防腐装置等。至于其他的环境条件，只要在允许的变化范围内能够保证仪器的正常工作即可。为了确保有些高精度仪器的使用性能，还可以进一步考虑隔振、恒温、恒湿、净化等具体措施。

6. 安全保护

当精密仪器在高温、高压、放射性物质或有毒气体等特殊环境下工作时，应当采取相应的保护措施，使操作者的人身安全得到保证。还需要设计一些安全装置，如过载装置、互锁装置或行程限位装置等，保护仪器设备本身的安全。

2.1.4 精密仪器的参数与指标

1. 主要参数与技术指标的内容

使用者对仪器提出的一些具体要求和环境条件等,一般不能直接作为设计的初始数据。

主要参数全面地反映了精密仪器的概貌和特点,包括精度参数、尺寸参数、运动参数、动力参数和结构参数等。例如微细加工中的精度参数表明能够制作最细线条的尺寸,尺寸参数表明加工硅片的最大尺寸,运动参数表明精密工作台的运动速度,动力参数表明光源的功率与电机的功率、额定扭矩,结构参数表明整机与主要部件的结构尺寸等。

技术指标是用于反映精密仪器性能和功用的一些具体数据,它既是设计精密仪器的基本依据,又是检验成品质量的重要根据。技术指标与仪器的用途、功能、特点等有关,不同类型的仪器设备具有不同的技术指标。技术指标可以归纳为以下几个方面。

(1) 反映设计工作的性能

具体是指仪器设备的各种功能,例如加工范围、运动范围、速度范围、测量范围、显示功能、打印数据功能等。

(2) 反映仪器设备的精度

例如加工精度、表面粗糙度、制造精度、刻划精度、测量精度、示值误差、分辨力、灵敏度等。

(3) 反映仪器设备的自动化程度

例如数控、微机控制、全自动、半自动、计算机自动处理等。

(4) 反映仪器设备的效率

例如生产率、检验率等。

(5) 反映仪器设备的可靠性

可靠性是指定产品在给定的时间内和规定的条件下完成规定功能的一种能力,可以理解为产品的技术性能在时间上的延续性、稳定性或重复性。

(6) 反映仪器设备的维修性

维修性指维修产品的难易程度,是衡量产品发生故障后能够迅速修复并恢复功能的一种指标。

(7) 反映仪器设备的安全性

安全性是说明产品质量特性的一项重要指标,从设计开始就应当认真对待。

(8) 反映仪器设备的质量、尺寸等

该指标对生物医学以及航空航天仪器设备尤其重要。

这些主要参数和技术指标,根据具体情况可以作适当的调整。设计者在介绍产品的性能时,应该让使用者对仪器的主要参数与技术指标有全面的了解。不同用户对一些具体技术指标的要求往往不一样,在设计时要做到产品的使用价值与生产成本相适应,既能够满足实际使用的要求,又使寿命周期的总成本(包括生产成本和使用成本)为最低,产品的性价比为最优,达到产品适销与使用的最佳状态。

2. 确定主要参数与技术指标的方法

（1）根据仪器设备的用途确定

用户在对仪器设备提出要求时，一般只是在使用方面提出要求，设计者应当将使用要求转换成设计工作所需要的技术指标。这一工作有时是非常复杂的，需要进行大量的分析、计算、统计、实验与研究。无论是设计通用仪器还是专用设备，一般都是以被研究对象为设计依据的。根据不同的对象，采用不同的加工或测量方法，设计出相应的仪器设备。通用仪器一般适合于常见类型的工件，它的加工或测量范围要尽可能地广；专用设备由于是为某一特定工序或特定工件设计的，其加工或测量的局限性相对大一些。

（2）根据测量或加工对象的尺寸确定

在进行主要参数和技术指标的选取时，要满足测量或加工对象的主要尺寸要求，同时兼顾合理性。例如在设计微细加工设备中的硅片光刻机时，若待加工的硅片尺寸为 $\Phi60$，则 $x-y$ 工作台的行程应大于 60 mm。为了给实际操作留下适当的余量，一般可取工作台的行程为 65 mm 左右，如图 2-10 所示。

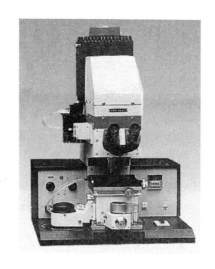

图 2-10　硅片光刻机

（3）根据测量或加工精度的具体要求确定

在仪器设计的过程中，某些技术参数取不同的数值将产生不同的误差，需要根据测量或加工精度的要求合理地选取这些参数。例如不同的力学结构将产生不同的受力，力变形也会带来相应的测量误差等。在设计开始时就要在力变形计算的基础上确定出合理的参数，在设计中还要综合考虑测量或加工精度，选择合适的结构参数或结构形式，以便后续设计工作的顺利实施。

（4）根据仪器设备中的薄弱环节确定

精密仪器设备的共同特点是精度要求高，所受载荷相对比较小，工作速度相对比较低，一般着重进行刚度、变形、振动、精度等方面的计算，而很少对强度进行校核。高精度与低速度可能会使弹性变形、摩擦、爬行、振动等成为突出的问题，给设计工作带来困难。因此要对每个环节尤其是一些关键的和薄弱的环节做重点考虑。有些技术指标恰恰就是根据薄弱环节提出的，例如自动检测速度指标就是由仪器的动态特性和振动引起精度的损失确定的。

（5）根据产品系列化的要求确定

精密仪器设备中各种参数的数值，应当尽量采用标准系列，其具体数值可参阅有关标准。在微细加工设备及检测仪器的设计中，还应参照尺寸系列的要求进行。例如圆形硅片的尺寸

系列为 $\Phi25$、$\Phi50$、$\Phi100$、$\Phi125$、…，如图 2 - 11 所示。

（6）根据可靠性与成本的要求确定

精密仪器产品的可靠性与成本情况是多种多样的,有时希望以有限的费用得到具有适当可靠性的产品;有时则希望可靠性尽可能高,而对费用却不做过多的考虑,例如载人宇宙飞船就要求可靠性为 100 %。产品的可靠性不可能无限

图 2 - 11　圆形硅片

度地提高,这就需要结合必要性和可能性提出一个恰当的指标。必要性是指根据用户的需要对产品提出的可靠性要求,产品必须达到这个要求才具有使用价值;可能性则是根据现有的生产手段、技术、费用等条件,产品能够达到的可靠性指标。

2.2　精密仪器设计中的主要因素

外界环境特别是温度和力学因素不但直接影响仪器的精度,而且还影响传动性能和工作稳定性。因此在总体设计时,要估算温度和力学因素对仪器所产生的影响,使热源、振动源与主要的精度环节之间尽量隔离开来,零部件热膨胀系数的配置、热量的均衡也要慎重考虑。另外,还要估算仪器的刚度、动态特性及动态精度等动态技术指标,对抗振性进行验算或试验,选择出温度与力学因素影响最小的优化方案。

2.2.1　精密仪器设计中的温度因素

1. 仪器的温度效应

日常生活中温度的影响随处可见。例如当用手握住一个物体时,人的体温对该物体的影响是显著的(见图 2 - 12)。当在普通的纸杯中分别倒入 20 ℃ 的水和 60 ℃ 的水时,纸杯外径的变化是明显的(见图 2 - 13)。

温度是影响仪器测量精度的重要因素之一。在几何量特别是高精度长度尺寸的测量中,温度变化是测量误差的主要来源。

零件的几何长度、激光在空气中的波长、铁磁材料的磁通密度、电阻材料的电阻系数等,均有随温度变化而改变的性质。如长度为 1 m 的钢质零件,在温度变化 1 ℃ 时的尺寸变化为 11 μm。同一零件在不同的温度下有不同的尺寸。国际计量会议于 1931 年在巴黎规定:室温 20 ℃ 为几何量测量的标准温度。因此,零件的几何长度是指温度为 20 ℃ 时的长度。

下面讨论几种不同情况下的温度误差效应。

（1）环境平均温度偏离 20 ℃ 时的误差效应

假设以刻尺测量零件的长度,若刻尺和零件的材料不同,则它们的线膨胀系数也不相同。

当环境平均温度偏离 20 ℃时,两者将出现不同的线膨胀状态,一般称为有差线膨胀,需要对测量结果进行修正。

注:刻度值单位为℃

图 2 - 12　温度的影响　　　　**图 2 - 13　物体的热胀冷缩**

未经修正的线膨胀误差可按下式计算:

$$\Delta = L[\alpha_1(t_1 - 20\ ℃) - \alpha_2(t_2 - 20\ ℃)] \tag{2-11}$$

式中　L——被测零件的标称长度;

　　　　α_1、α_2——分别为被测零件和标准件的线膨胀系数;

　　　　t_1、t_2——分别为被测零件和标准件的温度。

例如有一根 254 mm 长的铝制零件,制造公差为 0.025 mm,标称线膨胀系数为 $24.3 \times 10^{-6}/℃$。现用长度为 254 mm 的量块进行比较测量,量块的标称线膨胀系数为 $11.7 \times 10^{-6}/℃$。设平均室温为 21 ℃,若认为 21 ℃与 20 ℃差别不大,不进行有差线膨胀系数的修正,则引起的误差为

$$254 \times (24.3 - 11.7) \times 10^{-6} \times 1\ mm = 0.003\ 2\ mm$$

可见温度误差约占公差值的 13 %。

在上例中,若被测零件亦为钢质材料,即两者的材料相同,则线膨胀系数也相同。这时即使环境平均温度偏离 20 ℃,也不会引起温度误差。但材料线膨胀系数的不确定度仍然需要考虑,因为材料的线膨胀系数有一个不确定的范围,一旦测量环境的平均温度偏离 20 ℃,就会使测量结果产生一定程度的不确定。

仍以长度为 254 mm 的钢质零件为例,假设它的制造公差为 0.013 mm,依旧用 254 mm 的钢质量块进行比较测量,设平均室温为 24 ℃。手册上给出量块的标称线膨胀系数为 $11.7 \times 10^{-6}/℃$,钢质零件的标称线膨胀系数与量块相同,因此对测量结果不需要进行有差线膨胀系数的修正。假设量块线膨胀系数的不确定度为 5 %,钢质零件线膨胀系数的不确定度为 10 %,则由此引起测量值的不确定度为二者之和,即

$(254×11.7×10^{-6}×4×5\text{ ‰}+254×11.7×10^{-6}×4×10\text{ ‰})\text{ mm}=0.001\,782\text{ mm}$

该不确定度约占公差值的 14 %。

再以长度为 254 mm 的塑料零件为例,假设它的制造公差为 0.05 mm,仍旧用 254 mm 的钢质量块进行比较测量,设平均室温仍为 24 ℃。手册上给出量块的标称线膨胀系数为 $11.7×10^{-6}/℃$,塑料零件的线膨胀系数为 $72×10^{-6}/℃$,两者的线膨胀系数明显不同。首先对测量结果进行有差线膨胀系数的修正,经过修正之后的有差线膨胀不影响测量结果。再考虑线膨胀系数不确定度对测量结果的影响,设量块线膨胀系数的不确定度为 5 %,塑料零件线膨胀系数的不确定度为 25 %,则引起的测量结果的不确定度为

$(254×11.7×10^{-6}×4×5\text{ ‰}+254×72×10^{-6}×4×25\text{ ‰})\text{ mm}=0.018\,8\text{ mm}$

该不确定度约占公差值的 38 %。

通过上面的实例分析可见,当被测件与标准件的线膨胀系数差别较大时,即使平均室温偏离标准温度不多,仍应进行有差线膨胀系数的修正,否则将产生比较大的测量误差。在进行有差线膨胀系数的修正之后,当平均室温偏离标准温度时,不论被测件和标准件的标称线膨胀系数是否相同,都还需考虑线膨胀系数不确定度对测量结果的影响。平均温度偏离标准温度越多,线膨胀系数的不确定度越大,引起测量结果的不确定度也越大。尤其值得注意的是,测量结果的不确定度是无法修正的。这就是在精密测量中要求室温尽可能小地偏离标准温度的根本原因。

(2)环境平均温度波动的误差效应

1)二单元系统

考虑由两个元件组成的最简单的二单元线值测量系统,如图 2-14 所示。假设粗大的呈 C 形框架的比较器 2 与被测薄壁管件 3 的标称线膨胀系数相同,在任一选定的环境平均温度点上经过温度平衡之后,由读数头 1 给出一个数值作为零值。如果环境温度对此平均温度点有波动,则由直觉可知,薄壁管件 3 较粗大的 C 形框架 2 对温度变化的敏感程度更高,读数头 1 将给出偏差的具体数值。这一偏差值的大小除了与温度波动的范围有关外,还与温度波动的速率有关。如果温度波动的速率足够慢,被测薄壁管件和 C 形框架都能跟得上温度的变化,读数头给出的偏差值将很小;如果温度变化的速率足够快,即使薄壁管件也来不及对此变化作出反应,则读数头给出的偏差值也将很小。

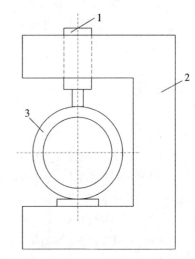

1—读数头;2—C 形框架比较器;3—薄壁管件

图 2-14　二单元线值测量系统

在这两种极端情况之间,更多的是在某一温度波动频率下,读数头将给出一个最大的读数偏差值,这一温度波动的频率称为"温度共振频率"。

下面对环境温度和物体温度之间的传递关系加以分析。为使问题简化,作如下假设:

　　① 物体在任何时候都具有均匀的温度,物体的各部分之间没有热阻。温度变化将使物体上所有的点在瞬间得到相应的变化。

　　② 物体周围的空气温度 T_e 是均匀的。

　　③ 所有传入物体的热和物体传出的热遵守牛顿散热定律:

$$q = Ah(T_e - T) \tag{2-12}$$

式中　A——物体的表面积（m²）;

　　　　h——传热系数 W/(m²·K);

　　　　q——注入热流量（J/s）;

　　　　T——物体温度（℃）。

　　④ 物体中存储的热量与物体的比定压热容成比例关系:

$$q_s = c_p \rho V \frac{\mathrm{d}T}{\mathrm{d}t} \tag{2-13}$$

式中　q_s——储存热容量（J/s）;

　　　　c_p——比定压热容 [J/(kg·K)];

　　　　ρ——密度（kg/m³）;

　　　　V——物体体积（m³）;

　　　　$\dfrac{\mathrm{d}T}{\mathrm{d}t}$——物体温度随时间变化速率（℃/s）。

　　因为注入的热流量等于存储的热流量,故有 $q = q_s$,$Ah(T_e - T) = c_p \rho V \mathrm{d}T/\mathrm{d}t$,由此得

$$T + \tau \frac{\mathrm{d}T}{\mathrm{d}t} = T_e \tag{2-14}$$

式中　τ——物体的温度时间常数,$\tau = \dfrac{c_p V \rho}{hA}$。

　　现假设环境温度 T_e 以某个平均温度 T_{e0} 作正弦周期变化,即

$$T_e = (T_{emax} - T_{e0})\sin \omega t \tag{2-15}$$

式中　ω——温度波动频率。

　　以式（2-15）代入式（2-14）,求解该微分方程的解为

$$T = \frac{(T_{emax} - T_{e0})}{\sqrt{1 + \omega^2 \tau^2}} \sin(\omega t - \varphi) \tag{2-16}$$

式中　φ——相位滞后角,$\varphi = \arctan \omega \tau$。

　　式（2-16）表示物体温度随环境温度变化而变化的性质,即物体温度波动频率与环境温度波动频率之间的关系。但由于物体存在着温度时间常数 τ,物体温度的波动幅值比环境温度的波动幅值小,相位上滞后于环境温度的波动,相差的角度为 φ,并且 τ 的值越大,物体温度波动的幅值越小,相位滞后越大。若温度时间常数 τ 为零,则物体温度波动在幅值与相位上均与

环境温度的波动相一致。

2) 三单元系统

如果在二单元系统中增加一个标准器,就形成了含有零件、比较器和标准器的三单元测量系统。比较器需要先用标准器进行校准,用于在零件和标准器之间进行比较测量并读数。一般而言,比较器不可能在标准器校准的同时测量零件,即校准和测量之间应当有一定的时间间隔。比较器一旦经过校准,总是要经过一段时间的工作之后再次进行校准,即存在一个校准周期。当环境温度波动时,由于零件、比较器和标准器三者的温度常数不同,于是便产生了与二单元系统不同的温度漂移误差(读数偏差)。

(3) 温度梯度效应

温度梯度效应对仪器误差的影响也是一个需要注意的问题。

如图 2-15 所示为一个悬臂梁,假设因热源辐射造成上下两个表面的温度梯度为 Δt,使上表面相对于下表面产生了 $\Delta l = l\alpha\Delta t$ 的伸长量,悬臂梁向下弯曲,曲率半径 $r = h/(\alpha\Delta t)$,其中 h 为梁的厚度;梁的端点产生一个向下的弯曲量 $\delta = r - \sqrt{r^2 - l^2}$。如果 $l = 200$ mm,$h = 20$ mm,$\Delta t = 1$ ℃,$\alpha = 11.6 \times 10^{-6}/℃$,测得 $r = [20/(11.6 \times 10^{-6})]$mm,则通过计算可得弯曲量 $\delta = 0.011\ 6$ mm。

又如某机床床身的长度为 2 000 mm,高度为 420 mm,$\alpha = 11.4 \times 10^{-6}/℃$。如果床身上面的导轨对底座的温度梯度为 $\Delta t = 0.5$ ℃,则床身将向上凸起而弯曲,如图 2-16 所示,导致立柱倾斜。如果曲率半径为 $r = [420/(11.6 \times 10^{-6} \times 0.5)]$ mm,则通过计算可得床身向上凸起的数值为 $\delta = 0.01$ mm。这个数值对精密床身而言是一个不小的误差。

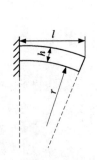

图 2-15 悬臂梁的温度梯度效应

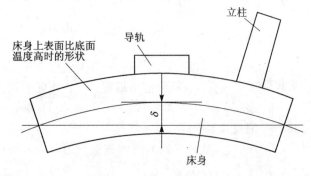

图 2-16 机床床身的温度梯度效应

2. 减小温度误差的方法

(1) 温度的控制

1) 控制室温

平均温度对 20 ℃ 的偏离及其波动、温度梯度变化等都会引起仪器的测量误差,材料线膨胀系数的不确定度所引起的测量误差更是难以修正的。因此,控制室温是减小温度误差的有效方法。

2) 等温处理

在高精密测量中,为了减小温度误差的影响,一般需要将标准件、被测件和仪器做等温处理,待温度达到平衡之后再进行测量。

例如量块(端面量具)检定中对控制温度的主要考虑有:

① 量块温度对 20 ℃ 的允许偏差;

② 量块附近空气温度允许变化的速率;

③ 量块由初始温度达到室温 20 ℃ 所需的时间;

④ 如果量块的初始温度为 20.5 ℃,则需将其置于温度为 20 ℃ 的工作台上,待达到温度平衡之后开始测量。

在规定的温度下,国家检定规程对基准量具制定了具体的要求(见图 2-17)。在工作中要遵循这些要求,严格控制检定温度,保证量块的检定精度。

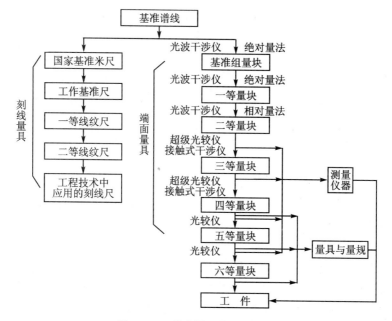

图 2-17　基准量具的检定要求

(2) 线膨胀系数的控制

控制线膨胀系数也是减小温度误差的一种有效方法。

1) 合理选择材料的线膨胀系数

选择零件的材料要注意线膨胀系数的大小。对于尺寸较大的长度实物基准或要求有很好温度稳定性的基座,可以选用低线膨胀系数的材料,以减小结构尺寸受温度变化的影响。常用的低线膨胀系数材料如殷钢的 $\alpha=(0.5\sim2)\times10^{-6}/℃$(特殊的可以做到 $0.3\times10^{-6}/℃$)、石英的 $\alpha=(0.4\sim0.5)\times10^{-6}/℃$、微晶玻璃的 $\alpha\leqslant0.15\times10^{-6}/℃$、碳纤维复合材料的 $\alpha\leqslant0.3\times10^{-6}/℃$等。其中碳纤维复合材料是直径为几微米的纤维丝,用它制作量杆时先把纤维丝缠绕在芯棒上,然后抽去芯棒,用特殊胶粘合成一个空心的杆件。这种量杆的质量很轻,不仅线膨胀系数很低,而且变形也很小。

一些主要金属的线膨胀系数列于表 2-1 中。

表 2-1　主要金属的线膨胀系数

名　称	温度/℃	10^6 · 一次系数 α/℃$^{-1}$	10^6 · 二次系数 β/℃$^{-1}$
铝	10～90	22.21	0.011 4
黄铜	10～90	17.81	0.009 8
铜	10～90	15.96	0.010 2
金	10～90	14.10	0.004 2
铁(纯)	0～38	11.45	0.007 1
铅	10～90	28.29	0.012 0
镍	0～38	12.55	0.005 7
铂	0～1 000	8.68	0.001 3
银	10～90	18.62	0.007 4
锌	10～90	29.69	0.006 4

2) 线膨胀系数的测量

热膨胀的关系式为抛物线 $l_t=l_0(1+\alpha t+\beta t^2)$ 的形式,其中 α 为一次膨胀系数(线膨胀系数),β 为二次膨胀系数(非线膨胀系数)。通常只用一次膨胀系数即线膨胀系数,而忽略二次膨胀系数的影响。

下面讨论线膨胀系数的测量方法。

① 一等量块线膨胀系数 α 的测量如下:

我国在量块的标准中规定,在 17～23 ℃范围内,一等量块的线膨胀系数 α 应符合 $\alpha\pm\Delta\alpha=(11.5\pm1)\mu m/(℃\cdot m)$ 的要求。由于材料的批次、热处理工艺不可能完全相同,制造出量块的线膨胀系数 α 不一定都在 $\Delta\alpha=\pm1\ \mu m/(℃\cdot m)$ 的范围内。在检定一等量块时,若产品合格证上没有标明 α 的具体数值或对 α 的数值有疑问,则可以用柯氏干涉仪来实际测量 α 的数值。

设 l_0 为量块在温度为 t_0 时的长度,l 为量块在温度为 t 时的长度,则线膨胀系数为

$$\alpha=\frac{l-l_0}{(t-t_0)l}=\frac{1}{\Delta t}\cdot\frac{\Delta l}{l} \tag{2-17}$$

用仪器上的测温装置分别测量出量块的温度 t 和 t_0,温度差 $t-t_0$ 选择 2 ℃ 或 3 ℃ 为宜。用柯氏干涉仪分别测出在 t 和 t_0 温度时量块的长度 l 和 l_0,代入式(2-17)就可以求出线膨胀系数 α 的数值。如果在 $t_0,t_1,t_2,\cdots,t_n$ 温度下进行测量,与此相应的量块长度为 $l_0,l_1,l_2,\cdots,l_n$,则有 $\Delta t_1 = t_1-t_0,\Delta t_2 = t_2-t_0,\cdots,\Delta t_n = t_n-t_0$;$\Delta l_1 = l_1-l_0,\Delta l_2 = l_2-l_0,\cdots,\Delta l_n = l_n-l_0$。运用最小二乘法就可以求出量块线膨胀系数 α 的具体数值。

　　② 等效线膨胀系数 α 的确定如下:

　　当考虑温度对坐标测量机某个坐标方向上标尺位置误差的影响时,温度误差表达式 $\Delta l_t = \alpha(t-20\ ℃)l$ 中的 α 不只是标尺材料本身的线膨胀系数,还是一个与仪器结构、材料等有关的综合参数,即等效线膨胀系数。由于标尺与导轨的材料可能不同、热容量不同,又存在一定的约束关系,因此影响坐标轴标尺系统热变形的因素是复杂的。

　　等效线膨胀系数一般通过实验确定。

　　在温度 t 时某坐标轴标尺的理论位置读数为 l,如果实测的位置读数为 l',则 $\Delta l = l'-l$,由 $\alpha = \Delta l/[(t-20\ ℃)l]$ 可求得该坐标轴标尺系统的等效膨胀系数 α。为了提高 α 测量的准确程度,一般是通过多点测量得到若干个 α 的值,用最小二乘法求得等效线膨胀系数的最佳值。在进行多点测量时,温度 t 和标尺的位置读数都可以作为自变量,例如可以改变温度而使标尺坐标的位置不变,求出 $\alpha_i = \Delta l_{t_i}/[(t_i-20\ ℃)l]$;或者改变标尺坐标的位置而保持温度不变,求出 $\alpha_i = \Delta l_i/[(t-20\ ℃)l_i]$。对坐标测量机而言,以温度作自变量求 α 不易实现,而标尺的位置改变但保持温度不变则相对容易实现。例如当坐标轴的标尺处于不同的位置 l_i 时,用双频激光干涉仪可以测得它的实际位置 l'_i,通过多点测量得到多个 α,经过最小二乘法处理就可以求出等效线膨胀系数的具体数值。用这种方法测得的标尺位置误差中还包含着标尺本身的误差,为了消除这一误差的影响,可以选择两个温度点分两次分别进行测量。在两次测量中标尺本身的误差 Δ_s 是相同的,它们的等效线膨胀系数 α 也相同,因此有

$$\Delta_s + \alpha(t_1-20\ ℃)l = \Delta_1 \tag{2-18}$$

$$\Delta_s + \alpha(t_2-20\ ℃)l = \Delta_2 \tag{2-19}$$

　　解这两个方程即可求得等效线膨胀系数 α 的具体数值。

　　测量线膨胀系数的基本原理很简单,一般都是通过对温度变化量和长度变化量的测量,利用热膨胀公式求得线膨胀系数的数值。但是如果要求测得精确的线膨胀系数值,特别是低线膨胀系数材料的精确值,在实际操作中却存在着很大的难度。

　　有了线膨胀系数的具体数值,就便于对温度误差进行修正。

　　在仪器设计的过程中,适当地选择各部分的材料和结构参数,同样有助于减小热变形造成的误差。

2.2.2　精密仪器设计中的力学因素

　　仪器在工作中承受的作用力主要有外力及内应力。

(1) 外　力

外力包括测量力、重力或其他外部作用力。这些力主要使被测件和仪器中的零部件产生局部弹性变形或弯曲变形。例如在接触法测量中,测头和被测件之间的测量力使接触区的表面产生局部弹性变形;当测杆上的测头与工件接触时,测量力使测杆产生弯曲变形;支撑在支点上的被测件因自重产生弯曲变形;仪器部件本身的重力作用在仪器的悬臂或横梁上,使悬臂或横梁产生弯曲变形;支撑在支点上的仪器座因自重产生弯曲变形等。

(2) 内应力

仪器内部产生的内应力如铸件冷却不均匀、热处理不当、结构设计不当或装配夹紧不当、温度变化使零部件之间因约束而产生的内应力等。

受力变形影响仪器的测量精度主要有两种情况:

① 所受作用力的大小、方向、位置以及内应力的变化所引起仪器的变形量是变化的,这时引起的力变形误差一般具有随机误差的性质。

② 仪器受力后的变形量基本保持不变,可能没有引起力变形误差;或者引起的力变形误差具有系统误差的性质。

1. 求取力变形误差的方法

先求出仪器受力后的变形量,然后计算力变形所引起的测量误差。

(1) 局部弹性变形误差的计算

在接触测量中,测量力的存在将使测头和被测件在接触区域产生局部的弹性变形。在接触力的作用下,不同的接触形式会产生不同的弹性变形(见图 2-18)。

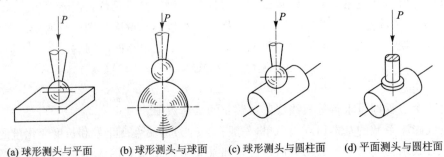

(a) 球形测头与平面　　(b) 球形测头与球面　　(c) 球形测头与圆柱面　　(d) 平面测头与圆柱面

图 2-18　不同接触形式的弹性变形

局部弹性变形量的计算公式由手册给出。表 2-2 给出了部分接触形式的变形量计算公式。

几种常用材料的弹性模量 E 和泊松系数 μ 的约值如表 2-3 所列。

根据表 2-2 给出的计算公式和材料的 E 及 μ 的数值,可得简化的弹性变形量的计算公式,如表 2-4 所列。

表 2 - 2　不同接触形式下弹性变形量的计算公式

接触形式	接触区弹性变形量计算公式
半径为 R_1、R_2 的两球体相互接触	$\delta = 0.825\ 5\sqrt[3]{(\eta F)^2\dfrac{R_2 + R_1}{R_2 R_1}}$
半径为 R_1、R_2 的两球体相互接触，两球体弹性模量相同，泊松系数 $\mu = 0.30$	$\delta = 1.231\sqrt[3]{\left(\dfrac{F}{E}\right)^2\dfrac{R_2 + R_1}{R_2 R_1}}$
半径为 R_1 的球体与平面（$R_2 = \infty$）的接触	$\delta = 0.825\ 5\sqrt[3]{(\eta F)^2\dfrac{1}{R_1}}$
两个相同圆柱体 $R_1 = R_2 = R$ 轴线正交时的接触	$\delta = 0.825\ 5\sqrt[3]{(\eta F)^2\dfrac{1}{R}}$

注：① F——接触力；

② $\eta = \dfrac{1 - \mu_1^2}{E_1} + \dfrac{1 - \mu_2^2}{E_2}$，其中 μ_1、μ_2 与 E_1、E_2 分别为两个物体各自的

泊松系数和弹性模量；

③ 当物体 R_2 为凹球面时，公式中的 $R_2 + R_1$ 以 $R_2 - R_1$ 代替。

表 2 - 3　几种常用材料的 E 和 μ 的约值

材料名称	$E/(\text{GN}\cdot\text{m}^{-2})$	μ
碳钢	196～216	0.24～0.28
合金钢	186～206	0.25～0.30
灰铸铁	78.5～157	0.23～0.27
铜及其合金	72.6～128	0.31～0.42
铝合金	70	0.33
金刚石	350	0.25

表 2 - 4　局部弹性变形量的简化计算公式

接触形式	变形量（μm）计算公式	式中参数的含义
球面-球面	$\delta = k_1\sqrt[3]{\left(\dfrac{1}{r_1} + \dfrac{1}{r_2}\right)F^2}$	F——测量力（kg·f） r_1、r_2——球的半径（mm）
球面-平面	$\delta = k_2\sqrt[3]{\dfrac{F^2}{D}}$	D——球的直径（mm）

注：① 1 kg·f＝9.806 65 N≈10 N。

② k_1、k_2 为材料系数，列于表 2 - 5 中。

表 2-5　材料系数 k_1、k_2 的数值

材料系数	接触形式						
	钢-钢	钢-硬质合金	钢-铁	钢-黄铜	硬质合金-铜	硬质合金-黄铜	硬质合金-硬质合金
k_1	1.5	1.2	1.8	1.9	1.6	1.9	0.75
k_2	1.9	1.5	2.2	2.4	2.0	2.3	0.95

（2）局部弹性变形量的试验测定

利用表 2-2 给出的公式计算局部弹性变形量，由于受到计算公式及 E、μ 约值的影响，所得到的值只是一个近似值，必要时可通过试验进一步予以测定。

（3）弯曲变形误差的计算

根据仪器的受力情况计算出构件的弯曲变形量，将该变形量看作是仪器的一个"原始误差"，仍需进一步计算由此引起的测量误差。如果构件的受力情况比较简单并且可以简化为某种简支梁，则可以根据具体的受力情况，按照材料力学的有关公式计算弯曲变形量，一般能够得到比较好的计算结果。

利用材料力学公式计算受力变形时，为了使计算结果与实际变形相一致，一般应具备以下条件：

① 计算模型的选用准确；

② 计算公式足够精确；

③ 材料的弹性模量 E 与实际情况相一致。

如果以上因素与实际情况有偏离，则计算所得到的变形量与实际变形量之间将有出入。

（4）弯曲变形的试验测定

在精密测量中为了准确地获得变形量的大小，可以根据不同的对象设计相应的试验方法及测试手段，并通过试验的方法进行实际测定。一般是通过加载来测定变形，如全息干涉二次曝光法。第一次曝光记录的是原始物体的光波，当物体在另一状态时在同一张底片上再进行第二次曝光并获得全息图，根据干涉条纹计算出相应的变形量。全息干涉试验的测定方法在操作上比较困难，因此通过实验准确地测定变形不是一件容易的事情。

（5）材料弹性模量的试验测定

在计算弹性变形量时，如果材料弹性模量的取值不同，则计算出的变形量和变形误差也不相同。手册中给出的弹性模量只是个约值，必要时可以通过试验测定获得材料的实际弹性模量，具体方法可以参阅相关文献。

2. 减小力变形误差的方法

（1）减小局部弹性变形

局部弹性变形带来的误差对精密测量的影响不容忽视，应对该误差进行分析计算以尽量

减小它的影响。减小局部弹性变形误差的主要方法有：

① 尽量控制测量力,减小局部弹性变形量;

② 在比较测量中,应尽量使标准件和被测件的材料和形状保持或接近一致,使测量力保持恒定或减小测量力的变化,这样可以有效地减小局部弹性变形的影响;

③ 通过试验标定或计算,得出局部弹性变形量的具体数值,在测量结果中对该误差加以修正;

④ 采用非接触测量的方法。

（2）减小弯曲变形误差

① 提高支承件及承载件的刚度;

② 改善受力情况及其分布;

③ 合理地选择支撑点的位置;

④ 合理地布局仪器的结构;

⑤ 合理地进行仪器的结构设计;

⑥ 对测量结果进行必要的修正。

（3）减小内应力的影响

① 对铸件的毛坯进行时效处理;

② 避免夹紧零部件时产生的内应力和变形;

③ 遵守无附加内应力的自动定位设计原则;

④ 合理地选择加工工艺和制造方法。

2.2.3　精密仪器设计中的材料因素

材料的选择是精密仪器设计中的重要环节之一,也是决定仪器仪表的质量和制造成本的主要因素。在选取材料时,要掌握有关材料的力学性质、物理性能、热处理方法和供应规格等。

组成仪器仪表的零部件,由于对其工作性能、应用场合等要求的不同,所用材料的范围十分广泛。按照化学成分的不同,一般可将材料分为金属材料和非金属材料两大类。

1. 金属材料

金属材料是仪器仪表中最常用的材料,一般把铁及其合金称为黑色金属,铝、镁、铜、锡、铅、锌等则称为有色金属。

（1）黑色金属材料

黑色金属是仪器仪表中最常用的材料,其化学成分是以铁元素为主的铁碳合金,以及铁元素与少量其他金属或非金属元素组成的合金。一般按碳元素在合金中的含量不同,分为纯铁及其合金、钢、铸铁三种。

1）纯铁及其合金

纯铁按其中杂质和含碳量的多少可分为电解铁、羰基铁和工业纯铁。铁合金常用来制造各种磁性材料及热敏元件,在电工电子与仪器仪表行业中广泛使用。

① 纯铁。纯铁一般指杂质的含量小于 2 ％的铁;含碳量在 0.02 ％～0.04 ％的工业纯铁是用平炉、电弧炉或吹氧转炉经冶炼得到的,是一种易于加工的软磁材料,主要用于直流电机和电磁铁的铁芯、磁电式仪器仪表的磁性元件、继电器铁芯、磁屏蔽罩等。电解铁是将工业纯铁电解后再重熔,去除其中的气体而得到的,也是生产纯净合金的原材料。羰基铁是一种化学提纯铁,通常用于化学实验及特殊场合。

② 铁合金。铁合金按用途分为软铁合金、硬铁合金和膨胀合金。软铁合金的特点是饱和磁感应强度高、电阻率低,可进一步分为铁-硅系、铁-镍系、铁-钴系、铁-铝系、铁-铬系等,主要用于导磁体,如交流电机的铁芯、变压器的铁芯、磁头材料等。硬铁合金就是俗称的永磁合金,在无电源的情况下可产生恒定的磁场,被磁化后能在较大的反磁场作用下保持较强的磁感应强度,按成分可分为铁基与铁-钴基、铁-镍-铝基、稀土-钴和其他永磁合金四大类。膨胀合金是指随着温度的变化,尺寸稳定改变的一类合金,按线膨胀系数的大小可分为低膨胀合金、定膨胀合金和高膨胀合金三种。低膨胀合金是指在温度的变化范围不大时,尺寸近似恒定的一类合金,常用于制造标准量尺、精密天平等原件;定膨胀合金是指具有一定线膨胀系数的一类合金,在电真空技术中常用定膨胀合金来和玻璃、陶瓷等封接,制成具有匹配线膨胀系数的电真空元器件;高膨胀合金是指具有较大的线膨胀系数的一类合金,常用于温度计、温度控制器、断路器等元件。

常用膨胀合金的线膨胀系数如表 2-6 所列。

表 2-6　常用膨胀合金的线膨胀系数

合金名称	合金牌号	$10^6 \cdot$ 线膨胀系数 $\alpha/℃^{-1}$	用　途
因瓦	Ni36Fe	1.2(20℃)	低膨胀合金
超因瓦	Co4Ni32Fe	0.0(20 ℃)	低膨胀合金
铁镍合金	Ni42	4.4～5.6(0～300 ℃)	定膨胀合金,与软玻璃和陶瓷封接
铁镍合金	Ni36	1.2(20～200 ℃)	定膨胀合金,与软玻璃和陶瓷封接
铁镍铬合金	Ni50	8.8～10.0(0～300 ℃)	定膨胀合金,与软玻璃和陶瓷封接
可伐合金	Ni29Co18	4.7～5.5(0～300 ℃)	定膨胀合金,与硬玻璃封接
锰镍铜合金	Mn75Ni15Cu10	23(20～200 ℃)	高膨胀热双金属主动层
铜锌合金	Cu90Zn10	18.4(20～200 ℃)	高膨胀热双金属主动层
镍铬合金	3Ni24Cr2	17(20～200 ℃)	高膨胀热双金属主动层

2）钢

钢按是否含除碳元素之外的合金元素,分为碳素结构钢和合金钢两大类。

① 碳素结构钢。碳素结构钢的性能主要取决于含碳量。当含碳量小于 1 ％时,随着含碳

量的增加,钢的强度和硬度增加,塑性和韧性降低;当含碳量大于 1 %时,随着含碳量的增加,钢的强度开始下降但硬度增加,塑性和韧性降低。为了保证钢具有一定的塑性和韧性,一般钢的含碳量小于 1.4 %。按照含碳量高低的不同,钢可分为低碳钢、中碳钢和高碳钢。低碳钢的含碳量小于 0.25 %,强度极限和屈服极限都较低,塑性和可焊接性好,适合于冲压、焊接加工,常用于做垫圈和焊接构件的材料,经渗碳淬火之后可获得表面硬、芯部软的良好性能,用于制造普通齿轮、凸轮等零件。中碳钢的含碳量在 0.25 %~0.6 %之间,它的综合力学性能好,具有较高的强度和韧性,表面淬火后的表面硬度、耐磨性较好,常用于制造受力较大的螺栓、螺母、键、轴等零件。高碳钢的含碳量大于 0.6 %,具有较高的强度和弹性,但韧性较差,淬火后还需高温或中温回火,以增加其韧性,常用于制造弹簧等高强度零件。

②合金钢。为了改善钢的性能,在钢中加入某种合金元素就构成合金钢。合金钢具有良好的力学性能和热处理性能。常用的合金元素有铬、锰、镍、硅、铝、硼、钨、钼、钒、钛和稀土元素等。合金钢的种类繁多,按用途一般可分为合金结构钢、合金工具钢和特殊性能钢三大类。

- 合金结构钢按照用途又进一步分为普通低合金结构钢和机械制造合金结构钢两类。其中普通低合金结构钢是指含碳量在 0.1 %~0.25 %之间并含有少量合金元素的低碳结构钢。与同等普通碳素钢相比,普通低合金结构钢的强度尤其是屈服极限高得多,具有较低的临界冷脆性,更便于冲压成型,并具有良好的焊接性和耐蚀性,常用于桥梁、汽车、起重设备等大型的钢结构。机械制造合金结构钢一般分为渗碳钢、调质钢、弹簧钢、轴承钢四类。其中渗碳钢的含碳量在 0.15 %~0.25 %之间,属于低碳钢,它的渗透性能好,淬火加低温回火后,表面和芯部组织得到加强,冲击性能与耐磨性能较高;调质钢的含碳量在 0.25 %~0.5 %之间,属于中碳钢,经过淬火加高温回火之后,综合力学性能更优;弹簧钢的含碳量在 0.6 %~0.7 %之间,属于中高碳钢,用于制作各种弹簧,具有较高的抗拉性能、高屈服比和高抗疲劳强度;轴承钢的含碳量在 0.95 %~1.1 %之间,含铬量在 0.5 %~1.65 %之间,属于高碳铬钢,具有均匀的硬度和耐磨性、高的弹性极限和接触疲劳强度以及较强的抗蚀性,常用于制造滚动轴承。

- 合金工具钢具有较高的含碳量,属于高碳钢。其中添加的合金元素有铬、锰、硅、镍、钼等,具有硬度高,特别是热硬性高、耐磨性好等特点,可用于制作刀具、模具、刃具、量具等,也是制造高精度仪器仪表的重要材料。

- 特殊性能钢是指具有特殊的物理、化学性能的一类钢,主要有不锈钢、耐热钢、耐磨钢等。不锈钢具有很高的抵抗空气、水、酸、碱等腐蚀的能力;耐热钢具有较强的高温抗氧化性和高温强度;耐磨钢含锰量较高,经过适当的热处理之后具有独特的耐磨性,但切削性能极差,故多采用铸件。

3) 铸　铁

铸铁是指含碳量不小于 2.06 %的铁碳合金,工业上常用铸铁的含碳量在 2.5 %~4 %之间。铸铁具有良好的铸造性、耐磨性、吸振性和切削加工性能,且价格廉价、生产设备简单;但铸铁的强度、韧性、塑性一般比钢差。按碳的存在形式,铸铁可分为灰铸铁、可锻铸铁和球墨铸铁三种。

① 灰铸铁。灰铸铁的碳元素主要以片状石墨的形式存在,因其断口呈灰色而得名,常用来铸造机器的箱体与机座。

② 可锻铸铁。可锻铸铁的碳元素主要以团絮状石墨的形式存在,因其塑性和韧性较好而得名。可锻铸铁的铸造流动性好,常用来铸造一些截面较薄的复杂零件。

③ 球墨铸铁。球墨铸铁中的碳元素主要以球状石墨的形式存在,因石墨呈球状而得名。球墨铸铁的强度和耐磨性均较高,常代替铸钢、锻钢,用于制造曲轴、连杆等零件。

(2) 有色金属材料

有色金属的种类很多,一般是指黑色金属以外所有的金属及其合金。有色金属具有某些特殊的性质,如导电性、传热性、防腐蚀性、塑性、易加工性等,在仪器仪表的制造中必不可少,具有不可取代的地位。常用的有色合金有铝合金、铜合金、镁合金、镍合金、锡合金、钽合金、钛合金、锌合金、钼合金、锆合金等。下面主要介绍铝和铜及其合金。

1) 铝及其合金

① 纯铝。纯铝的密度为 2.72 kg/m^3,导电性和导热性仅次于铜,延展性好,耐大气腐蚀性好;但强度较低,主要用做导电体。

② 铝合金。根据铝合金的成分及生产工艺特点,可将其分为变形铝合金和铸造铝合金两种。

● 变形铝合金是指适合于压力加工并具有高塑性的一种铝合金。根据性能和用途又分为防锈铝合金、硬铝合金、超硬铝合金和锻造铝合金四种。防锈铝合金的热处理效果很差,硬铝合金和超硬铝合金在淬火后一般要进行时效处理,经过时效处理之后的强度很高,主要用于航空航天工业中制造各种受力结构件。锻造铝在退火后具有很好的塑性,适合于零件的锻造成型。

● 铸造铝合金属于 Al - Si 系合金,它的铸造流动性好,线收缩率低,耐蚀能力较强,力学性能较好,适合于要求质量较轻的复杂形状零件,例如仪器仪表的复杂结构件、散热件等。

2) 铜及其合金

① 纯铜。纯铜也称为紫铜。纯铜的导电性和导热性仅次于银,比铝高,氧化膜较致密,在空气中的耐腐蚀性好,常用来制作导电体材料或配制铜合金。

② 青铜。青铜是指加入了锡、铅等元素的铜合金,通常分为锡青铜和无锡青铜两大类。锡青铜是以锡为主要合金元素的铜合金,强度随着锡的增加而增加,但脆性也明显提高。锡青铜的耐蚀性和耐磨性很高。无锡青铜是指加入了铝、锰、硅、铅等合金元素的铜合金。无锡青铜以铝青铜较为常见,它的价格低廉,强度比锡青铜高,耐蚀性和耐磨性也很好。

③ 黄铜。黄铜是以锌为主要合金元素的一种铜合金,特点是色泽美观,耐腐蚀,延展性好。

2. 非金属材料

非金属材料的种类繁多,有些特性是金属材料所无法比拟的,在仪器仪表中的应用非常广泛。其按化学成分可分为有机非金属材料和无机非金属材料两类。其中塑料、橡胶、皮革等有机材料具有轻质、绝缘、隔热、耐磨、高弹性、易于成型等特点。半导体、金刚石、石英、陶瓷、云母、玻璃等无机材料在仪器仪表中也有特殊的应用。

下面仅就有机材料中的塑料、橡胶和无机材料中的半导体这三种典型的非金属材料进行简单介绍。

(1) 塑　料

塑料是以树脂为主要成分,以增塑剂、填充剂、润滑剂、着色剂等添加剂为辅助成分,并在加工过程中流动成型的一种高聚合物材料。它的特点是质轻、易成型、不锈蚀、着色性好、绝缘性好、导热性低、耐冲击性好、加工成本低和化学稳定性好。

(2) 橡　胶

橡胶是以橡胶烃为主要成分,以增塑剂、活化剂、填充剂、着色剂和硫化加速剂等添加剂为辅助成分,在加工过程中流动成型的线性高聚合物材料。橡胶的主要特点是在很高的温度范围内,具有高弹性、优良的伸缩性、良好的储能,以及耐磨、隔音、绝缘等性能,在仪器仪表中广泛用于制作密封件、减振件和传动件等。

(3) 半导体

半导体材料的种类繁多,按功能及应用可分为微电子材料、光电半导体材料、热电半导体材料、微波半导体材料和敏感半导体材料等。锗、硅和锑是目前应用最为广泛的半导体材料,此外还有金属氧化物半导体材料和非晶态半导体材料等。

2.2.4　精密仪器设计中的其他因素

1. 工作台移动及重心位置的变化

工作台沿导轨移动时重心的位置随之改变,使仪器产生变形,如图 2-19 所示。假设沿导轨方向有两个支承点,三个构件 AB、BC、CD 组成框架式结构。均匀分布的载荷作用于水平构件 BC 的全长上,可近似作为集中载荷 W 作用的结果。工作台在载荷的作用下产生如图 2-19(b)、(c)所示的变形,影响仪器的测量精度。为了消除或减小这种变形的影响,在设计仪器的底座时需要采取相应的措施。

2. 仪器工作台的变形

工作台变形产生的影响不容忽视。如图 2-20 所示的木制工作台,当按照图示的两个不同位置放置仪器时,若把仪器放置在跨越桌腿中间 1 的位置,则由于仪器本身的自重使桌腿产生变形,仪器的支承点将产生如图 2-19(b)所示的变化;当仪器放置在两桌腿之间 2 的位置时,将使仪器的支承点产生如图 2-19(c)所示的变化。如果分别在这两个位置安装仪器进行

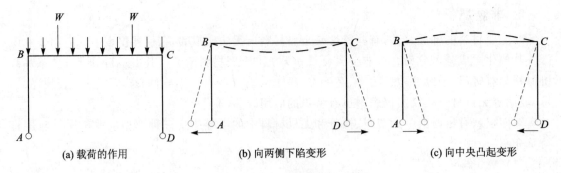

图 2-19 工作台受载荷的作用

(a) 载荷的作用　　　(b) 向两侧下陷变形　　　(c) 向中央凸起变形

测量,将会产生误差。因此对于精密测量仪器而言,工作台的变形对测量精度的影响是不可忽略的重要因素。

3. 噪声、振动与灰尘

噪声的影响可能使效率降低 $1.0\% \sim 25\%$,不同频率的噪声对仪器有不同的影响,一般高频噪声的影响更大一些。在实验室内的噪声级不应超过 $40 \sim 45$ dB。

振动可以引起操作者的颤动感觉,人能感觉到的振动频率范围为 $1 \sim 1\,000$ Hz,最高灵敏度的频率为 $200 \sim 250$ Hz。美国科学工作者认为,在长度、光度、加速度和力值等计量室中,仪器

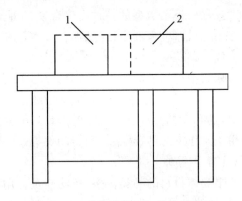

图 2-20　放置位置对工作台的影响

底座的振动频率不应大于 200 Hz,振幅不应超过 $0.001 \sim 0.25~\mu m$。环境振动的影响主要来自于两个方面。一是由大自然和地壳内部变化产生的,一般振幅较小,大约为 $0.1~\mu m$;二是由于人的走动、汽车行驶、机器运转等因素产生的,振幅一般达到 $1 \sim 5~\mu m$,频率为 $5 \sim 30$ Hz,这是对精密仪器影响最大的振动源。环境振动的影响随处可见,一旦振动超过一定的数值,就会大大降低仪器的测量精度。为了减小环境振动的影响,可以设计减振系统,例如把精密仪器安装在减振台上等。

高精度的测量必须考虑环境中灰尘的影响,清洁度的控制对精密仪器是非常重要的。美国超净室标准规定,1 级清洁度为在 $0.3~m^3(1~ft^3)$ 的范围内,直径不大于 $0.1~\mu m$ 的尘粒数目少于 100 个。

2.3　精密仪器设计中的基本原则

精密仪器的设计应满足许多要求,如精度、经济性、使用性、检验率等。其中最主要的是精

度,这是由精密仪器本身的任务所决定的。离开一定的精度要求去考虑经济、效率和使用性能是没有意义的;片面地强调精度而不考虑其他要求也是不正确的。在保证精度要求的前提下,应努力降低成本、提高效率和完善仪器的各项性能指标。在设计中还要考虑结构简单、加工方便、稳定可靠等因素。

在长期的设计实践与总结经验教训的基础上,人们提出了仪器设计中应当遵循的一些基本原则。

2.3.1　阿贝原则

阿贝原则是仪器设计中非常重要的一项基本原则,在设计时应尽量遵守这一原则。

1890 年,德国物理学家阿贝(Ernst Karl Abbe,1840 — 1905)对精密仪器的设计提出了一条指导性的原则:为使仪器能够给出正确的测量结果,必须将仪器读数的刻线尺安放在被测尺寸线的延长线上,也就是说,仪器中被测零件的尺寸线和作为读数用的基准线(如线纹尺)应顺次排列成一条直线。遵循阿贝原则的仪器应符合如图 2 - 21 所示的基本布局。

下面以游标卡尺和螺旋千分尺测量工件的直径为例(见图 2 - 22),对阿贝原则进行具体说明。

用游标卡尺测量工件的直径如图 2 - 22(a)所示。由于它的读数刻线尺和被测件的尺寸线不在一条直线上,因此不符合阿贝原则。测量时活动量爪在尺架上移动,二者之间存在的间隙使活动量爪产生一个倾斜角 φ 而带来测量误差,其具体数值为

$$\Delta_1 = S \cdot \tan \varphi \approx S \cdot \varphi \qquad (2-20)$$

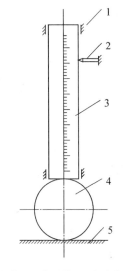

1—导轨;2—指示器;3—标准线纹尺;4—被测对象;5—工作台

图 2 - 21　阿贝原则示意图

假设 $S=30$ mm, $\varphi=0.000\ 3$ rad,则由于不符合阿贝原则引起的测量误差为

$$\Delta_1 = 30 \text{ mm} \times 0.000\ 3 = 0.009 \text{ mm}$$

用螺旋千分尺测量工件的直径如图 2 - 22(b)所示。被测件的尺寸线和千分尺的读数线在一条直线上,因此符合阿贝原则。如果由于安装偏斜等原因,使测微丝杆轴线的移动方向与尺寸线的方向有一个夹角 φ,则由此引起的测量误差为

$$\Delta_2 = d - d' \approx d \cdot \frac{\varphi^2}{2} \qquad (2-21)$$

假设 $d=20$ mm, $\varphi=0.000\ 3$ rad,则测量误差的数值为

$$\Delta_2 = 20 \text{ mm} \times (0.000\ 3)^2/2 = 9 \times 10^{-7} \text{mm}$$

可见该误差已经微小到可以忽略的程度。

阿贝原则在精密仪器设计中的意义非常重大。当仪器的精度相同时,符合阿贝原则就可

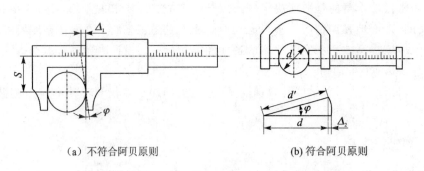

(a) 不符合阿贝原则　　　　　　　　(b) 符合阿贝原则

图 2-22　用游标卡尺和螺旋千分尺测量工件

以放宽对仪器工艺的要求;或者说当加工精度相同时,符合阿贝原则的仪器可以得到更高的测量精度。阿贝原则至今仍然被公认是精密仪器设计中最基本的原则之一,在设计精密仪器时应尽量遵循这一原则。

在实际的设计与测量工作中有时很难保证符合阿贝原则,主要原因可能是:

① 遵守阿贝原则可能造成仪器的外廓尺寸过大,特别是对于线值测量范围大的仪器,情况更为严重。为了得到比较小的外廓尺寸,不得不放弃遵守阿贝原则。

② 有些仪器如坐标测量机或其他线值测量仪器,由于结构布局或测量方面的原因,即使仅在某一测量方向上,也很难满足阿贝原则。要在别的方向或某个坐标方向的各个平面内均遵守阿贝原则,可能根本就无法实现。

式(2-20)中的测量误差和倾角 φ 之间为一次方的线性关系,习惯上称为一次误差;式(2-21)中的测量误差和倾角 φ 之间为二次方关系,习惯上称为二次微小误差。遵守阿贝原则的测量结果就是消除了一次误差,仅保留了二次微小误差。

上面是阿贝原则的传统叙述方法,它的主要意思是测量系统和被测的位移要排列成一条直线,如果没有排列成一条直线,就不符合阿贝原则。从图 2-22(a)可以发现,不符合阿贝原则而产生较大误差的原因,是活动量爪与尺架之间有倾斜(角运动的结果)。美国学者布莱恩(J. B. Bryan)认为,如果仪器设计的最后结果能够消除角运动对仪器精度的影响,那么这样的设计也可以认为是符合阿贝原则的。布莱恩于 1979 年提议将阿贝原则改为更具有普遍意义的叙述方式:位移测量系统工作点的路程,应和被测位移作用点的路程位于一条直线上。如果这不可能,那么就必须使传送位移的导轨没有角运动,或者用实际角运动的数据来计算偏移的影响。

后人称之为阿贝-布莱恩原则。一般认为阿贝原则包含三方面的意思:① 一条直线;② 没有角运动;③ 计算出偏移的影响并加以补偿。遵守了这三条中的任何一条,都是遵守了阿贝原则。

在精密仪器其他部件的设计中也有如何遵守阿贝原则的问题。例如测微仪表头的测杆传动设计就存在是否符合阿贝原则的问题(见图 2 - 23)。在图 2 - 23(a)中,测杆与传动杠杆的接触点位于测杆位移方向的延长线上,因此符合阿贝原则;图 2 - 23(b)则不符合阿贝原则。因此图 2 - 23(a)的设计优于图 2 - 23(b)的设计。

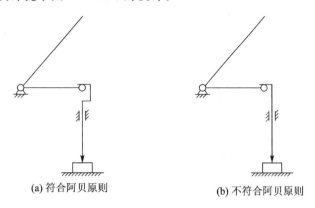

(a) 符合阿贝原则　　　　　　　　(b) 不符合阿贝原则

图 2 - 23　测微仪表头中测杆传动的布局

2.3.2　测量链最短原则

按照仪器中各环节对测量精度影响程度的不同,可将这些环节分为测量链、放大指示链和辅助链三类。其中测量链的作用是感受标准量和被测量的信号,凡是与感受标准量和被测量信息有关的元器件如标准件、感受元件、被测件、定位元件等,均属于测量链。这类元器件的误差对仪器测量精度的影响最大,一般都是 1:1 地影响测量结果,因此对测量链的精度要求应当最高。

测量链最短原则是指一台仪器测量中链环节构件的数目应当最少,即构成的测量链应当最短。测量链对仪器精度的影响最为敏感。因为一旦测量环节多,势必导致产生误差的根源增加,对提高测量精度是非常不利的。测量链最短作为一条基本的设计原则,要求设计者予以遵守,该原则对于各类仪器的设计都具有指导意义。测量链最短原则只能从原始设计上保证,而不能通过采用补偿或修正的方法实现。

如图 2 - 24 所示是 jx13c 万能工具显微镜。工具显微镜的测量原理是通过工作台的移动量获得被测量的数值。在老式的工

图 2 - 24　jx13c 万能工具显微镜

具显微镜中,工作台的移动量是通过精密千分螺杆的位移量获得的。这种结构布局虽然具有结构简单的优点,但它的测量链较长,这是影响仪器精度进一步提高的主要原因之一。从缩短测量链进而提高测量精度的原则出发,可以采取直接测量工作台移动量的方案。目前所设计的工具显微镜几乎全部放弃了精密千分螺杆的结构,而改用直接测量工作台移动量的精密测量装置,如线纹尺、光栅、激光干涉仪等。这样既缩短了测量系统的传动链,提高了测量精度,又扩大了仪器的量程。

2.3.3 封闭原则

封闭原则又称闭合原则,是角度计量中的基本原则。封闭原则是指在闭合的圆周分度中,全部角度分量偏差的总和为零。在检测闭合圆周中各分量的角度或弧长时,根据封闭原则可

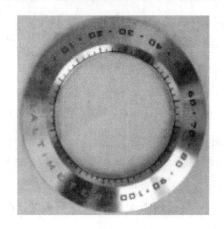

图 2-25 圆刻度盘

以使用相对法进行测量,而不需要借助于高精度的标准,因为圆周封闭原则可以提高圆分度测量的精度。当圆周被分割成若干等分时,分割误差的存在使得每等分不可能都是完全理想的等分值,但圆周的 $0°$ 和 $360°$ 一定是重合的,因此在首尾相接时的间距误差总和肯定为零。

在角度测量中如果满足封闭原则的条件,则误差的总和必然为零。在没有更高精度圆分度标准器的情况下,采用"自检法"可以实现高精度的测量。一些圆周分度器件如圆刻度盘(见图 2-25)、圆柱齿轮的测量,或者方形器件如箱体、角尺等的测量,都可以利用封闭原则进行自检。

2.3.4 基面统一原则

上面几条原则一般都是从仪器的总体设计方面考虑的。基面(或称"基准",是对"基准面"的简称)统一原则主要是针对仪器中的零件设计及部件装配要求提出来的。基面统一原则是指在设计零件时,应使零件的设计基面、工艺基面和测量基面一致起来。只有符合这个原则,才能在工艺或测量方面比较经济地满足规定的精度要求,避免附加误差。零部件在装配中同样要做到基面一致。

在如图 2-26 所示的 T 形圆柱零件中,直径为 d_1 和 d_2 的设计基面及工艺基面均为中心线 OO。如图 2-26(a)所示,在测量时若用顶尖夹持该零件,则测量基准和设计基准、工艺基准完全重合,能够真实地反映两个圆柱面的圆柱度误差。如果把零件直径 d_1 的外表面放置在 V 形台上作为支撑,以小端的外圆柱面为测量基准,如图 2-26(b)所示,则 d_1 的形状误差将反映到测量结果中,带来附加测量误差。

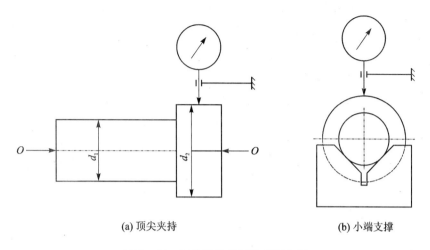

(a) 顶尖夹持   (b) 小端支撑

图 2 - 26 圆柱零件的两种测量布局

　　基面统一原则对于设计、工艺与测量来说都是至关重要的。在选择标准件的尺寸以及选择被测件的设计基准时，都应尽量做到工艺基准和测量基准的一致，工艺人员也应尽可能地把设计基准作为工艺基准，测量人员同样应使设计基准与测量基准相一致。

2.3.5 经济原则

　　经济原则是一切设计工作都要遵守的一条基本原则，精密仪器设计也不例外。在设计仪器时不应盲目地追求复杂或高级的方案，如果能够通过某种最简单的方案满足功能要求，则该方案便是最经济的设计方案。因为方案简单意味着零部件少、元器件少、成本低、可靠性高，因此一般来说简单方案比较经济，但还要结合被测件批量的大小、效率的高低、公差带的尺寸分布和测量误差等情况进行综合考虑。当测量精度或效率要求较高时，简单方案一般很难满足要求，可能需要由简到繁选用相应的方案。在技术设计阶段，还应注意结构的工艺性和提高"三化"的程度，使零件制造符合经济性原则的要求。在大批量生产时自动测量往往比手工测量更为经济。在设计、组织与生产小批量、多品种的仪器产品时，要灵活地采用各种先进技术，争取得到最大的经济效益。一般可以从以下方面进行考虑。

　　（1）合理选材

　　材料费用在整个仪器中的费用不宜过大。元器件成本太高会使所生产的仪器难以推广应用。

　　（2）工艺性

　　不仅要有良好的加工工艺性与装配工艺性，而且还要易于组织生产、节省工时、节约能源、降低管理费用。

　　（3）合理的精度要求

　　不合理地提高零部件的加工精度与装配精度，往往使加工费用成倍增加。

（4）合理的调整环节

通过设计合理的调整环节，可以降低对仪器零部件的精度要求，达到降低仪器成本的目的。

（5）延长仪器使用寿命

仪器的寿命如果延长一倍，一台仪器就顶两台使用，相当于价格降低了一半。

2.3.6 运动学原则

一个空间物体有 6 个自由度（见图 2-27），可以通过适当配置的约束加以限制。自由度 S 与约束 Q 之间的关系为

$$S = 6 - Q \tag{2-22}$$

所谓运动学设计原则就是根据物体运动的方式（要求的自由度）按式（2-22）确定施加约束的个数。对约束的安排不是任意的，1 个平面内最多安排 3 个约束，1 条直线上最多安排 2 个约束。约束应当是点接触，并且同一平面（或直线）上的约束点应尽量离得远一些，约束面应垂直于欲限制自由度的方向。满足运动学设计的原则具有以下优点：

① 每个元件是用最少的接触点约束的，每个接触点的位置不变，作用在物体上的力可以预先计算出来，进而加以控制。应避免作用力过大引起材料的变形而干扰机构的正常工作，并且定位要准确可靠。

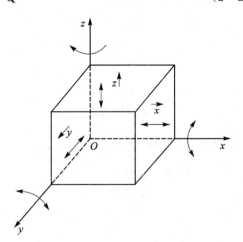

图 2-27　空间物体的自由度

② 工作表面的磨损及尺寸加工精度对约束的影响很小，用比较宽松的公差就可以达到高精度，降低加工精度的要求。即使接触面磨损了，稍加调整就可以进行补偿。

③ 结构在拆卸后能够方便、准确地复位。

2.3.7 粗精分离原则

粗精分离有利于提高仪器的精度，使设计方案易于实现。在总体设计中要特别注意粗精分离的原则。

在某些仪器的设计中可能会遇到一些很难处理的问题，如高速度与高精度之间的矛盾、大范围与高精度之间的矛盾等。如果采用粗精分离的原则去处理，往往可以获得满意的结果。

以精密工作台的设计为例，假设要求的定位精度为 $\pm 0.1 \ \mu m$，运动速度为 $v > 30 \ mm/s$。运动速度高将造成惯性大等一系列问题，再要达到 $\pm 0.1 \ \mu m$ 的高精度是很困难的。采用粗精

度分离的原则,首先在满足高速度的情况下达
到低的定位精度,再通过小范围补偿的方法提
高定位精度。在设计时可以采用大行程高速
运动($v>30$ mm/s)的粗动工作台,在粗动工作
台的上面增加一个微动工作台,如图 2 - 28 所
示。假设高速粗动工作台的定位精度为
± 5 μm,微动工作台在± 5 μm的行程范围内
再进一步达到± 0.1 μm的定位精度就很容易
实现。又如调焦系统中采用粗调与精调相分
离的方案,既可以实现大范围又可以实现高精
度的调焦。采用粗精分离原则,既比较经济又
容易实现,因此成为仪器设计中的重要原则
之一。

图 2 - 28　精密工作台

2.3.8　价值系数最优原则

价值分析是为了提高设计人员的价值观念。在设计中对用户需要的功能必须满足,要克
服尽善尽美的观点,去掉用户不关心的多余功能和不必要的高要求。要从结构上进一步分析
并降低生产成本和使用成本,获得价值系数的最优方案。

价值系数(价格与性能的比值)是产品的重要标志之一。过去的价值观念关心的是如何降
低成本以获取最大的利润。后来通过价值分析才弄清楚,价值系数才是衡量产品社会价值的
综合指标。价值系数的定义为

$$V = \frac{F}{C} \qquad\qquad (2 - 23)$$

式中　V——价值系数;

　　　F——产品功能;

　　　C——产品总成本。

由式(2 - 23)可见,对于同样的功能,总成本越低,则产品的社会价值越高;同样的成本,功
能越佳,则社会价值越高。总成本指的是产品的生产成本和使用成本两部分,其中生产成本又
包括设计制造成本、开发投资成本和固定投资成本;使用成本则包括运转费用、维修费用和故
障造成的停工损失费用等。

提高产品的价值系数在很大程度上取决于设计,在设计的每个阶段都要进行价值分析,采
取多种方案进行技术经济性比较,取得最佳的设计方案。用户是按产品功能的优劣来选购相
应价格产品的,因此生产厂家必须提供成本低、功能好的产品才有竞争力,才能吸引用户,提高
产品声誉,使企业获得最大的经济效益,在激烈的竞争中生存下去。

习　题

1. 精密仪器的设计原理有哪些?

2. 什么是优化设计? 优化设计的方法有哪些?

3. 在精密仪器设计中,温度影响仪器的精度,那么如何减小温度带来的影响呢?

4. 仪器受力变形影响测量精度主要有哪两种情况?

5. 精密仪器设计的基本原则有哪些?

6. 什么是阿贝原则?

第3章 精密仪器的误差分析

精度是精密仪器及机械的一项关键技术指标,精度设计是保证仪器总体质量与技术水平的核心工作,是精密仪器设计的主要内容之一。在现代化精密仪器的设计与制造过程中,误差分析是精度设计中不可或缺的一个环节,是仪器研制成功与否的主要因素,因此误差分析的重要性显得尤其突出。精度与误差属于两个不同的概念,它们是同一个事物的两个方面,两者既有区别,又有联系。精度高则误差的数值小;精度低则误差的数值大。

本章对精密仪器系统的误差分析、误差合成与分配、误差溯源等进行论述,在此基础上介绍精度设计及其校验的相关问题。

3.1 误差分析的基本问题

3.1.1 误差的概念及其内涵

1. 误差的定义

误差就是测得值与被测量的真实值之间的差异,它的定义式如下:

$$误差 = 测得值 - 真实值 \tag{3-1}$$

误差的大小反映了测得值与真实值之间的偏离程度,它的特点是:

① 无论采用何种测量手段,误差总是客观存在的。在测量工作中,尽管测量者按照相应的操作规程进行测量,测得值与其真实值之间仍然存在着差异。这是误差存在的必然性原理。

例如对某一个三角形的三个内角进行测量,其和可能不等于$180°$;又如测量闭合路线的闭合差也未必恰好等于零。这些都说明在测得值中包含有一定的测量误差。

② 当对某一被测量进行多次重复测量时,每次的测得值不可能完全相同。这是误差存在的不确定性原理。

例如当对某一个被测量进行多次重复测量时,由于各种误差因素的影响,各次的测得值不可能完全相同,从总体上来看,它们围绕着被测量的真实值上下波动。

自然界中的一切物体都处于永恒的运动之中,被测量的真实值只是在一定的假设条件之下获得的跟被测量的真正大小相对接近的一个值,所以真实值具有时间和空间的约束。在绝大多数的情况下,由于理论上的真实值通常是无法求取的,因此严格意义上的误差也是无法获得的。

真实值可以定义为在某一时刻和某一空间状态下,某量的客观效应所表现出来的一种存在值或实际值。

真实值可以是理论意义上的、相对意义上的或者是约定意义上的。

在有些情况下真实值是已知的。以测量三角形的三个内角之和为例，若测量结果为 $180°00'05''$，已知三角形的内角和为 $180°$，则测量误差为 $180°00'05''-180°=5''$。这里的三角形内角和为 $180°$ 就是理论意义上的真实值。

用二等标准活塞压力计测量某压力，测假设值结果为 $1\ 000.2\ N/cm^2$。若用更精确的方法测得压力为 $1\ 000.5\ N/cm^2$，则可以把它作为真实值。那么二等标准活塞压力计测量结果的误差为 $1\ 000.2\ N/cm^2-1\ 000.5\ N/cm^2=-0.3\ N/cm^2$。这里用更精确的方法测得的压力值，就属于相对意义上的真实值。

约定意义上的真实值是由国家基准或当地最高计量标准复现而赋予某特定量的值，也可以采用权威组织推荐的值。例如国际计量大会决定时间单位秒（s）是铯 133 原子基态的两个超精细能级之间跃迁所对应的辐射的 9 192 631 770 个周期所持续的时间；长度单位是光在真空中（1/299 792 458）s 的时间间隔内所经过路程的长度。

测量就是为了求得被测量真实值的最佳逼近值。测量工作是在一定条件下进行的，因此外界环境、测量者的技术水平和仪器本身的原理或结构不完善等因素，都可能导致测量误差的产生。测量条件的不理想和不断变化是产生测量误差的根本原因。

产生测量误差的原因主要体现在以下几个方面。

（1）外界条件

主要指测量环境中的气温、气压、空气湿度以及大气环境等因素的影响，导致测量结果中带有误差。例如测量时因环境或场地的不同，可能造成的误差有热变形误差和随机误差。

（2）仪器条件

仪器在加工和装配的过程中，不能保证其结构完全满足各种技术条件，这样就可能带来测量误差，例如刻度误差、磨耗误差及使用前未经校正等。

（3）原理方法

原理不完善、理论公式的近似或测量方法的不完善等，都会带来误差。

（4）测量人员

由于测量人员自身的问题，如鉴别能力所限以及技术熟练程度不同，可能在测量的对中、调平和瞄准等方面产生误差。由于人为因素所造成的误差，包括误读、误算和视差等。而误读常发生在游标尺、分厘卡等量具中。

2. 误差的表示方法

误差的表示方法主要有绝对误差、相对误差和引用误差三种。

（1）绝对误差

被测量的测得值与真实值之差就是绝对误差，通常简称为误差。绝对误差是一个有量纲的量，能够反映误差的大小和符号。

$$绝对误差 = 测得值 - 真实值 \qquad (3-2)$$

由式(3-2)可知,绝对误差可能是正值,也可能是负值。

(2) 相对误差

被测量的绝对误差与被测量的真实值之间的比值称为相对误差。精密测量中的测得值与真实值一般都很接近,因此也可以近似地用绝对误差与测得值之间的比值作为相对误差,即

$$相对误差 = \frac{绝对误差}{真实值} \approx \frac{绝对误差}{测得值} \qquad (3-3)$$

它是一个没有量纲的相对值,通常用百分数的形式表示。

(3) 引用误差

电工测量中常用绝对误差与仪器的满刻度值之间的比值来表示相对误差,一般称为引用误差。测量仪器所用的最大引用误差表示它的准确程度,可以反映出仪器综合误差的大小。

例如某电工仪表分为 7 级:0.1、0.2、0.5、1.0、1.5、2.5、5.0。当仪表的等级确定以后,测量的示值越接近于量程,则示值的相对误差就越小。所以在测量时要注意选择量程,尽量使仪表指示在满刻度值 2/3 以上的区域。

3. 精度的分类

精度是测得值与被测量的真实值之间的接近程度。精密仪器的精度是客观存在的,它与误差的大小相对应,所表示的都是测得值与被测量的真实值之间的远近关系,但是侧重点有所不同。在精密仪器中,总是存在着各种原因所导致的误差,因此任何一种测量精度的高低都只是相对意义上的,不可能达到绝对意义上的精准。为使测量结果准确可靠,应当尽量减少误差,提高测量的精度。

通常把精度分为准确度、精密度和精确度三种。

(1) 准确度

测量的准确度又称为正确度,反映测量结果中系统误差的影响程度。系统误差愈小,则测量的准确度愈高,测量结果偏离真实值的程度愈小。

(2) 精密度

测量的精密度反映了测量结果中随机误差的影响程度。随机误差愈小,精密度愈高,说明各次测量结果的重复性愈好。

(3) 精确度

精确度反映系统误差和随机误差的综合影响程度。一个既"精密"又"准确"的测量才能称得上是"精确"的测量,因此用精确度来描述。精确度所反映的是被测量的测量结果与真实值之间相一致的程度。精确度高,说明系统误差与随机误差都小。

精密度高的测量不一定具有高的准确度,只有在消除了系统误差之后,才可能获得可靠的测量结果。

4．精度的指标

用于定量表征精度的技术指标很多，可以根据精密仪器的实际需要选择适当的指标。下面介绍一些典型的精度指标。

（1）灵敏度

灵敏度是仪器设备的输出量和输入量之间的增量之比。灵敏度也称灵敏限。

$$灵敏度 = 输出量的增量 / 输入量的增量 \qquad (3-4)$$

示值类仪器的灵敏度等于被测量的示值增量与测量的增量之比。

（2）分辨力

分辨力是精密仪器的一个重要技术指标，是指仪器设备能够感受、识别或者探测的输入量的最小值。例如光学系统的分辨力是指光学系统能够分清两个物点之间的最小距离。

要在精密仪器中获得高的测量精度，必须具有良好的分辨力。分辨力一般可取仪器精度的 $1/3 \sim 1/10$，视仪器精度的具体高低酌情确定。

（3）重复性

重复性是指在同一测量方法和条件下，在一个不太长的时间间隔内连续多次测量同一被测量所得到数据之间的分散程度。重复性有时也称为重复性误差，它反映了仪器设备固有误差的分散程度。

（4）复现性

复现性又称再现性或复现性误差，指不同的操作者或者用不同的测量方法或不同的测量仪器、在不同的实验室、在较长的时间间隔内，对同一被测量做多次重复测量所得数据之间的分散程度。

对于某一被测量的测量结果，若重复性和复现性都高（分散的程度小），则表明仪器设备的精度稳定，测量结果准确可靠。复现性在很多情况下低于重复性，因为测量复现性所包含的随机因素通常多于测量重复性的随机因素。

测量结果的重复性与再现性之间的不同点是显而易见的。两者虽然都是表示测量数据之间的分散程度，但是它们所强调的前提条件不同。重复性是在测量条件保持不变的情况下，连续多次测量结果之间的分散程度；而再现性则是指在测量条件改变了的情况下，测量结果之间的分散程度。这是二者最显著的区别。

（5）稳定性

稳定性是指精密仪器的计量特性随时间变化而保持相对稳定的一种能力，也就是说在一定的工作条件下、在一定的时间内，精密仪器的性能保持相对不变的能力。

稳定性也是表征精密仪器计量性能的重要指标之一。导致精密仪器不稳定的原因可能是多样的，例如机械零部件的摩擦与磨损、电子元器件的老化、未定期维护保养等。稳定性也是合理地确定精密仪器检定周期的重要依据，对精密仪器开展的例行检定或校准，就是针对稳定性的一种考核。

3.1.2　误差分析的目的与意义

精密仪器产品的精度无论多高,总是存在不同程度的误差。精密仪器设计的首要任务是满足精度要求,误差分析就是要找出产生误差的根源和特点及其对仪器设备精度的影响程度与作用规律,根据仪器设备的特点和要求的测量条件,选择相应的静态精度与动态精度指标,按照被测对象的技术要求分析确定仪器的精度与性能,合理地选择设计方案、确定总体结构、设置技术参数和采取相应的补偿措施,在保证经济性的前提下取得最好的设计效果。

误差分析的目的在于:

① 研究影响仪器产品性能的误差来源及其特征,探讨误差评定和计算的方法,掌握误差传递、转化和相互作用的规律,给出误差合成与分配的具体原则,为仪器设备的合理设计提供科学依据。

② 正确地认识误差的性质,分析误差产生的原因,以便消除或减小误差对测量结果的影响。因为只有正确地认识误差,才能够充分地利用测量数据,得出最接近于真实值的测量结果。

③ 正确地处理测量数据,合理地计算测量结果。测量结果的质量或水平是通过误差的大小反映出来的,误差愈小、质量愈高、水平愈高,使用价值愈高;反之则质量愈低、水平愈差。

④ 正确地组成测量系统并组织测量过程,合理地设计测量系统或选用测量仪器,选择正确的测量方法,以便在最经济的条件下,在成本最低、时间最短的情况下得到最理想的测量结果。

由于测量方法和测量仪器设备的不完善、周围环境的影响以及操作者认识能力的限制等,测得值和真实值之间总是存在着一定的误差。随着科学技术的日益发展、人们认识能力的增长和水平的提高,虽可将误差控制得愈来愈小,但始终无法完全消除误差的影响。误差存在的必然性和普遍性,已为大量的测量实践所证实。为了充分认识并减小或消除测量误差,必须对测量过程中始终存在的各种误差进行充分的研究。

误差分析的意义在于:

① 明确设计的可行性,论证拟采用结构的原理是否能够满足使用要求;
② 判断技术路线是否合理,是否符合生产的工艺性、经济性等指标的要求;
③ 提出误差补偿的原理、结构、方法、途径和相应的数据处理技术;
④ 提出切实可行的检定方法,因为一旦检定方法不当,就会带来错误的结果。

3.1.3　误差的分析及其评定

测量不确定度也是评价精密仪器性能水平的一项基本指标,是测量质量的重要标志之一。根据国际不确定度工作组制定的、国际标准化委员会于 1995 年出版发行的《测量不确定度表示指南》(*Guide to the Expression of Uncertainty in Measurement*,GUM)的规定,测量不确定度的评定方法一般分为 A 类评定和 B 类评定两种。A 类评定是由观测列的统计分析所做的不确定度评定,一般是通过一系列的测得值计算测量数据的分散性,用标准差定量地予以表征。B 类评定不是采用统计分析的方法,而是由不同于观测列的统计分析所做的不确定度评定,可以基于其他方法估计出概率分布或者假设分布来评定标准差。

不确定度评定的主要方法是根据贝塞尔公式计算测量数据样本的标准差,用标准差作为测量结果的标准不确定度;用样本的算术平均值作为测量结果的最佳估计。

A 类评定的标准差一般可以采用贝塞尔法、别捷尔斯法、极差法、最大误差法等方法计算出来。

1. 贝塞尔法

贝塞尔(Bessel,Friedrich Wilhelm,1784—1846)是德国数学家、天文学家,是天体测量学的主要奠基人之一。

在重复测量的条件下,对某一被测量进行 n 次等精度测量,得到一个由随机变量组成的测量列

$$x = \{x_1, x_2, \cdots, x_k, \cdots, x_n\}, \qquad k = 1, 2, \cdots, n$$

把 n 次独立测量结果的算数平均值作为随机变量 x 的最佳估计值,即

$$\bar{x} = \frac{1}{n} \sum_{k=1}^{n} x_k$$

定义每次独立测得值 x_k 和算数平均值 $\bar{x}$ 之间的差为残余误差(简称残差),即

$$v_k = x_k - \bar{x}$$

把表征测量结果分散性的量称为实验标准差。

单次测量的标准差定义为

$$s = \sqrt{\frac{\sum_{k=1}^{n} \delta_k^2}{n}}$$

式中,$\delta_k = x_k - x_t$,x_t 为真实值。

由于真实值往往是未知的,故更多情况下是计算标准差的估计值,即

$$\sigma = \sqrt{\frac{\sum_{k=1}^{n} v_k^2}{n-1}} = \sqrt{\frac{\sum_{k=1}^{n} (x_k - \bar{x})^2}{n-1}} \tag{3-5}$$

式(3-5)称为贝塞尔公式,根据此式可求得单次测量标准差的估计值。

2. 别捷尔斯法

由贝塞尔公式(3-5)得

$$\sigma = \sqrt{\frac{\sum\limits_{k=1}^{n} v_k^2}{n-1}} \approx \sqrt{\frac{\sum\limits_{k=1}^{n} \delta_i^2}{n}}$$

式中，$\sum\limits_{k=1}^{n} \delta_i^2 \approx \dfrac{n}{n-1} \sum\limits_{k=1}^{n} v_k^2$。该式可以近似为 $\sum\limits_{k=1}^{n} |\delta_k| \approx \sum\limits_{k=1}^{n} |v_k| \sqrt{\dfrac{n}{n-1}}$，则平均误差为

$$\theta = \frac{\sum\limits_{k=1}^{n} |\delta_k|}{n} = \frac{1}{\sqrt{n(n-1)}} \sum\limits_{k=1}^{n} |v_k|$$

可以证明，平均误差和标准差之间存在如下关系：

$$\sigma = 1.253\theta \qquad\qquad (3-6)$$

因此单次测量的标准差可以表示为

$$\sigma = 1.253 \frac{1}{\sqrt{n(n-1)}} \sum\limits_{k=1}^{n} |v_k| \qquad\qquad (3-7)$$

式 (3-7) 称为别捷尔斯公式，它可以通过残余误差 v_k 的绝对值之和计算出单次测量的标准差。

3. 极差法

贝塞尔公式和别捷尔斯公式均需先求出算术平均值，再求残余误差，之后计算出标准差，计算过程比较复杂。当要求简便迅速地计算出标准差时，可以采用极差法。

若等精度重复测量的测得值 $x_1, x_2, \cdots, x_n$ 服从正态分布，在其中分别选取最大值 $x_{\max}$ 与最小值 $x_{\min}$，则称两者之差为极差，即

$$w_n = x_{\max} - x_{\min} \qquad\qquad (3-8)$$

根据极差的分布函数，可以求出极差的数学期望为

$$E(w_n) = d_n \sigma \qquad\qquad (3-9)$$

由于 $E\left(\dfrac{w_n}{d_n}\right) = \sigma$，因此可以得出标准差的无偏估计值。为了简便，仍然以 σ 表示，则

$$\sigma = \frac{w_n}{d_n} \qquad\qquad (3-10)$$

式中，d_n 的数值如表 3-1 所列。

表 3-1　极差法中 d_n 的数值

n	2	3	4	5	6	7	8	9	10	11
d_n	1.13	1.69	2.06	2.33	2.53	2.70	2.85	2.97	3.08	3.17
n	12	13	14	15	16	17	18	19	20	
d_n	3.26	3.34	3.41	3.47	3.53	3.59	3.64	3.69	3.74	

极差法可简单、迅速地求出标准差,并且具有一定的精度,一般在测量次数 $n<10$ 时可以采用。

4. 最大误差法

如果知道被测量的真实值或者可用来代替真实值的某个量值,从中计算出随机误差 δ_k,取其绝对值最大的一个值 $|\delta_k|_{max}$,当各个独立测得值服从正态分布时,可以得出关系式

$$\sigma = \frac{|\delta_k|_{max}}{K_n} \qquad (3-11)$$

在一般情况下被测量的真实值是未知的,无法按照式(3-11)求出标准差,这时可以按最大残余误差 $|v_k|_{max}$ 进行计算,其关系式为

$$\sigma = \frac{|v_k|_{max}}{K'_n} \qquad (3-12)$$

式(3-11)和式(3-12)中系数的倒数如表 3-2 所列。

最大误差法简单、迅速、方便,容易掌握。当 $n<10$ 时,最大误差法能够达到一定的精度。

表 3-2 最大误差法中系数的倒数

n	1	2	3	4	5	6	7	8	9	10	11	12	13	14	15
$1/K_n$	1.25	0.88	0.75	0.68	0.64	0.61	0.58	0.56	0.55	0.53	0.52	0.51	0.50	0.50	0.49
n	16	17	18	19	20	21	22	23	24	25	26	27	28	29	30
$1/K_n$	0.48	0.48	0.47	0.47	0.46	0.46	0.45	0.45	0.45	0.44	0.44	0.44	0.44	0.43	0.43
n	2	3	4	5	6	7	8	9	10	15	20	25	30		
$1/K'_n$	1.77	1.02	0.83	0.74	0.68	0.64	0.61	0.59	0.57	0.51	0.48	0.46	0.44		

5. 不等精度测量

在科学研究和科学实验中,往往采用不等精度测量的方法。不等精度测量是指各个测得值的标准差不同,如果 σ 小,则精度高,可靠性大;反之则精度低,可靠性小。显然 σ 的数值不同,可信赖程度也不同。引入"权"的概念来表征不等精度测量中测量结果的可信赖程度。可信赖程度高,则"权"就大;反之"权"就小。权的数值可以用 $P_k (k=1,2,\cdots,n)$ 定量地表示。

(1) 加权算术平均值

设有不等精度测量列 $x=\{x_1,x_2,\cdots,x_k,\cdots,x_n\}$,其中 $k=1,2,\cdots,n$。若各测得值相应的标准差分别为 $\sigma_k (k=1,2,\cdots,n)$,则可以推导出加权算术平均值 $\bar{x}$ 为

$$\bar{x} = \frac{\sum\limits_{k=1}^{n} P_k x_k}{\sum\limits_{k=1}^{n} P_k n} \qquad (3-13)$$

（2）权的确定

权代表了测量结果的可信赖程度，测量精度越高，则权越大。可以根据这一原则来确定权的大小。定义权为

$$P_k = \frac{K}{\sigma_k^2} \tag{3-14}$$

式中　K——比例常数，可以取任意值，一般以计算方便为准。

（3）单位权及其方差

在等精度测量中，测量列的各个观测值是等权的，因此方差也相同，可用下式表示：

$$\hat{\sigma}^2 = \frac{\sum\limits_{k=1}^{n}(x_k - \bar{x})^2}{n-1} \tag{3-15}$$

在不等精度测量中，不能用一个公式表示所有的方差。由于

$$\sigma_k^2 = \frac{\sigma^2}{P_k} \tag{3-16}$$

当 $P=1$ 时称为单位权，即 $\sigma_{P=1} = \sigma^2$，比例常数 σ^2 就是单位权的方差。

下面推导不等精度测量中加权算术平均值标准差的计算公式。

首先将不等精度测量列转化为等精度测量列，将 x_k 乘以 $\sqrt{P_k}$，则其权等于 1，即

$$x_1' = x_1\sqrt{P_1}, x_2' = x_2\sqrt{P_2}, \cdots, x_n' = x_n\sqrt{P_n}$$

根据

$$\sigma = \pm\sqrt{\frac{\sum v'^2}{n-1}} \tag{3-17}$$

可得

$$\sigma = \pm\sqrt{\frac{P_k v_k^2}{n-1}} = \pm\sqrt{\frac{\sum\limits_{k=1}^{n}P_k(x_k - \bar{x})^2}{n-1}} \tag{3-18}$$

因为

$$\sigma_{\bar{x}} = \frac{\sigma}{\sqrt{\sum\limits_{k=1}^{n}P_k}}$$

所以不等精度测量中加权算术平均值标准差的表达式为

$$\sigma_{\bar{x}} = \pm\sqrt{\frac{\sum\limits_{k=1}^{n}P_k(x_k - \bar{x})^2}{(n-1)\sum\limits_{k=1}^{n}P_k}} \tag{3-19}$$

6. B 类评定标准差的计算

设被测量 X 的估计值为 x，标准差的 B 类评定是借助于 x 可能变化的全部信息进行处理的。这些信息可能是：以前的测量数据、经验或者资料；有关仪器和装置的一般知识；制造说明书、检定证书或者其他报告所提供的资料；由手册提供的参考数据等。

采用 B 类评定需要根据实际情况进行分析，对测得值的分布进行一定的假设，通常可以假设服从正态分布，也可假设为其他分布。

一般可以分下列几种情况：

① 若测量估计值 x 受到多个独立因素的影响而且影响的大小相近，则可以假设为正态分布。标准差由所取置信概率 P 的分布区间半宽度 a 与包含因子 k_p 的比值来估计，即 $\frac{a}{k_p}$。其中 k_p 的数值可由正态分布的积分表查得。

② 若估计值 x 受到两个独立且皆具有均匀分布的因素影响，则 x 服从在区间 $(x-a, x+a)$ 内的三角分布，标准差的估计为 $\frac{a}{\sqrt{6}}$。

③ 若根据已知信息判断出估计值落在区间 $(x-a, x+a)$ 内的概率为 1，且在区间各处出现的机会相等，则可以把 x 当作均匀分布来处理，其标准差的估计为 $\frac{a}{\sqrt{3}}$。

关于测量不确定度的 B 类评定，近年来有学者综合运用灰色系统理论、模糊集合理论和信息熵理论等，提出了一些新思路、新算法，具体可参阅相关论著。

3.2　误差的来源及其计算

在设计和研制精密测量仪器时，必须对仪器进行精度设计和误差分析，为此有必要研究影响仪器精度的因素。为了达到所要求的测量精度，必须对影响仪器精度的各项误差进行分析，找出影响测量精度的主要因素并加以控制，设法减小其对仪器精度的影响。

在一定的环境条件下，仪器的系统误差在设计、制造之后基本上已经确定了。但是在测量的过程中，造成仪器误差的因素是多方面的，不仅仪器本身固有的一些误差会影响测量结果，而且在使用或运行的过程中，外界的环境条件、测量方法及测量人员主观因素等各种因素都会带来不同程度的测量误差。

3.2.1　误差的主要来源

精密仪器中的误差主要来源于原理误差、制造误差和运行误差三种。

1. 原理误差

原理误差包括理论误差、方法误差、机构误差、零件误差和电路控制系统误差等。理论或方法误差是由于测量所依据的理论公式本身的近似性或实验条件不能达到理论公式所规定的要求，或者是实验方法本身不完善所带来的误差。例如热学实验中没有考虑到散热所导致的热量损失；用伏安法测电阻时没有考虑到电表内阻对实验结果的影响等，都会产生测量原理误差。

2. 制造误差

由于仪器中所使用的材料、加工尺寸和相互位置的偏差而引入的误差称为制造误差。制造误差通常是很难避免的，它对仪器精度整体的影响也最为显著。在设计时一般只考虑可能对仪器产生影响的一些误差项目，实际上仪器的零部件在制造过程中会产生多种不同形式的误差。制造误差可以在设计的过程中通过合理地制定公差来进行控制。在设计零件时还要注意遵守基面统一原则，尽量减小制造误差的影响。

3. 运行误差

运行误差是仪器在测量过程中产生的误差，是仪器在长时间的工作状态下产生的一种很重要的误差形式，例如由于载荷、接触变形、自重等原因而产生弹性变形引起的运行误差；摩擦、磨损引起的运行误差；温度变化引起机身的热变形误差；温度变化导致周围介质折射率改变而造成干涉测量的运行误差；间隙与空程导致的运行误差；振动使仪器不稳定而引起的运行误差等。

3.2.2　误差计算的方法

1. 原理误差的计算

原理误差是指由于工作原理不完善或者采用了近似原理所造成的误差。例如在激光干涉测量系统中，由于激光光束在介质中的传播形式呈现高斯光束，因此不同于球面波。如果仍然采用几何光学中关于球面波的方法来进行设计，就会带来测量原理误差。

由于采用不同的方案所造成的测量误差，也属于原理误差的范畴。

机构误差是指实际机构的作用形式与理论推导有差别而产生的误差。机构误差同样属于原理误差。

例如采用简单机构代替复杂机构，或者用一个主动件的简单机构近似实现多元函数的作用形式，就会在机构的实现方面产生原理误差。

又如在实现形如 $y = f(u,v)$ 的函数机构中，设其中一个自变量 u 起主要作用，另一个自变量 v 的变化对函数 y 的影响不大，如图 3-1 所示。按照理想情况应该设计两个主动件分别实现各自的功能。假定为了简化设计，仅采用单一的主动件来近似实现两个功能。设 $v = a_1$，即用 $y = f(u,a_1)$ 代替 $y = f(u,v)$。这种机构对于仅实现 $v = a_1$ 这一个功能可以是理想的，如果还要兼顾另一个功能的实现，就会产生机构原理误差。

图 3-2 给出了零件原理误差的另一个例子。在实现 $h = f(\varphi)$ 运动规律的凸轮机构中，

为了减少磨损,常将从动杆的端头设计成半径为 r 的球头形状。

由此引起的原理误差 Δh 为

$$\Delta h = OA - OB \approx \frac{r}{\cos \alpha} - r\cos \alpha = \frac{r\sin^2 \alpha}{\cos \alpha} = r\tan \alpha \sin \alpha \approx r\alpha^2$$

式中　α——压力角。

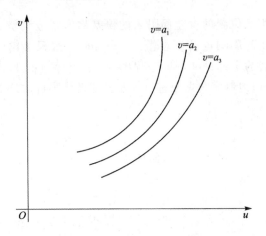

图 3-1　函数机构的原理误差

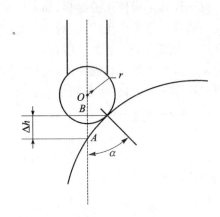

图 3-2　凸轮机构中零件的原理误差

2. 运行误差的计算

仪器中的零件由于受力后产生变形或者材料的内摩擦,使得作用在零件上的负荷与变形之间的关系曲线可能呈现出如图 3-3 所示的情况,表现为弹性滞后,如图 3-3(a)所示;或者表现为弹性后效,如图 3-3(b)所示。这两种现象在一般情况下均可以忽略不计,但如果出现在弹性测量元件或弹性测量机构的运动部件中,则不能忽略。

根据材料力学的相关知识,在同样大小的力的作用下,拉伸或压缩变形比弯曲和扭转变形小,因此在结构设计中应尽量避免使零件产生弯曲或扭转变形。由于零件自身重量产生的变形通常都很小,一般情况下也可以忽略不计。但随着零件尺寸的增大,变形将急剧增加,由重力产生的变形与零件尺寸增加的倍数的平方成正比。因此在大型精密机械中,床身、横梁等零件的自重变形对测量精度的影响不容忽视。

(1) 自重变形引起的误差

自重的变形量与零件支撑点的位置有关。正确地选择支撑点的位置可以使特定部位的变形误差达到最小。

艾里(George Biddell Airy FRS,1801—1892,英格兰数学家与天文学家)和贝塞尔利用材料力学原理分别计算了在误差为最小时的最优支撑点。

设梁体在 A、B 两点支撑时产生的弹性变形为曲线 $CAOBD$,如图 3-4 所示。根据梁体的

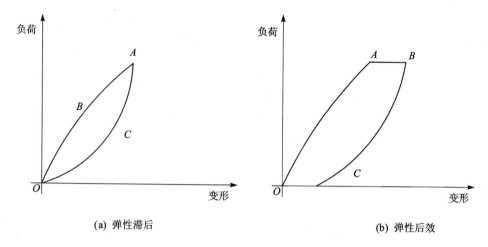

<table>
<tr><td>(a) 弹性滞后</td><td>(b) 弹性后效</td></tr>
</table>

图 3 - 3　负荷-变形之间的关系曲线

对称性可以通过研究 OB 和 BD 两段的变形获得梁体全长的变形情况。

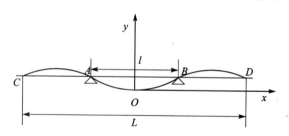

图 3 - 4　梁体自重产生的弹性变形

梁体在 BD 段所受到的弯矩为

$$M = \frac{P}{2}\left(\frac{L}{2} - x\right)^2$$

式中　P——单位长度的重量。

由于边界条件为 $y_{x=0}=0$，$y'_{x=0}=0$，且 y、y' 在 B 点连续，可以得出梁体在 OB 段的变形为

$$y'' = \frac{1}{2EI}PL^2\left[-\frac{1}{4} + \frac{l}{2L} - \left(\frac{x}{L}\right)^2\right]$$

$$y' = \frac{1}{2EI}PL^3\left[\left(-\frac{1}{4} + \frac{l}{2L}\right)\frac{x}{L} - \frac{1}{3}\left(\frac{x}{L}\right)^3\right]$$

$$y = \frac{1}{2EI}PL^4\left[\left(-\frac{1}{2} + \frac{l}{L}\right)\frac{1}{4}\left(\frac{x}{L}\right)^2 - \frac{1}{12}\left(\frac{x}{L}\right)^4\right]$$

梁体在 BD 段的变形为

$$y'' = \frac{1}{2EI}PL^2\left[-\frac{1}{4} + \frac{x}{L} - \left(\frac{x}{L}\right)^2\right]$$

$$y' = \frac{1}{2EI}PL^3\left[-\frac{1}{8}+\left(-\frac{l}{L}\right)^2-\frac{x}{4L}+\frac{1}{2}\left(\frac{x}{L}\right)^2-\frac{1}{3}\left(\frac{x}{L}\right)^3\right]$$

$$y = \frac{1}{2EI}PL^4\left[-\frac{1}{48}\left(\frac{l}{L}\right)^3+\frac{1}{8}\left(\frac{l}{L}\right)\frac{x}{L}-\frac{1}{8}\left(\frac{x}{L}\right)^2+\frac{1}{6}\left(\frac{x}{L}\right)^3-\frac{1}{12}\left(\frac{x}{L}\right)^4\right]$$

梁体在 B 点和 O 点的挠度分别为

$$y_B = \frac{1}{2EI}PL^4\left[-\frac{1}{32}\left(-\frac{l}{L}\right)^2+\frac{1}{16}\left(\frac{l}{L}\right)^2-\frac{1}{192}\left(\frac{l}{L}\right)^4\right]$$

$$y_O = \frac{1}{2EI}PL^4\left[-\frac{1}{64}+\frac{1}{16}\left(\frac{l}{L}\right)^2-\frac{1}{48}\left(\frac{l}{L}\right)^3\right]$$

曲线上任意两点内的弧长为

$$S = \int_{x_2}^{x_1}\left[1+\left(\frac{\mathrm{d}y}{\mathrm{d}x}\right)^2\right]^{\frac{1}{2}}\mathrm{d}x \approx \int_{x_2}^{x_1}\left(1+\frac{1}{2}y^2\right)\mathrm{d}x$$

由此可以求出梁体长度的缩短量为

$$\Delta L = 2(S_{OB}+S_{BD})-L=$$

$$\frac{1}{768}\left(\frac{P}{EI}\right)^2L^7\left[\frac{3}{28}-\frac{3}{4}\left(\frac{l}{L}\right)^2+\frac{7}{4}\left(\frac{l}{L}\right)^4-\frac{4}{5}\left(\frac{l}{L}\right)^5+\frac{1}{60}\left(\frac{l}{L}\right)^6\right]$$

为使缩短量为最小,可取 ΔL 对 (l/L) 的偏导数并使其为零。

令

$$\frac{\partial \Delta L}{\partial \left(\frac{l}{L}\right)} = \frac{1}{768}\left(\frac{P}{EI}\right)^2L^7\left[-\frac{3}{2}+\frac{7}{4}\left(\frac{l}{L}\right)^2-4\left(\frac{l}{L}\right)^3+\frac{1}{10}\left(\frac{l}{L}\right)^4\right]\frac{l}{L}=0$$

用牛顿法求得该方程在 $(0,1)$ 上的唯一解为

$$\frac{l}{L} = 0.559\ 380\ 1$$

此时的支撑点 A、B 称为贝塞尔点。

对于量块或标准棒等以两个端面之间的距离为工作长度的量具,其支撑点的位置选择应当以保证两个端面之间的平行为出发点。这时弹性曲线端点的切线也应当水平。

令 $y'=0$,则

$$\frac{1}{8}\left(\frac{l}{L}\right)^2-24=0$$

可以求得

$$\frac{l}{L} = \frac{\sqrt{3}}{3} = 0.577\ 35$$

此时的支撑点 A、B 称为艾里点。

在多点等距支撑(支撑点的个数大于 2 个)的情况下,设支撑点的数目为 n(其中 $n>2$),支撑点之间的距离 a 和长度 L 之间的关系为

$$a = \frac{L}{\sqrt{n^2 - 1}}$$

当希望中点挠度为零时，一般可取

$$\frac{l}{L} = 0.522\ 77$$

当希望中点与 C、D 端点等高时，一般可取

$$\frac{l}{L} = 0.553\ 70$$

（2）应力变形引起的误差

零件经过时效处理之后仍可能存在一定的内应力，导致金属的晶格处于不稳定的状态，使得零件产生相应的变形，在运行的过程中产生误差。减小或消除内应力的有效方法是进行充分的时效处理，去除表面的应力层。还可以采用表面氮化代替淬火、锻造代替扎制等方法减小内应力的影响。

（3）接触变形引起的误差

在精密传动件中存在着多种方式的表面接触，接触变形也会影响测量精度。

两个表面之间的接触变形量与接触表面的形状、材料以及作用力的方式有关。例如工具显微镜测微丝杆端部的球头与工作台之间有一个固定的接触变形，一旦在两者之间加入量块，则接触变形将发生变化，由此就可能产生测量误差。

（4）摩擦、磨损引起的误差

仪器中零件之间的摩擦、磨损可能产生测量误差。由于零件被加工表面轮廓微观形式的不规则，相互配合的零件表面之间可能存在着某种程度的峰顶接触，导致单位面积内的摩擦力急剧升高，使顶峰很快被磨平，接触面积迅速扩大，磨损速度随之变缓。磨损的时间与摩擦力的变化量之间的关系如图 3-5 所示。

为了减小磨损所产生的影响，在装配的过程中或试用阶段常采用磨合措施。经过很短的一段时间 Ot_1 之后，使磨损量迅速达到 Δf_h，这时磨损的速度随之变缓，进入相对稳定的磨损阶段 t_1t_2（见图 3-5），从而使仪器的测量精度趋于稳定。

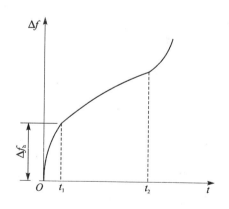

图 3-5　磨损特性曲线示意图

（5）间隙引起的误差

零件的配合面之间如果存在着间隙，就会造成空程而影响测量精度。弹性变形在许多情况下将引起另一种空程——弹性空程，它也会影响仪器的测量精度。

为了减小空程引起的误差,常用的方法有:

● 使用仪器之前先采用单向运转,把间隙和弹性变形预先消除掉,然后再进行测量;

● 通过使用间隙调整机构把间隙调整到最小;

● 提高零件或构件的刚度,减小弹性空程的影响;

● 改善摩擦条件或者降低摩擦力,减小由摩擦力造成的空程。

(6) 温度引起的误差

精密仪器在使用的过程中,温度变化会使零部件的尺寸、形状或物理参数发生相应的改变,对仪器的测量精度有一定的影响。

例如用于传递运动的长丝杆,它的热变形对测量精度就有比较大的影响。一根长度为 1 m 的丝杆,当温度均匀升高 1 ℃时,其轴向伸长可达 0.011 mm,这足以产生传动误差,因此应当尽量采取措施予以消除。

又如光学仪器中温度变化对成像面的影响,从图 3-6 可以看出,由于温度变化使被测零件的表面从 O 点移动到 O_1 点,假设它的移动量为 $-\Delta a$。成像面相应地由 A 处移动至 A_1 处,离开了理想的位置,假设它的移动量也是 $\overrightarrow{AA_1} = -\Delta a$;再假设光学零件的热变形也引起了成像面的移动,由 A 处移至 A_3 处,实际的成像面在 A_3 处。

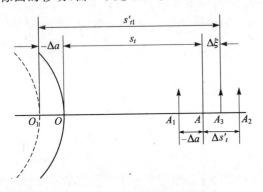

图 3-6　温度对成像位置的影响

最终的离焦面为

$$\Delta \xi = -\Delta a + \Delta s_t'$$

一般要求仪器在温度变化的条件下能够保证 $\Delta \xi = 0$。

可以通过使

$$-\Delta a = 0$$

和

$$\Delta s_t' = 0$$

或者

$$\Delta a = \Delta s_t'$$

来实现。

由此可见,要保证较高的测量精度,就必须采取措施消除温度变化引起的误差。

(7) 振动引起的误差

振动有可能使工件或刻尺的像产生抖动或变得模糊,当振动频率高到一定程度时,还可能使工件或刻尺轮廓的成像扩大,由此产生测量误差。一旦外界的振动频率与仪器的自振频率相接近,还会发生共振,严重地影响测量精度。此外,振动还可能使零件产生松动。

减小振动影响的办法有:

● 在高精度计量仪器中,尽量采用连续扫描或匀速运动的机构,避免使用间歇运动机构;

● 零部件的自振频率要尽量避开外界的振动频率;

● 采取防振、隔振措施,如采用防振墙、防振地基、防振垫等;
● 采用柔性环节使振动传不到仪器的主体上。

3.2.3　有效数字及其运算

在精密测量中,对任一被测量所做的测量,其准确的程度都是有限的,一般只能以某一近似值来表示。因此测量数据的准确程度不能超过测量所允许的范围。如果任意地将近似值保留过多的位数,反而会歪曲测量结果的真实性。表示测量结果的数字的位数,既不宜太多,也不宜太少,太多容易使人误认为测量的精度很高;太少则会损失已有的精度,为此需要对有效数字做出相应的规定。

1. 有效数字的位数

一般在记录测量数据时只保留一位不准确的数字,这一位不准确的数字也称为估计数字或者可疑数字。所谓有效数字就是指该位数字在一个数量中所代表的大小。例如某一游标卡尺的测量读数为 46.231,是指它十位上的数为 4,个位上的数为 6,十分位上的数为 2,百分位上的数为 3,千分位上的数为 1。从该游标卡尺的刻度来看,要读到万分位是不可能的,因为刻度只刻到了百分之一,千分之一仅是一个估计值。因此在末位的左右可能有正负一个单位的出入。可以认为这个末位数是不准确的或者可疑的,而其前边各数所代表的数值均为准确的测得值。通常测量时均可估计到最小刻度的十分位,因此在记录一个测量数据时,只应保留一位不准确的数字,其余数字均应为准确的数字。这个测量数据所包含的所有数字称为有效数字。

在确定有效数字时要特别注意"0"的问题。一般而言,紧接着小数点后面的 0 仅用来确定小数点的位置,不作有效数字处理。例如 0.000 15 g 中小数点后面的三个 0 都不是有效数字。但 0.150 g 中小数点后面的第三个数 0 却是有效数字。至于 350 mm 中的 0 就很难说是不是有效数字,最好用指数的形式来表示,以 10 的某次方前面的数字来表示。例如 350 mm 如果写成 3.5×10^2 mm,就表示有效数字为两位;如果写成 3.50×10^2 mm,则表示有效数字为三位;以此类推。

2. 有效数字的舍入法则

当测量结果是通过计算得出时,在计算的过程中所形成的数据的位数可能很多,这就需要确定一个有效数字的舍入法则。

在运算中舍去多余数字时一般可以采用四舍五入的方法。当末位有效数字后面的第一位数大于 5 时,一般可以在它的前一位增加 1;若小于 5,则直接将其舍去。当末位有效数字后面的第一位数等于 5 时,如果前一位为奇数,则增加 1;如前一位为偶数,则直接将其舍去。例如对 36.023 5 取四位有效数字时,结果应为 36.02;取五位有效数字时,结果应为 36.024。又如将 42.015 与 42.025 均取四位有效数字时,其结果都应当取为 42.02。

3. 有效数字的加减运算

在进行加减运算时,计算结果中有效数字末位的位置应当与各项中绝对误差最大的那一项相同,也就是说保留各小数点后的数字位数应当与最小者相同。例如把 14.75、0.008 3、1.643 三个数据相加,若各数末位都有 ±1 个单位的误差,那么 14.75 的绝对误差 ±0.01 为最大,也就是小数点后位数最少的是 14.75 这个数,所以计算结果的有效数字的末位应当保留在小数点后的第二位,即运算结果为 14.75+0.008 3+1.643=14.75+0.01+1.643=16.40,具体步骤如下:

$$
\begin{array}{r}
14.75 \\
0.008\,3 \quad \text{先舍去多余数后再进行运算} \\
+\,1.643 \\
\end{array}
\qquad
\begin{array}{r}
14.75 \\
0.01 \\
+\,1.64 \\
\hline
16.40
\end{array}
$$

4. 有效数字的乘除运算

在做乘除运算时,所得的积或商的有效数字均应以各值中有效数字的最低者为取舍依据。

例如 $1.7 \times 0.316 = 0.5$。又如 $1.462 \times 0.027\,4 \div 73$ 这个算式,其中 73 的有效数字最少,因此有效数字其余各数都应保留 2 位,计算结果为 5.5×10^{-4},仅保留了 2 位有效数字。

对于比较复杂的计算,保留各数值有效数字的位数可以比以上规则适当多一位,以免由于多次四舍五入引起误差的积累而对计算结果带来比较大的影响,但最后的结果仍应保留其应有的有效位数。

5. 有效数字运算中的注意事项

在有效数字的运算中,如 π、e 以及乘子和一些取自手册的常数,其位数可以是无限多的,应当按需要取适当的有效位数。例如当计算式中有效数字的最低者为两位时,则上述常数也可仅取两位。

在对数计算中,所取对数的有效位数一般应与其真数的有效位数相同,也就是说如果真数有几位有效数字,则其相应的对数的尾数也应当有几位有效数字。对数的尾数有几位有效数字,则其反对数也应当有几位有效数字。

在整理最后的测量结果时,要按照测量误差进行适当的化整,表示误差的有效数字一般只取一至两位,例如 1.45 ± 0.01。

任何一个测量数据有效数字的最后一位,在位数上应当与其误差的最后一位相对应。例如测量结果为 312.53 ± 0.013,应当化整为 312.53 ± 0.01。

3.3 误差合成的常用方法

任何测量结果都包含着一定的误差,这是测量过程中各个环节的一系列误差因素共同作用的结果。如何正确地分析和处理仪器中不同性质的误差因素,合理地表述这些误差的综合作用,就是误差合成研究的主要内容。在新仪器产品的设计、技术鉴定以及对旧仪器产品进行精度检定的时候,都需要对该仪器产品的各项精度指标进行分析和评定,对各主要部件的测量误差进行合成。

不同种类的测量误差要采用相应的误差合成方法。例如对于随机误差可以采用方差运算的方式进行合成;对于已定系统误差,可以采用代数和法进行合成;对于未定系统误差,则一般采用绝对和法或方和根法进行合成。

3.3.1 仪器误差的分类

按照误差的特点和性质,误差通常可以分为系统误差、随机误差和粗大误差三类。

1. 系统误差

系统误差的大小和方向在测量过程中恒定不变,或按照一定的规律变化。系统误差的大小是测量准确度高低的标志,系统误差越大,准确度越低;反之,准确度越高。一般来说,系统误差是通过理论计算或者实验的方法获得的,可以预测它的出现规律并进行误差修正或补偿。单纯地增加测量次数,无法减小系统误差对测量结果的影响,但在找出产生误差的原因之后,可以对测量结果引入适当的修正值而加以消除。

系统误差的产生原因很多,主要是由于仪器设备、测量方法的不完善和测量条件的不稳定引起的。例如仪器的构造不够完善;读数部分的刻度划分得不够准确;天平零点的移动;气压表的真空度不够;温度计、移液管、滴定管的刻度不准确等,都会产生系统误差。

还有一种误差,虽然属于系统误差的性质,但是其大小或方向却难以确切掌握,通常称之为未定系统误差。未定系统误差是测量中较为常见的一种误差形式。对于某些影响较小的已定系统误差,为简化计算也可不对其进行修正,而是将其作为未定系统误差进行处理,因此未定系统误差也是测量结果处理的重要内容之一。当测量条件改变时,未定系统误差也可能随之改变,其相应的取值在一定的区间内还可能服从一定的概率分布。对于单一的未定系统误差,其概率分布取决于该误差源变化时所引起的系统误差的变化规律。从理论上看,该概率分布是已知的,但在实际应用中却常常难以准确地获得。目前对于未定系统误差的概率分布,主要是根据对测量实际情况的分析与判断确定,一般是假定其服从正态分布或均匀分布并进行相应的处理。对于单一未定系统误差的取值范围,通常是根据对该误差源的具体情况分析与判断做出估计的,该估计结果是否符合实际情况,往往还取决于对误差源具体情况的掌握程度,以及测量人员本身的操作经验和判断能力。

在测量条件不变时,未定系统误差具有一个恒定值,多次重复测量,其值保持固定不变,不具有抵偿性。利用多次重复测量取算术平均值的方法不能够减小未定系统误差的影响,这是它与随机误差的重要区别。但是一旦测量条件改变,由于未定系统误差的取值在某一范围之内具有一定的随机性,并服从相应的概率分布,这些特征又与随机误差相仿。

2. 随机误差

随机误差又称为偶然误差,是由一些独立因素微小变化的综合结果造成的。随机误差的大小和方向虽然没有一定的规律性,但就总体而言却服从一定的统计规律。大多数的随机误差服从正态分布。随机误差的大小是测量精密度高低的重要标志,随机误差越大,精密度越低;反之,精密度越高。

对单次测量来说,随机误差是没有任何规律的,既不可预测,也无法控制;但对于一系列重复测量结果来说,由于它的分布服从某一统计规律,因此为了消除随机误差的影响,可以采用在同一条件下对被测量进行多次重复测量的方法,取其算术平均值作为测量结果。根据统计学原理可知,在足够多次的重复测量中,正误差和负误差出现的可能性几乎相同,随机误差的平均值接近于零。因此增加测量的次数可以减小随机误差对测量结果的影响。

产生随机误差的原因很多,也很复杂,例如温度、磁场、电源频率等的偶然变化都可能产生随机误差。另外,观测者本身感官分辨能力的限制,也可以成为产生随机误差的来源。

随机误差的特点是,误差小的比误差大的出现的机会多,故误差出现的几率与误差的大小有关,个别很大的随机误差出现的次数更少。

仪器的测量误差是不可能绝对消除的,但要尽可能减小误差对测量结果的影响,使其在允许的范围之内。应当根据误差的来源、性质和特点,采取积极有效的措施和方法,有针对性地消除测量误差。必须指出,一个测量结果中可能既存在着系统误差,又存在着偶然误差,要完全区分两种不同性质的误差是很不容易的。所以应当根据测量的具体要求和两种误差对测量结果的影响程度,选择适当的处理方法。在一般情况下,对精度要求不高的工程测量,可以主要考虑如何消除系统误差;而在科研、计量等对测量精度要求高的场合,则必须同时考虑如何减小上述两种误差的影响。

3. 粗大误差

粗大误差是由于在测量过程中操作、读数、记录和计算等方面的错误或过失所造成的误差。显然,凡是含有粗大误差的测量结果都应当设法予以剔除。粗大误差没有规律可以遵循,只要仔细操作,增强责任心,粗大误差是完全可以避免的。

误差合成的研究内容通常不包括粗大误差。

3.3.2　同类误差的合成

1. 随机误差的合成

随机误差的取值是不可预测的,一般用测量结果的标准差来表征它的分散程度。设有 n 个具有随机性的测量误差,它们的标准差分别为 $\sigma_1, \sigma_2, \cdots, \sigma_n$,根据方差的运算规则,合成后随机误差的标准差通常称为合成标准差。

$$\sigma = \sqrt{\sum_{i=1}^{n}\sigma_i + 2\sum_{1\leqslant i<j\leqslant n}^{n}\rho_{ij}\sigma_i\sigma_j} \qquad (3-20)$$

式中　ρ_{ij} ——第 i 个和第 j 个随机误差之间的相关系数；

σ_i,σ_j ——分别为第 i 个和第 j 个随机误差的标准差，$i,j=1,2,\cdots,n(i\neq j)$。

随机误差用标准差合成之后，也可以用合成极限误差 $\Delta_{\sum}$ 的形式来表示，即

$$\Delta_{\sum} = \pm t\sigma = \pm t\sqrt{\sum_{i=1}^{n}\sigma_i + 2\sum_{1\leqslant i<j\leqslant n}^{n}\rho_{ij}\sigma_i\sigma_j} \qquad (3-21)$$

式中　t ——置信系数；

σ ——随机误差的合成标准差；

σ_i,σ_j ——分别为第 i 个和第 j 个随机误差的标准差，$i,j=1,2,\cdots,n(i\neq j)$；

ρ_{ij} ——第 i 个和第 j 个随机误差之间的相关系数。

各随机误差的极限误差为

$$\delta_i = \pm t_i\sigma_i$$

式中　σ_i ——各随机误差的标准差；

t_i ——各随机误差的置信系数。

各随机误差的置信系数 t_i 不仅与置信概率有关，而且还与随机误差的分布形式有关。对于相同分布的随机误差，如果选择相同的置信概率，则其相应的置信系数也相同；对于不同分布的随机误差，即使选择相同的置信概率，其相应的置信系数也不相同。

合成极限误差 $\Delta_{\sum}$ 也可以不用标准差的形式，而是用各个极限误差的形式表示为

$$\Delta_{\sum} = \pm t\sqrt{\sum_{i=1}^{n}\left(\frac{\delta_i}{t_i}\right)^2 + 2\sum \rho_{ij}\left(\frac{\delta_i}{t_i}\right)\left(\frac{\delta_j}{t_j}\right)} \qquad (3-22)$$

式中　t ——合成极限误差的置信系数；

t_i,t_j ——分别为第 i 个和第 j 个极限误差的置信系数，$i,j=1,2,\cdots,n(i\neq j)$；

δ_i,δ_j ——分别为第 i 个和第 j 个极限误差，$i,j=1,2,\cdots,n(i\neq j)$；

ρ_{ij} ——第 i 个和第 j 个极限误差之间的相关系数，它的取值范围为 $[-1,1]$。

关于合成极限误差的置信系数，当整个误差的数目较多时，合成极限误差一般接近于正态分布，通常可以按照正态分布来确定置信系数的取值。

关于相关系数作如下讨论：

当 $0<\rho_{ij}<1$ 时，两个随机误差之间为正相关；当其中一个随机误差增大时，另一个随机误差的取值平均地增大。

当 $-1<\rho_{ij}<0$ 时，两个随机误差之间为负相关；当其中一个随机误差增大时，另一个随机误差的取值平均地减小。

当 $\rho_{ij}=\pm1$ 时，称为完全相关。其中 $\rho_{ij}=+1$ 时，称为完全正相关；$\rho_{ij}=-1$ 时，称为完全负相关。这时两个随机误差 δ_i 和 δ_j 之间存在着确定的线性函数关系。

当 $\rho_{ij} = 0$ 时,两个随机误差之间完全不相关,表示两个随机误差之间是相互独立的。

如果两个随机误差之间完全不相关,则由式(3-22)得出的合成极限误差 $\Delta_{\sum}$ 为比较简单的形式:

$$\Delta_{\sum} = \pm t \sqrt{\sum_{i=1}^{n}\left(\frac{\delta_i}{t_i}\right)^2} \qquad (3-23)$$

在这个基础上如果服从正态分布,并且当置信系数 $t = 3$ 时,得出随机误差的合成极限误差 $\Delta_{\sum}$ 为

$$\Delta_{\sum} = \pm \sqrt{\sum_{i=1}^{n} \sigma_i^2} \qquad (3-24)$$

式(3-24)的形式十分简单。由于大多数的随机误差服从正态分布或近似服从正态分布,而且它们之间一般是线性无关或近似线性无关的,因此式(3-24)是广泛使用的极限误差合成公式。

以上讨论的都是假定误差传递系数 $\dfrac{\partial f}{\partial q_i}$ 为 1 的情况。

如果误差传递系数 $\dfrac{\partial f}{\partial q_i}$ 不为1,则随机误差的合成极限误差为

$$\Delta_{\sum} = \pm t \sqrt{\sum_{i=1}^{n}\left(\frac{\partial f}{\partial q_i}\sigma_i\right)^2} \qquad (3-25)$$

2. 系统误差的合成

系统误差具有一定的规律性。根据对系统误差的掌握程度,可分为已定系统误差和未定系统误差两种。两种系统误差的特征不同,合成的方法也不同。

(1) 已定系统误差的合成

已定系统误差的大小和方向均为已知,可以按照代数和的方法进行合成。

设有 r 个已定系统误差,则已定系统误差的合成为

$$\Delta_e = \Delta_1 + \Delta_2 + \cdots + \Delta_r = \sum_{i=1}^{r} \Delta_i \qquad (3-26)$$

式中　　Δ_i ——第 i 个已定系统误差。

在实际的测量工作中,多数已定系统误差在测量的过程中就已经消除了,一些未予消除的已定系统误差也只是有限的少数几项,将它们按代数合成法进行合成之后,还可以进一步从测量结果中予以修正,因此在最后的测量结果中,一般不再包含已定系统误差。

(2) 未定系统误差的合成

未定系统误差的大小或方向不明确,常用两种方法进行合成。

1) 绝对和法

如果各未定系统误差的极限误差分别为 $e_1, e_2, \cdots, e_m$,则按照绝对值进行求和的合成未定

系统误差的极限误差 Δ_{e} 为

$$\Delta_{\mathrm{e}} = |e_1| + |e_2| + \cdots + |e_m| = \sum_{i=1}^{m} |e_i| \qquad (3-27)$$

式中　e_i——第 $i(i=1,2,\cdots,m)$ 个未定系统误差。

这种合成方法对总误差的估计偏大,不完全符合实际情况。但它比较简单、直观,在误差的数值较小或选择初步方案时可以采用。

2) 方和根法

如果各未定系统误差的极限误差分别为 $e_1,e_2,\cdots,e_m$,则按照方和根法合成未定系统误差的极限误差 Δ_{e} 为

$$\Delta_{\mathrm{e}} = \pm\sqrt{e_1^2 + e_2^2 + \cdots + e_m^2} = \pm\sqrt{\sum_{i=1}^{m} e_i^2} \qquad (3-28)$$

式中　e_i——第 $i(i=1,2,\cdots,m)$ 个未定系统误差。

这种方法的计算结果一般略低于实际情况,只有在系统误差的数目很多时才较接近于实际情况。

上面都是假设各单项系统误差不相关($\rho_{ij}=0$)且服从正态分布来处理的。

当各单项未定系统误差不相关并且各误差的概率分布已知时,采用广义方和根法更合适一些,它适用于任何概率分布的系统误差合成。由于估算精度高,对精密仪器的误差合成尤为适宜。

广义方和根法的合成未定系统误差 Δ_{e} 为

$$\Delta_{\mathrm{e}} = \pm t\sigma_{\mathrm{m}} = \pm t\sqrt{\left(\frac{e_1}{t_1}\right)^2 + \left(\frac{e_2}{t_2}\right)^2 + \cdots + \left(\frac{e_m}{t_m}\right)^2} = \pm t\sqrt{\sum_{i=1}^{m}\left(\frac{e_i}{t_i}\right)^2} \qquad (3-29)$$

式中　$t_1,t_2,\cdots,t_m$——各系统误差在约定概率条件下对应的置信系数;

　　　t——与合成误差的分布相对应的置信系数,一般情况下可取 $t=3$;

　　　σ_{m}——合成误差的标准差;

　　　$e_1,e_2,\cdots,e_m$——各未定系统误差的极限误差,一般情况下 m 可取 $10\sim15$ 次。

在设计精密仪器时,各极限误差 $e_1,e_2,\cdots,e_m$ 的值可取相应尺寸公差的一半,即 $e_i = \Delta x_i / 2$。

精密仪器含有多种单项系统误差,有些可能相关,有些可能不相关。在进行误差合成时要综合考虑相关系数的影响,这时按广义方和根法合成的未定系统误差 Δ_{e} 为

$$\Delta_{\mathrm{e}} = \pm t\sqrt{\sum_{i=1}^{m}\left(\frac{e_i}{t_i}\right)^2 + 2\sum_{1\leqslant i<j\leqslant m} \rho_{ij}\left(\frac{e_i}{t_i}\right)\left(\frac{e_j}{t_j}\right)} \qquad (3-30)$$

式中　ρ_{ij}——两个未定系统误差之间的相关系数。

3.3.3　综合误差的合成

在测量过程中一般存在着多种不同性质的系统误差和随机误差,可以称之为综合误差。

最终的测量结果应当将这些综合误差进行合成之后予以表征。

1. 已定系统误差和随机误差的合成

设测量系统中有 r 个已定系统误差 Δ_i 和 n 个随机误差 δ_i，则已定系统误差和随机误差的合成公式为

$$\Delta_s = \sum_{i=1}^{r} \Delta_i \pm t \sqrt{\sum_{i=1}^{n} \left(\frac{\delta_i}{t_i}\right)^2} \qquad (3-31)$$

式中　t_i ——各个随机误差的置信系数；

　　　t ——随机误差总的置信系数。

2. 随机误差与已定系统误差及未定系统误差的合成

设测量系统中有 n 个随机误差 δ_i、r 个已定系统误差 Δ_i 和 m 个未定系统误差 e_i。要根据仪器设备的未定系统误差类型来确定相应的合成方法。

当仅计算一台仪器设备的最大极限误差时，未定系统误差的随机性将大为减少，可以近似当作已定系统误差来处理，其合成公式为

$$\Delta_s = \sum_{i=1}^{r} \Delta_i + \sum_{i=1}^{m} |e_i| \pm t \sqrt{\sum_{i=1}^{n} \left(\frac{\delta_i}{t_i}\right)^2} \qquad (3-32)$$

式中　t_i ——各随机误差的置信系数；

　　　t ——随机误差总的置信系数。

这种计算方法适用于超差概率极小的仪器设备，如高精度计量校准仪器等。

当计算一批同类仪器设备的合成误差时，未定系统误差表现出随机误差的性质。误差的合成可以按照随机误差的方法进行处理。如果各误差之间不独立，则其合成误差为

$$\Delta_s = \sum_{i=1}^{r} \Delta_i \pm t \sqrt{\sum_{i=1}^{m} \left(\frac{e_i}{t_i}\right)^2 + \sum_{i=1}^{n} \left(\frac{\delta_j}{t_j}\right)^2 + 2\sum_{i,j=1}^{m,n} \rho_{ij} \left(\frac{e_i}{t_i}\right)\left(\frac{\delta_j}{t_j}\right)} \qquad (3-33)$$

式中　t_i ——各未定系统误差的置信系数；

　　　t_j ——各随机误差的置信系数；

　　　ρ_{ij} ——第 i、j 两个误差之间的相关系数。

但式（3-33）一般反映不出仪器设备的最大极限误差，因此不宜作为仪器设备的合成极限误差。

在计算仪器设备最终总的极限误差时，还要考虑到未定系统误差的两重性。在未定系统误差合成时可以按照随机误差来处理，强调的是它的随机性；当未定系统误差与随机误差合成时，则强调它的系统误差这个性质，适合于按照系统误差与随机误差合成的方法进行处理。

假设各误差之间彼此独立，则其合成公式为

$$\Delta_s = \sum_{i=1}^{r} \Delta_i + t \sqrt{\sum_{i=1}^{m} \left(\frac{e_i}{t_i}\right)^2} \pm t \sqrt{\sum_{j=1}^{n} \left(\frac{\delta_j}{t_j}\right)^2} \qquad (3-34)$$

如果各误差之间不独立,则在求合成误差时还应当把相关系数考虑进去。

3.4　误差溯源及其算法

　　误差溯源是仪器精度分析的重要前提,误差溯源就是通过一条具有某种内在联系的传递链,追溯到测量误差的源头,结合外界干扰因素的影响,建立相应的数学模型。在误差溯源的基础上,还要进一步分析各个误差源之间的相互关系,计算出每个误差源的具体数值,判断仪器是否能够满足赋予它的功能。如果精度达不到规定的要求,还要通过计算找出那些影响比较大的误差源,采取积极有效的措施减小或消除其影响;如果减小这种影响比较大的误差源有困难或者经济上不划算,还可以在结构上采用补偿或调节机构,具体情况可根据对计算结果的分析决定。

　　首先介绍误差的独立作用原理。

　　在理想的情况下,被测量的输出与零部件参数之间的关系可以表示为

$$y_0 = f(x, q_{01}, q_{02}, \cdots, q_{0n}) \tag{3-35}$$

式中　y_0——输出参数的名义值,一般与示值之间呈线性关系。

　　　　x——被测量;

　　　　$q_{01}, q_{02}, \cdots, q_{0n}$——零部件参数的名义值;

　　　　n——零部件的个数。

　　当仪器的零部件参数存在误差时,有

$$q_i = q_{0i} + \Delta q_i$$

式中　Δq_i——参数 q_i 的误差,$i = 1, 2, \cdots, n$。

　　在存在误差的情况下,仪器的输出与零部件参数之间的关系为

$$y = f(x, q_1, q_2, \cdots, q_n)$$

　　由 $\Delta q_1, \Delta q_2, \cdots, \Delta q_n$ 使仪器输出产生的误差为

$$\Delta y = y - y_0$$

　　当 $\Delta q_1 \neq 0$,而 $\Delta q_2 = \Delta q_3 = \cdots = \Delta q_n = 0$ 时:

$$y_1 = f(x, q_{01}, q_{02}, \cdots, q_{0n})$$

仅由 Δq_1 引起的误差为

$$\Delta y_1 = y_1 - y_0$$

　　当 $\Delta q_i \neq 0$,而 $\Delta q_1 = \Delta q_2 = \cdots = \Delta q_{i-1} = \Delta q_{i+1} = \cdots = \Delta q_n = 0$ 时,同理,仅由 Δq_i 引起的误差为

$$\Delta y_i = y_i - y_0 = f(x, q_{01}, q_{02}, \cdots, q_{0i}, \cdots, q_{0n}) - f(x, q_1, q_2, \cdots, q_i, \cdots, q_n)$$

可以近似简化为

$$\Delta y_i \approx \partial y_i = \frac{\partial y}{\partial q_i} \mathrm{d}q_i \approx \frac{\partial y}{\partial q_i} \Delta q_i \qquad (3-36)$$

其物理意义表现为，Δy_i 是 Δq_i 单独作用造成的误差。

在加工前，仪器的实际方程是不知道的，因此偏导数 $\dfrac{\partial y}{\partial q_i}$ 没有实际意义。

但考虑到 $y \approx y_0 + \sum\limits_1^n \dfrac{\partial y}{\partial q_i} \Delta q_i$，可以对 q_i 取导数：

$$\frac{\partial y}{\partial q_i} \approx \frac{\partial y_0}{\partial q_i}$$

即在误差的表达式(3-36)中，可以利用理想情况下的式(3-35)计算出偏导数，即

$$\Delta y_i = \frac{\partial y_0}{\partial q_i} \Delta q_i$$

由此可知，误差源 Δq_i 引起的误差 Δy_i 是该误差源的线性函数，其线性常数是理想方程对于误差参数的偏导数 $\dfrac{\partial y_0}{\partial q_i}$。

推而广之，如果仪器的零部件参数均有误差，则对式(3-35)进行全微分可得

$$\Delta y = \sum_1^n \frac{\partial y_0}{\partial q_i} \Delta q_i \qquad (3-37)$$

式中　Δy——仪器各误差源共同作用所产生的误差。

综上所述，一个误差源仅使仪器产生一定的误差，仪器的误差是该误差源的线性函数，与其他误差源无关，这就是误差的独立作用原理。因此可以逐个计算出单一误差源所造成的仪器误差。

由于在推导的过程中忽略了相关因子，因此误差的独立作用原理只是在一定程度上的一种近似原理。尽管如此，它在大多数的情况下都能够发挥作用。

下面通过实例讨论误差溯源的几种常用方法。

3.4.1　微分法

在间接测量中可以通过微分求出各误差因素对函数误差的影响。

例 3-1　在接触式光学球径仪中，求测环半径误差对被测样板曲率半径的影响。

首先列出被测样板曲率半径的函数式：

$$R = \frac{r^2}{2h} + \frac{h}{2} \mp a$$

式中　R——被测样板曲率半径；

　　　r——测环半径；

　　　h——矢高；

　　　a——测环钢珠半径。在测凸样板时，a 取"-"号；测凹样板时，a 取"+"号。

对 r 取偏微分,得到仪器误差的表达式为

$$\Delta R = \frac{\partial}{\partial r}\left(\frac{r^2}{2h} + \frac{h}{2} \mp a\right)\Delta r = \frac{r}{h}\Delta r$$

微分法的优点是,运用高等数学解决了其他方法所难以解决的误差计算问题。但微分法也有一定的局限性,因为有些误差不能用微分法计算或很难计算。例如仪器中经常遇到的测杆间隙误差,就很难用微分法进行计算。

3.4.2　几何法

利用几何图形找出误差源对测量结果的影响,计算出它们之间的函数关系。

例 3 - 2　在图 3 - 7 所示的螺旋测微机构中,由于制造或装配误差,使得螺旋副轴线与滑块的运动方向之间有一个夹角 θ,求由此引起滑块的位置误差 ΔL。

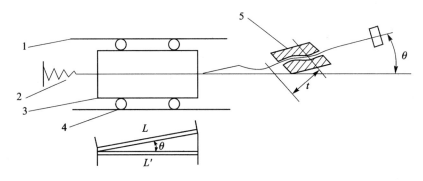

1—导轨;2—弹簧;3—滑块;4—滚珠;5—螺旋副

图 3 - 7　螺旋测微机构示意图

机构的传动方程为

$$L = \frac{\varphi}{2\pi}t$$

式中　L——滑块的移动距离;

　　　φ——螺旋转角;

　　　t——螺距。

由于夹角 θ 使滑块的移动偏离了理论距离 L,滑块的实际移动距离 L' 为

$$L' = L\cos\theta = \frac{\varphi}{2\pi}t\cos\theta$$

故滑块移动的位置误差为

$$\Delta L = L - L' = \frac{\varphi}{2\pi}t - \frac{\varphi}{2\pi}t\cos\theta = \frac{\varphi}{2\pi}t(1 - \cos\theta) \approx$$

$$\frac{\varphi}{2\pi}t\left(1 - 1 + \frac{\theta^2}{2}\right) \approx \frac{\varphi}{4\pi}t\theta^2 \tag{3-38}$$

几何法的优点是简单直观，但在复杂机构中应用时比较困难。

3.4.3 投影法

这种方法是将主动件的原始误差投影到与其相关的中间构件上，再从中间构件上投影到下一个与其有关的中间构件上，最终投影到机构的从动件上，通过计算求出机构的位置误差。

例 3-3 如图 3-8 所示的平行四边形机构，要求零件 AD 作严格的平移，求从动件的转角误差。

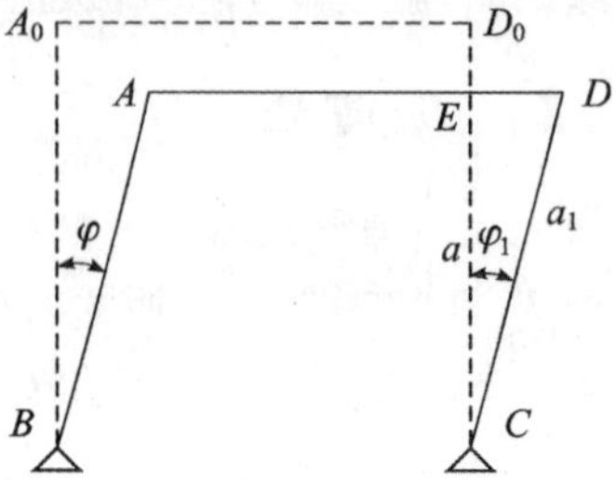

图 3-8 平行四边形机构误差计算简图

由于零件 AD 作严格的平移，可以将角度以 1∶1 的比例由 AB 传到 CD。由于制造误差或装配误差造成 $AB \neq CD$，假定其误差为 $\Delta a = |a - a_1|$，可用逐步投影法计算由此所产生从动件的转角误差 $\Delta\varphi_a$。

由图 3-8 可知，Δa 在 AD 上的逐步投影值 Δ_{AD} 为

$$\Delta_{AD} = \Delta a\cos(90° - \varphi) = \Delta a\sin\varphi$$

构件使从动件 CD 转动的作用臂是 C 点到 AD 的垂直距离 CE：

$$CE = CD\cos\varphi_1 = a_1\cos\varphi_1 \approx a\cos\varphi$$

故从动件转角误差 $\Delta\varphi_a$ 为

$$\Delta\varphi_a = \frac{\Delta_{AD}}{CE} \approx \frac{\Delta a\sin\varphi}{a\cos\varphi} = \frac{\Delta a}{a}\tan\varphi$$

3.4.4 瞬时臂法

上述计算方法都是直接导出误差源的原始误差和示值误差之间的关系，很少分析原始误差作用的中间过程。有时直接从原始误差的影响中并不能直接得出所需的结果，例如齿轮的周节误差、齿形误差对示值误差的影响等。这时就有必要研究原始误差作用的中间过程，以便最终求出所需要的结果。

瞬时臂法就是研究机构传递运动的一种方法，通过分析原始误差怎样伴随运动的过程而传递到示值上去，可以得出原始误差对示值误差所造成的影响。

仪器机构的传递运动可以分为推力传动和摩擦传动两种形式。推力传动的作用线是零件接触处的公法线，力和运动的传递都通过该作用线，如图 3-9 所示。摩擦传动的作用线则是零件接触处的公切线，如图 3-10 所示。

例 3-4 求推力传动和摩擦传动中由机构原始误差所造成的示值误差。

列出运动沿作用线传递的基本公式为

$$dl = r_0 d\varphi \tag{3-39}$$

式中 dl ——从动件沿作用线的微小位移；

dφ——主动件的微小位移；

r_0——主动件的回转中心到作用线的垂直距离。r_0 通常是变量，称做瞬时臂。

从中可以得出原始误差所造成示值误差的大小。

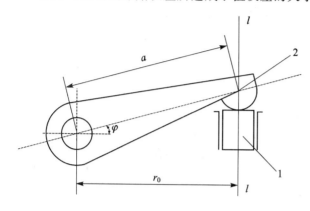

1—主动件；2—从动件

图 3 - 9　推力传动方式

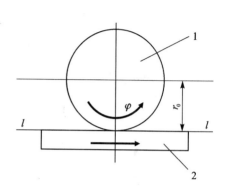

1—主动件；2—从动件

图 3 - 10　摩擦传动方式

例 3 - 5　在图 3 - 9 所示的推力传动机构中，求原始误差所造成的示值误差。

该传递运动方程与上述基本公式是一致的，即

$$\mathrm{d}l = r_0 \mathrm{d}\varphi, \qquad r_0 = a\cos \varphi$$

所以

$$\mathrm{d}l = a\cos \varphi \mathrm{d}\varphi$$

于是

$$L = \int_0^\varphi a\cos \varphi \mathrm{d}\varphi = a\sin \varphi \qquad (3-40)$$

例 3 - 6　如图 3 - 11 所示的齿轮传动，求误差源对从动件造成的误差。

齿轮 1 和齿轮 2 的传递运动作用线就是公法线 l - l，两个齿轮在该作用线上的微小位移分别为 $\mathrm{d}l_1$ 和 $\mathrm{d}l_2$：

$$\mathrm{d}l_1 = r_1 \mathrm{d}\varphi_1, \qquad \mathrm{d}l_2 = r_2 \mathrm{d}\varphi_2$$

又有

$$r_1 = R_1 \cos \alpha, \qquad r_2 = R_2 \cos \alpha$$

式中　α——压力角；

　　R_1，R_2——齿轮节圆半径。

由于在两齿轮的传动中沿作用线的微小位移相等，即

$$\mathrm{d}l_1 = \mathrm{d}l_2$$

故

$$R_1 \cos \alpha \mathrm{d}\varphi_1 = R_2 \cos \alpha \mathrm{d}\varphi_2$$
$$R_1 \mathrm{d}\varphi_1 = R_2 \mathrm{d}\varphi_2$$

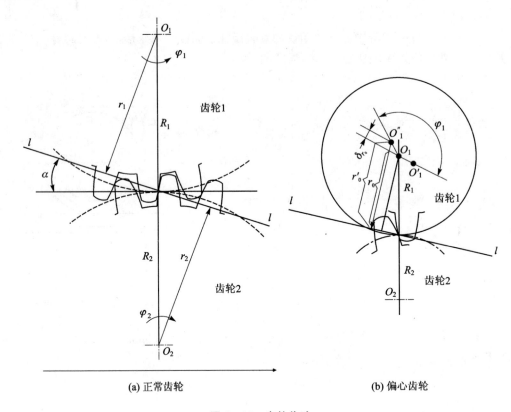

(a) 正常齿轮　　　　　　　　　　(b) 偏心齿轮

图 3 - 11　齿轮传动

$$\int_0^\varphi R_1 \, \mathrm{d}\varphi_1 = \int_0^\varphi R_2 \, \mathrm{d}\varphi_2$$

$$R_1 \varphi_1 = R_2 \varphi_2 \tag{3-41}$$

　　根据上述这些基本机构的传动方程可知,在实际情况下各种机构都有误差,并且都将使瞬时臂增添多余的变动量 δ_{r_0}。具体可表示为

$$r_0' = r_0 + \delta_{r_0}$$

　　实际机构传递运动的基本公式如下:

$$\mathrm{d}l' = r_0' \, \mathrm{d}\varphi = r_0 \, \mathrm{d}\varphi + \delta_{r_0} \, \mathrm{d}\varphi$$

或

$$L' = \int_0^\varphi \mathrm{d}l' = \int_0^\varphi r_0' \, \mathrm{d}\varphi = \int_0^\varphi r_0 \, \mathrm{d}\varphi + \int_0^\varphi \delta_{r_0} \, \mathrm{d}\varphi \tag{3-42}$$

可以看出,上式的第 2 项就是由误差源所造成的从动件误差。

　　在具体计算每一个原始误差在作用线上产生的误差(作用误差)时,可能有以下三种情况:

　　① 原始误差可以换算(或等于)瞬时臂误差,如原始误差 ΔF 可以是由于瞬时臂误差 δ_{r_0} 而

引起的在作用线上的误差。

② 原始误差与作用线的方向一致,例如齿形误差的作用线 l-l 与 ΔJ 的方向相同(见图 3-12)。当一个齿啮合时,原始误差为

$$\Delta F = \Delta J \qquad (3-43)$$

③ 原始误差不能换算成瞬时臂误差,并与作用线的方向不重合,如图 3-13(a)所示。由于间隙使测杆倾斜,则原始误差可由作用线上的误差通过几何关系换算得出:

$$\Delta F = S(1 - \cos \alpha) = S \frac{\alpha^2}{2} \qquad (3-44)$$

式中　α ——测杆倾角;

　　　S ——测杆长度。

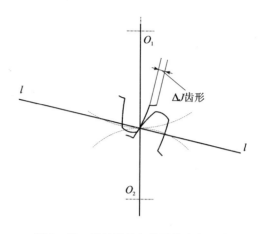

图 3-12　原始误差与作用线方向一致

如图 3-13(b)所示,如果作用线与从动件的运动线既不重合也不平行,而是交叉的,则在从动件运动方向上的误差与作用线上的误差之间的关系为

$$\Delta S = \frac{\Delta F}{\cos \varphi} \qquad (3-45)$$

式中　φ ——作用线与运动线之间的夹角。

瞬时臂法可以概括为,首先找出造成瞬时臂的变动量 δ_{r_0} 并代入误差的传递公式中,进而求出在作用线上所产生的误差,最后再归算到从动件上去。

瞬时臂法的优点是比逐点投影法能够更加深刻地反映出误差之间的传递关系,因此在解决空间机构的运动误差问题时,具有显著的优越性。

例 3-7　如图 3-11(b)所示,求渐开齿轮的偏心所造成的传动误差。

设偏心 e 造成瞬时臂的附加变动为 δ_{r_0},令

$$O_1 O_1' = O_1 O_1' = e$$

$$\Delta Fe = \int_0^\varphi e\sin \varphi \mathrm{d}\varphi = e(1 - \cos \varphi_1)$$

当齿轮由 φ_{10} 转到 φ_{12} 时,齿轮沿作用线方向产生了一个附加运动 ΔFe,其公式为

$$\Delta Fe = e(\cos \varphi_{10} - \cos \varphi_{11})$$

该附加运动使齿轮 2 转过了一个附加角度 $\Delta \varphi_{2e}$:

$$\Delta \varphi_{2e} = \frac{\Delta Fe}{r_2} = \frac{\Delta Fe}{R_2 \cos \alpha} = \frac{e}{R_2 \cos \alpha}(\cos \varphi_{10} - \cos \varphi_{11})$$

这就是由偏心所造成的传动误差。

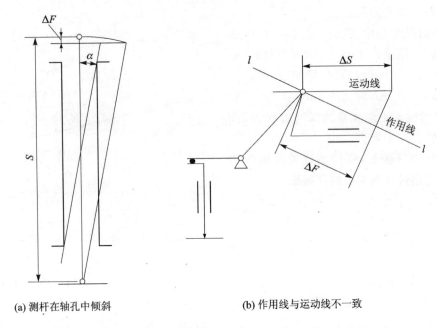

(a) 测杆在轴孔中倾斜　　　　　　　(b) 作用线与运动线不一致

图 3-13　原始误差不能换算成瞬时臂误差,并与作用线方向不重合

3.5　精度设计与误差分配

精度设计与误差分配的任务是,在仪器的总精度确定之后,通过分析仪器允许的总误差,根据技术要求研究各组成部分及其零部件的精度指标,将总误差经济、合理地分配到零部件上去,给出各零部件具体的技术要求。另外,还要设法采取误差补偿与修正技术,解决由于误差限制过小而使某些零部件的允许误差难以满足设计要求的问题,使得各组成部分的误差在合成之后满足整台仪器的技术指标。

下面分别讨论仪器的精度设计、误差分配与精度校验问题。

3.5.1　仪器的精度设计

利用微制造技术、纳米技术、计算机技术、仿生学技术等高新技术发展起来的新型科学仪器已经成为现代仪器的主流,仪器的研制和生产趋于智能化和精细化,对测量精度和控制技术也提出了越来越高的要求。例如在半导体工业中,早年 64 kbit 的随机存储器线宽为 $2\sim3\ \mu m$,后来发展到 356 kbit 存储器的线宽为 $0.7\ \mu m$,目前的线宽则仅为 $0.1\ \mu m$,这就要求半导体光刻设备和测试仪器本身的精度达到亚微米或纳米级的更高水平。

精度包括很多方面,如加工精度、制造精度、刻划精度、表面精度等。精密仪器设备的精度等级一般可以分为三个层次。

（1）中等精度

直线位移误差为 $1{\sim}10\ \mu\mathrm{m}$，主轴回转误差为 $1\sim 10\ \mu\mathrm{m}$，圆分度误差为 $1''\sim 10''$。

（2）高精度

直线位移误差为 $0.1{\sim}1\ \mu\mathrm{m}$，主轴回转误差为 $0.1{\sim}1\ \mu\mathrm{m}$，圆分度误差为 $0.2''\sim 1''$。

（3）超高精度

直线位移误差 $<0.1\ \mu\mathrm{m}$，主轴回转误差 $<0.1\ \mu\mathrm{m}$，圆分度误差 $<0.1''$。

在总精度的设计过程中，必须掌握关于系统误差和随机误差的全面知识。要充分地分析误差的来源、误差的性质和误差的传递规律，研究误差在传递过程中系统误差和随机误差之间的相互作用与转化规律、误差修正或补偿的方法，寻求消除或减小误差的有效途径。在精度设计中并不是所有的误差越小越好，对于本该要求高精度的零部件，如果没有达到应有的精度要求，则会使仪器的精度下降；反之，对于不必要求高精度的零部件，一旦提出了过高的精度要求，则会使产品的成本大幅增加。从根本上完全消除误差是不现实的，因为误差限定得越小则成本越高，甚至由于误差限定得过小而使制造和测量成为不可能。仪器的技术指标、功能和精度之间的关系，以及静态和动态精度特征指标的选择与确定，对于仪器总精度的设计具有很大的影响。

对于仪器中零部件的精度要求要适当，不应要求所有零部件都具有很高的精度，而应对直接参与测量的零部件即测量链中的关键零部件提出严格的要求，具体可以根据被测对象的精度要求确定。在考虑仪器的总精度时，片面地要求精度越高越好是没有必要的，有时反而还影响仪器的生产效率和经济性。

在仪器的总体设计中采用粗精分离的原则有利于提高测量精度。例如在某些仪器中可能遇到高速度与高精度、大范围与高精度之间的矛盾，采用粗精分离的原则可以很容易地将问题解决，使设计方案容易实现，并且降低加工制造的成本。

应根据仪器的总精度和可靠性指标，对零部件进行误差分配、可靠性设计与精度校验，确定制造各主要零部件的技术指标及其在装配、调整过程中的具体要求。根据现有的工艺条件和技术水平，可以通过微机进行误差补偿来提高仪器的测量精度，再进行误差合成，确定仪器的总精度。达到这一目的有时可能很困难，因为根据不同仪器的用途和要求，需要设计出不同的技术方案并且进行大量的运算，整个工作过程可能十分繁杂。

对仪器进行精度设计的目的如下：

① 在设计精密仪器的过程中，或者在新产品制造之前，预先估计可能达到的精度指标，可以避免设计工作的盲目性，防止造成不必要的损失。

② 在设计与研制新产品的过程中，在几种可能的设计方案中，通过精度设计可以从精度的观点进行比较，以便给出最佳的设计方案。

③ 在产品的改进设计中，通过对产品的总误差进行分析，找出影响精度和可靠性的主要

因素,提出相应的改进措施,以便提高产品的质量。

④ 在精密测量或科学实验中,根据技术要求和实验条件,通过合理的精度设计,选择最优的测量或实验方案,确定测量装置和相应的实验条件,使测量方法或实验水平达到最佳的状态。

⑤ 在进行新仪器的产品鉴定时,合理地制定鉴定大纲,通过实际测试得到产品的综合技术参数与相应的精度指标。

仪器的总精度应由具体的使用要求确定。在制定仪器的精度指标时应当考虑具体的使用场合与环境条件。例如仅将一次测量数据作为测量结果,则应当使用极限误差作为仪器的总误差;如果以多次测量数据的算术平均值作为测量结果,则应当用均方差作为仪器总的精度指标。

3.5.2 仪器的误差分配

1. 误差分配的依据

误差分配是将整台仪器的光、机、电各组成部分的精度进行合理的配置,根据各部分技术难易程度的不同,把容易达到技术要求的部分,误差分配得小一些;把难以达到技术要求的部分,误差分配得适当宽松一些。

误差分配的主要依据是:

① 仪器的精度指标和技术条件。

② 仪器的工作原理,包括光、机、电系统图,机械结构的装配图以及有关零部件图。参照这些文件可以找出误差的来源,分析各误差之间的相互关系,有助于研究各误差源对仪器总误差影响的程度。

③ 仪器生产厂家的加工、装配、检验等技术水平。

④ 使用仪器产品所要求具备的环境条件。

⑤ 国家或部门制定的有关技术标准或规范。

2. 误差分配的步骤

在进行误差分配时,首先要按照具体的测量任务和对误差的要求选择适当的测量方案,然后分析精密仪器中各项误差的来源,最后确定分配给每项误差允许的数值。

误差分配的步骤主要有两个:

① 按照等作用原则进行预分配。

假设各个误差分量的作用结果是相等的,对各误差分量进行预分配。

② 按照实际的可能性进行适当的调整。

按照等作用原则进行预分配之后,由于实际情况不会恰好遵循等作用原则,加之生产水平或技术条件的制约,这种预分配可能对有些误差的要求过高而难以满足,需要予以降低;而有些误差的要求则很容易满足,有进一步调整的余地。

例如在下面的函数误差

$$y = f(x_1, x_2)$$

中,其函数系统误差为

$$E = E_1 + E_2 = \frac{\partial f}{\partial x_1} E(x_1) + \frac{\partial f}{\partial x_2} E(x_2)$$

先将误差按等作用原则分配给 E_1、E_2,在按可能性进行调整的时候要注意误差传播系数的影响。

下面考虑一个特例,假设具体的函数形式为 $y = x_1 x_2^2$,则函数系统误差为

$$E = E_1 + E_2 = \frac{y}{x_1} E(x_1) + 2 \frac{y}{x_2} E(x_2)$$

再进一步假设 x_1 的系统误差 $E(x_1)$ 与 x_2 的系统误差 $E(x_2)$ 相同。可以发现,尽管 $E(x_1) = E(x_2)$,但由于 $E(x_1)$ 与 $E(x_2)$ 的误差传播系数不同,故 $E(x_1)$ 与 $E(x_2)$ 对 E 的影响分量 E_1 与 E_2 也是不相同的。

3. 误差分配的方法

任何测量过程都可能包含着多种形式的误差,总误差是由各单项误差的综合影响决定的。

在进行精度分配时应当考虑各种不同性质的误差。误差性质不同,其分配的方法也不相同。下面根据误差的性质讨论精度分配的具体方法。

(1) 系统误差

在一般情况下,仪器中系统误差的影响程度较大,而误差的数目可能相对比较少。当系统误差是某一变量的函数时,可以用函数误差的形式来表示。例如当用某测长机进行长度测量时,如果测量范围为 200 mm,则系统误差 Δ_e 是被测长度 L(单位:mm)的函数,系统误差可以表示为

$$\Delta_e = \pm \left(1 + \frac{L}{200 \text{ mm}} \right) \mu \text{m}$$

可见系统误差 Δ_e 随着被测零件长度 L 的增加而变大。

根据系统误差的特点,制定仪器的公差时应当首先计算出测量原理误差,根据工艺水平给出原理误差的公差值,然后计算得出仪器各部分的系统误差,最后合成为总的系统误差。

如果总的系统误差大于仪器允许的总误差,则说明公差设计不合理,需要采取相应的技术措施加以调整或重新设计。

如果总的系统误差略大于或接近仪器允许的总误差,则一般可以先提高有关部分的公差等级,然后再考虑采取相应的补偿措施加以改进。

如果总的系统误差小于仪器允许的总误差,则初步认定所分配的公差合理,待制定随机误差的公差时,再酌情进行适当的调整。

(2) 随机误差

随机误差的特点是数量多而每一个误差的影响相对比较小,一般按照均方根法进行合成。在仪器的总误差中去掉系统总误差之后,剩下的就是随机误差,即

$$\Delta_{\sum} = \Delta_s - \Delta_e \tag{3-46}$$

式中 $\Delta_{\sum}$ ——总的随机误差;

Δ_s ——仪器总的误差;

Δ_e ——总的系统误差。

总的随机误差分配通常有两种原则:一种是等作用原则,另一种是不等作用原则。

等作用原则就是先假设仪器中各零部件的误差以等作用(大小相同)的形式作用于总误差,则每个单项误差为

$$\delta_i = \frac{\Delta_{\sum}}{\sqrt{n+m}} \tag{3-47}$$

式中 $\Delta_{\sum}$ ——总的随机误差(极限误差);

$\sqrt{n+m}$ ——m 为未定系统误差的个数,n 为随机误差的个数。上式考虑了未定系统误差和随机误差的综合影响。

不等作用原则就是假设仪器中各零部件的误差以大小各异的形式作用于总误差,具体计算方法可参阅相关资料。

3.5.3 仪器的精度校验

在进行误差分配之后,就可以按照合成公式计算仪器总误差的大小。若计算结果超出给定的允许误差范围,则还要进一步采取措施予以减小;若计算结果表明总误差较小,则还可以适当放宽那些难以实现的误差项目。因此在误差分配之后,往往还需要根据具体的情况,进行适当的调整或者补偿。

1. 误差调整

按照等作用原则进行的误差分配,没有考虑各零部件的实际情况,很可能造成有的误差偏松、有的偏紧,既不经济又不实惠。

根据仪器制造行业的工艺水平和使用状况,通常把公差极限的评定等级分成经济公差极限、生产公差极限和技术公差极限三种,可以作为精度校验的依据或者参考。

① 经济公差极限:在通用设备上,在一般条件下采用比较经济的加工方法,所能够得到的尺寸、形状、位置公差的精度等级。

② 生产公差极限:在通用设备上,在一般条件下采用特殊工艺设备,不考虑效率因素进行加工所能够得到的尺寸、形状、位置公差的精度等级。

③ 技术公差极限:在特殊设备上,在良好的实验室条件下进行加工或检验所能够得到的

尺寸、形状、位置公差的精度等级。

根据相应的公差极限,在调整误差时首先要确定具体的对象。一般是先调整系统误差、传递系数较大的误差和容易变更的那些误差项目。

最好把低于经济公差极限的允差值都提高到经济公差极限。从总极限误差中将其合成值去掉,得到新的允许误差后再次进行调整,使大部分零件的误差都落在经济公差极限之内。此时仍可能有少数误差超过技术公差极限,可以进一步采用补偿或修正的方法予以解决。

当调整到大多数的误差项目在经济公差极限之内、只有少数在生产公差极限内、极个别在技术公差极限之内,并且系统误差的公差等级比随机误差高时,表明补偿的技术措施得当并且经济效果显著,就可以认为是合格的。

如果经过反复调整之后仍然达不到上述要求,则应当从改变设计方案方面做进一步的考虑。

按照等作用原则分配误差时,当有的误差项目已经确定而不易再更改时,可以暂时从给定的允许总误差中把它去掉,然后再对其余有可能改变的误差项目进行适当的调整。

2. 误差补偿

随着对仪器精度水平需求的不断提高,对加工工艺的要求也越来越高。这必将导致大幅度地增加制造成本,有时在工艺上可能还难以实现。因此在已有技术水平的情况下采用误差补偿技术,具有更加重要的意义。

误差补偿是仪器设计中的重要内容之一。通过误差补偿措施可以降低对仪器各部分的工艺要求或提高仪器的总体技术水平。误差补偿的手段是多种多样的,例如可以采取优化调整的工艺措施;也可以采用修补、选配之类的配合方法。爱彭斯坦原则就是通过巧妙设计与合理布局,达到自动补偿阿贝误差的一种成功范例。

近年来随着电子计算机技术的快速发展,在不增加仪器硬件开销的情况下,采用软件进行测量误差补偿的新技术有了很大的突破,尤其在三坐标测量机中得到了广泛的应用。国内外一些学者在研究用软件补偿仪器的测量误差方面已经做出了很多的成绩。

误差补偿的主要步骤如下:

① 明确仪器的总精度指标;

② 形成产品的工作原理和总体方案,主要考虑理论误差和方案误差;

③ 安排总体布局和各分系统的配置,分别考虑各自的原理误差;

④ 完成各零部件的结构设计,进行总精度的计算,找出全部的误差源,计算相应的误差表达式,制定零部件的公差与技术条件,确定误差补偿的方案;

⑤ 将给定的公差与技术条件标注到零件工作图上,编写技术设计说明书。

下面介绍三种常用的误差补偿方法。

(1) 误差值补偿法

误差值补偿是一种直接减小误差的方法,有很多种形式。

1）分级补偿

将被补偿件的尺寸分为若干级,通过选用不同尺寸与级别的标准件或者修磨补偿垫的尺寸,使误差得到阶梯式的减小,逐步达到预期的精度要求。

2）连续补偿

对测量系统建立线性化的误差补偿函数,并且通过相应的数值解法搜索出该函数的最佳参数值,进而实现对测量误差的连续补偿。例如导轨镶条可用于连续地调整导轨之间的间隙,使间隙误差得到有效的补偿。

3）自动补偿

使用一定的机构或者根据被测件的中间测量结果,通过计算机软件发出一系列指令,实现对测量误差的智能补偿。

（2）误差传递系数补偿法

误差传递系数补偿通常采用以下两种方式。

1）选择最佳的工作区域

例如在图 3-11(b)所示的偏心齿轮传动中,在偏心误差的传递系数中有 $\sin\varphi$ 或者 $\cos\varphi$（φ 为偏心角）这一项。当工作的角度范围不大时,可以选择在最大偏心区以外的工作区域,从而有效地减小该项误差的影响。

2）改变误差传递系数

例如在图 3-7 所示的螺旋测微机构中,当螺距 t 的误差为 Δt 时,螺旋转角 φ 的变动量为

$$\Delta\varphi = \frac{\varphi}{2\pi R\cos\alpha}\Delta t$$

螺距误差 Δt 的误差传递系数是 $\dfrac{\varphi}{2\pi R\cos\alpha}$,显然通过改变角度就可以改变误差的传递系数。

（3）综合补偿法

利用机械、光学、电子等技术手段使某些误差得到抵消,从而达到综合补偿的目的。

举例说明如下：

① 分析批量轴类零件相关的加工数据,可以得到加工误差的统计分布规律,结合切削力引起的误差、热误差、刀具磨损误差、机床几何误差与检测调整误差等多种因素,求出各误差因素的来源及其分布规律。通过对主要的误差源进行综合补偿,可以有效地提高批量轴类零件的加工精度。

② 将多学科设计优化理论应用于数控机床综合误差补偿技术中,通过对数控机床进行系统划分,建立各个系统的误差分析模型,并运用多学科设计优化的方法对数控机床综合误差补偿过程进行优化,最终得到精密的数控加工指令。该方法能够避免用几何误差和热误差简单相加来代替综合误差的近似计算,从而提高数控机床的综合误差补偿水平。

③ 运用参考模型自适应原理跟踪电压互感器的二次压降,利用电流跟踪法补偿电压互感

器的负载误差,再采用物理相似原理补偿电压互感器的空载误差,通过电子电路实现对供电系统电压信号变送环节误差的综合补偿。

习　　题

1. 误差的定义及表示方法分别是什么？
2. 测量不确定度的评定方法有哪些？
3. 仪器误差的主要来源有哪些？
4. 有哪些因素可能引起运行误差？
5. 仪器误差的合成方法分为哪几类？
6. 仪器误差溯源的常用方法有哪些？
7. 仪器的精度设计能够解决哪些问题？
8. 仪器误差分配的主要依据有哪些？

第 4 章　精密机械系统设计

当代科技的发展已进入到纳米时代,对仪器与设备的功能和精度也提出了更高的要求,不仅要达到很高的测量精度,还要能够自动采集和处理数据并进行在线实时监测和控制。精密机械系统是保证仪器精度的基础,如果没有高精度的机械系统作保障,仪器与设备就很难达到所要求的精度。因此,对机械系统的设计制造要给予高度的重视。

本章将对精密机械系统的整体设计进行阐述,并着重讨论对系统精度和性能影响较大的部件的特性分析与设计要求。

4.1　支承件的结构与设计

精密机械系统通常包括基座、床身、立柱、横梁等支承件,它们不仅起着联接和支承各种零部件的作用,而且还是保证仪器测量精度的基础。

4.1.1　支承件的结构特性

图 4-1 所示为龙门移动式三坐标测量机。基座 1 的上面是床身 2;左、右立柱 3、7 与横梁 5 组成的龙门架支承在床身 2 上,可沿 X 方向运动;Z 向测轴箱 4 支承在横梁 5 上,可沿 Y 方向运动;测量主轴 6 在 Z 向测轴箱中,可沿 Z 方向运动,构成一个三维的空间运动。三坐标测量机的基座具有尺寸较大、自身重量较重、承受主要外载荷、结构比较复杂等特点,并且对其自身精度和相互位置之间的精度要求也较高。在设计时要特别注意它的刚性、抗振性、热变形、稳定性以及结构工艺性等问题。

1. 刚　性

支承件主要受自身重力及其他部件、被测件重力的作用。要确保支承件受力后的弹性变形在允许的范围之内,就必须具有足够高的刚度。如果部件的刚度不足,则它所造成的几何和位置偏差可能大于制造误差。刚度不仅影响测量精度,而且还与自振频率有直接的关系,对动态性能的改善具有重要作用。

确定支承件刚度的方法主要有分析计算法和实验法两种。

(1) 分析计算法

根据图纸上尺寸、形状和给定的工作条件,用力学公式计算出受力时的变形量。在复杂结构的计算过程中,可以进行适当的简化。

（2）实验法

实验法就是对样机或模型的刚度进行实际测量。常用的测量方法主要有：

① 采用专用的加载装置和量具，对实物的有关部位进行分段加载并依次测量出其变形大小。这种方法简单但试验工作量大，难以描绘出空间具体的变形状态，测量精度比较低。

② 采用力和位移传感器是较为精确的方法，用仪器分别测量出各点的力和变形量，描绘出力与变形之间的关系曲线。

③ 更精确的方法是运用全息技术对被测件在加载前后进行三次感光，对全息照片中的干涉条纹进行分析计算，获得被测件的空间变形情况及任意部位的变形量。这种方法的精度高，但测试手段复杂，试验条件严苛。

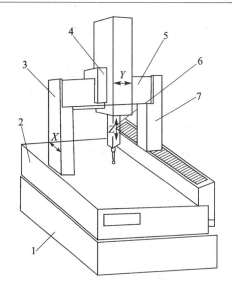

1—基座；2—床身；3—左立柱；4—Z 向测轴箱；
5—横梁；6—测量主轴；7—右立柱

图 4-1　龙门移动式三坐标测量机

2．抗振性

当支承件受到振源的影响而产生振动时，除了使仪器的整机发生振动与摇晃外，各主要相关部件以及部件之间还可能产生弯曲或扭转振动。当振源的频率与构件的固有频率重合或为其整倍数时，将会产生共振，使仪器的使用精度大幅度降低，甚至不能正常工作，严重地缩短使用寿命。因此，在支承件的设计过程中，应设法提高其固有频率或增大阻尼（一般外界振源的频率在 50 Hz 以下），以免共振现象的发生。

当振幅超过所规定的允许值时，通常可以从以下几个方面提高测量系统的抗振性。

（1）提高静刚度

合理地设计构件的截面形状和尺寸，或者合理地布置筋板或隔板，提高静刚度与固有频率，使构件的固有频率远离振源频率，避免产生共振。

（2）增加阻尼

增加阻尼对提高刚度、消除共振现象具有重要的意义。液体动压或静压导轨、气体静压导轨的阻尼通常比滚动导轨的阻尼大。

（3）减轻重量

在不降低构件刚度的前提下适当地减轻重量，也可以有效地提高支承件的固有频率。

（4）隔振措施

采取诸如弹簧、橡胶、泡沫、乳胶等隔振措施，减小外界振源对仪器正常工作的影响。

3．热变形

引起支承件热变形的原因很多，除了外界温度的变化以外，还有仪器内部热源的影响。几乎所有材料的尺寸都会随着温度的变化而发生变化,构件热膨胀的速度与热容量的大小有关。由于整机和各个部件的尺寸、形状、结构不同,它们达到热平衡的时间也不相同。支承件的热变形将产生很大的测量误差,严重地影响仪器的测量精度,因此必须采取措施将温度的变化控制在规定的范围之内。

通常采用以下方式来减少仪器的热变形误差。

(1) 严格控制工作环境的温度

根据测量精度的要求,可以将仪器放置在恒温室中。一般恒温室的温度控制在 20 ℃ ± 1 ℃。对于大型高精度仪器如激光测长仪等,还可以采用"室中之室"或分级控制室温的方法。

(2) 控制仪器内部热源的传递

对仪器自身的电机、照明灯等热源,可以采取适当的措施加以控制:

① 采用冷光源,如发光二极管等;

② 隔离热源或将热源分离出去;

③ 对于不能隔离又不便分离的热源,可以采取措施减少热量的产生;

④ 待仪器的温度平衡之后再开始测量。

4. 稳定性

支承件的不稳定主要是由内应力引起的。由于支承件的结构比较复杂,在浇铸时各处冷却的速度不均匀,很容易产生内应力。因此,可以采取时效处理的方法消除内应力的影响,提高测量仪器的稳定性。时效处理有自然时效和人工时效处理两种方法。

① 自然时效处理是将铸件的毛坯或粗加工后的半成品放置在露天场所,经过较长的时间使其内部应力逐渐"松弛",在内应力消除的过程中逐渐变形,待形状趋于稳定之后再进行加工。自然时效处理的时间一般为 1~6 个月,具体时间取决于支承件的尺寸、结构、形状、铸造条件与精度要求等多种因素。自然时效处理的方法简单、效果较好,但占地面积大、周期长、积压资金。

② 人工时效处理最常用的方法是热处理法。将铸件平整地悬搁在烘板上,根据实际情况选择相应的温度变化速度,达到消除内应力的目的。普通构件经过一次时效处理通常即可达到要求;对于精度要求比较高的构件,在精加工之前可以进行多次时效处理。

4.1.2　支承件的设计要求

支承件的结构形状对刚性、抗振性、热变形、稳定性起着决定性的作用,支承件的结构可以采取经验、类比、试验和计算等方法进行设计。

对支承件的设计要求具体如下。

1. 正确选择支承方式

不同的支承方式对变形有不同的影响。由于三点决定一个平面,很容易达到支承的稳定,因此很多精密仪器采用三点支承。三点支承也称为运动学定位。当采用三点支承时,根据三点在仪器基座下的位置,可以算出三点的反作用力大小。仪器的基座在垂直方向的微小变化,一般不会使反作用力发生明显的变化,因此也就不会引起基座的变形。

例如在光电光波比长仪中,为了减小受力变形的影响,在设计中采用了工作台1、床身2、基座3的三层结构形式(见图4-2)。工作台1在床身2上通过滚动导轨移动,床身2和基座3之间用三个钢球支承,基座3则用三个支点支撑在地基上,钢球支承和基座的支点是对应的。在床身2和基座3之间,三个钢球支承座结构形式是不同的,后面有一个支承座,前面有两个支承座。其中后面一个支承座的结构是平面支承面4;在前面的两个支承座中,其中一个是圆锥形球窝支承面5的结构,另一个则是V形槽支承面6的结构,V形槽的方向与基座的纵向平行。在该比长仪中的光电显微镜、固定参考镜和干涉系统的分光镜均装在与基座相连的构件上。采用这种设计结构有两个突出的优点:

① 无论工作台1怎样移动,工作台1及床身2的重量始终通过三个球支承作用在基座3上,即基座受到的这三个垂直力只有大小的变化,而没有方向和位置的变化,同时这三个力又通过基座3下面的三个相对应的支点直接作用在地面上。基座的变形在测量的过程中将小得多,有助于保证测量精度。

② 采用这种钢球支承座的三种不同结构后,只要将床身往基座上一放,就很容易符合阿贝原则,而且床身在纵向、横向及转角方向均无需再增加螺钉等限制,避免产生不良约束所带来的附加应力。此外,如果温度发生变化,这种结构也不限制床身2相对于基座3的自由伸缩,不会因为热变形带来内应力。因此,这种设计既能够自动定位,又无附加应力,通常称之为无附加内应力的自动定位设计。

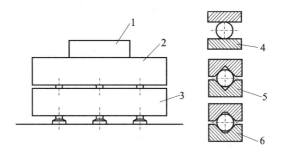

1—工作台;2—床身;3—基座;4—平面支承面;
5—圆锥形球窝支承面;6—V形槽支承面
图 4-2　三球支承

2. 合理布置筋板(或加强筋)

合理地布置筋板(或加强筋)有助于增大刚度,其效果比增加壁厚更为显著。筋板按布置的形式可以分为纵向筋板、横向筋板和斜置筋板。图4-3给出了更多复杂筋板的布置形式。

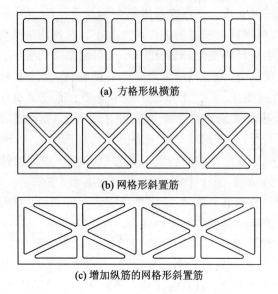

(a) 方格形纵横筋

(b) 网格形斜置筋

(c) 增加纵筋的网格形斜置筋

图 4 - 3　筋板的布置形式

3. 正确选择截面和尺寸

由材料力学可知,构件受压时的变形量与截面积的大小有关,受弯、扭时的变形量与截面的抗弯、抗扭惯性矩有关,而惯性矩则取决于截面的面积和形状。同样重量的材料制成不同的截面或形状,其刚度会发生很大的变化。

4. 良好的结构工艺性

通常要求支承件具有较高的强度、刚度、耐磨性,以及良好的铸造和焊接工艺性,并且成本低。常用的支承件材料有铸铁、合金铸铁、钢板和花岗岩等。

在保证刚度要求的前提下,还应尽量使铸造及机械加工的劳动量为最小,材料的消耗量为最低。

4.2　导轨系统的设计

精密仪器中的很多零部件需要作直线运动(例如测量杆、工作台等),保证这些零部件作直线运动的机构称为直线运动导轨。

导轨主要由运动件和承导件两个基本部件组成。其中运动件作直线运动,仪器中需要获得直线运动的零部件或机构都置于运动件上面;承导件则用来支承和限制运动件,使其只能作确定的直线运动。

导轨是精密仪器中的关键部件之一,主要用来保证各运动部件的相对位置、运动精度以及承受载荷的能力。它的质量往往直接影响仪器的测量精度。因此,在设计中应当首先明确导轨的设计要求,然后选择适当的导轨类型。

4.2.1 导轨的类型

精密仪器中导轨的类型有不同的分类方式。

① 按摩擦性质可分为滑动摩擦导轨、滚动摩擦导轨、弹性摩擦导轨、流体摩擦导轨(包括液体摩擦导轨和气体摩擦导轨两种形式)。

- 滑动摩擦导轨是由支承件和运动件直接接触的导轨。其优点是结构简单、制造容易、接触刚度大;缺点是摩擦阻力大、磨损快、动静摩擦系数差别大,低速度时容易产生爬行。

- 滚动摩擦导轨是在两导轨面之间放入滚珠、滚柱、滚针等滚动体,使导轨的运动处于滚动摩擦状态。由于滚动摩擦阻力小,使工作台的移动更加灵活,低速移动时不易产生爬行。

- 弹性摩擦导轨是利用弹性片簧等弹性部件作为导轨,主要用于测量范围很小的仪器或大型精密工作台中的微动机构中。

- 液体摩擦导轨是在导轨的工作面上开有油腔,当加入压力油之后使工作台或滑板浮起,在两个导轨面之间形成一层极薄的油膜,并且油膜的厚度基本上保持不变。在规定的运动速度和承载范围内,相互配合的两个导轨工作面之间不接触,形成完全的液体摩擦状态。

- 气体摩擦导轨是由外界供压设备供给一定的气体,将运动件与承导件之间分开,在运动时气体层只存在很小的摩擦,摩擦系数极小,适用于精密、轻载和高速的场合。

② 按结构和特点可以把导轨分为自封式导轨(闭式结构)和力封式导轨(开式结构)两种形式(见图 4 - 4)。

- 自封式导轨(闭式结构)是不依靠外力,直接由承导面本身的结构保证运动件和承导件工作面接触的导轨形式,如图 4 - 4(a)所示。

- 力封式导轨(开式导轨)是通过仪器运动部分的自重或弹簧力等外力,保证运动件和承导件工作面接触的导轨形式,如图 4 - 4(b)所示。

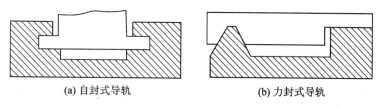

(a) 自封式导轨　　　　　　　　　(b) 力封式导轨

图 4 - 4 导轨的结构类型

4.2.2 导轨的设计指标

导轨的设计指标主要包括导向精度、刚度、耐磨性、运动平稳性、温度适应性和结构工艺性等。

1. 导向精度

导向精度是指导轨运动轨迹的精度，是衡量导轨性能的重要技术指标。运动件的实际运动轨迹与理论轨迹之间的偏差愈小，则导向精度愈高。

影响导向精度的主要因素有导轨的结构类型、导轨的几何精度和接触精度、导轨和机座之间的刚度、导轨的油膜厚度和油膜刚度、导轨和机座的热变形等。

导向精度主要包括以下几种。

(1) 导轨在垂直平面内和水平面内的直线度

理想的导轨在各个截面内的连线应是一条直线。但由于有制造误差，致使实际轮廓线偏离理想直线，其值 Δ 分别是导轨全长在垂直平面(见图 4−5(a))和水平面(见图 4−5(b))的直线度误差。

(2) 导轨面之间的平行度

导轨面之间的不平行会使滑板在导轨上运动时发生"扭曲"，其扭曲值为两导轨面之间横向某长度上(如 1 000 mm)的扭曲值 δ，如图 4−5(c)所示。

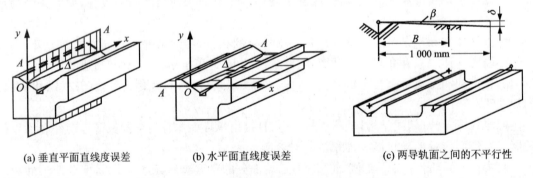

(a) 垂直平面直线度误差　　　(b) 水平面直线度误差　　　(c) 两导轨面之间的不平行性

图 4−5 直线运动导轨的几何精度

(3) 导轨面之间的垂直度

除了要求导轨的单方向精度外，还要求两个方向的导轨之间有较高的垂直精度(或角度精度)。导轨之间的垂直度误差会造成明显的测量误差。

(4) 接触精度

精密仪器的滑(滚)动导轨在全长上的接触应不低于 80 %，在全宽上不低于 70 %。动导轨的表面粗糙度 $Ra=0.8\sim1.6~\mu m$，支承导轨的表面粗糙度 $Ra=0.20\sim0.80~\mu m$；对于淬硬导轨的表面粗糙度，还应当比上述 Ra 值再提高一级；滚动导轨的表面粗糙度应优于 $Ra=$

$0.20\ \mu m$。

2．刚　度

导轨受力会产生变形，其中有自身变形、局部变形和接触变形。

① 自身变形是由作用在导轨面上零部件自身重量造成的。

② 局部变形发生在载荷集中的地方（如立柱与导轨的接触部位），这种变形通常会影响测量精度。例如三坐标测量机的横梁导轨，因横梁 2 和箱体 3 的重量作用而向下产生弯曲变形，使测头 1 偏斜，见图 4－6。为了减小这类变形量，可以在结构尺寸及筋板布置上采取措施，或将导轨面预先加工成中凸的形状，以补偿受力后的弯曲变形。

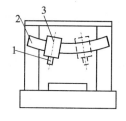

1—测头；2—横梁；3—箱体

图 4－6　导轨的自身变形

③ 接触变形是由于平面微观的不平整，造成实际接触面积仅为名义接触面积的很小一部分，如图 4－7(a)所示。接触刚度与构件本身的刚度不同，它是压强 p 与变形 δ 之比，即 $K_j = p/\delta (MPa/\mu m)$。接触刚度不是一个固定值，当压强很小时两个接触面之间只有少数的高点接触，接触变形较大而接触刚度较小；当压强增大时这些接触点进一步产生变形，出现更多新的接触点，使得接触面积进一步扩大，接触刚度有所提高。因此压强 p 与变形 δ 之间的关系是非线性的，如图 4－7 (b)所示。

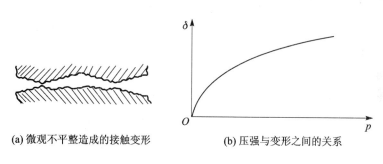

(a) 微观不平整造成的接触变形　　　(b) 压强与变形之间的关系

图 4－7　接触变形

在实际应用时对于相互固定不动的接触面（如机身与立柱的接触面），要预先施加载荷（如旋紧连接螺钉），预加的载荷应当远大于放置在其上部件的重量和承受的外载；对于活动的接触面，预加的载荷一般等于滑动件及其上工件的重量，使接触刚度近似于一个固定的值。

3．耐磨性

导轨在工作一段时间之后将产生一定程度的不均匀磨损，影响导轨的运动精度。提高导轨的耐磨性是延长使用寿命的重要途径。导轨的耐磨性与摩擦的性质、导轨的材料、加工的工艺方法以及受力情况等有关。

提高导轨的耐磨性可以采取下列措施。

（1）降低导轨面的比压

通常大、中型仪器导轨面允许的比压最大值为 0.7 MPa，平均比压为 0.04 MPa。如果适当增加导轨的宽度仍不能满足设计要求，则需要去掉或减少导轨上所承受的荷载。

（2）良好的防护与润滑

在导轨上安装防护罩可以防止灰尘或污物的进入，有利于延长导轨的使用寿命和保护导轨的精度。良好的润滑能使滑动导轨处于半干摩擦或液体摩擦的状态，改善摩擦磨损的状况。润滑油应具有良好的润滑性和足够的油膜刚度，不腐蚀机体，温度改变时粘度的变化要小。

（3）正确选择材料及热处理工艺

为了提高导轨的耐磨性，固定导轨与运动导轨的硬度一般设计得不相同。固定导轨的硬度通常比运动导轨的硬度大 1.1～1.2 倍。

对于润滑不良或无法润滑的垂直导轨，以及要求重复定位精度高、微进给移动无爬行的情况，可以采用镶嵌塑料导轨的方法。塑料导轨具有摩擦系数小、耐磨性好、工艺简单和成本低等优点，材料多为聚四氟乙烯、DU 材料板及 FQ-1 板。

（4）合理地选择加工方法

图 4-8 所示为各种导轨面的加工方法对耐磨性的影响，摩擦量是在相对滑程低于 2 000 mm 的情况下进行测量的。图中的阴影有两部分，其中上半部分表示运动件，下半部分表示静止件。从该图可见，当运动件与固定件的导轨均为刮研面配合，或刮研面与砂轮端面的磨削面配合时，磨损的情况要好一些。但当磨损达到一定的程度之后，磨损速度就与加工方法之间没有太大的关系了。

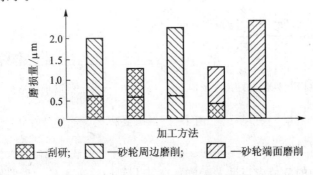

图 4-8　加工方法对磨损量的影响

4. 运动平稳性

导轨运动的平稳性主要是指在低速运动时出现的速度不均匀。通常电机在接到低速运转的指令作匀速旋转时，带动丝杠也随着作等速转动，而此时工作台却出现一快一慢或一跳一停的所谓"爬行"现象。爬行不仅影响工作台的稳定运动，还影响工作台的定位精度，因此需要采取措施予以消除。

爬行是一种比较复杂的运动现象,主要是由于导轨之间的静/动摩擦系数差异比较大、动摩擦系数随速度变化或者系统刚度差等原因造成的。

4.2.3　滑动摩擦导轨设计

1. 滑动导轨的结构类型与特点

用于精密仪器中的滑动摩擦导轨,按其承导面的形状可分为圆柱面导轨和棱柱面导轨两大类。

(1) 圆柱面导轨

如图 4-9 所示的机械比较仪圆柱面导轨,它的承导件是立柱 1,支臂 3 是运动件,两者构成闭式圆柱面导轨。转动螺母 5 可使支臂 3 上下运动。螺钉 4 用来锁紧定位,以免下滑。垫块 2 用于防止锁紧时损坏承导面。

为保证导向精度,在多数情况下运动件是不允许转动的,因此在圆柱导向面上都需附加一个防转结构。图 4-10 是圆柱面导轨防转结构的几种常用形式。

闭式圆柱面导轨的优点是加工和检验都比较简单,易于达到较高的导向精度;缺点是间隙不能调整,因此磨损后不能通过调整来补偿,对温度的变化也比较敏感,通常仅用于室内测量仪器。

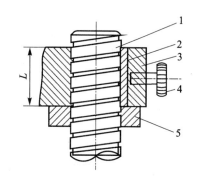

1—立柱;2—垫块;3—支臂;4—螺钉;5—螺母

图 4-9　圆柱面导轨

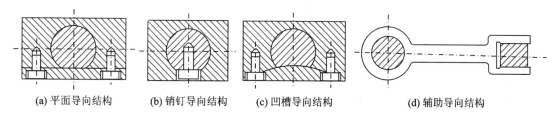

(a) 平面导向结构　　(b) 销钉导向结构　　(c) 凹槽导向结构　　(d) 辅助导向结构

图 4-10　圆柱面导轨的防转结构

(2) 棱柱面导轨

棱柱面导轨的承导面是棱柱形,常用的结构形式有三角形导轨、矩形导轨、燕尾形导轨及其组合(见图 4-11)。

每种导轨的截面形状又分为凸形和凹形两类,如表 4-1 所列。凸形导轨不易积存切屑、脏物,但也不易保存润滑油,宜作为低速导轨使用,例如车床的床身导轨。凹形导轨则相反,可作高速导轨使用,如磨床的床身导轨,但需要良好的保护装置,以防止切屑、脏物等落入。

限制运动部件自由度的面可以集中在一条导轨上,但这时移动部件承受垂直于移动方向平面内的颠覆力矩能力较差。因此绝大多数移动部件都采用两条导轨的组合形式。

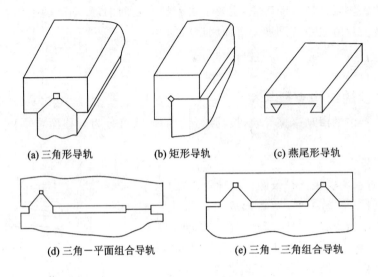

| (a) 三角形导轨 | (b) 矩形导轨 | (c) 燕尾形导轨 |

| (d) 三角－平面组合导轨 | (e) 三角－三角组合导轨 |

图 4 - 11　棱柱面导轨

表 4 - 1　滑动导轨的截面形状

截面形状 凸/凹形	对称三角形	不对称三角形	矩　形	燕尾形	圆　形
凸　形	45° 45°	90° 15°~30°		55°　55°	
凹　形	90°~120°	65°~70° 90°		55° 55°	

2. 滑动导轨的间隙调整

为保证导轨的正常工作,承导面与运动面之间应保持合理的间隙。间隙过小会增加摩擦,使运动不灵活;间隙过大则会降低导向的精度。

常用的调整间隙方法有:

① 磨、刮两个相应的结合面或加垫片,以获取适当的间隙。如图 4 - 12 所示的燕尾形导轨,直接磨刮零件 1 和 2 的结合面 A 或在其间加垫片 3。

② 嵌镶条是调整侧向间隙常用的方法。镶条有平镶条和斜镶条两种。

平镶条如图 4 - 13 所示。只要拧动沿镶条全长均匀分布的几个螺钉,便能调整导轨的侧向间隙,调整好后再用螺母锁紧。平镶条制造方便,但镶条在全长上是多点受力,容易产生变形,常用于较小的导轨面。若缩短螺钉的间距 l 或者增加镶条的厚度 h,则有利于镶条压力的均匀分布。当 $l/h = 3 \sim 4$ 时,镶条的压力基本能够达到均匀分布。

斜镶条如图 4-14 所示。调整时拧动端部的调节螺钉,使斜镶条在轴向移动,从而达到调整间隙的目的。与平镶条相比较,斜镶条的调整容易、受力均匀,但镶条与导轨上的斜面制造比较困难,装配时需要同时刮研或配磨镶条的两个工作面,以达到良好的配合。斜镶条的长度与斜度应有一定的比例,以免一端过薄而影响精度。一般当长度 $L < 500$ mm 时,镶条的斜度为 1:50;当 $L = 500 \sim 750$ mm 时,斜度为 1:75;当 $L > 750$ mm 时,斜度为 1:100。

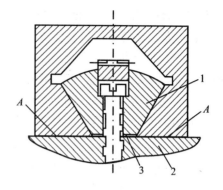

1,2—零件;3—垫片;A—结合面

图 4-12　燕尾导轨的结构形式

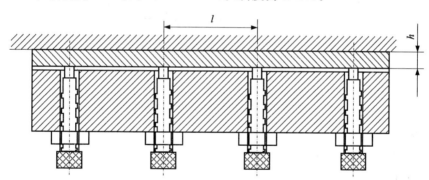

图 4-13　平镶条调整导轨的侧向间隙

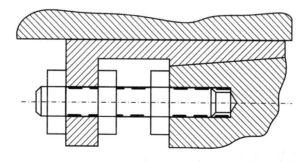

图 4-14　斜镶条调整导轨的间隙

3. 滑动导轨中的参数关系

(1) 作用力与导轨结构参数之间的关系

在设计导轨时应注意作用力的方向和作用位置的合理配置,使倾覆力矩尽量小,否则将使导轨中的摩擦力增大、磨损加剧,降低导轨的精度和灵活性,严重时还将使导轨自锁而不能正常工作。理想的情况是使作用力通过承导面的对称轴线,这样布置的力不会使运动件倾斜引起摩擦阻力。实际上仪器中的外力和重力往往不可能完全按照理想的要求布置,这样就会给导轨带来摩擦阻力。

尽管力的作用情况是多种多样的,但不外乎下列两种基本类型。

1) 作用力的方向与导向面的轴线成一夹角

如图 4-15 所示,由于作用力的方向与导向面的轴线不一致,使承导件和运动件两端的接触点产生支点反力。

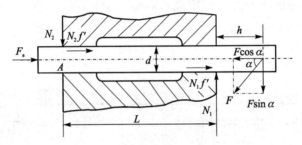

图 4-15　作用力的方向与导向面的轴线不一致

根据静力的平衡条件有

$$\sum X = 0, \qquad (N_1 + N_2) f' + F_a - F \cos \alpha = 0 \qquad (4-1)$$

$$\sum Y = 0, \qquad N_2 - N_1 + F \sin \alpha = 0 \qquad (4-2)$$

$$\sum M_A = 0, \qquad (L+h) F \sin \alpha - L N_1 + N_2 f' \frac{d}{2} - N_1 f' \frac{d}{2} = 0 \qquad (4-3)$$

式中　　F ——导轨上的作用力;

　　　　F_a ——支点反力所产生的轴向阻力;

　　　　α ——力的方向与导向面轴线之间的夹角;

　　　　d ——运动件的直径或高度;

　　　　h ——作用点位置离导向面的垂直距离;

　　　　L ——支点之间的距离;

　　　　N_1、N_2 ——承导件和运动件两端接触点的支点反力;

　　　　f' ——导轨间当量摩擦系数,与导轨的结构类型有关;

　　　　X ——导向面轴向方向位移;

Y —— 垂直于导向面方向位移；

M_A —— 绕 A 点的转动惯量。

通常 $L \gg f'\dfrac{d}{2}$，故式(4-3)可简化为

$$(L+h)F\sin\alpha = LN_1 \tag{4-4}$$

将式(4-2)和式(4-4)整理后得

$$N_1 = \frac{L+h}{L}F\sin\alpha \tag{4-5}$$

$$N_2 = \frac{h}{L}F\sin\alpha \tag{4-6}$$

将式(4-5)和式(4-6)代入式(4-1)可推出

$$F = \frac{F_a}{\cos\alpha - f'\sin\alpha\left(1+\dfrac{2h}{L}\right)} \tag{4-7}$$

由式(4-7)可知，欲使运动件正常工作，作用力 F 应满足条件：

$$F \geqslant \frac{F_a}{\cos\alpha - f'\sin\alpha\left(1+\dfrac{2h}{L}\right)} \tag{4-8}$$

如果导轨的轴向阻力 $F_a \to 0$，则上式为

$$\cos\alpha - f'\sin\alpha\left(1+\frac{2h}{L}\right) > 0 \tag{4-9}$$

由此可得，当作用力 F 与导向面之间有一个夹角 α 时，导轨的正常工作条件为

$$\frac{L}{h} > \frac{2f'\tan\alpha}{1-f'\tan\alpha} \tag{4-10}$$

式中，f' 为当量摩擦系数。对于矩形导轨，$f'=f$；对于燕尾形或三角形导轨，$f'=f/\cos\beta$；对于圆柱面导轨，$f'=4/(\pi\cdot f)$。其中 f 为滑动摩擦系数，β 为三角形的底角或燕尾形的轮廓角。

由式(4-10)可知，当 α 为定值时，增大 L 或缩小 h 均可增加导轨的灵活性。

2) 作用力 F 平行于导向面的对称轴线，但作用的位置距离轴线为 h

如图 4-16 所示，F_a 为轴向阻力，N_1、N_2 为支点反力。

根据静力平衡条件可得

$$\sum X = 0, \qquad F - F_a = 0, \qquad F = F_a \tag{4-11}$$

$$\sum Y = 0, \qquad N_1 - N_2 = 0, \qquad N_1 = N_2 = N \tag{4-12}$$

$$\sum M_A = 0, \qquad NL = Fh \tag{4-13}$$

由式(4-13)可知

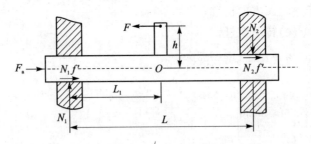

图 4-16 作用力平行于导向面的对称轴线

$$N = \frac{Fh}{L} \qquad (4-14)$$

由支点反力 N_1 和 N_2 产生的轴向阻力是

$$F_a = f'(N_1 + N_2) = 2f' \frac{Fh}{L} \qquad (4-15)$$

为保证运动件不被卡住,须满足 $F > F_a$ 的条件,即

$$F > 2f' \frac{Fh}{L}, \qquad 2f' \frac{h}{L} < 1 \qquad (4-16)$$

式中　f' —— 当量摩擦系数。

在设计时为了保证运动件的灵活性,$\dfrac{h}{L}$ 的值常取为

$$2f' \frac{h}{L} < 0.5 \qquad (4-17)$$

例如当滑动摩擦系数 $f = 0.125$ 时,对不同类型的导轨分别有:

● 矩形和 T 形导轨,$\dfrac{h}{L} < 2$;

● 燕尾形或三角形导轨 $(\beta = 60°)$,$h/L < 1$;

● 圆柱形导轨,$h/L < 1.5$ 。

以上分析适用于承导面和截面对称的导轨。对于不对称导轨,可按静力学原理先计算出作用在每个导轨面上的力,再按上述方法进行计算。

(2) 温度变化与导轨加工参数之间的关系

如果导轨在温度变化较大的环境下工作或者对于精度要求很高的导轨,则导轨的配合间隙应当考虑受到温度变化的影响。

当温度变化时导轨间隙的变化量为

$$\delta_t = D \cdot \Delta\alpha \cdot \Delta t \qquad (4-18)$$

式中　$\Delta t = t - t_0$ ——工作温度与制造温度之差(一般 $t_0 = 20$ ℃);

　　　$\Delta\alpha$ ——导轨的运动件和承导件的线膨胀系数之差;

D——导轨的运动件和承导件配合部分的名义尺寸。

为了保证导轨的正常工作,一般应满足:

$$\Delta_{\min} = \delta_{\min} - \delta_t \geqslant [\Delta_{\min}] \to 0 \qquad (4-19)$$

$$\Delta_{\max} = \delta_{\max} + \delta_t \leqslant [\Delta_{\max}] \qquad (4-20)$$

式中　$\delta_{\min}$——导轨制造时最小配合间隙;

$\quad\quad [\Delta_{\min}]$——最小允许间隙;

$\quad\quad \delta_{\max}$——导轨制造时最大配合间隙;

$\quad\quad [\Delta_{\max}]$——最大允许间隙。

根据温度变化的范围可以确定导轨加工时的配合间隙 $\delta_{\min}$ 和 $\delta_{\max}$,然后再选择适当的配合。

(3) 导轨刚度的验算

在确定导轨的主要尺寸时,对于承载比较重、尺寸比较大的导轨,为了不影响导轨的工作精度,应当验算实际的变形量,使其变形量小于允许值。可以应用材料力学知识,根据导轨的不同形式分析得出变形量与导轨尺寸之间的关系。当导轨的刚度不足或变形量太大时,可以适当增加导轨的有关尺寸,也可以采用其他增强刚度的措施,如在承导件上布置筋板等。

4.2.4　滚动摩擦导轨设计

按照滚动件形式的不同,滚动摩擦导轨可分为滚珠导轨、滚柱(针)导轨和滚动轴承导轨等。

1. 滚珠或滚柱导轨

(1) 平面滚动导轨

这种导轨实际上是直角形滑动导轨的改进,即在运动件和承导件之间加入滚柱。在图 4-17 中,两只聚四氟乙烯导向触头 6 与承导件的侧面相接触,起到横向导向的作用,在运动件之间没有侧向力。保证接触力的导向轴承 5 通过弹簧 1 压紧在导轨的侧面上,使面触头与导轨可靠地保持接触。导轨工作面经研磨,表面粗糙度 $Ra = 0.025$ mm,平直度误差不超过 $0.5\ \mu m$,直线性误差在垂直和水平面内均小于 $1.5''$。

两个方向的导向精度分别由导轨上相互垂直的导向面控制,保持了直角形滑动导轨的优点。平面易于加工,检验方便,间隙可以调整,因此导向精度高,加之滚柱的承载能力大,可用于承载较大的精密移动系统;但缺点是导轨结构复杂,制造困难,成本高。

(2) V 形滚道导轨

V 形滚道导轨的导向面是 V 形槽,基本形式有力封式(见图 4-18)和自封式(见图 4-19) 两种形式。它们的滚动件大多是滚珠,故也可称为滚珠导轨。

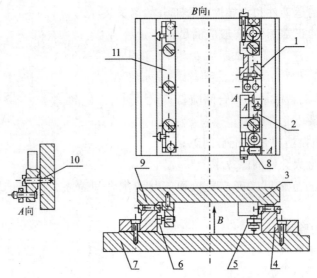

1—弹簧;2—压紧轴承架;3—上动板;4—上导轨;5—轴承;6—导向触头;
7—下动板;8—顶杆;9—滚柱;10—转轴;11—上触头座

图 4-17　平面滚动导轨

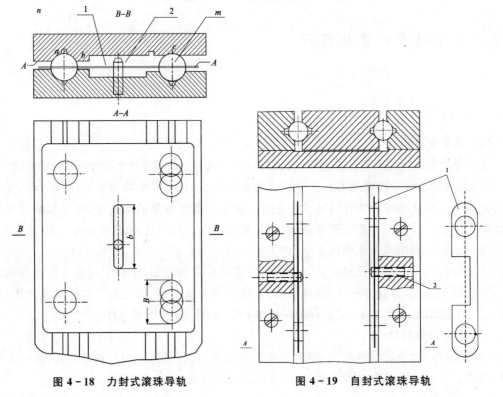

图 4-18　力封式滚珠导轨　　　　　**图 4-19　自封式滚珠导轨**

这两种导轨的承导面都是直角 V 形槽,加工方便、导向精度高,且滚珠和槽面之间接近点接触,因此导轨的灵活性好。但点接触导轨的承载能力低、易于磨损,容易在导向面上压出沟槽,当沟槽的深度不均匀时还容易影响导轨的精度。为了增加接触面积、提高 V 形滚道导轨的承载能力,可采用滚柱代替滚珠或将 V 形滚道改为双圆弧滚道,如图 4-20 所示。

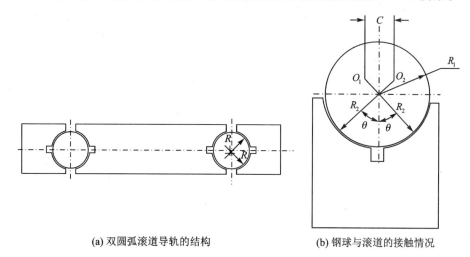

(a) 双圆弧滚道导轨的结构　　　　　　(b) 钢球与滚道的接触情况

图 4-20　双圆弧滚道导轨

(3) 双圆弧滚道导轨

图 4-20(a)是双圆弧滚道导轨的结构,钢球和滚道之间的接触情况如图 4-20(b)所示。这种导轨的承导面是两个半圆弧,属于对双 V 形导轨的一种改进。钢球半径 R_1 与双圆弧滚道半径 R_2 之比对导轨的工作性能有至关重要的影响。若 R_1/R_2 太小,则与 V 形滚道相近,不能显示出双圆弧的特点;反之,若 R_1/R_2 接近于 1,则钢球与滚道近乎完全接触,钢球滚动时的摩擦力增大。实践证明,当选择 $R_1/R_2 = 0.9 \sim 0.95$ 和接触角 $\theta = 45°$ 时,钢球接近纯滚动,滑动摩擦阻力最小。

导轨两圆弧之间的中心距 C 为

$$C = 2(R_2 - R_1)\sin \theta \tag{4-21}$$

双圆弧导轨的承载力比较高,并能长时间保持原始精度,摩擦力小,结构紧凑。但双圆弧结构的形状复杂、制造困难,难以达到很高的加工精度,因此在中精度仪器上应用较多,如万能工具显微镜上的导轨就是采用双圆弧导轨的结构形式。

(4) 钢丝滚道导轨

在一些航天光学仪器类的精密仪器中,为了减轻仪器的质量,可以采用轻金属合金(如硬铝 LY_2)制造导轨。考虑到导轨与滚珠之间材料的刚度相差悬殊,可以采用钢丝作为滚道,导轨通过钢丝与滚珠相接触,如图 4-21 所示。图中的 1、2、3 是三对淬火钢制成的钢丝(或钢

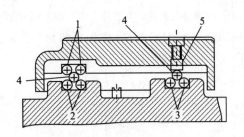

1、2、3—钢丝；4—滚珠；5—矩形杆
图 4-21 钢丝滚道导轨

柱)，钢丝经过研磨以保证较高的直线度，4 是滚珠，5 是运动件下面的固定矩形杆。

这种导轨的优点是，一旦钢丝磨损，只要把钢丝转过一个角度，就可以很容易地恢复导轨的精度，并且运动灵活，工作寿命长。

滚珠与滚柱导轨的运动件在工作时，为了避免滚动件在工作过程中脱落，做如下推导：

如图 4-22 所示，由运动学原理可知滚珠中心的移动距离为 $S_{max}/2$，则导轨行程与运动件长度 L 间的关系为

$$L = x + l_0 + l \qquad (4-22)$$

$$L + S_{max} = 2x + l + \frac{S_{max}}{2} \qquad (4-23)$$

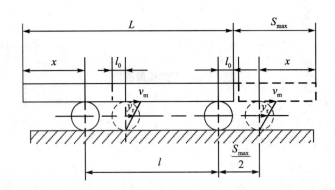

图 4-22 导轨工作行程简图

由式(4-22)和式(4-23)可得

$$x = \frac{S_{max}}{2} + l_0 \qquad (4-24)$$

$$L = 2l_0 + l + \frac{S_{max}}{2} \qquad (4-25)$$

式中　l ——支承长度(两端滚珠之间的中心距)；

l_0 ——导轨极端位置时余量，一般取 $l_0 = 5 \sim 10$ mm；

S_{max} ——运动件的最大行程。

根据要求的 S_{max}，选定 l_0 之后确定 l，即可最终定出 L。

导轨的工作行程一般由装在分珠片上的限动槽和承导件上的限动销来控制。为了保证运

动件的最大行程 S_{max}，分珠片的限动长度 b 可由下式确定：

$$b = \frac{S_{max}}{2} + d \tag{4-26}$$

式中　d——限动销的直径。

2. 滚动轴承导轨

滚动轴承导轨的滚动元件是滚珠、滚柱或滚针。与滚珠导轨的不同之处在于，这类滚动元件是以轴承的形式应用于导轨之中的。它的优点是摩擦力矩小、运动灵活、承载能力大、调整方便、精度高，广泛应用于大型精密仪器中。

滚动轴承导轨的结构形式如图 4-23 所示。这种滚动轴承的结构形式在装配时便于调整，例如图 4-23(c)中滚珠轴承的心轴是偏心的，这样通过调整很容易保证导向精度。

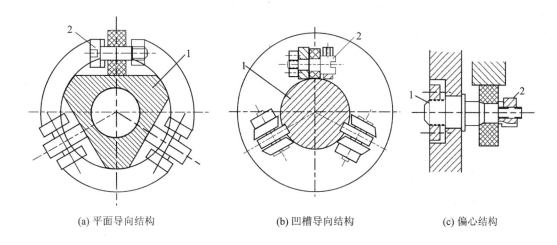

(a) 平面导向结构　　　　(b) 凹槽导向结构　　　　(c) 偏心结构

1—承导件；2—运动件

图 4-23　滚动轴承导轨

为了防止承导件的转动，滚动轴承导轨应当有防转结构。例如图 4-23(a)是在承导件 1 的圆杆上做成三个平面，利用三个平面，既导向又防转，结构简单。当受到的转动力矩较大时，应将防转的辅助导向面做得离圆柱中心远一点。图 4-23(b)采用了凹槽导向结构，同时起到了防转的作用。

例如图 4-24 是阿贝比长仪上的防转结构。零件 2 是基本承导面，零件 4 是防转的辅助面，它可以承受工作台和工件等重量造成的转动力矩。

导轨所用的滚动轴承，不同于普通的标准滚动轴承，它是专用的单列向心球轴承，其内环固定，外环既承载又导向，比标准轴承厚。轴承经过精细加工，径向跳动不超过 $0.5~\mu m$。为了保证接触面的精度，通常把滚动轴承的外环表面做成圆弧形结构(见图 4-25)。

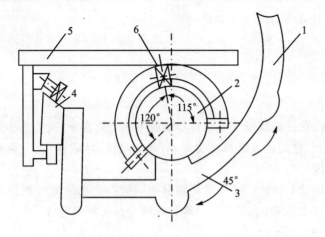

1—显微镜弯臂;2—基本承导面;3—倾斜座脚;
4—防转辅助面;5—工作台;6—滚珠轴承

图 4-24　阿贝比长仪上的防转结构

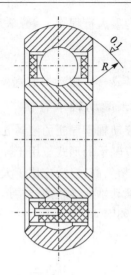

图 4-25　导轨用滚动轴承

4.2.5　流体摩擦导轨设计

这类导轨是依靠外界装置提供具有一定压力的流体(如润滑油或空气),在运动件和承导件之间形成一层油膜或气膜,将运动件与承导件之间隔开,使导轨处于纯流体摩擦的状态下运动,故称之为流体摩擦导轨。

1. 液体静压导轨

静压导轨系统主要由导轨、节流器和供油装置三部分组成。按其结构特点可分为力封式静压导轨、自封式静压导轨以及卸载荷静压导轨三种。图 4-26 是液体静压导轨的工作原理图。油泵 5 启动后,油液经滤油器 7 吸入,溢流阀 6 调节进油的压力 p_s,压力油经精滤油器 4 过滤之后通过节流器 3 把压力降到 p_{r_0},然后流入工作台的油腔。油腔内充满油液后将工作台 1 浮起,直至形成一定的原始间隙 h_0 时,浮力与载荷 W 达到平衡,油膜把工作台 1 与机座 2 隔开。最后油液再从油腔经过导轨的原始间隙 h_0 流出回到油箱 8 中。

当载荷 W 增加时,工作台下沉,间隙 h_0 减小,使回油的阻力增大,流量减小,油腔压力增大。当运动

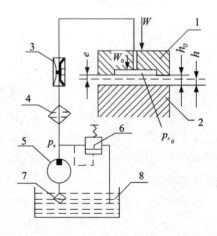

1—工作台;2—机座;3—节流器;4—精滤油器;
5—油泵;6—溢流阀;7—滤油器;8—油箱

图 4-26　液体静压导轨的工作原理

件(工作台)按作用力的方向移动一定的距离 e 时,导轨的间隙将变为 $h(h < h_0)$,油腔压力增高到 $p_r(p_r > p_{r_0})$,形成浮力重新与载荷 W 保持受力平衡状态。当工作台移动时,导轨在纯液体摩擦的状态下工作。

液体静压导轨有下列特点:

① 运动件与承导件之间由油膜隔开,导轨实现了纯液体摩擦。因此,摩擦阻力小,低速无爬行现象。

② 油膜对导轨的精度有均化作用,易于实现高速度、高精度。导轨的直线度可以达到 $0.001''/\text{mm}$。

③ 导轨表面之间不直接接触,基本上无磨损和发热,可长期保持精度不变,因此工作寿命长、稳定可靠。

④ 油液有吸振作用,因此抗振性能好。

⑤ 刚度好,承载能力大。

⑥ 结构复杂,制造成本高。需有一套专门的供油装置,整体结构的体积大,且油膜的厚度难以保持恒定,因此调整比较困难。

由于静压导轨有这些特点,一般在高精度精密仪器和大型专用设备中应用较多,如高精度计量仪器和大规模集成电路专用设备等。

静压导轨对导轨的几何形状和变形有严格要求。在运动件的长度范围内,要求导轨各项几何形状误差的总和应小于导轨的间隙。若变形量超过了导轨的间隙,那么静压导轨将失去作用。另外,静压导轨的润滑油必须经过严格过滤。

2. 气体静压导轨

气体静压导轨是由外界供压设备供给一定的气体将运动件与承导件之间分开,在运动时气体层之间只存在着很小的摩擦,摩擦系数极小;按照结构形式的不同,一般分为开式、闭式和负压吸浮式气垫导轨三种。

图 4 - 27 给出了负压吸浮式气垫的工作原理,图 4 - 27(a)为气垫的结构,图 4 - 27(b)为气垫工作面上的压力分布。气源 3 产生的压力 p_s 经直径为 d 的节流孔流入气腔,气流分两个方向排出:一部分沿导轨面间的间隙向外流动,排入大气,压力降为 p_a;另一部分向内流动,经半径为 r_1 的负压腔,由真空泵 9 抽走。10 为承导件。在 r_d 与 r_2 之间的环形区域形成正压 p_k、p_1、p_2,将气垫 1 浮起,使其具有一定的承载能力;而在以 r_1 为半径的圆域内,则形成负压,产生吸力。正压使气膜厚度增大;负压使气膜厚度减小。当两者相匹配时,形成一个稳定的气膜厚度 h,使气垫与导轨面之间既不接触,又不脱开。气垫通常安装在导轨的运动件上。气垫 1 与垫体 4 相连,中间用 O 形密封圈 2 密封。垫体中心开出锥孔,放入带球体的调节螺钉 7,用夹板 8 封住。调节螺钉的螺纹与工作台 5 连接,在调好高低之后,用螺母 6 锁紧。

气体静压导轨的精度高、运动灵活,但承载能力较小。它适用于精密、轻载和高速的场合,在精密机械中的应用越来越广。

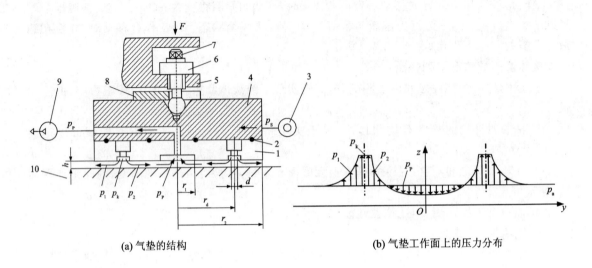

(a) 气垫的结构　　　　　　　　　　(b) 气垫工作面上的压力分布

1—气垫；2—密封圈；3—气源；4—垫体；5—工作台；
6—螺母；7—调节螺钉；8—夹板；9—真空泵；10—承导件

图 4 - 27　负压吸浮式气垫的工作原理

4.2.6　弹性摩擦导轨设计

弹性摩擦导轨主要用于测量范围很小的仪器或大型精密工作台的微动机构中。

图 4 - 28 是应用在显微硬度计上的一种弹性摩擦导轨。两个片簧 3 控制测杆 1 作上下移动，金刚钻压头 2 通过测杆 1 传递的压力在零件表面压出一个小坑，由坑的大小来测量零件的表面硬度。由于测杆的移动范围为 0.1～0.2 mm，故测杆 1 接近于直线运动。

图 4 - 29 中的电感线圈采用弹性摩擦导轨，导向采用金属圆形片簧 3，在片簧 3 上开有槽纹，以增加弹性变形。槽纹的形状有多种，其中槽纹形状对称的，导向精度高。为了防止片簧侧向弯曲，片簧的宽度要大，而片簧刚度又不宜过大，故可将片簧做薄（一般厚度仅为 0.2 mm），或把片簧的中间开出槽纹（见图 4 - 28 和图 4 - 29）。

弹性摩擦导轨有下述优点：

① 摩擦力很小，灵活性高，结构简单；

② 无摩擦磨损，工作稳定可靠；

③ 在导轨中没有间隙，运动件的位移小。

缺点是导轨的行程短，故多用于灵活性要求很高但行程不大的仪器机构中。

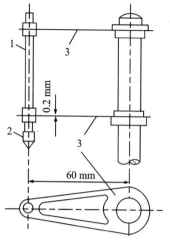

1—测杆；2—压头；3—片簧

图 4-28　显微硬度计的弹性摩擦导轨

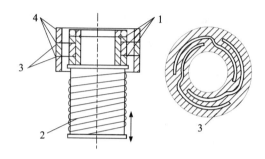

1—外固定环；2—内固定环；3—片簧；4—线圈

图 4-29　电感线圈弹性导轨

4.3　主轴系统的设计

　　主轴系统是有回转运动要求的精密仪器或精密机械中的关键部件。主轴系统由主轴、轴承和安装在主轴上的传动件等组成。它的主要作用是带动被测零件或仪器进行精密分度或者做精确旋转运动。因此，主轴系统的设计合理与否，直接影响到精密仪器的工作性能与测量精度。

　　主轴系统的类型很多，主要可分为滑动摩擦类和滚动摩擦类。滑动摩擦类轴系包括圆锥轴系、圆柱轴系、平面型轴系、流体（液体和气体）静/动压轴系；滚动摩擦类轴系包括标准滚动轴承轴系、非标准滚动轴承轴系、磁摩擦轴系等。在设计过程中应根据不同的要求合理地进行选用。

4.3.1　主轴系统的要求

1. 主轴的回转精度

　　主轴系统的设计主要是要求主轴在一定的载荷与转速下具有一定的回转精度。主轴的回转轴心是垂直于主轴截面且回转速度为零的那条线。主轴只有在回转之后才有回转轴心，它与主轴的几何中心不一定重合。主轴系统的回转精度取决于主轴、轴承等零部件的制造和装配精度。

　　主轴的回转轴心在理想状态下是不变的，但由于轴颈及轴承的加工和装配误差、温度变化、润滑剂变化、磨损和弹性变形等因素的影响,使主轴在回转的过程中,回转轴心将与理想的轴线产生一定程度的偏离。偏离的形式有两种:一种是主轴在径向方向的平行移动(定心误差);另一种是产生一定角度的摆动(定向误差)。一般所说的回转精度主要是指在一定位置处测得的主轴在径向方向上对理想轴线的偏离,包括主轴回转时的定心误差和定向误差两种。

(1) 定心误差

定心误差是指转动轴线平移的程度,如图 4-30(a)所示。定心误差可用 $2e$ 表示,其中 e 是轴颈轴线对轴承轴线的最大偏移量。显然最大的定心误差 $2e$ 等于配合间隙 Δ,即

$$\Delta = 2e \tag{4-27}$$

(2) 定向误差

定向误差是指转动轴线摆动的程度,如图 4-30(b)所示。定向误差用 $2\Delta r''$ 表示,其中 $\Delta r''$ 是轴颈轴线对轴承轴线的最大交角:

$$\Delta r'' = \frac{\Delta}{L}\rho'' \tag{4-28}$$

式中　L——轴系的配合长度;

ρ''——度和秒之间的换算系数,在通常情况下 $\rho'' = 206\ 265$。

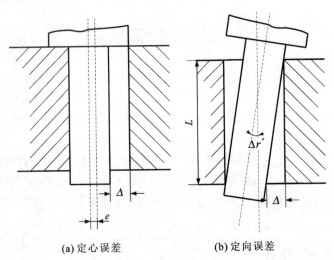

(a) 定心误差　　　　　　　　　(b) 定向误差

图 4-30　主轴系统的回转精度

主轴系统的回转精度对不同类型仪器的工作性能和测量精度的影响是不同的。对于某些仪器设备来讲,只用定心误差和定向误差两个指标来表示还不够,还必须知道主轴在各个方向上的误差状况,以便实施修正或补偿。

2. 主轴系统的刚度

主轴系统的刚度是指主轴某一测量处在外力 P(或转矩 M)的作用下与主轴在该处的位

移量 y（或转角 θ）之比，即刚度 $K = P/y$ 或 $K_\theta = M/\theta$；其倒数 y/P 称为柔度。刚度大，柔度就小。主轴系统的刚度分为轴向刚度和径向刚度两种。

若主轴系统的刚度不大，则会产生较大的弹性变形而直接影响仪器的测量精度，还容易引起振动。因此，必须对影响刚度的因素进行分析，以便有针对性地采取措施，提高主轴系统的性能。

主轴系统的刚度是主轴、轴承和支承座刚度的综合反映。其中主轴的支承情况如图 4-31 (a)所示。

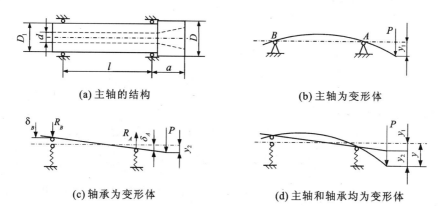

(a) 主轴的结构　　　　　　　　　　　　(b) 主轴为变形体

(c) 轴承为变形体　　　　　　　　　(d) 主轴和轴承均为变形体

图 4-31　主轴的支承情况

下面分几种不同的情况分别进行讨论。

(1) 轴承为刚体，主轴为变形体

如图 4-31(b)所示，主轴前端的挠度为

$$y_1 = \frac{Pa^3}{3EJ_1}\left(\frac{J_1}{J_2} + \frac{l}{a}\right) \tag{4-29}$$

式中　y_1 —— 主轴前端挠度；

　　　P —— 主轴端径向载荷；

　　　l —— 主轴两支承跨距；

　　　a —— 主轴悬伸长度；

　　　E —— 主轴材料的弹性模量；

　　　J_1 —— 主轴两支承间横截面惯性矩；

$$J_1 = \frac{\pi(D_1^4 - d^4)}{64} \tag{4-30}$$

　　　J_2 —— 主轴前端悬伸部分横截面惯性矩；

$$J_2 = \frac{\pi(D^4 - d^4)}{64} \tag{4-31}$$

式中　D_1——主轴两支承间的平均直径；

　　　D——主轴悬伸部分的平均直径；

　　　d——主轴孔的平均直径。

(2) 主轴为刚体，轴承为变形体

如图 4-31(c)所示，主轴前、后支承的反力分别为 R_A 和 R_B。在支承反力的作用下，轴套与主轴以及箱体孔的配合面支承部分将分别产生变形 δ_A 和 δ_B。假设该变形近似符合线性关系，则前后支承的径向刚度分别为

$$K_A = \frac{R_A}{\delta_A}, \qquad K_B = \frac{R_B}{\delta_B} \tag{4-32}$$

由几何关系可求得支承部分的变形量为

$$y_2 = \frac{P}{K_A}\left[\left(1 + \frac{K_A}{K_B}\right)\frac{a^2}{l^2} + \frac{2a}{l} + 1\right] \tag{4-33}$$

(3) 主轴系统的总挠度

如图 4-31(d)所示，将式(4-29)和式(4-33)相加即为主轴端部的总挠度：

$$y = y_1 + y_2 = \frac{Pa^3}{3EJ_1}\left(\frac{J_1}{J_2} + \frac{l}{a}\right) + \frac{P}{K_A}\left[\left(1 + \frac{K_A}{K_B}\right)\frac{a^2}{l^2} + \frac{2a}{l} + 1\right] \tag{4-34}$$

由式中 y_1 和 y_2 两项，可以画出柔度 y_1/P 与 l/a 的变化曲线和柔度（见图 4-32）。

提高主轴刚度的措施有如下几个方面：

① 加大主轴直径。

加大主轴直径可以提高主轴的刚度，但主轴上的零件也相应加大，导致机构庞大。因此增大直径是有限的。为了便于轴上零件的装配，主轴可以做成阶梯形，后轴颈的直径 D_1 常取 $D_1 = (0.7 \sim 0.85)D$。

上面讨论的是当主轴端部只有外力 P 作用下的变形量，实际上还应考虑主轴的驱动方式、润滑条件及轴承的结构形状等因素。上述计算出的两支承跨距 l_0 仅是参考值，实际应用时还需根据情况进行修正或根据经验 $\dfrac{l_0}{D_1} = 2.5 \sim 4.5$ 粗选。由于前支承的受力一般比后支承大，故前支承的刚度也应比后支承的刚度大。

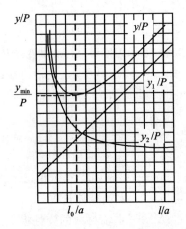

图 4-32　l/a 与 y_1/P 关系图

对于一些精密仪器，主轴前端的轴径 D 通常取主轴内锥孔大端直径的 $1.5 \sim 2$ 倍。例如光学分度头用 4 号莫氏圆锥，$D = [(1.5 \sim 2) \times 31.267]\ \text{mm} = 46.9 \sim 62.534\ \text{mm}$。

② 合理选择支承的跨距。

缩短支承跨距可以提高主轴的刚度，但对轴承的刚度也会有影响，因此必须合理地进行

选择。

③ 缩短主轴的悬伸长度。

缩短主轴的悬伸长度可以提高主轴系统的刚度和固有频率,还能减小顶尖处的振摆,一般可取

$$\frac{a}{l_0} = \frac{1}{2} \sim \frac{1}{4} \qquad (4-35)$$

④ 提高轴承的刚度。

由实验可以得出,轴承本身变形引起的挠度占主轴前端总挠度的 30 %~50 %。对于滑动轴承,要选取粘度大的油液,减小轴承间隙;对于滚动轴承,可预加载荷使它产生变形,以提高轴承的刚度。

3. 主轴系统的振动

主轴系统的振动会影响仪器的工作精度和主轴轴承的寿命,还会因产生噪声而影响工作环境。

影响主轴系统振动的因素很多,如皮带传动时单向受力、电机轴与主轴之间连接方式不好、主轴上的零件存在不平衡质量等。

4. 主轴系统的温升

主轴系统温升的主要原因是传动件在运转过程中产生摩擦。一方面主轴系统和主轴箱体会因热膨胀而变形,造成主轴的回转中心线与其他部件的相对位置发生变化,影响仪器的工作精度;另一方面轴承等元件也会因温度过高而改变已调好的间隙和正常的润滑条件,影响轴承的正常工作,甚至发生"抱轴"现象。因此,温度必须控制在一定的范围之内。

减少热变形的措施主要有以下几种。

(1) 将热源与主轴系统分隔开

例如将电动机或液压系统放在仪器的外面;光源单独放在仪器主轴外的箱体内;用光导纤维传输光束等。

(2) 减少轴承摩擦热源的发热量

采用低粘度的润滑油,如锂基油或油雾润滑;提高轴承及齿轮的制造和装配精度等。

(3) 采用冷却、散热装置

例如在滚动轴承中让冷却液从最不容易散热的滚子孔中流过,通过风机等将部分热量带走。

(4) 采用热补偿措施

如图 4-33 所示,在滚动轴承 1 与箱体 3 的孔之间增加一个过渡套筒 2。如果过渡套筒的长度和材料选择合理,那么热变形对轴承间隙的影响便可以得到自动补偿。

设轴承之间的跨距为 l_1。当主轴 4 的温升为 Δt_1 时,轴承轴向间隙的增加量为

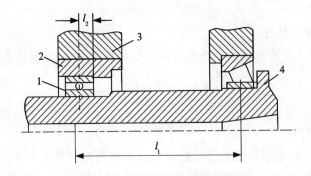

1—滚动轴承;2—套筒;3—箱体;4—主轴

图 4-33　轴承间隙的热补偿

$$\Delta l_1 = l_1 \Delta t_1 \alpha \qquad (4-36)$$

式中,α 为主轴膨胀系数。

过渡套筒 2 的有效受热长度为 l_2,当温升为 Δt_2 时的轴向增加量为

$$\Delta l_2 = l_2 \Delta t_1 \alpha_2 \qquad (4-37)$$

式中,α_2 为套筒膨胀系数。

要使轴承的间隙恒定,必须使 $\Delta l_1 = \Delta l_2$。

因为 $l_1 \geqslant l_2$,所以只有过渡套筒的膨胀系数大于主轴的膨胀系数,才能满足这一要求。过渡套筒一般用铝材料制造,其膨胀系数比钢大 1 倍左右。

(5) 合理选择推力支承的位置

为了使主轴有足够的轴向位置精度并尽量简化结构,要选择好推力支承的位置,如图 4-34 所示。

① 推力支承装在后径向支承的两侧,如图 4-34(a)所示,轴向载荷由后轴承来承受。虽然这种结构简单、装配方便,但主轴受热之后向前伸长,影响主轴端的轴向精度,不能用于轴向精度要求高的轴系。

② 推力支承装在前、后径向支承的外侧,如图 4-34(b)所示,且滚动轴承的安装是大口朝外。这种支承位置的布局装配方便,但主轴受热伸长之后引起轴向间隙增大,因此一般适用于短轴的情况。

③ 推力支承装在前径向支承的两侧,如图 4-34(c)所示,避免了主轴受热向前伸长对轴向精度的影响,且轴向刚度较高,但主轴的悬伸长度也随之增加。

④ 推力支承装在前径向支承的内侧,如图 4-34(d)

(a) 推力支承装在后径向支承两侧

(b) 推力支承装在前、后径向支承的外侧

(c) 推力支承装在前径向支承的两侧

(d) 推力支承装在前径向支承的内侧

图 4-34　推力支承的位置

所示,完全克服了上述缺点。很多精密机械与仪器设备均采用这种布局,但装配比较复杂。

5．轴承的耐磨性

为了长期保持主轴的回转精度,主轴系统需要具有足够的耐磨性。对于滑动轴系,一般要求轴颈与轴套工作的表面耐磨;滚动轴系的耐磨性则取决于滚动轴承本身。

为了提高耐磨性,除了选取耐磨的材料外,还应在易发生磨损的部位进行热处理,如高频淬火、氮化处理等。如果采取液体或气体静压轴承,则运动工作面的磨损将大大减小,精度可以长期不受影响。

6．结构设计的合理性

主轴和轴承的结构设计应当合理,使装配、调试及更换方便。结构设计的好坏对主轴的回转精度具有一定的影响。如图 4 - 35 所示的高精度球轴承结构,如果设计成无肩结构,如图 4 - 35(a)所示,则在装配时由于螺钉的旋紧力产生的局部变形会影响球体的形状,使轴承的间隙发生变化。如果采用有肩结构,如图 4 - 35(b)所示,螺钉的旋紧力作用在肩脚上,就可以避免轴承间隙变化所产生的问题。

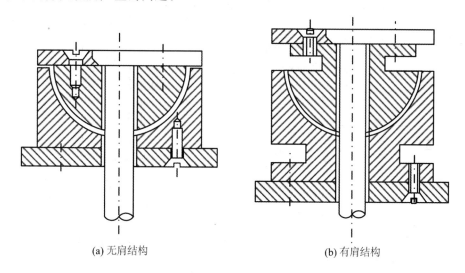

(a) 无肩结构　　　　　　　　　　(b) 有肩结构

图 4 - 35　高精度球轴承的不同结构

4.3.2　圆锥轴系设计

圆锥轴系是由锥形的轴颈和锥孔轴承组成的,在光学仪器中常用于竖轴,承受轴向载荷,如图 4 - 36 和图 4 - 37 所示。

1．基本结构与特点

从表面上看,圆锥轴系的锥面可以承受轴向载荷,但因轴向载荷会产生很大的法向压力,带来摩擦力矩和磨损,降低转动的灵活性和耐磨性,因此在设计时圆锥面只作定向和定心,其他表面承受载荷。由于承载方式不同,故有不同的结构形式。

(1) 上平面式

如图 4-36 所示,由主轴 1 的轴肩平面 A 承受轴向载荷,与轴套 2 接触的圆锥面只作定向和定心。其主要特点是结构简单,定心精度和定向精度较高,坚固,但不能用于高精度仪器上。它的主要缺点是:

① 轴肩承载的摩擦力臂长且接触面积大,因此摩擦力矩大、灵活性差;

② 轴系中的间隙是靠修切轴套端面来控制配合要求的,因此精度较低;

③ 磨损后的间隙调整不方便,对加工精度的要求高。

(2) 下顶点式

如图 4-37 所示,用调节螺钉 3 的头部或球头承受轴向载荷,摩擦力比图 4-36 所示的上平面式大为减小。轴系的间隙可用螺钉等进行调节,易于达到较高的精度。磨损后的间隙仍然可以调整,回转精度能够达到 0.2 μm,克服了上平面式的缺点,因此广泛地用于高精度仪器中。缺点是转动时容易摆动,故适合于低速或中心载荷的情况。

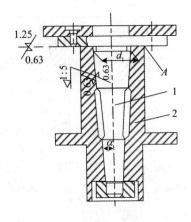

1—主轴;2—轴套

图 4-36　上平面式圆锥轴系

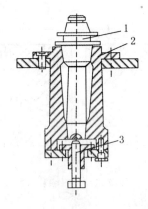

1—主轴;2—轴套;3—调节螺钉

图 4-37　下顶点式圆锥轴系

(3) 悬垂式

如图 4-38 所示,悬垂式轴系类似于倒置的下顶点式圆锥轴系。其回转部分由三个在圆周上均布的滚动轴承支持,用偏心结构调节轴承的高度,使三个轴承均匀地支承起回转部分。由于轴承的回转中心距较大,摩擦力矩也大,故在轴的上部采用滚珠支承来减小滚动轴承的载荷,提高回转精度。

这种轴系的轴是相对固定的,轴套连同度盘托架是回转部分。仪器的主要部分在轴套的中、下部,因此降低了转动部分的重心,提高了稳定性,克服了下顶点式易摆动的缺点。

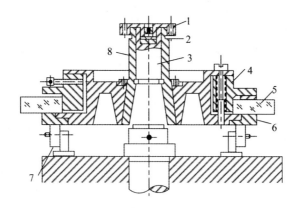

1—调节螺钉；2—滚珠；3—主轴；4—度盘托架；
5—度盘；6—导轨；7—滚动轴承；8—轴套

图 4 - 38　悬垂式轴系

这种圆锥轴系具有以下优点：

① 锥面能自动定心，其间隙可通过调整达到很小，具有较高的精度；

② 轴系的间隙可调整，磨损后的精度可修复；

③ 可以用对研的方式进行加工，对工艺水平的要求不高。

因此，其在精密仪器中应用得最早。其缺点是：

① 摩擦力矩大；

② 对温度的变化较敏感，特别是在低温的情况下；

③ 圆锥轴系的工艺水平虽然要求不高，但制造比较复杂。轴颈和轴套必须分别用研磨工具进行研光，再进行成对微量研磨。加工的工作量大、成本高，并且没有互换性。

圆锥轴系通常用于低转速、中心载荷的高精度大地测量仪器，以及天文仪器和角度测量仪器等。

2. 基本计算

（1）摩擦力矩与结构参数之间的关系

对如图 4 - 39 所示的圆锥轴系，按三种不同的受力情况分别进行分析计算。

1）没有载荷作用

没有载荷的作用，仅在轴向力 F_a 的作用下，若反作用力均布于接触面上，则可用两个相等的法向压力 F_{N1} 和 F_{N2} 来代表接触面上均布力的总和。

设 $F_{N1} = F_{N2} = F_N$，则法向压力为

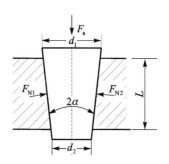

图 4 - 39　圆锥轴系的受力

$$F_N = \frac{F_a}{2\sin\alpha} \tag{4-38}$$

摩擦力矩 M_f 可按下式进行计算：

$$M_f = f\frac{F_a}{2\sin\alpha} \cdot \frac{d_1 + d_2}{4} \tag{4-39}$$

式中　f ——摩擦系数；

　　　F_a ——轴向载荷；

　　　α ——半锥角；

　　　d_1、d_2 ——圆锥轴接触两端直径；

　　　F_{N1}、F_{N2} ——法向压力。

由式（4-39）可见，要提高仪器的灵活性，可以减小直径或增大锥角。

2）轴肩承载

如图4-40所示，轴向载荷分布在一个圆环上，若圆环上的支反力是均匀分布的，假设圆环的内、外径分别为 d、d_1，则圆环内 ds 面积上的摩擦力矩为

$$dM_f = fP\rho^2\,d\rho d\varphi \tag{4-40}$$

式中　P ——单位面积上的支反力，且

$$P = 4F_a/\pi(d_1^2 - d^2) \tag{4-41}$$

对式（4-40）进行积分后得

$$M_f = \frac{1}{3}F_a f\frac{d_1^3 - d^3}{d_1^2 - d^2} \tag{4-42}$$

3）螺钉球头承载

当用球形螺钉球头承载，止推面是轴颈顶部半径为 r 的球体时，若球体和平面都是不变形的刚体，则接触处应是一个点。实际上，在轴向载荷 F_a 的作用下，接触处会发生弹性变形，接触处将由点变成面，这个变形面是以 α 为半径的圆（见图4-41），由弹性理论得到接触圆的半径为

$$\alpha = 0.881 \times \sqrt[3]{F_a\left(\frac{1}{E_1} + \frac{1}{E_2}\right)r} \tag{4-43}$$

式中　E_1 ——轴颈材料的弹性模量；

　　　E_2 ——轴承材料的弹性模量；

　　　r ——轴颈顶部的球面半径。

摩擦力矩为

$$M_f = \frac{3}{16}\pi f F_a \alpha \tag{4-44}$$

（2）轴系精度与结构参数之间的关系

轴系的最大间隙 Δ 可由图4-42计算得到。圆锥轴系的精度主要由轴颈和轴承孔的配合

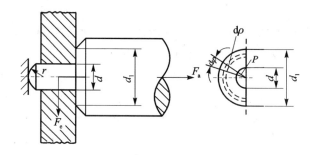

图 4 - 40 轴肩承载

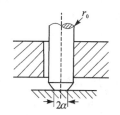

图 4 - 41 顶部承受轴向载荷

间隙和形状误差引起。最大间隙可表示为

$$\Delta = \frac{\delta d_k + \delta d_b}{2} + \frac{\delta}{\cos \alpha} \quad (4-45)$$

式中 δd_k —— 轴颈的形状误差;

δd_b —— 轴承孔的形状误差;

δ —— 轴颈与轴承孔之间的法向间隙。

由最大间隙 Δ 引起的最大倾斜角 $\Delta r''$ 为

$$\Delta r'' = \frac{\Delta}{L}\rho'' \quad (4-46)$$

式中 L —— 圆锥面的长度。

即使对于精度要求较低的仪器,其倾斜角 Δr 的误差也不应超过 $30''$。从上述计算式可知,在一定的工艺水平下要提高轴系的精度,可以增加轴的长度或者减小锥角 α。

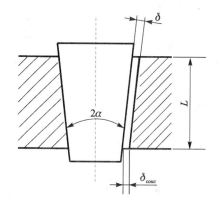

图 4 - 42 精度计算简图

3. 圆锥轴系的设计

(1) 基本参数的确定

圆锥轴系的基本参数是锥角 2α、轴长 L 以及大小端直径 d_1 和 d_2。锥角的选取要适当,因为锥角越大,灵活性越好,但精度降低;反之,减小锥角可提高精度,但灵活性降低。锥角一般为 $4°\sim15°$,常用的锥度为 $1:10\sim1:5$(即 α 角为 $3°\sim6°$)。

轴的长度是根据精度要求以及所能达到轴颈和轴承孔的形状误差来确定的,为了减少摩擦和提高加工精度,轴的中间一段不应接触。轴的直径是根据摩擦力矩和轴的刚度确定的。

(2) 加工要求的确定

锥形轴颈和轴承的锥角允许偏差可按下列不等式确定,如图 4 - 43 所示。

$$\Delta\alpha = 2\alpha_b - 2\alpha_k < \Delta r'' \quad (4-47)$$

式中 α_b —— 轴套半锥角;

α_k ——轴的半锥角。

由于仪器的摆动误差 $2\Delta r''$ 最大不能超过 $1'$，所以 $\Delta\alpha$ 一般通过配研达到这一要求。

锥形轴颈和孔的几何形状误差 δd_k 和 δd_b 应小于允许的间隙 Δ，即

$$\delta d_k < \Delta \qquad\qquad (4-48)$$

$$\delta d_b < \Delta \qquad\qquad (4-49)$$

轴颈的表面粗糙度通常应达到 9~10 级，轴承孔的表面粗糙度为 7~8 级。

(3) 材料的选择

圆锥轴系用于精密测角仪器中，为了保证测量精度、运转灵活性和温度适应性，必须合理地选择材料。

对于低精度仪器的轴系，为了消除温度变化对轴系间隙的影响，一般采用摩擦系数比较小的同一种材料制造。但轴系接触面之间的吸附力加大，摩擦力矩增加，因此灵活性差，磨损快。

高精度仪器轴系材料的摩擦系数应当尽可能小，线膨胀系数要小并且接近，导热系数要大并且接近，这样可以减小轴系的摩擦和局部热变形的影响。但是这些措施不能保证轴系的间隙不发生变化，因此在高精度仪器的轴系中还设计有专门的调隙机构。每当温度变化 ±15 ℃时进行一次调隙，或者选用轴套材料的线膨胀系数小于轴颈的材料来配对，避免低温时的旋转困难。对于间隙增大所产生的问题，可以适当选择润滑油，利用润滑油低温变厚的性质来弥补间隙增大的缺点。表 4-2 给出了轴和轴承的常用材料，可供设计时选择。

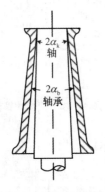

图 4-43　锥形轴颈和轴承的锥角

表 4-2　轴和轴承的常用材料

轴常用材料	轴承常用材料
GCr15	GCr15
GCr15 或 CrMn	耐磨铸铁
GCr15 或 CrMn	磷青铜
黄铜	黄铜
T10A 或 T12A	T10A 或 T12A

4.3.3　圆柱轴系设计

圆柱轴系由圆柱形的轴和与其相配合的圆柱形轴承组成。它是仪器仪表中应用最广泛的一种轴系。

1. 圆柱轴系的结构形式

圆柱轴系的圆柱接触面只能承受径向载荷，轴向载荷则由止推表面承受。圆柱轴系的结

构形式很多,这里主要介绍光学仪器中常用的精密轴系和一般仪器仪表用的小型轴系,这种轴系一般分为圆柱竖轴系和圆柱横轴系两种结构形式。

(1) 圆柱竖轴系

由于承载形式的不同,圆柱竖轴系有两种基本形式,如图 4 - 44 所示。

1) 上平面式

如图 4 - 44 (a)所示,上平面式圆柱竖轴系由上面的轴肩承受载荷,轴的偏摆小,精度稳定。轴可做成空心以放置光学系统。其主要问题是摩擦力大,转动灵活性不够。

2) 下顶点式

如图 4 - 44(b) 所示,下顶点式圆柱竖轴系由轴下端的顶点承载,摩擦力小,转动灵活;但轴的摆动大,轴不能做成空心。

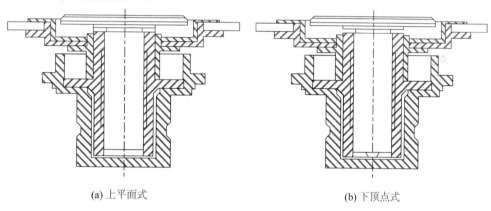

(a) 上平面式　　　　(b) 下顶点式

图 4 - 44　圆柱竖轴系

(2) 圆柱横轴系

如图 4 - 45 所示,为防止在受到轴向力时产生轴向窜动,也可以采用与竖轴相类似的轴肩止推(见图 4 - 45(a))或轴端止推(见图 4 - 45(b))两种形式。

2. 圆柱轴系的特点

圆柱轴系的主要特点是结构简单,制造方便,易于大量生产,经济性好,承载能力强,耐冲击;缺点是:

① 间隙无法调整,回转精度不高,定心精度完全由加工精度来保证,磨损后无法修复。

② 摩擦力矩大。

③ 对温度的适应性差。温度变化会引起轴系的间隙发生变化,导致主轴的旋转精度下降。为了保证仪器在不同的温度下工作,轴颈和轴承应尽量采用膨胀系数相近的不同材料;但这将降低轴系的耐磨性和增大摩擦力矩,在设计中是需要认真权衡的问题。

在角度测量仪器中,为了保证仪器的精度,在圆柱轴系加工精度不高时一般都采用圆锥轴

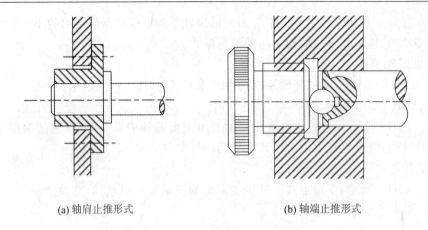

(a) 轴肩止推形式　　　　　　　　(b) 轴端止推形式

图 4 - 45　圆柱横轴系

系。随着工艺水平的提高,很多仪器目前都采用圆柱轴系,但圆锥轴系仍然具有实际意义。

4.3.4　滚动摩擦轴系设计

1. 滚动摩擦轴系的特点

轴系的相对运动部分主要是滚动摩擦的轴系,称为滚动摩擦轴系。滚动摩擦轴系有两类:一类是标准滚动轴承轴系,一类是非标准滚动轴承轴系。

滚动摩擦轴系与滑动摩擦轴系相比有如下优点:

① 摩擦力矩小,特别是启动摩擦力矩小,这对于仪器轴承尤其重要;

② 能承受较大的载荷且磨损小;

③ 对温度的变化不敏感;

④ 刚度好,能用于高速转动。

随着滚动轴承制造的标准化、系列化和精度水平的不断提高,滚动摩擦轴系在仪器制造中的应用日益广泛。

2. 标准滚动轴承轴系

滚动轴承轴系的优点是结构简单、转动灵活,通过预加负荷可提高轴系的刚度。标准滚动轴承的制造已经实现标准化、系列化,轴系精度的提高受到轴承精度的限制。轴承的精度越高,价格也越贵,因此要按照轴系的精度要求选择轴承。

图 4 - 46 是采用高精度标准滚动轴承组成的精密轴系结构。前轴承 6 采用一对 C 级向心推力球轴承与主轴 2 配合,可同时承受径向力和轴向力;后轴承 7 采用一个 C 级向心球轴承与主轴配合,以适应温度变化对轴长变化的影响。由于前轴承接近工件,受力比较大,故采用两个轴承以提高其刚度,保证轴系的回转精度。后轴承对主轴的回转精度影响较小,可采用比前轴承低一级精度的轴承。

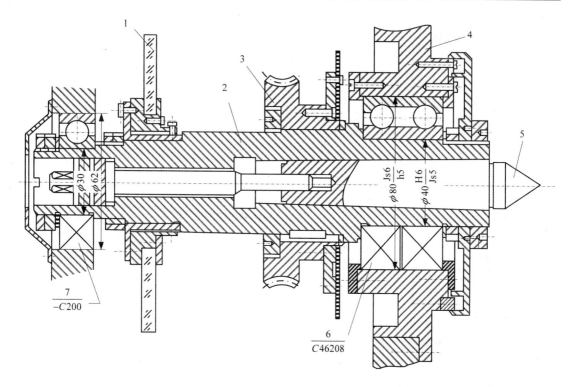

1—度盘;2—主轴;3—蜗轮;4—轴承座;5—顶尖;6—前轴承;7—后轴承

图 4 - 46　标准滚动轴承轴系结构

3. 非标准滚动轴承轴系

非标准滚动轴承轴系的内外圈和滚珠的加工精度较高,加之误差的均化作用,回转精度高,刚度好,结构紧凑。

非标准滚动轴承有单列式和密集式两种形式。

(1) 单列式滚动轴承轴系

图 4 - 47 为圆锥形单列式滚动轴承轴系的结构。在圆锥轴的上、下两端各有一列滚珠 2,每粒滚珠与主轴 5、端盖 1 及外环 4 有三点相接触。这种轴系采用 0 级精选滚珠,同列滚珠的尺寸误差和形状误差均小于 0.1 μm。

图 4 - 48 是单列式滚动轴承在渐开线齿形仪轴系中的应用实例。主轴由两组非标准滚动轴承定位,以确保其回转精度。它的主要特点是:

① 径向精度由基圆盘 1 的内孔、主轴 2 的外圆以及两列滚珠 6 保证;轴向精度则由基圆盘的端面 A 和主轴的轴肩端面 B 及其上面的滚珠 7 保证。因此,结构简单,精度易于保证。

② 顶尖 3 与主轴分成两体,利用四个螺钉 5 方便地调节顶尖座 4,使顶尖与主轴的回转中

心重合。

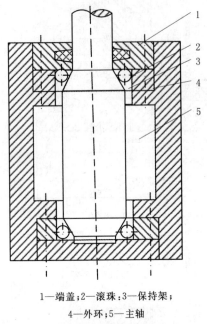

1—端盖；2—滚珠；3—保持架；
4—外环；5—主轴

图4-47　圆锥形单列式滚动轴承轴系结构

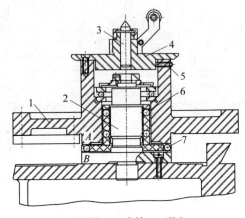

1—基圆盘；2—主轴；3—顶尖；
4—顶尖座；5—螺钉；6、7—滚珠

图4-48　渐开线齿形仪轴系结构

(2) 密集式滚动轴承轴系

图4-49是密集式滚动轴承轴系的结构。轴系的关键零件是密珠轴承，基本结构由主轴、轴套以及密集分布于二者之间并具过盈配合的滚珠组成。通过滚珠的密集分布和过盈配合，可保证主轴具有较高的回转精度。主轴的径向跳动及轴向窜动要求在 $1\ \mu m$ 之内。为了达到这种高精度的要求，采用了密珠向心轴承和密珠止推轴承。主轴5的前后端均装有密珠向心轴承，它们的外圈3和7与壳体内孔静配合并用同心轴研磨两孔，以提高其同心度；它们的内圈4和6与主轴5过盈配合后再加工其外圈，以保证内圈外圆与主轴内锥孔的同心度要求。密珠止推轴承8、9的座圈则是两个圆形平面，在两个内外圈和两个座圈之间放有较多数目的滚珠。为防止滚珠在回转时相互重复，密珠轴承的滚珠在保持架中的珠孔排列与普通滚珠轴承不同，如图4-50所示，滚珠是按多头螺旋线的形式排列的。

4. 标准滚动轴承的选择

标准滚动轴承由专业工厂制造，在设计仪器时可根据具体的条件和精度要求适当地进行选择。

选择滚动轴承的类型和尺寸精度时，通常要考虑的因素有：

① 作用在轴承上载荷的大小和方向；

② 载荷的性质和变化情况；

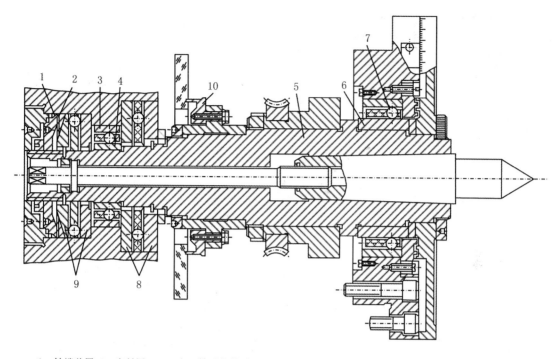

1—轴端盖罩;2—密封圈;3、7—向心轴承的外圈;5—主轴;4、6—向心轴承的内圈;8、9—止推轴承;10—弹性座

图 4 - 49　密集式滚动轴承轴系结构

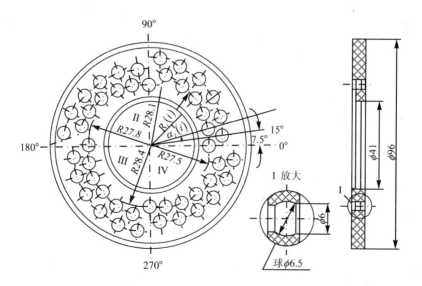

图 4 - 50　密珠止推轴承保持架结构

③ 内圈转动还是外圈转动；

④ 转速的高低、轴系的回转精度要求；

⑤ 轴颈和轴承座的尺寸范围；

⑥ 精度要求；

⑦ 经济性。

需要经过不断实践与反复比较，才能选出适合仪器精度要求和可靠性高的轴承。以下是选择轴承常用的一些经验参数：

① 当转速较高时，宜采用点接触球轴承；受轴向载荷大的高速轴系（轴颈圆周速度大于 5 m/s）最好采用向心推力球轴承，而不用推力球轴承。

② 轴承往往是同时承受径向载荷 R 和轴向载荷 A 的，在选型时应考虑 R 和 A 的相对比值。

当 $A/R < 70$ ％时，选用单列向心球轴承。

当 A/R 在 70 ％～200 ％之间时，选用向心推力球轴承；A/R 的值越大，轴承的接触角 β 也应越大。

当 $A/R > 200$ ％时，采用推力球轴承和向心球轴承的组合形式比较合适。

③ 当轴对轴承座有较大的偏斜或挠曲时，应该采用能自动调心的双列向心球面球轴承。

滚动轴承精度等级的选择，主要取决于旋转精度和旋转速度。一般来说，特别重要的地方选用 C 级；重要的地方选用 D 级；在转速不高、对旋转精度要求也不高的地方选用 G 级；对一般精度要求可选用 E 级或 EX 级。

在光学仪器中一般承受的负荷较小，可根据仪器相关零件的尺寸与结构来选择。对于结构尺寸很小的特殊要求轴承，可选用微型轴承；在多数场合常选用单列向心球轴承。

在某些仪器中虽负荷不大，但当对轴承的摩擦力矩有较高要求时，可以按照摩擦力矩选择轴承。

5．滚动轴承的组合设计

在轴承的类型、尺寸和精度选定之后，就可以将其在轴和轴承座上进行安装和固定，这时需要对轴承与轴、轴承座之间的配合，以及轴承的润滑与密封等问题进行组合结构设计。轴承组合结构设计的质量直接影响轴系的运动精度和可靠性。

对组合设计的要求一般包括以下几点。

(1) 轴承径向位置的固定

轴、轴承和轴承座三者之间的径向位置，是靠适当的配合精度来保证的，在选择配合时应当考虑：

① 保证轴承与轴承座之间的联接可靠。

② 控制轴颈的径向间隙。

轴承在制造出来之后都有一定的径向间隙，称为原始间隙。当轴颈压入轴承的内圈时，内圈会涨大；外圈压入轴承座之后，外圈会略有缩小。轴承的实际间隙要比原始间隙小，甚至间隙完全消失，因此选择不同的配合可以控制径向间隙。

③ 配合不能过紧，以免影响转动的灵活性，降低轴承的使用寿命。

对于一般的受力情况，不动座圈或者需要经常拆卸的轴承应当采用较松的配合。轴承与轴颈的配合按照基孔制，轴承与轴承座孔的配合按照基轴制。轴承与轴和外壳孔之间配合的极限偏差、轴颈和轴承座孔的表面粗糙度、几何形状偏差和相互位置偏差等，可根据轴承的精度等级和尺寸确定。

（2）轴承轴向位置的固定

为了限制轴承的轴向位置，一般在轴颈或者轴承座孔中制作凸肩。为了能够从凸肩上方便地拆卸轴承，凸肩的尺寸应满足：

$$D_1 > D_1' \tag{4-50}$$

$$d_1 < d_1' \tag{4-51}$$

如图 4-51 所示，在设计时，D_1、d_1 和滚动轴承的固定结构可参考有关手册并根据具体的工作条件选用。图 4-51(a)是轴承与轴承座之间的固定方式，图 4-51(b)是轴颈与轴承之间的固定方式。

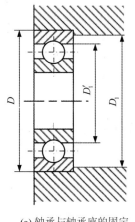

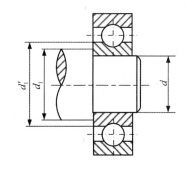

(a) 轴承与轴承座的固定　　　　　　(b) 轴颈与轴的固定

图 4-51　轴承轴向位置的固定

（3）轴承的润滑和密封

为了减少滚动轴承的摩擦和磨损，轴承必须保持良好的润滑状态。润滑还可以减少接触应力、吸振、防锈和防尘。润滑剂可采用润滑油、润滑脂或固体润滑剂，其中润滑脂便于密封和维护，适用于低速；润滑油的粘度较小，用于速度较高的轴承。

轴承的密封是为了防止润滑剂的流失和外界灰尘、水分的侵入。选用图 4-51 轴承配合结构的密封装置常有毛毡密封（见图 4-52）、沟槽密封（见图 4-53）和皮碗密封（见图 4-54）等。

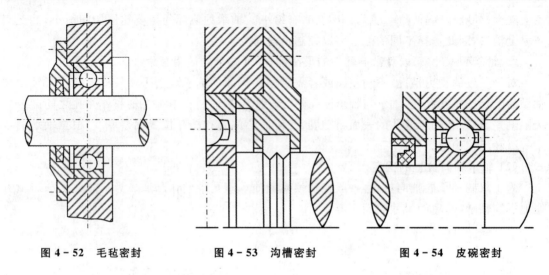

图 4－52　毛毡密封　　　　图 4－53　沟槽密封　　　　图 4－54　皮碗密封

4.3.5　流体摩擦轴系设计

在圆柱形滑动摩擦轴系中,如果通过外部的供油(气)系统,使轴颈和轴承的工作表面完全处于流体摩擦状态,则称为流体(液体或气体)摩擦轴系。由于这种轴系的轴和轴套之间的工作面被油膜或气膜隔开,运动时处在纯流体摩擦状态,因此摩擦阻力很小,几乎无磨损,能够长期保持精度,工作寿命长,广泛地应用于大、中型精密机床和大型光学仪器中。

1. 液体动压轴系

液体动压轴系的特点如下:

① 承载能力大。动压轴承的承载能力是主轴旋转后产生的,因此当主轴旋转时有较大的承载能力。

② 主轴回转精度较高,高速性能好。

③ 刚度比较好。

④ 振动的衰减性能好。

⑤ 寿命长。

⑥ 制造、使用和维修都比较简便,动力消耗较液体静压轴承低。

⑦ 结构简单,不需要油泵站。

缺点是在启动时主轴可能与轴承直接摩擦造成磨损,在低速大载荷时油膜难以建立,主轴不能反转,因此只适用于圆度仪和家用电器等。

2. 液体静压轴系

(1) 液体静压轴系的结构

如图 4－55 所示,液体静压轴系主要由供油装置与节流器、轴承和主轴几个部分组成。

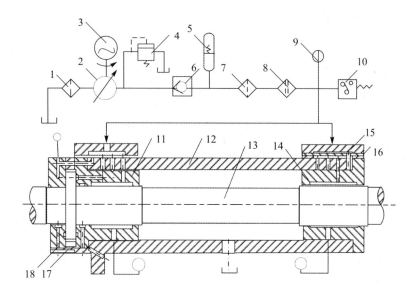

1,7—粗滤器；2—油泵；3—电动机；4—溢流阀；5—蓄能器；6—单向阀；8—精滤器；
9—压力表；10—压力继电器；11—前轴承；12—壳体；13—轴；14—后轴承；
15—节流器盖；16—节流器；17—调整垫；18—止推端盖

图 4-55　液体静压轴系

（2）液体静压轴系的主要特点

① 运动精度高，油膜厚度可对轴颈的圆度误差起到均化作用，减少轴颈和轴承本身制造误差的影响；

② 摩擦阻力小、功耗低、效率高；

③ 承载能力大，具有良好的静、动刚度；

④ 工作寿命长，精度能够长期保持；

⑤ 抗振性能好。

这种轴系的主要缺点是结构复杂，需要一套可靠的供油装备，使机构的体积和重量增大，因此配置费用也大，限制了在精密仪器中的应用范围。

3. 气体静压轴系

（1）气体静压轴系的结构

如图 4-56 所示是用于镜面加工的超精密气体静压球轴系。对主轴径向与轴向回转精度的要求分别是 $0.03\ \mu m$ 和 $0.01\ \mu m$；径向与轴向刚度要求分别是 $25\ N/\mu m$ 和 $81.3\ N/\mu m$。主轴的前端采用凸球形设计，可以同时承受径向载荷和轴向载荷；主轴的后端是径向轴承，置于凹半球的球面座中。当凹半球的气孔 1 进气后，可进行对中调整，完成调整之后停止供气。在弹簧 5 的作用下凹球端面与支承板直接相接触固定，使主轴两端的轴承完成对中调整。

(2) 气体静压轴系的特点

① 摩擦阻力小,噪声小,温升低;

② 回转精度高,空气膜有均化误差的作用;

③ 空气介质不受高低温的影响,适于特殊环境下的工作;

④ 无磨损,容易维护。

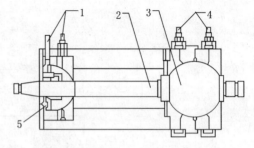

1、4—空气入口;2—主轴;3—凸球;5—弹簧

图 4 – 56 气体静压轴系

主要缺点是承载能力和刚度较低,气体中的腐蚀性物质易使工作表面锈蚀。气体静压轴系除用于精密加工机械外,还可应用于精密仪器以及医疗器械和核工程等。

4. 综合分析比较

滑动轴系的结构简单,制造装配方便;但抗振性、耐磨性及主轴的回转精度都较差,仅适用于一般精度的轴系。

液体动压轴承与普通滑动轴承相比,主轴的回转精度、耐磨性等都比较好;但主轴必须转动,否则油膜的压力建立不起来,而且主轴不能反转。尽管应用范围受到影响,但它的结构简单,不需要复杂的供油系统,因此在某些家用电器上的应用仍然具有优越性。

液体静压轴承和气体静压轴承的油液或气体压强是由外动力源供给的。供给压强的大小与主轴的工作状态无关(忽略旋转时的动压效应),且承载能力不随转速的高低而变化,因此适用于调整范围较大的精密设备。另外,静压轴承是纯液体或气体形式的摩擦,主轴回转轴线的偏移量比轴颈和轴套孔的最后加工误差小得多,具有误差均化的作用。主轴回转轴线的振摆量一般是轴颈圆度误差的 $\frac{1}{10} \sim \frac{1}{3}$,是轴套的 $1/100$ 。但液(气)体静压轴系都需要一套供油(气)设备,比动压轴系复杂。

4.4 精密工作台的设计

精密工作台是实现平面 $x-y$ 坐标运动的典型部件。在精密机械仪器中,它是影响整台仪器精度和效率的关键部件。近年来随着工业机器人、数字控制、精密机械技术的迅速发展,对工作台部件的精度和运行速度提出了愈来愈高的要求。

4.4.1 工作台的性能要求与组成

1. 工作台的性能要求

对工作台的性能要求一般包括静态性能和动态性能两个方面。

静态性能包括工作台的几何精度(包括 x-y 工作台导轨在水平面内的直线度、垂直平面内的直线度、x 方向与 y 方向的垂直度、x-y 方向的反向间隙和反向精度以及工作台面与运动平面之间的不平行性);系统的静刚度(工作台传动系统在重力、摩擦力或其他外力作用下产生相应的变形,其比值称为静刚度);工作台的定位精度和重复定位精度等。

动态性能包括工作台系统的振动特性和固有频率、速度与加速度特性、负载特性、系统稳定性等。

理想的精密微动工作台应满足以下要求:

① 支承或导轨副应无机械摩擦、无间隙,具有较高的分辨力,保证高的定位精度和重复精度,同时满足工作行程的要求;

② 具有较高的几何精度,颠摆和摇摆误差要小,具有较高的精度稳定性;

③ 具有较高的固有频率,以确保微动台有良好的动态特性和抗干扰能力,最好采用直接驱动的方式,无传动环节;

④ 要便于控制,响应速度要快。

2. 工作台的组成

x-y 工作台系统基本上是由滑板、直线移动导轨、传动机构、驱动电机、控制装置和位移检测器等组成,如图 4-57 所示。在设计 x-y 工作台时,应该把机械部分与控制部分视为一体进行考虑,从总体上设计出能够较为经济地满足使用要求的工作台。

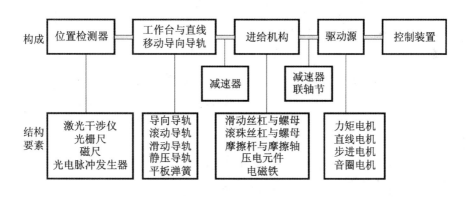

图 4-57　工作台系统组成要素

工作台按驱动方式来划分大体有两种形式:一种是驱动电机与 x 向(或 y 向)工作台联成一体,如图 4-58(a)所示,这种形式的结构比较简单,但底层的驱动重量增大,电机的振动也会影响工作台的精度;另一种是电机不与工作台联成一体,而是装在机座上,如图 4-58(b)所示,这种形式的机械结构比较复杂,但减轻了下层电机的驱动重量,适用于高速运动。

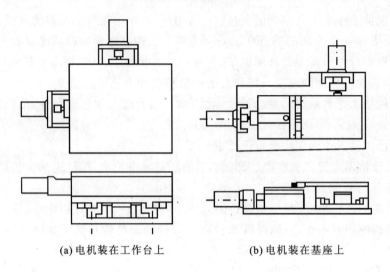

(a) 电机装在工作台上　　　　　(b) 电机装在基座上

图 4 - 58　x - y 工作台的组合形式

4.4.2　导轨形式的选择

为使工作台在微动范围内具有较高的分辨力,希望一旦驱动力或输入位移发生微小变化,就能够使工作台有所响应,那么导轨副之间的摩擦力及其变化特性将对工作台的微动特性产生重要影响。

1. 滑动摩擦导轨和滚动摩擦导轨

滑动摩擦导轨的摩擦力不是常数,摩擦力随着相对静止持续时间的延长而增大,随着相对滑动速度的增加而减小。虽然滚动导轨摩擦力的平均值很小,但由于滚动体和导轨面之间的制造误差、表面的平面度误差、滚动体和导轨面以及隔离架之间的相对滑动,将使滚动摩擦力在较大的范围内变动,引起较大的随机位移误差。因此,滚动导轨的微小间歇运动与滑动导轨的运动特性类似。

下面对滑动导轨和滚动导轨的分辨力及其影响因素进行分析。

工作台传动系统可简化为如图 4 - 59 所示的模型。图中 m 为工作台的质量,K 为传动系统的刚度,F 为导轨之间的摩擦力。当工作台静止时,F 取值为 F_s;当工作台运动时,F 取值为 F_m,且 $F_s > F_m$,即

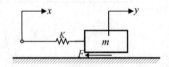

图 4 - 59　工作台传动系统简化模型

$$F = \begin{cases} F_s, & v = 0 \\ F_m, & v > 0 \end{cases} \qquad (4 - 52)$$

当输入位移 $x < F_s/K$ 时,工作台不产生运动,输出位移为 $y = 0$。

系统的平衡方程为

$$F = Kx \qquad (4-53)$$

临界点为

$$F_s = Kx_s \qquad (4-54)$$

式中　x_s——临界位移。

当输入位移 $x > x_s$ 时,工作台开始运动,此时 $F = F_m$,其运动方程为

$$m\ddot{y} = (x-y)K - F_m, \qquad x > x_s \qquad (4-55)$$

即

$$\ddot{y} + \omega^2 y = \omega^2 x - \frac{F_m}{m} \qquad (4-56)$$

式中

$$\omega^2 = \frac{K}{m} \qquad (4-57)$$

求解式(4-56)微分方程,可得

$$y = A\sin(\omega t + \varphi) + x - \frac{F_m}{K}, \qquad x > x_s \qquad (4-58)$$

式中,A、φ 为积分常数。

当初始条件 $t = 0$ 时,$y = 0$,$\dot{y} = 0$,$x = x_s$,由此可得

$$A = -\frac{\Delta F}{K}, \qquad \varphi = \frac{\pi}{2} \qquad (4-59)$$

式中,$\Delta F = F_s - F_m$。

将式(4-59)代入式(4-58),得到工作台的位移输出为

$$y = -\frac{\Delta F}{K}\sin\left(\omega t + \frac{\pi}{2}\right) + x - \frac{F_m}{K}, \qquad x > x_s \qquad (4-60)$$

式(4-60)实际上是系统在无阻尼情况下位移的阶跃响应。由于导轨之间存在着粘性阻尼,故振动的振幅将逐渐衰减。经过一定的时间之后,系统达到稳态,即

$$y = x - \frac{F_m}{K} \qquad (4-61)$$

根据 $\Delta F = F_s - F_m$,将式(4-54)代入式(4-61)得

$$y = (x - x_s) + \frac{\Delta F}{K} \qquad (4-62)$$

当 $x \to x_s$ 时,可得系统的最小位移输出,即系统的位移分辨力为

$$y_{min} = \frac{\Delta F}{K} \qquad (4-63)$$

由式(4-63)可见,滑动导轨和滚动导轨的最小位移分辨力主要受静、动摩擦力之差 ΔF 和传动系统刚度 K 的影响,减小静、动摩擦力之差和提高传动环节的刚度是提高工作台位移

分辨力的主要措施。滚动导轨的结构比较复杂,制造困难,抗振性差,对脏物非常敏感,因此不适于作微动工作台使用。

2. 弹性摩擦导轨

弹性导轨的工作原理如图 4-60 所示,工作台由平行弹片簧支承,当受到驱动力 F 的作用时,弹片簧发生变形,使工作台在水平方向上产生微小位移 δ,如图 4-60(a)所示。由于弹性导轨仅利用受力后的弹性变形来实现微小位移,仅存在弹性材料内部分子之间的内摩擦而没有间隙,因此可以达到极高的分辨力。

设弹片簧的宽度、厚度和长度分别为 b、t 和 L,则弹性导轨在运动方向上的刚度为

$$K = \frac{2bt^3 E}{L^3} \tag{4-64}$$

式中　　E ——材料的弹性模量。

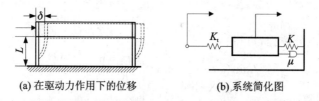

(a) 在驱动力作用下的位移　　　　　(b) 系统简化图

图 4-60　弹性导轨的工作原理

弹性导轨的工作台系统可简化为图 4-60(b)所示的模型,K_t 为传动部件的刚度,K 为弹性导轨的刚度,m 为工作台运动质量,μ 为阻尼系数。当输入位移为 x 时,输出位移为 y,则力的平衡方程为

$$m\ddot{y} + \mu\dot{y} + (K + K_t)y = K_t x \tag{4-65}$$

工作台系统的传递函数为

$$G(s) = \frac{K_x \omega_n^2}{S^2 + 2\xi\omega_n S + \omega_n^2} \tag{4-66}$$

式中　　$K_x = \dfrac{K_t}{K + K_t}$;

$\omega_n = \sqrt{\dfrac{K + K_t}{m}}$,为系统的无阻尼自然频率;

$\xi = \dfrac{\mu}{2m\omega_n}$,为阻尼比。

由于弹性导轨的阻尼比很小,故根据传递函数 $G(S)$ 可求出工作台系统在阶跃位移输入 x 条件下的输出 $y(t)$:

$$y(t) = \frac{K_t x}{K + K_t}\left[1 - \frac{e^{-\xi\omega_n t}}{\sqrt{1 - \xi^2}}\sin\left(\omega_d + \arctan\frac{\sqrt{1 - \xi^2}}{\xi}\right)\right] \tag{4-67}$$

式中，$\omega_{\mathrm{d}} = \omega_{\mathrm{n}} \sqrt{1 - \xi^2}$，为阻尼自然频率；$t \geqslant 0$。

当系统达到稳态后，其输出位移为

$$y = \frac{K_{\mathrm{t}}}{K + K_{\mathrm{t}}} x \qquad (4-68)$$

由式（4-68）可看出 K 和 K_{t} 都是系统的固有参数，所以输出位移随输入位移的变化是唯一确定的，不受初始条件及其他因素的影响。这表明弹性导轨系统可以获得稳定的高分辨力和运动精度。

由式（4-67）可以看出，图 4-60 所示的工作台系统的瞬态阶跃响应是以 ω_{d} 为阻尼自然频率的衰减振荡，工作台位移达到稳态的时间与系统无阻尼的自然频率 ω_{n} 成反比，即 ω_{n} 的值越大，则工作台的瞬态响应速度越快。

根据驱动环节的刚度 K_{t} 和弹性导轨的刚度 K 取值不同，可分成两种弹性微动系统。

（1）弹性缩小机构

由式（4-68）可知，当 $K_{\mathrm{t}} \ll K$ 时，工作台的位移 y 相对于输入位移 x 被大大地缩小了，因此可用来缩小输入位移的误差，提高工作台位移的分辨力。

（2）直接驱动机构

当 $K_{\mathrm{t}} \ll K$ 时，式（4-68）变成

$$y \approx x \qquad (4-69)$$

在这种情况下，弹性机构变成直接驱动机构。该机构仍然是一个二阶系统。由于 $y = x$，即输出位移完全被输入位移所约束，只要输入恒定，输出就不可能产生振荡。系统瞬态响应的上升时间为

$$t_{\mathrm{r}} = \frac{\pi}{\omega_{\mathrm{n}} \sqrt{1 - \xi^2}} \qquad (4-70)$$

由式（4-70）可见，要想提高工作台的响应速度，在设计微动台时应尽量提高系统的固有频率。

4.4.3　导轨的特性分析

1. 静态特性

微动工作台的静态特性反映了当输入位移 x 为定值或变化缓慢时，系统的输出与输入的关系。静态特性主要取决于工作台驱动器的特性。图 4-61 是用 WTDS-1A 电致伸缩微动器测试的电压-位移特性曲线，曲线呈抛物线形（图中仅画出一半）。在升压（伸长）和降压（回缩）时两条曲线不重合，存在着迟滞现象。电压在 $100 \sim 220 \text{ V}$ 范围内的线性较好，位移回零重复性优于 $0.01 \text{ } \mu\text{m}$，位移分辨力为 $0.01 \text{ } \mu\text{m}$，行程 $> 7 \text{ } \mu\text{m}$。

分析静态特性可为微动工作台的使用提供依据，还可为迟滞现象引起的误差进行高精度补偿与修正提供正确的数据。

2. 动态特性

动态特性是指输入位移在按正弦规律变化条件下的特性。研究动态特性是为了避免系统在刚度极小值（即谐振频率）附近工作时，给系统带来很大的误差甚至无法工作直至破坏。固有频率 ω_0 和阻尼比 ξ 反映了系统动态激励下的响应速度和超调量的大小。

(1) 幅频特性与静、动态刚度

弹性微动工作台系统的简化模型为如图 4-60(b) 所示的质量-弹簧-阻尼二阶系统，根据式 (4-65)，当外力 $F_0 = K_t x =$ 常数时，有

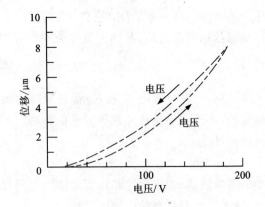

图 4-61 电压-位移特性曲线

$$\dot{y} = 0, \qquad \ddot{y} = 0 \qquad (4-71)$$

此时系统的刚度为静刚度 k_0，即

$$k_0 = \frac{F_0}{y_0} \qquad (4-72)$$

式中 y_0——外力 F_0 为常数时工作台的位移。

当外力按正弦规律变化时，有

$$m\ddot{y} + \mu\dot{y} + ky = f\sin\omega t \qquad (4-73)$$

式中

$$k = K + K_t \qquad (4-74)$$

将式 (4-73) 进行变换得

$$\ddot{y} + 2\xi\omega_0\dot{y} + \omega_0^2 y = \frac{f}{m}\sin\omega t \qquad (4-75)$$

式中 $\omega_0 = \sqrt{\dfrac{k}{m}}$，为固有频率；

$\xi = \dfrac{\mu}{2\sqrt{mk}}$，为阻尼比。

将式 (4-75) 进行傅里叶变换，得到幅频特性

$$A(\omega) = \frac{1/k}{\sqrt{\left(1-\dfrac{\omega^2}{\omega_0^2}\right)^2 + 4\xi^2\dfrac{\omega^2}{\omega_0^2}}} \qquad (4-76)$$

相频特性 $\varphi(\omega)$ 为

$$\varphi(\omega) = -\arctan \frac{2\xi \dfrac{\omega}{\omega_0}}{1 - \dfrac{\omega^2}{\omega_0^2}} \tag{4-77}$$

微动工作台系统的输出为

$$y(t) = A(\omega)f\sin[\omega t + \varphi(\omega)] \tag{4-78}$$

幅频特性与相频特性曲线如图 4-62 所示。

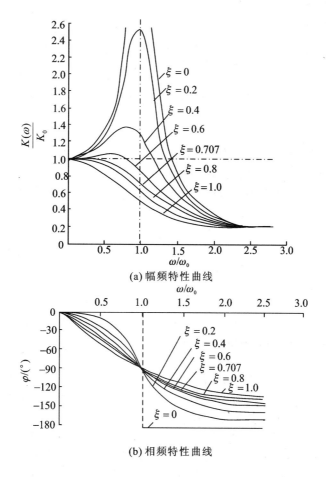

(a) 幅频特性曲线

(b) 相频特性曲线

图 4-62　二阶环节的幅频和相频特性

当 $\omega = 0$ 时，$A(\omega) = 1/k$，$\varphi(\omega) = 0$；当 $\omega = \sqrt{1-2\xi^2}\omega_0$ 时，$A(\omega)$ 有极值：

$$A(\omega) = \frac{1}{2\xi k \sqrt{1-\xi^2}} \tag{4-79}$$

当 $\omega = \omega_0$ 时，$A(\omega) = \dfrac{1}{2\xi k}$，$\varphi(\omega) = 90°$。此时若 $\xi \to 0$，则 $A(\omega) \to \infty$，输出量的幅度远远大于输入量，这一现象称为谐振。当输入位移的频率等于工作台系统的固有频率时，发生谐振。由图 4-62 可见，当 $\xi = 0$ 时有明显的谐振现象。随着 ξ 的增大，谐振现象逐渐下降变得不明显。当 $\xi \geqslant \dfrac{\sqrt{2}}{2} = 0.707$ 时，不再出现谐振现象。此时 $A(\omega)$ 随 ω 增加而单调下降。

当 $\omega \to \infty$ 时，$A(\omega) \to 0$，$\varphi(\omega) \to -180°$。

系统的动态刚度为

$$k_{动} = k \sqrt{\left(1 - \frac{\omega^2}{\omega_0^2}\right)^2 + 4\xi^2 \frac{\omega^2}{\omega_0^2}} \qquad (4-80)$$

（2）阶跃响应

当阻尼比为 $0 < \xi < 1$ 时，单自由度的弹簧质量系统对单位阶跃输入的响应为

$$y(t) = 1 - \frac{\mathrm{e}^{-\xi\omega_n t}}{\sqrt{1-\xi^2}} \sin\left(\omega_d t + \arctan \frac{\sqrt{1-\xi^2}}{\xi}\right) \qquad (4-81)$$

式中，$\omega_d = \omega_n \sqrt{1-\xi^2}$，为阻尼的自然频率。

阶跃响应曲线如图 4-63 所示。图中 M_p 为最大超调量，它的大小反映了系统的相对稳定性，计算公式为

$$M_p = \mathrm{e}^{-\left(\xi\sqrt{1-\xi^2}\right)\pi} \qquad (4-82)$$

$$t_p = \frac{\pi}{\omega_0 \sqrt{1-\xi^2}} \qquad (4-83)$$

式中　t_p ——峰值时间，它说明了系统瞬态响应速度的快慢。

达到并保持在一个允许误差范围内所需要的时间称为调整时间 t_s $\left(t_s \propto \dfrac{1}{\xi\omega_0}\right)$，表示系统的响应速度，$\omega_0$ 越大，系统的响应速度越快。用阶跃激振的方法可以直接测 M_p 和 t_p，也可用 ω_0、ξ 的值，计算 M_p、t_p。

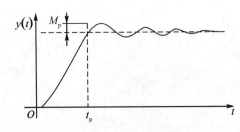

图 4-63　阶跃响应曲线

（3）参数估计

在研究系统的动态特性时，ω_0、ξ 是未知量，可通过用正弦激振的方法测出幅频特性曲线，其最大峰值就是固有频率 ω_0。

ξ 的判断方法有两种：

① $\dfrac{A(\omega)}{A(0)} = \dfrac{1}{2\xi}$；

② $\dfrac{\omega_2 - \omega_1}{\omega_0} = 2\xi$。

式中，ω_1、ω_2 为半功率点。

习　　题

1. 支承件的主要技术要求是什么？

2. 提高支承件抗振性应采取什么措施？

3. 导轨的基本设计要求是什么？

4. 试分析滑动摩擦导轨、滚动摩擦导轨、弹性摩擦导轨、流体摩擦导轨各自的特点。

5. 滑动导轨间隙调整的方法有哪些？

6. 提高主轴系统刚度有哪些方法？

7. 怎样控制主轴系统的温升？

8. 主轴系统设计有哪些基本要求？

9. 精密微动工作台由哪几部分组成？应满足哪些技术要求？

第 5 章　精密机械伺服系统设计

　　精密机械伺服系统是实现现代精密仪器智能化、自动化、高效率和高精度的基础,广泛地应用于机械制造、冶金、运输和军事等领域。机械伺服系统设计应根据实际需要选择合适的种类,明确控制的目标,确定合理的控制方案和技术参数,建立正确的数学模型。

　　本章对精密机械伺服系统进行介绍,给出精密机械伺服系统的设计要求及性能指标,着重讨论精密机械伺服系统的设计方法。

5.1　机械伺服系统的组成与性能

5.1.1　机械伺服系统的组成及其特征

　　机械伺服系统是使物体的位置、方位、状态等输出被控量能够跟随输入目标(或给定位置)变化的自动控制系统,又称为随动系统。在很多情况下,伺服系统专指被控量(系统的输出量)是机械位移或位移速度、加速度的反馈控制系统,其作用是使输出的机械位移(或转角)准确地跟踪输入位移(或转角)。

　　伺服系统的种类很多,组成和工作状况多种多样,分类如图 5-1 所示。

　　简单的机械伺服系统可以用如图 5-2 所示的方框图表示,主要由被控对象、检测装置、功率放大装置、执行机构、信号转换电路、补偿装置、电源装置、保护装置、控制设备和其他辅助设备等组成。检测装置用来检测输入信号和系统的输出;信号转换电路实现交/直流的变换、压频变换和脉宽调制等;功率放大装置完成控制信号到驱动信号的放大功能,驱动执行机构;执行机构主要是指完成运动功能的机械装置,如电动机、液压马达、丝杠、导轨、减速箱等;补偿装置完成误差信号的综合,形成控制补偿信号,完成调节功能。

　　按照组成元件的性质,机械伺服系统分为电气伺服系统、液压伺服系统、电气-液压伺服系统和电气-气动伺服系统。电气伺服系统的全部元器件均由电气元件组成;液压伺服系统则由液压元件组成,两者相结合就组成了电气-液压伺服系统或者电气-气动伺服系统。

　　开环伺服系统的结构简单,调试容易,成本低廉,常用于中等以下精度的精密机电系统。如图 5-3 所示为采用步进电动机的开环伺服系统。步进电动机每接收一个指令脉冲,电动机轴就转动相应的角度,驱动工作台移动。工作台移动的位移与指令脉冲的数量成正比;工作台的移动速度与指令脉冲的频率成正比。开环系统的精度完全依赖于步进电动机的步距精度和机械系统的传动精度。

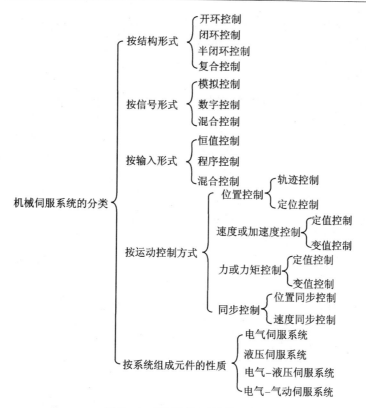

图 5-1　机械伺服系统的分类

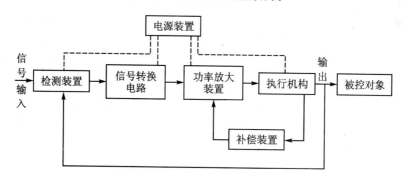

图 5-2　机械伺服系统的组成

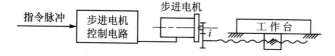

图 5-3　步进电动机开环伺服系统

在开环系统的输出端和输入端之间加入反馈测量电路(环节)就构成闭环伺服系统。典型的闭环伺服系统如图 5-4 中的实线部分所示。

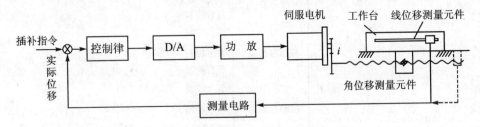

图 5-4 典型的闭环伺服系统

闭环伺服系统在工作台上装有位置检测装置,可以随时测量工作台的实际位移,进而将测量值反馈到比较器中,与指令信号之间进行比较,用比较后的差值进行控制。它能够校正传动链内部由于电器、刚度、间隙、惯性、摩擦、传动、装配和制造精度等造成的各种误差,提高系统的运动精度。

闭环伺服控制系统的优点是控制精度高,抗干扰能力强;缺点是靠偏差进行控制,在整个过程中始终存在着偏差。由于元件存在着惯性(如负载的惯性),若参数配置不当,很容易引起振荡,使系统不稳定,甚至无法正常工作。

半闭环伺服系统与闭环伺服系统的区别在于检测装置不是安放在工作台上,而是装在滚珠丝杠或电动机轴的端部,如图 5-4 中的虚线部分所示。半闭环伺服系统比闭环伺服系统的环路短,容易达到稳定控制。半闭环伺服系统的精度介于闭环伺服系统与开环伺服系统之间,用于精度要求不太高的场合。

伺服系统不包括单纯的开环控制和闭环控制,一般分为按误差控制的系统、按误差和扰动复合控制的系统两种。

(1) 按误差控制的系统

如图 5-5(a)所示,按误差控制的系统由前向通道传递函数 $G(s)$ 和负反馈通道传递函数 $F(s)$ 构成,亦称闭环控制系统。系统的开环传递函数 $W(s)$ 和闭环传递函数 $\phi(s)$ 分别为

$$W(s) = G(s)F(s) \tag{5-1}$$

和

$$\phi(s) = \frac{G(s)}{1 + G(s)F(s)} \tag{5-2}$$

式中 s——复变量。

将系统的输出速度 V_c(或角速度 Ω_c)转变成电压信号 U_f,反馈到系统的输入端,用输入信号 U_r 与 U_f 之差 ΔU

$$\Delta U = U_r - U_f \tag{5-3}$$

来控制系统,即构成速度伺服系统。

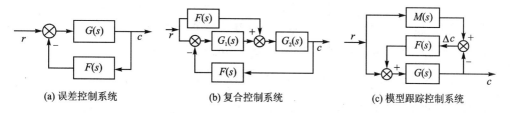

(a) 误差控制系统　　　(b) 复合控制系统　　　(c) 模型跟踪控制系统

图 5 - 5　伺服系统的基本控制方式

系统主反馈通道的传递函数 $F(s)$ 通常是一个常系数, 即

$$F(s) = f \tag{5-4}$$

根据系统的线路和工作特点, 有单向调速系统、可逆(即双向)调速系统和稳速系统之分。

将系统的输出转角 φ_c(或位移 L_c)反馈到系统主通道的输入端, 用输入角 φ_r(或位移 L_r)与输出转角 φ_c(或位移 L_c)之差 e

$$e = \varphi_r - \varphi_c \tag{5-5}$$

来控制系统, 即构成位置伺服系统(随动系统)。

主反馈通道的传递函数通常为

$$F(s) = 1 \tag{5-6}$$

即所谓单位反馈。位置伺服系统通常都是可逆运转的, 它的开环传递函数与闭环传递函数之间有如下简单的关系:

$$\phi(s) = \frac{W(s)}{1 + W(s)} \tag{5-7}$$

(2) 按误差和扰动复合控制的系统

如图 5 - 5(b)所示, 这种控制系统的历史最长, 应用也最广。系统的动态响应品质和稳态精度之间的矛盾是这类系统需要解决的问题。采用负反馈与前馈相结合的控制方式, 亦称开环-闭环控制系统, 它的传递函数为

$$\phi(s) = \frac{[B(s) + G_1(s)]G_2(s)}{1 + G_1(s)G_2(s)F(s)} \tag{5-8}$$

式中　$G_1(s)$ 和 $G_2(s)$——前向通道的传递函数;

　　　$B(s)$——前馈通道的传递函数。

无论是速度伺服系统还是位置伺服系统, 都可以采用复合控制的形式。它的最大优点是引入的前馈 $B(s)$ 能够有效地提高系统的精度和快速响应, 而不影响系统闭环部分的稳定性, 有效地解决了按误差方式控制系统的动态响应品质和系统稳态精度之间的矛盾。

图 5 - 5(c)是模型跟踪控制系统, 可以看成由复合控制演变而成, 故仍属于同一类。

模型跟踪控制系统除了具有前向主控制通道外, 还有一条与它并行的模型通道传递函数 $M(s)$, 通常用电子线路(或用计算机软件)来实现, 将两种输出的差 Δc

$$\Delta c = c_{\mathrm{m}} - c \qquad (5-9)$$

作为主反馈信号,通过 $F(s)$ 反馈到主通道的输入端。为了使系统的实际输出 c 跟随模型的输出 c_{m},与复合控制系统类似,模型跟踪控制系统的传递函数可表示为

$$\phi(s) = \frac{[1 + M(s)F(s)]G(s)}{1 + G(s)F(s)} \qquad (5-10)$$

适当地选取模型通道的传递函数 $M(s)$ 和反馈通道的传递函数 $F(s)$,可以使系统获得较高的精度和良好的动态品质。

模型跟踪控制用于速度伺服系统比较方便,在位置伺服系统中只将其用于速度环的控制。

严格地说,伺服系统都是非线性的。但不少系统可以建立近似的线性数学模型,用线性控制理论进行分析与设计,这是控制系统设计的基本内容。

5.1.2 精密机械伺服系统的设计要求及性能指标

应用领域不同,对控制系统的设计要求也不同。从控制工程的角度考虑,有一些共同的要求,归结为稳定性、精确度、快速性、安全性等。这些性能要求主要以动态或静态性能指标体现。

1. 设计要求

(1) 稳定性

稳定性是保护控制系统正常工作的先决条件。稳定性是指当作用在系统上的扰动信号消失之后,系统能够恢复到原来的稳定运行状态;或者在输入指令信号的作用下,能够达到新的稳定运行状态。伺服系统在其工作范围内必须是稳定的,稳定性主要取决于系统的结构及组成元件的参数。

(2) 精确度

控制系统的精确度即控制系统的精度,是现代精密仪器设计的主要目标参数,一般以稳态误差来衡量。稳态误差是指以一定规律变化的输入信号作用于系统后,当调整过程结束而趋于稳定时,输出量的实际值与期望值之间的误差。

系统中所有元件的误差都会影响到系统的精度,如传感器的灵敏度和精度、伺服放大器的零点漂移和死区误差、机械装置中的反向间隙和传动误差、各元器件的非线性误差等,反映在伺服系统中就表现为动态误差、稳态误差和静态误差三种。伺服系统应该在比较经济的条件下达到给定的精度。

(3) 快速性

快速性反映现代精密仪器在满足一定测量精度要求情况下的测量速度。快速性取决于系统的阻尼比和固有频率,由上升时间和调整时间描述。减小阻尼比或增加固有频率可以提高响应的快速性,但对系统的稳定性和最大超调量有不利的影响。

(4) 安全性

由于技术上的原因,安全控制的问题尚未很好地解决。国内外发生过多次安全事故,造成的损失巨大。因此,我国对于控制系统的故障诊断与安全十分重视,成立了专业委员会负责该学科的组织与发展工作。

根据受控对象的具体情况,各种系统对稳定性、精确度、快速性及安全性的要求各有侧重。例如调速系统对稳定性的要求较为严格;随动系统则对快速性提出了较高的要求。即使对于同一个系统,稳、准、快也是相互制约的。提高快速性可能会引起强烈的振荡;改善稳定性,则控制过程又可能过于迟缓,甚至精度也会变差。

2. 性能指标

性能指标反映仪器在工作时表现出的实际性能的好坏。仪器的工作过程从时间上可以分为过渡过程和稳态过程两部分。

(1) 过渡过程及其动态性能

过渡过程是指从开始有输入信号到系统输出量达到稳定之前的响应过程,也叫动态过程。根据系统结构和参数的选择情况,过渡过程表现为衰减、发散或等幅振荡的形式。显然,一个可以运行的控制系统,其过渡过程必须是衰减的,也即必须是稳定的。除了提供有关的系统稳定信息外,过渡过程还可提供输出量在各个瞬时偏离输入量的程度以及有关时间间隔的信息,这些信息反映了系统的动态性能。

在阶跃函数的作用下,反映控制系统动态性能的时域指标有延迟时间、上升时间、峰值时间、调节时间、超调量和振荡次数。其中上升时间、峰值时间和调节时间表示过渡过程进行的快慢,是快速性的指标;超调量和振荡次数则反映过渡过程振荡的激烈程度,是振荡性能的指标。

除了上述控制系统的时域指标外,还可以用频域指标来表征控制系统的动态性能。在控制系统中最重要的频域指标是带宽,带宽表示系统响应的快慢。带宽越宽,则系统阶跃响应的上升速度越快;带宽还反映系统对噪声的滤波能力。由于一般噪声的频率都较高,故带宽越宽,则系统对噪声的滤波能力越差。

(2) 稳态过程及其稳态性能

控制系统在单位阶跃函数的作用下,经历过渡过程之后,随着时间趋向于无穷大的响应过程称为稳态过程。稳态过程表征系统输出量最终复现输入量的程度。当时间趋于无穷大时,如果系统的输出量不等于输入量或输入量的确定函数,则认为系统存在稳态误差。稳态误差不仅反映了控制系统稳态性能的优劣,而且还是表征控制系统精度的重要技术指标。

5.1.3　伺服系统设计的一般步骤

控制系统的设计任务是根据控制对象的特性、技术要求及工作环境,有选择地设计元部件及信号转换处理装置,组成相应形式的控制系统,完成给定的控制任务。一般按如图 5-6 所示的步骤进行控制系统的设计。

伺服系统的设计问题实际上是一个从理论到实践,再从实践到理论的多次反复过程。

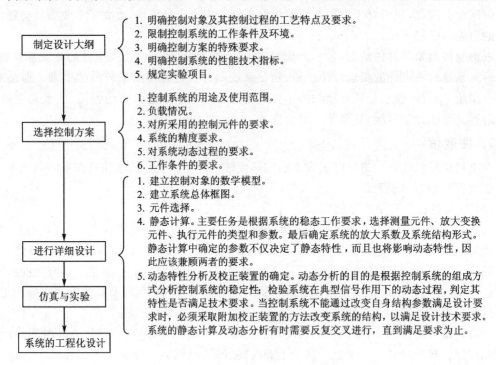

图 5-6 伺服系统的设计步骤

5.2 伺服系统的执行元件

5.2.1 执行元件的分类及其特点

执行元件是能量变换元件,目的是控制机械执行机构的运动。机电一体化伺服系统要求执行元件具有转动惯量小、输出动力大、便于控制、可靠性高和安装维护简便等特点。根据使用能量的不同,可以将执行元件分为电磁式、液压式和气动式等,如图 5-7 所示。

① 电磁式执行元件是先将电能转化成电磁力,通过电磁力驱动执行机构的运动,如驱动交流电动机、直流电动机、力矩电动机、步进电动机等。控制用电动机的性能除了要求稳速运转之外,还要求具有加速、减速和伺服性能,以及频繁使用时的适应性和可维护性。

这种执行元件的优点是操作简便、控制方便、能实现定位伺服,响应快、体积小、动力较大和无污染等;缺点是过载能力差、容易烧毁线圈和容易受噪声干扰。

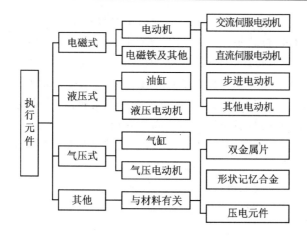

图 5 - 7　执行元件的种类

② 液压式执行元件是先将电能变化成液体的压力,通过电磁阀控制压力油的流向,使液压执行元件驱动执行机构产生运动。液压式执行元件有直线式油缸、回转式油缸和液压电动机等。

执行元件的优点是输出功率大、速度快、动作平稳、可实现定位伺服、响应特性好和过载能力强;缺点是体积庞大、对介质的要求高、容易泄漏和污染环境。

③ 气压式执行元件与液压式执行元件的原理相同,只是介质由液体改为气体。

这种执行元件的优点是介质的来源方便、成本低、速度快、无环境污染;但功率较小、动作不平稳、有噪声、难以伺服。

在闭环或半闭环控制伺服系统中,主要采用直流伺服电动机、交流伺服电动机或伺服阀控制的液压伺服电动机作为执行元件。液压伺服电动机主要用在负载较大的大型伺服系统中,在中、小型伺服系统中多采用直流或交流伺服电动机。由于直流伺服电动机具有优良的静、动态特性,并且易于控制,因此在 20 世纪 90 年代以前一直是闭环系统中执行元件的主流。近年来随着交流伺服技术的发展,交流伺服电动机可以获得与直流伺服电动机相近的优良性能。交流伺服电动机无电刷磨损问题、维修方便,随着价格的逐年降低,正在得到越来越广泛的应用,目前已形成了与直流伺服电动机共同竞争的局面。在闭环伺服系统设计时,应根据掌握技术的程度及市场供应、价格情况等,适当选取合适的执行元件。

5.2.2　直流伺服电动机

直流伺服电动机具有良好的调速特性、较大的启动转矩和相对功率、易于控制及响应快等优点。尽管其结构复杂、成本较高,但在机电一体化控制系统中仍然具有广泛的应用。

1. 直流伺服电动机的分类

直流伺服电动机按励磁方式可分为电磁式和永磁式两种。

电磁式磁场由励磁绕组产生,永磁式磁场则由永磁体产生。电磁式直流伺服电动机是一种普遍使用的伺服电动机,特别是大功率(100 kW 以上)电动机。永磁式伺服电动机具有体积小、转矩大、力矩和电流成正比、伺服性能好、响应快、功率体积比大、功率重量比大、稳定性好等优点,由于功率的限制主要应用在办公自动化、家用电器、仪器仪表等领域。

直流伺服电动机按电枢的结构与形状又可分为平滑电枢型、空心电枢型和有槽电枢型等。平滑电枢型的电枢无槽,它的绕组用环氧树脂固粘在电枢的铁芯上,转子的形状细长,转动惯量小。空心电枢型的电枢无铁芯,常做成杯形,转子的转动惯量最小。有槽电枢型的电枢与普通直流电动机的电枢相同,转子的转动惯量较大。

直流伺服电动机还可按转子转动惯量的大小分成大惯量、中惯量和小惯量三种。大惯量直流伺服电动机(直流力矩伺服电动机)的负载能力强,易于与机械系统匹配;小惯量直流伺服电动机的加减速能力强、响应速度快、动态特性好。

2. 直流伺服电动机的基本结构及工作原理

如图 5-8 所示,直流伺服电动机主要由磁极、电枢、电刷及换向片等组成。其中磁极固定不动,又称定子,定子的磁极用于产生磁场。在永磁式直流伺服电动机中,磁极采用永磁材料制成,充磁后可产生恒定磁场。在他励式直流伺服电动机中,磁极由冲压硅钢片叠成,外绕线圈,靠外加励磁电流产生磁场。电枢是直流伺服电动机中的转动部分,又称转子,由硅钢片叠成,表面嵌有线圈,通过电刷和换向片与外加电枢的电源相连。

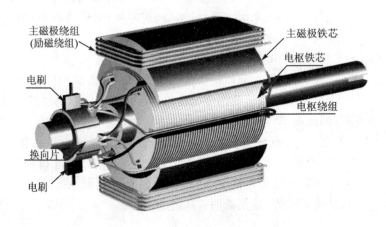

图 5-8 直流伺服电动机的基本结构

直流伺服电动机是在定子磁场的作用下,使通有直流电的电枢(转子)受到电磁转矩的驱使,带动负载旋转。通过控制电枢绕组中电流的方向和大小,控制直流伺服电动机的旋转方向和速度。当电枢绕组中的电流为零时,伺服电动机静止不动。

直流伺服电动机的控制方式主要有两种。一种是电枢电压控制,在定子磁场不变的情况下,通过控制施加在电枢绕组两端的电压信号,控制电动机的转速和输出转矩;另一种是励磁磁场控制,通过改变励磁电流的大小来改变定子的磁场强度,控制电动机的转速和输出转矩。

当采用电枢电压控制的方式时,由于定子的磁场保持不变,电枢电流可以达到额定值,相应的输出转矩也可以达到额定值,通常称为恒转矩调速方式。采用励磁磁场控制的方式时,电动机在额定运行条件下的磁场接近饱和,只能通过减弱磁场的方法来改变电动机的转速。电枢的电流不允许超过额定值,随着磁场的减弱,电动机的转速增加;但输出转矩下降,输出功率保持不变,通常称为恒功率调速方式。

3. 直流伺服电动机的特性分析

直流伺服电动机采用电枢电压控制时的等效电路如图 5-9 所示。

当电动机处于稳态运行时,回路中的电流 I_a 保持不变,则电枢回路中的电压平衡方程式为

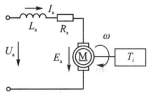

$$E_a = U_a - I_a R_a \qquad (5-11)$$

图 5-9　电枢控制等效电路

式中　E_a ——电枢反电动势;

　　　U_a ——电枢电压;

　　　I_a ——电枢电流;

　　　R_a ——电枢电阻。

当转子在磁场中以角速度 ω 切割磁力线时,电枢的反电动势 E_a 与角速度 ω 之间存在如下关系:

$$E_a = C_e \Phi \omega \qquad (5-12)$$

式中　C_e ——电动势常数,仅与电动机结构有关;

　　　Φ ——定子磁场中每极气隙的磁通量。

由式(5-11)和式(5-12)得

$$U_a - I_a R_a = C_e \Phi \omega \qquad (5-13)$$

电枢电流切割磁场磁力线所产生的电磁转矩 T_m 可表示为 $T_m = C_m \Phi I_a$,于是

$$I_a = \frac{T_m}{C_m \Phi} \qquad (5-14)$$

式中　C_m ——转矩常数,仅与电动机的结构有关。

将式(5-14)代入式(5-13)并进行整理,得到直流伺服电动机运行特性的一般表达式为

$$\omega = \frac{U_a}{C_e \Phi} - \frac{R_a}{C_e C_m \Phi^2} T_m \qquad (5-15)$$

由此可以分别得出空载(当 $T_m = 0$ 时,转子的惯量可以忽略不计)和电动机启动($\omega = 0$)时的电动机特性。

① 当 $T_m = 0$ 时,则

$$\omega = \frac{U_a}{C_e \Phi} \qquad (5-16)$$

式中　ω——理想空载角速度,与电枢的电压成正比。

② 当 $\omega = 0$ 时,则

$$T_m = T_d = \frac{C_m \Phi}{R_a} U_a \qquad (5-17)$$

式中　T_d——启动瞬时转矩,也与电枢的电压成正比。

如果把角速度 ω 看作是电磁转矩 T_m 的函数,即 $\omega = f(T_m)$,则得到直流伺服电动机的机械特性表达式为

$$\omega = \omega_0 - \frac{R_a}{C_e C_m \Phi^2} T_m \qquad (5-18)$$

式中　ω_0——常数,且 $\omega_0 = \dfrac{U_a}{C_e \Phi}$。

如果把角速度 ω 看作电枢电压 U_a 的函数,即 $\omega = f(U_a)$,则得到直流伺服电动机的调节特性表达式为

$$\omega = \frac{U_a}{C_e \Phi} - k T_m \qquad (5-19)$$

式中　k——常数,且 $k = \dfrac{R_a}{C_e C_m \Phi^2}$。

给定不同的 U_a 值和 T_m 值,根据式(5-18)和式(5-19)分别绘出直流伺服电动机的机械特性曲线和调节特性曲线,分别如图 5-10 和图 5-11 所示。

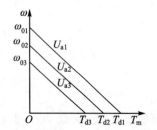

图 5-10　直流伺服电动机机械特性曲线　　图 5-11　直流伺服电动机调节特性曲线

由图 5-10 和图 5-11 可见,直流伺服电动机的机械特性是一组斜率相同的直线簇,且每条机械特性和一种电枢的电压相对应,与 ω 轴的交点是该电枢电压下的理想空载角速度,与 T_m 轴的交点则是该电枢电压下的启动转矩。

由图 5-11 可见,直流伺服电动机的调节特性也是一组斜率相同的直线簇,且每条调节特性和一种电磁的转矩相对应,与 U_a 轴的交点则是启动时的电枢电压。

另外,还可以看出调节特性的斜率为正,说明在一定的负载作用下,电动机的转速随着电枢电压的增加而增加;机械特性的斜率为负,则说明在电枢电压不变时,电动机转速随负载转矩增加而降低。

4. 影响直流伺服电动机特性的因素

对直流伺服电动机特性的分析是在理想条件下进行的,实际上电动机的驱动电路、电动机内部的摩擦及负载的变动等因素都对直流伺服电动机的特性有着不容忽视的影响。

(1) 驱动电路对机械特性的影响

直流伺服电动机是由驱动电路供电的,假设驱动电路的内阻为 R_i,加在电枢绕组两端的控制电压为 U_c,可画出如图 5-12 所示的电枢等效回路。

在这个电枢等效回路中,电压的平衡方程为

$$E_a = U_c - I_a(R_a + R_i) \tag{5-20}$$

在考虑了驱动电路的影响之后,直流伺服电动机的机械特性表达式变成

$$\omega = \omega_0 - \frac{R_a + R_i}{C_e C_m \Phi^2} T_m \tag{5-21}$$

将式(5-21)与式(5-18)进行比较可以发现,驱动电路内阻 R_i 的存在使机械特性曲线变陡了。图 5-13 给出了驱动电路内阻影响下的机械特性图。

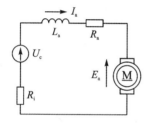

图 5-12　含驱动电路的电枢等效回路

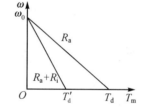

图 5-13　驱动电路内阻对机械特性的影响

如果直流伺服电动机的机械特性较平缓,则当负载转矩变化时相应的转速变化较小,称直流伺服电动机的机械特性较硬;反之,如果机械特性较陡,则当负载转矩变化时相应的转速变化就较大,称其机械特性较软。机械特性越硬,电动机的负载能力越强;机械特性越软,负载能力越弱。对直流伺服电动机应用来说,机械特性越硬越好。由图 5-13 可见,由于功放电路内阻的存在,使电动机的机械特性变软了,这种影响是不利的。在设计直流伺服电动机功放电路时,应当设法减小它的内阻。

(2) 直流伺服电动机的内部摩擦对调节特性的影响

由图 5-11 可见,当直流伺服电动机在理想空载(即 $T_{ml} = 0$)时,其调节特性曲线是从原点开始的。实际上直流伺服电动机内部存在着摩擦,如转子与轴承之间的摩擦等,直流伺服电动机在启动时需要克服一定的摩擦转矩,因此启动时电枢的电压不可能为零。这个不为零的电压称为启动电压,用 U_0 表示。如图 5-14 所示,电动机的摩擦转矩越大,所需要的启动电压就越高。通常把从零到启动电压这一电压范围称为死区。当电压值处于该区之内时,不能使直流伺服电动机转动。

(3) 负载变化对调节特性的影响

由式(5-15)可知,在负载转矩不变的条件下,直流
伺服电动机角速度与电枢电压之间呈线性关系。在实
际的伺服系统中,经常会遇到负载随转速变动的情况,
如粘性摩擦阻力随着转速的增加而增加;数控机床切削
加工过程中的切削力,也是随着进给速度的变化而变化
的。负载的变动将导致调节特性的非线性。由于负载
变动的影响,当电枢的电压增加时,直流伺服电动机的

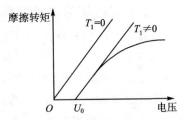

图 5-14　摩擦及负载变动对
调节特性的影响

角速度及负载变动对调节特性的影响变化率越来越小,在变负载控制时要格外注意。

5.2.3 步进电动机

步进电动机又称电脉冲电动机,它是通过脉冲数量决定转角位移的一种伺服电动机。步
进电动机的成本较低,易于采用计算机进行控制,广泛地应用于开环控制伺服系统中。步进电
动机比直流电动机或交流电动机组成的开环控制系统精度高,适用于精度要求不太高的机电
一体化伺服传动系统。在一般的数控机械和普通机床的微机改造中,大多采用开环步进电动
机的控制系统。

1. 步进电动机的结构与工作原理

按工作原理将步进电动机分为磁电式和反应式两大类,这里只介绍常用的反应式步进电
动机的工作原理。

三相反应式步进电动机的工作原理如图 5-15 所示。在步进电动机的定子上有 6 个齿,
分别缠有 W_A、W_B、W_C 三相绕组,构成三对磁极;转子上则均匀地分布着 4 个齿。步进电动机
采用直流电源供电,当 W_A、W_B、W_C 三相绕组轮流通电时,通过电磁力吸引步进电动机的转子
一步一步地旋转。

首先假设 U 相绕组通电,则转子的上、下两齿被磁吸住,转子就停留在 U 相通电的位置
上;然后 U 相断电,V 相通电,则磁极 U 的磁场消失,磁极 V 产生磁场,把离它最近的另外两
个齿吸引过去,停止在 V 相通电的位置上,转子逆时针转过 30°;随后 V 相断电,W 相通电,转
子逆时针转过 30°,停止在 W 相通电的位置上;若 U 相再通电,W 相断电,那么转子再逆时针
转 30°。定子各相轮流通电一次,转子就转过一个齿。

步进电动机的绕组按 U→V→W→U→V→W→U→… 的顺序依次轮流通电,转子就一步
一步地按逆时针的方向旋转;反之,如果步进电动机按倒序依次通电,即 U→W→V→U→W→
V→U→…,则步进电动机将按顺时针的方向旋转。

步进电动机的绕组每次通断电使转子转过的角度称为步距角。上面分析中步进电动机的
步距角为 30°。

对于一个真实的步进电动机,为了减小每通电一次的转角,在转子和定子上各开有很多定

分的小齿。其中定子三相绕组的铁芯之间有一定角度的齿差,当 U 相定子的小齿与转子的小齿对正时,V 相和 W 相定子上的齿处于错开状态,如图 5 - 16 所示。它的工作原理与上述相同,只是步距角是小齿距夹角的 1/3。

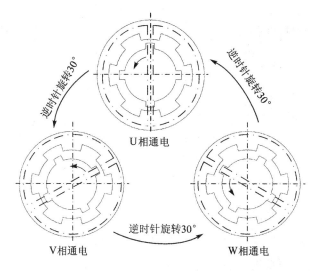

図 5 - 15　步进电动机的工作原理　　　　　图 5 - 16　三相反应式步进电动机

2. 步进电动机的通电方式

如果将步进电动机绕组的每一次通、断电操作称为一拍,每拍中只有一相绕组通电,其余断电,则称为单相通电方式。三相步进电动机的单相通电方式称为三相单三拍通电方式,如 A→B→C→A→⋯。

如果步进电动机通电循环的每拍中都有两相绕组通电,则称为双相通电方式。三相步进电动机采用双相通电的方式(如:AB→BC→CA→AB→⋯),称为三相双三拍通电方式。

如果在步进电动机通电循环的各拍中交替出现单、双相通电的状态,则称为单双相轮流通电方式。这时每个通电循环中共有六拍,又称为三相六拍通电方式,即 A→AB→B→BC→C→CA→A→⋯。

在一般情况下,m 相步进电动机可以采用单相通电、双相通电或单双相轮流通电的方式工作,分别称为 m 相单 m 拍、m 相双 m 拍或 m 相 $2m$ 拍的通电方式。

当采用单相通电的方式工作时,步进电动机的矩频特性(输出转矩与输入脉冲频率之间的关系)较差。在通电换相的过程中,转子的状态不稳定,容易失步,在实际应用中较少采用。采用单双相轮流通电的方式,可使步进电动机在各种工作频率下都具有较大的负载能力。

通电方式不仅影响步进电动机的矩频特性,对步距角也有影响。对于一个 m 相步进电动机,如果转子上有 z 个小齿,则步距角可通过下式进行计算:

$$\alpha = \frac{360°}{kmz} \qquad (5-22)$$

式中,k 为通电方式系数。当采用单相或双相通电方式时,$k=1$;当采用单双相轮流通电方式时,$k=2$。

采用单双相轮流通电方式可使步距角减小一半。步进电动机的步距角决定了系统的最小位移,步距角越小,位移的控制精度越高。

3. 步进电动机的使用特性

(1) 步距误差

步距误差直接影响执行部件的定位精度。步进电动机在单相通电时,步距误差取决于定子和转子的分齿精度和各相定子错位角度的精度;步进电动机在多相通电时,步距角不仅与加工装配的精度有关,还与各相电流的大小、磁路性能等多种因素有关。国产步进电动机的步距误差一般为 $\pm 10'\sim\pm 15'$;大功率步进电动机的步距误差一般为 $\pm 20'\sim\pm 25'$;精度较高的步进电动机的步距误差为 $\pm 2'\sim\pm 5'$。

(2) 最大静转矩

最大静转矩指步进电动机在某相始终通电而处于静止不动的状态下所能承受的最大外加转矩,亦即所能输出的最大电磁转矩。它反映步进电动机的制动能力和低速步进运行的负载能力。

(3) 启动矩频特性

步进电动机在空载时由静止突然启动,并且不失步地进入稳速运行所允许的最高频率称为最高启动频率。启动频率与负载的转矩有关。图 5-17 给出了 90BF002 型步进电动机的启动矩频特性曲线,可见负载的转矩越大,所允许的最大启动频率越小。在选用步进电动机时,应使实际应用的启动频率与负载转矩所对应的启动工作点位于该曲线之下,以保证步进电动机不失步地正常启动。当伺服系统要求步进电动机的运行频率高于最大允许启动频率时,可先按较低的频率启动,然后再按照一定的规律逐渐加速到运行频率。当伺服系统要求步进电动机的运行频率高于最大允许启动频率时,可先按较低的频率启动,然后再按一定规律逐渐加速到运行频率。

(4) 运行矩频特性

步进电动机在连续运行时所能承受的最高频率称为最高工作频率,它与步距角共同决定执行部件的最大运行速度。最高工作频率不仅取决于负载的转动惯量,还与定子的相数、通电方式、控制电路的功率驱动器等有关。在选用步进电动机时,要使实际应用中的运行频率与负载转矩所对应的运行工作点位于运行矩频特性之下,以保证步进电动机不失步地正常运行。图 5-18 是 90BF002 型步进电动机的运行矩频特性曲线。可见,步进电动机的输出转矩随着运行频率的增加而减小,高速时其负载能力变差,这一特性是步进电动机应用范围受到限制的主要原因之一。

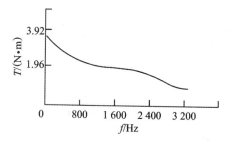

图 5 - 17　步进电动机启动矩频特性

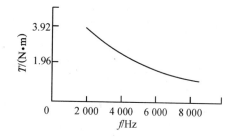

图 5 - 18　步进电动机运行矩频特性

(5) 最大相电压和最大相电流

最大相电压和最大相电流分别指步进电动机每相绕组所允许施加的最大电源电压和流过的最大电流。如果实际应用的相电压或相电流大于允许值,则可能导致步进电动机的绕组击穿或因过热而烧毁;如果相电压或相电流比允许值小得太多,则步进电动机的性能不能充分地发挥出来。在设计或选择步进电动机的驱动电源时,应同时考虑这两个参数。

4. 步进电动机的控制与驱动

步进电动机的电枢通、断电次数和各相通电顺序,决定了输出角位移和运动方向,控制脉冲分配频率实现步进电动机的速度控制。步进电动机控制系统一般采用开环控制的方式。图 5 - 19 为开环步进电动机的控制系统框图,主要由环形分配器、功率驱动器、步进电动机等组成。

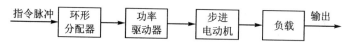

图 5 - 19　开环步进电动机的控制系统

(1) 环形分配

步进电动机在一个脉冲的作用下转过相应的步距角,只要控制一定的脉冲数,即可精确地控制步进电动机转过的角度。步进电动机的各绕组必须按一定的通电顺序才能正常工作。使电动机绕组的通、断电顺序按输入脉冲的控制而循环变化的过程,称为环形脉冲分配。

实现环形分配的方法有两种。一种是计算机软件分配,采用查表或计算的方法,使计算机的三个输出引脚依次输出满足速度和方向要求的环形分配脉冲信号。这种方法能够充分地利用计算机的软件资源,减少硬件成本,尤其对于多相电动机的脉冲分配更显示出其优点。软件运行占用计算机的运行时间,使插补运算的总时间增加,因此影响步进电动机的运行速度。另一种是硬件环形分配,采用数字电路或专用的环形分配器件,将连续的脉冲信号经处理电路后输出环形脉冲。采用数字电路搭建的环形分配器通常由分立元件(如触发器、逻辑门等)构成,优点是使用方便、接口简单;缺点是体积大、成本高、可靠性差。专用的环形分配器有很多种,如 CMOS 电路 CH250 就是三相步进电动机的专用环形分配器。

（2）功率驱动

要使步进电动机输出足够的转矩驱动负载工作，必须为步进电动机提供足够功率的控制信号，实现这一功能的电路称为步进电动机驱动电路。驱动电路实际上是一个功率开关电路，功能是将环形分配器的输出信号进行功率放大，得到步进电动机控制绕组所需的脉冲电流和脉冲波形。步进电动机的工作特性在很大程度上取决于功率驱动器的性能。对每一相绕组来说，理想的功率驱动器应使通过绕组的电流脉冲尽量接近矩形波。由于步进电动机的绕组有很大的电感，要做到这一点比较困难。

常见的步进电动机驱动电路有三种。

1）单电源驱动电路

单电源驱动电路采用单一电源供电，结构简单，成本低廉；但电流的波形差，效率低，输出力矩小，主要用于对速度要求不高的小型步进电动机驱动。

2）双电源驱动电路

双电源驱动电路又称高低压驱动电路，采用高压和低压两个电源供电。当步进电动机的绕组刚接通时，通过高压电源供电加快电流上升的速度，延迟一段时间后切换到低压电源供电。这种电路的电流波形、输出转矩及运行频率等都有较大的改善。

3）斩波限流驱动电路

斩波限流驱动电路采用单一高压电源供电，以加快电流上升的速度，并通过对绕组电流的检测控制功放管的开、关，使电流在控制脉冲持续期间始终保持在规定值的上下。这种电路的输出力矩大，功耗低，效率高，应用最广。

5.2.4 交流伺服电动机

在 20 世纪后期，随着电力电子技术的发展，交流电动机在伺服控制中的应用越来越普遍。与直流伺服电动机比较，交流伺服电动机不需要电刷和换向器，维护方便，对环境无要求；交流电动机还具有转动惯量、体积和重量较小，结构简单、价格便宜等优点；尤其是随着交流电动机调速技术的快速发展，它的应用范围更加广泛。交流电动机的缺点是转矩特性和调节特性的线性不如直流伺服电动机好，效率比直流伺服电动机低。除了某些操作特别频繁或发热以及启、制动特性不能满足要求而必须选择直流伺服电动机外，一般应尽量考虑选择交流伺服电动机。

用于伺服控制的交流电动机主要有同步型交流电动机和异步型交流电动机两种。采用同步型交流电动机的伺服系统，多用于机床的进给传动控制、工业机带入关节传动和其他需要运动和位置控制的场合。异步型交流电动机的伺服系统多用于机床主轴和其他调速系统。

1. 异步型交流电动机

三相异步电动机定子中的三个绕组在空间方位上互差 120°，三相交流电源的相与相之间的电压在相位上也相差 120°。当在定子绕组中通入三相电流时，就产生一个旋转的磁场。

旋转磁场的转速为

$$n_1 = 60\,\frac{f_1}{P}\tag{5-23}$$

式中　f_1——定子供电频率；

　　　P——定子线圈的磁极对数；

　　　n_1——定子转速磁场的同步转速。

定子绕组产生旋转磁场后，转子的导条（鼠笼条）将切割旋转磁场的磁力线产生感应电流，电流与旋转磁场相互作用产生电磁力，电磁力产生的电磁转矩驱动转子沿旋转磁场的方向旋转。电动机的实际转速 n 一般低于旋转磁场的转速 n_1。如果 $n=n_1$，则导条与旋转磁场之间没有相对运动，不会切割磁力线，也就产生不了电磁转矩，转子的转速 n_1 必须小于 n。因此，称三相电动机为异步电动机。

旋转磁场的方向与绕组中电流的相序有关。假设三相绕组 A、B、C 中的电流相序按照顺时针的方向变化，则磁场也按顺时针的方向旋转；若把三根电源线中的任意两根对调，则磁场按逆时针的方向旋转。利用这一特性，可以方便地改变三相电动机的旋转方向。

异步电动机的转速方程为

$$n = \frac{60f_1}{P}(1-s) = n_1(1-s)\tag{5-24}$$

式中　n——电动机转速；

　　　s——转差率。

交流电动机的转速与磁极数和供电电源的频率有关。把通过改变异步电动机的供电频率 f_1 来实现调速的方法称为变频调速；把改变磁极对数 P 进行调速的方法称为变极调速。变频调速一般是无极调速；变极调速则是有极调速。改变转差率 s，也可以实现无极调速，但会降低交流电动机的机械特性，一般不采用。

2. 同步型交流电动机

同步电动机的转子旋转速度与定子绕组所产生的旋转磁场速度是一样的，因此称为同步电动机。同步电动机的定子绕组与异步电动机相同，转子做成显极式的，安装在磁极铁芯上的磁场线圈是相互串联的，接成具有交替相反的极性，并有两根引线连接到装在轴上的两只滑环上面，磁场线圈通过一只小型直流发电机或蓄电池进行激励。在大多数同步电动机中，直流发电机是装在电动机轴上的，以供应转子磁极线圈的励磁电流。

这种同步电动机不能自动启动，在转子上还装有鼠笼式绕组供电动机启动时使用。鼠笼绕组放在转子的周围，它的结构与异步电动机相似。当在定子绕组中通入三相交流电源时，电动机内就产生了一个旋转磁场，鼠笼绕组切割磁力线产生感应电流使电动机旋转。电动机旋转后的速度慢慢增高到稍低于旋转磁场的转速，转子磁场线圈由直流电激励，在转子上形成一定的磁极。这些磁极企图跟踪定子上的旋转磁极，增加了电动机转子的速率，直至与旋转磁场同步旋转为止。

同步电动机在运行时的转速与电源的供电频率有着严格不变的关系,恒等于旋转磁场的转速,即电动机与旋转磁场的转速保持同步,并由此得名。

同步交流电动机的转速为

$$n = 60\frac{f_1}{P} \qquad (5-25)$$

式中　f_1——定子供电频率;

$\quad\quad$ P——定子线圈的磁极对数;

$\quad\quad$ n——转子转速。

3. 交流伺服电动机的性能

在对异步电动机进行变频调速控制时,希望电动机的每极磁通保持额定值不变。因为若磁通太弱,则铁芯利用不够充分,在同样转子电流下的电磁转矩小,电动机的负载能力下降;若磁通太强则铁芯饱和,使励磁电流过大,严重时还会因绕组过热而损坏电动机。异步电动机的磁通是定子和转子磁动势合成产生的。下面说明怎样才能使磁通保持恒定。

由电机理论可知,三相异步电动机定子每相电动势的有效值 E_1 为

$$E_1 = 4.44 f_1 N_1 \Phi_m \qquad (5-26)$$

式中　Φ_m——每极气隙磁通;

$\quad\quad$ N_1——定子相绕组有效匝数。

可见,Φ_m 的值是由 E_1 和 f_1 共同决定的,对 E_1 和 f_1 进行适当的控制就可以使气隙磁通 Φ_m 保持额定值不变。下面分两种情况进行说明。

(1) 基频以下的恒磁通变频调速

这是基频(电动机额定频率 f)向下调速的情况。为了保持电动机的负载能力,应保持气隙的磁通 Φ_m 不变。要求在降低供电频率的同时降低感应电动势,以保持 $E_1/f_1 =$ 常数,即保持电动势与频率之比为常数进行控制,又称为恒磁通变频调速,属于恒转矩调速方式。

由于 E_1 难以直接检测与控制,当 E_1 和 f_1 的值较高时,定子的漏阻抗压降相对比较小。如果忽略不计,则可以近似地保持定子相电压 U_1 和频率 f_1 的比值为常数,即认为 $U_1 = E_1$,保持 $U_1/f_1 =$ 常数即可。这就是恒压频比控制方式,属于近似的恒磁通控制。

当频率较低时,U_1 和 E_1 都变小,定子漏阻抗压降(主要是定子电阻压降)不能忽略。这时可以适当提高定子电压,以补偿定子电阻压降的影响,使气隙磁通基本保持不变。如图 5-20 所示,曲线 a 为 U_1/E_1 等于常数时的电压-频率关系;曲线 b 为有电压补偿时($E_1/f_1 =$ 常数)近似的电压-频率关系。

(2) 基频以上的弱磁通变频调速

这是考虑由基频开始向上调速的情况。频率由额定值 f 向上增大,但电压 U 受额定电压 U_{1n} 的限制不能再升高,只能保持 $U_1 = U_{1n}$ 不变。这必然会使磁通随着 f_1 的上升而减小,属于

近似的恒功率调速方式。

将上述两种情况综合起来,异步电动机变频调速的基本控制方式如图 5 - 21 所示。

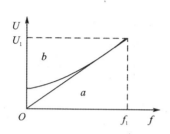

图 5 - 20   恒压频比控制特性

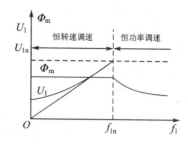

图 5 - 21   异步电动机变频调速控制特性

可见在变频调速时,一般需要同时改变电压和频率,以保持磁通基本恒定。因此,变频调速器又称为 VVVF(Variable Voltage Variable Frequency)装置。

4. 交流电动机变频调速的控制方案

根据生产的要求、变频器的特点和电动机种类的不同,有多种变频调速控制方案。这里只讨论交-直-交(AC - DC - AC)变频器的几种控制方案。

(1) 开环控制

开环控制的通用变频器三相异步电动机变频调速系统控制框图如图 5 - 22 所示。

该控制方案结构简单,可靠性高,但由于是开环控制方式,调速精度和动态响应特性不理想;尤其是在低速区域的电压调整比较困难,不能得到较大的调速范围和较高的调速精度。异步电动机存在着转差率,转速随负荷力矩的变化而变动。即使有些变频器具有转差补偿功能及转矩提升功能,目前也难以达到 0.5 % 的精度,因此这种控制方案仅适用于要求不高的设备,例如风机、水泵机械等。

(2) 无速度传感器的矢量控制

无速度传感器的矢量控制变频器异步电动机变频调速系统控制框图如图 5 - 23 所示。与图 5 - 22 相对比可见,二者的差别仅在于使用的变频器不同。这种变频器可以分别对异步电动机的磁通和转矩电流进行检测与控制,自动改变电压和频率,使指令值和检测实际值达到一致,从而实现矢量控制。它虽然是开环控制系统,但却大大提升了静态精度和动态品质。转速精度接近于 0.5 %,转速响应也较快。

VVVF—变频调速器;IM—异步电动机

图 5 - 22   开环异步电动机变频调速系统

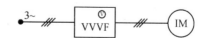

VVVF—变频调速器;IM—异步电动机

图 5 - 23   矢量控制变频器的异步电动机变频调速系统

在生产要求不太高的情形下,采用矢量变频器无传感器开环异步电动机变频调速是非常合适的,可以达到控制结构简单和可靠性高的效果。

(3) 带速度传感器的矢量控制

带速度传感器矢量控制变频器的异步电动机闭环变频调速系统如图 5 - 24 所示。

矢量控制异步电动机闭环变频调速是一种理想的控制方式。它可以从零转速起进行速度控制,在低速下亦能运行,调速的范围很广(可达 100∶1～1 000∶1),具有可对转矩进行精确控制、动态响应速度快和加速度特性好等优点。

这种变频调速的控制方式虽然好,但需要在电动机的轴上安装速度传感器,将对异步电动机的结构和可靠性产生不良影响;在某些情况下,还可能由于电动机本身或环境等原因无法安装速度传感器;增加了速度传感器的反馈电路环节,还会增加发生故障的几率。

因此,除非特殊情况,对于调速范围、转速精度和动态品质要求不是特别高的场合,往往采用无速度传感器矢量变频器开环控制的异步电动机变频调速系统。

(4) 永磁同步电动机的开环控制

永磁同步电动机开环控制的变频调速系统如图 5 - 25 所示。

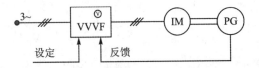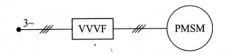

VVVF—变频调速器;IM—异步电动机;PG—速度脉冲发生器　　　VVVF—变频调速器;PMSM—永磁同步电动机

图 5 - 24　异步电动机闭环变频调速系统　　图 5 - 25　永磁同步电动机开环控制变频调速系统

如果将图 5 - 22 中的异步电动机 IM 换成永磁同步电动机 PMSM,就变成了如图 5 - 25 所示的变频调速控制系统。该系统具有控制电路简单、可靠性高的优点。由于采用的是同步电动机,它的转速始终等于同步转速;并且,转速只取决于电动机的供电频率 f_1,除非负载力矩大于或等于失步转矩,同步电动机会因失步而使转速迅速下降,在绝大多数情况下转速与负载的大小无关。它的绝对硬特性表现在其机械特性曲线为一根平行于横坐标轴的直线。

如果数字设定频率的精度为 0.01 %,在开环控制的情形下采用高精度变频器,则同步电动机的转速精度亦为 0.01 %。因为在开环控制方式时同步电动机的转速精度与变频器频率的精度相一致,所以特别适合于多电机的同步传动。

关于同步电动机变频调速系统的动态品质问题,若采用通用变频器 V/F 控制,则响应速度较慢;若采用矢量控制变频器,则响应速度很快。

5.3　电力电子变流技术

伺服电动机的驱动电路就是将控制信号转换为功率信号,并为电动机提供电能的一种控制装置,也称为变流器,包括电压、电流、频率、波形和相数的变换。变流器主要是由功率开关器件、电感、电容和保护电路等组成的。开关器件的特性决定了电路的功率、响应速度、频带宽度、可靠性和功率损耗等指标。

5.3.1 开关器件特性

传统的开关器件包括晶闸管(SCR)、电力晶体管(GTR)、可关断晶闸管(GTO)和电力场效应晶体管(MOSFET)等。近年来随着半导体制造技术和变流技术的发展,相继出现了绝缘栅极双极型晶体管(IGBT)和场控晶闸管(MCT)等新型电力电子器件。

电力电子器件的性能要求是大容量、高频率、易驱动和低损耗。评价这种器件品质因素的主要指标是容量、开关速度、驱动功率、通态压降和芯片利用率等。

目前各类主要电力电子器件的性能指标是:

① 普通晶闸管:12 kV、1 kA;4 kV、3 kA。

② 可关断晶闸管:9 kV、1 kA;4.5 kV、4.5 kA。

③ 逆导晶闸管:4.5 kV、1 kA。

④ 光触晶闸管:6 kV、2.5 kA;4 kV、5 kA。

⑤ 电力晶体管:单管 1 kV、200 A;模块 1.2 kV、800 A;1.8 kV、100 A。

⑥ 场效应管:1 kV、38 A。

⑦ 绝缘栅极双极型晶体管:1.2 kV、400 A;1.8 kV、100 A。

⑧ 静电感应晶闸管(SITH):4.5 kV、2.5 kA。

⑨ 场控晶闸管:1 kV、100 A。

其中开关器件分为晶闸管型和晶体管型,其共同特点是用正或负的信号施加在与门极(或栅极或基极)上来控制器件的开与关。一般的开关器件在相关教材中均有介绍,这里不再赘述。

下面主要介绍几种驱动功率小、开关速度快、应用广泛的新型器件。

1. 绝缘栅极双极型晶体管(IGBT)

IGBT(Insulated Gate Bipolar Transistor)是在 GTR 和 MOSFET 之间扬长避短而出现的一种新器件,实际用的是 MOSFET 驱动双极型晶体管,兼有 MOSFET 的高输入阻抗和GTR 的低导通压降两方面的优点。电力晶体管的饱和压降低、载流密度大;但驱动电流较大。MOSFET 的驱动功率很小、开关速度快;但导通压降大、载流密度小。IGBT 综合了以上两种器件的优点,驱动功率小、饱和压降低。

IGBT 的开关速度低于 MOSFET,但明显高于电力晶体管。IGBT 在关断时不需要负栅压来减少关断的时间;但关断的时间随栅极和发射极并联电阻的增加而增加。IGBT 的开启电压为 3~4 V,与 MOSFET 的开启电压相当。IGBT 在导通时的饱和压降比 MOSFET 的饱和压降低,与电力晶体管的饱和压降相接近,并且饱和压降随着栅极电压的增加而降低。

IGBT 的容量和 GTR 的容量属于一个量级,研制水平已经达到 1 000 V/800 A。但 IGBT 比 CTR 的驱动功率小、工作频率高,预计在中等功率容量范围内将逐步取代 GTR,目前已经实现了模块化,并且占领了电力晶体管的很大一部分市场。

2. 场控晶闸管(MCT)

MCT(MOS Controlled Thyristor)是 MOSFET 驱动晶闸管的复合器件,集场效应晶体管与晶闸管的优点于一身,是双极型电力晶体管和 MOSFET 的复合。MCT 把 MOSFET 的高输入阻抗、低驱动功率和晶闸管的高电压、大电流、低导通压降等特点结合起来,成为一种非常理想的器件。

一个 MCT 器件由数以万计的 MCT 元组成,每个元的组成为 PNPN 晶闸管 1 个(可等效为 PNP 和 NPN 晶体管各 1 个)、控制 MCT 导通的 MOSFET(on - FET)和控制 MCT 关断的 MOSFET(off - FET)各 1 个。

MCT 的阻断电压高、通态压降小、驱动功率低、开关速度快,其目前的容量水平仅为 1 000 V/100 A,通态压降只有 IGBT 或 GTR 的 1/3 左右,但在各种器件中硅片的单位面积连续电流密度却是最高的。MCT 还可以承受极高的开通临界电流上升率和断开临界电压上升率,使得保护电路得到简化。MCT 的开关速度超过 GTR,开关损耗也很小。因此,MCT 被认为是最有发展前途的一种电力电子器件。

3. 静电感应晶体管(SIT)

SIT(Static Induction Transistor)是一种结型电力场效应晶体管,它的电压和电流容量都比 MOSFET 大,适用于高频、大功率的场合。当栅极不加任何信号时 SIT 是导通的;当栅极加负偏压时关断。这种类型称为正常导通型,使用不太方便。另外,SIT 的通态压降大,通态损耗也大。

4. 静电感应晶闸管(SITH)

SITH(Static Induction Thyristor)是在 SIT 的漏极层上附加一层和漏极层导电类型不同的发射极层而得到的。和 SIT 相同,SITH 一般也是正常导通型,但也有正常关断型的。SITH 的许多特性与 GTO 类似,但开关速度比 GTO 高得多(GTO 的工作频率为 $1\sim2$ kHz),属于大容量的快速器件。

可关断晶闸管(GTO)目前是各种自关断器件中容量最大的,在关断时需要很大的反向驱动电流;电力晶体管(GTR)的容量为中等,工作频率一般在 10 kHz 以下,在各种自关断器件中应用最广。电力晶体管是电流控制型器件,所需的驱动功率较大;电力 MOSFET 是电压控制型器件,所需驱动功率最小,在各种自关断器件中的工作频率最高,可达 100 kHz 以上;缺点是通态压降大、容量小。

5. 开关器件的应用

变流器中开关器件的开关特性决定了控制电路的功率、响应速度、频带宽度、可靠性和功率损耗等指标。由于普通晶闸管是只具备控制接通、无自关断能力的半控型器件,在直流回路中如果要将它关断,则需增设含电抗器和电容器或辅助晶闸管的换相回路。另外,普通晶闸管的开关频率较低,对于开关频率要求较高的无源逆变器和斩波器无法胜任,必须使用开关频率较高的全控型自关断器件。例如将电力晶体管替代普通晶闸管用在变频装置的逆变器中,体积可以减小 2/3,开关频率提高 6 倍,还相应地降低了换相损耗,提高了效率。近年来不间断电源和交流变频调速装置广泛采用电力电子自关断器件。

以全控型的开关器件取代线路复杂、体积庞大、功能指标较低的普通晶闸管和换相电路,是变流技术发展的方向。由于全控型器件开关频率的提高,变流器可以采用脉宽调制(PWM)型的控制,既降低了谐波和转矩脉动,又提高了快速性,改善了功率因数。目前国外的中小容量和较大容量的变频装置大都采用由自关断器件构成的 PWM 控制电路,大功率的电动机传动以及电力机车用 PWM 逆变器的功率为兆瓦级,开关频率为 $1 \sim 20$ kHz。

在斩波器的直流-直流变换中,采用 PWM 技术亦有多年历史,其开关频率为 20 kHz~1 MHz。应用场效应晶体管及谐振的原理,采用软开关技术构成直流-直流变流器,开关损耗及电磁干扰均可显著减小,使小功率变流器的开关频率达几兆赫兹,使得滤波用的电感和电容的体积显著减小,充分显示出它的优越性。

5.3.2　变流技术

晶闸管等电力电子器件是变流技术的核心。近年来随着电力电子器件的发展,变流技术得到了突飞猛进的发展,特别是在交流调速应用方面取得了很大的进步。变流技术按功能应用,可分成下列几种变流器类型:

● 整流器——把交流电压变为固定的(或可调的)直流电压。
● 逆变器——把固定直流电压变成固定的(或可调的)交流电压。
● 斩波器——把固定的直流电压变成可调的直流电压。
● 交流调压器——把固定交流电压变成可调的交流电压。
● 周波变流器——把固定的交流电压和频率变成可调的交流电压和频率。

1. 整流器

整流过程是将交流信号转换为直流信号的过程,一般可通过二极管或开关器件组成的桥式电路来实现。如图 5-26 所示为单相交流可控硅桥式整流电路。

在图 5-26(a)中,开关器件 VT 是可控硅(或 GTR 等),具有正向触发控制导通和反向自关断功能;u_g 是控制引脚,按图 5-26(b)中的波形输入控制信号;u_b 是加载在电阻负载 R 上的整流电压波形。通过调整控制信号的相位角,可以实现对输出直流电压的调节。

如果将开关器件 VT 换成二极管,该电路就变成了不可调压的整流电路。

2. 斩波器

直流伺服电动机的调速控制是通过改变励磁电压来实现的,把固定的直流电压变成可调

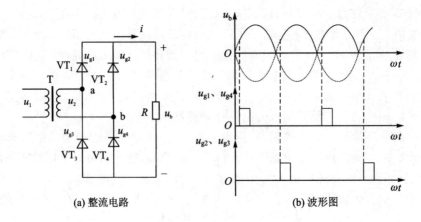

(a) 整流电路　　　　　　　　　　　(b) 波形图

图 5 - 26　单相交流可控硅桥式整流电路

的直流电压是直流伺服调速电路中不可缺少的组成部分。直流调压包括电位器调压和斩波器调压等。电位器调压是通过调节与负载串联的电位器改变负载的压降,适合于小功率电器;斩波器调压的基本原理是通过晶闸管或自关断器件的控制,将直流电压断续加到负载(电机)上,利用调节通、断时间的变化来改变负载电压的平均值。通过斩波器调压控制直流伺服电机速度的方法又称为脉宽调制 PWM(Pulse Width Modulation)直流调速,如图 5 - 27 所示。

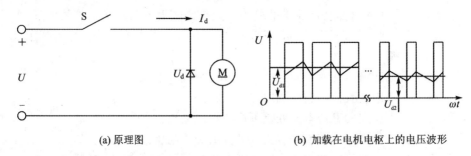

(a) 原理图　　　　　　　　(b) 加载在电机电枢上的电压波形

图 5 - 27　脉宽调制直流调速示意图

将图 5 - 27(a)中的开关 S 周期性地关、断,如果在一个周期 T 内闭合的时间为 τ,则一个外加的固定直流电压 U 就按一定频率关、断地加到电枢上,电枢上的电压波形是一列方波信号,它的高度为 U,宽度为 τ,如图 5 - 27(b)所示。电枢两端的平均电压为

$$U_d = \frac{1}{T}\int_0^T U\,\mathrm{d}t = \frac{\tau}{T}U = \rho U \tag{5-27}$$

式中　ρ ——导通率(或称占空比),$\rho = \tau/T = U_d/U, 0 < \rho < 1$。

当 T 不变时,只要改变导通时间 τ,就可以改变电枢两端的平均电压 U_d。当 τ 从 $0 \sim T$ 改变时,U_d 由零连续增大到 U。在实际的电路中,一般使用自关断器件实现上述的开关功能,例如使用 GTR、MOSFET、IGBT 等器件。图 5 - 27 中的二极管是续流二极管,当 S 断开时,由于电枢电感的存在,电动机的电枢电流可以通过它形成续流回路。

3. 逆变器

将直流电变换成交流电的电路称为逆变器。当蓄电池和太阳能电池等直流电源向交流负载供电时,就要通过逆变电路将直流电转换为交流电。逆变过程还往往应用在变频电路中。变频就是将固定频率的交流电变成另一种固定或可变频率的交流电。变频的方法通常有两种:一种是将交流电整流成直流电,再将直流电逆变成负载所需要的交流电(交-直-交);另一种是直接将交流电变换成负载所需要的交流电(交-交)。前一种直流电变交流电的过程就应用了逆变的方法。

(1) 半桥逆变电路

半桥逆变电路的原理如图 5-28(a)所示,它有两个导电臂,每个导电臂由一个可控元件和一个反并联二极管组成。在直流侧接有两个相互串联的足够大的电容,使得两个电容的连接点为直流电源的中点。

设电力晶体管 V_1 和 V_2 的基极信号在一个周期内各有半个周期的正偏和反偏,且二者互补。当负载为感性时,其工作波形如图 5-28(b)所示。输出电压波形 u_0 为矩形波,幅值为 $U_m = U_d/2$;输出电流 i_0 波形随负载的阻抗角而异。设在 t_2 时刻以前 V_1 导通,t_2 时刻给 V_1 关断信号,给 V_2 导通信号;由于感性负载中的电流 i_0 不能立刻改变方向,于是 VD_2 导通续流。当在 t_3 时刻 i_0 降至零时,VD_2 截止,V_2 导通,i_0 开始反向。同样,在 t_4 时刻给 V_2 关断信号、给 V_1 导通信号后,V_2 关断,VD_1 先导通续流,t_5 时刻 V_1 才导通。

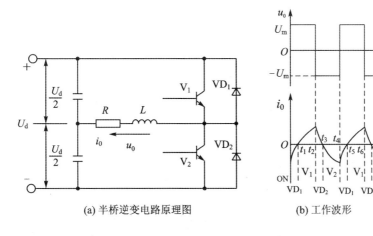

(a) 半桥逆变电路原理图　　　　(b) 工作波形

图 5-28　半桥逆变电路及其波形图

当 V_1 或 V_2 导通时,负载电流和电压同方向,直流侧向负载提供能量;当 VD_1 或 VD_2 导通时,负载电流和电压反方向,负载中电感的能量向直流侧反馈,即负载将其吸收的无功能量反馈回直流侧。反馈回的能量暂时储存在直流侧电容中,直流侧电容起到缓冲这种无功能量的作用。二极管 VD_1、VD_2 是负载向直流侧反馈能量的通道,同时起到使负载电流连续的作用。VD_1、VD_2 称为反馈二极管或续流二极管。

(2) 负载换相全桥逆变电路

图 5-29(a)是全桥逆变电路的应用实例。电路中四个桥臂均由电力晶体管控制,其负载是电阻、电感串联后再和电容并联的容性负载。电容是为了改变负载功率因数而设置的。在直流电源侧串接一个很大的电感 L_d,在工作过程中直流侧的电流 i_d 基本没有波动。

全桥逆变电路的工作波形如图 5-29(b)所示。因负载是并联谐振型负载,对基波阻抗很大,而对谐波阻抗很小,负载的电压 u_0 波形接近于正弦波。由于直流接有大电感 L_d,因此负载电流 i_0 为矩形波。

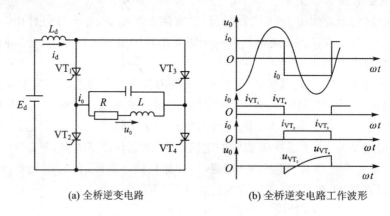

(a) 全桥逆变电路　　　　(b) 全桥逆变电路工作波形

图 5-29　负载换相全桥逆变电路及波形

设在 t_1 时刻前,VT_1 与 VT_4 导通,u_0 与 i_0 均为正。在 t_1 时刻触发 VT_2、VT_3,则负载电压加在 VT_1、VT_4 上使其承受反向电压 u_0 而关断,电流从 VT_1、VT_4 转移到 VT_2、VT_3。触发 VT_2、VT_3 的时刻 t_1 必须在 u_0 过零之前并且留有足够的裕量,才能使换相顺利进行。

该逆变电路适合于负载电流的相位超前于负载电压的容性负载等场合。另外,当负载为同步电机时,由于可以控制励磁使负载电流的相位超前于反电动势,因此也适用本电路。

5.4　伺服系统的设计

开环系统的机械驱动装置主要是以步进电动机作为驱动部件,通过减速齿轮箱匹配转速和转矩,经滚珠丝杠、螺母副将转动变换为工作台的直线移动,各环节的误差都对精度产生影响。通过分析各项误差,采取相应的措施提高精度是十分重要的。

步进电动机和普通电动机的不同之处在于,步进电动机是一种将脉冲信号转化为角位移的执行机构,同时完成传递转矩与控制转角的位置(或速度)两项工作。步进电动机作为执行元件,是机电一体化的关键产品之一,广泛地应用于各种自动化设备中,例如数控车床、数控磨床、线切割机床、电火花加工机床、绣花机、包装机械、印刷机械、封切机、纺织机、雕刻机、焊接机械、电梯门机、电动门机、捆钞机和切料机等。

5.4.1 开环伺服系统的设计

1. 步进电动机控制系统

(1) 步进电动机驱动系统的构成

步进电动机必须有驱动器和控制器才能正常工作。驱动器的作用是对控制脉冲进行环形分配与功率放大,使步进电动机的绕组按照一定的顺序通电,如图 5-30 所示。

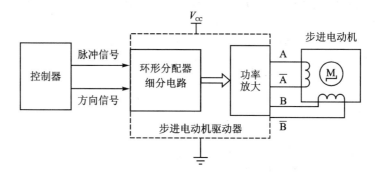

图 5-30 步进电动机的驱动系统

步进电动机的控制器和驱动器主要实现以下功能。

1) 脉冲信号的产生

脉冲信号一般由单片机或 CPU 产生,脉冲信号的占空比为 0.3~0.4。一般而言,电动机的转速越高,则占空比越大。

2) 信号分配

一般形象地称为环形分配器。感应式步进电动机以二、四相电动机为主。二相电动机的工作方式有二相四拍和二相八拍两种,具体分配为二相四拍的步距角为 $1.8°$;二相八拍的步距角为 $0.9°$。四相电动机的工作方式也有两种,四相四拍为 AB-BC-CD-DA-AB,步距角为 $1.8°$;四相八拍为 AB-B-BC-C-CD-D-AB,步距角为 $0.9°$。

普遍采用的环形分配器有硬件环分和软件环分两种方式。

硬件环分主要是由分散器件组成的环形脉冲分配器、专用集成芯片环形脉冲分配器等组成。分散器件组成的环形脉冲分配器集成度高、可靠性好;但适应性受到限制,开发周期长、费用高。软件环分是指利用软件实现步进电动机的脉冲分配,通常有查表法和代码循环法两种。软件环形分配器要占用主机的运行时间,降低了速度,实时性不好。

(2) 控制系统的结构

由于步进电动机具有根据脉冲指令运行的能力,在开环控制中与其他电动机有不可比拟的优势。随着对控制精度的要求越来越高,为了对步进电动机的失步、越步或细分精度进行补偿,利用步进电动机构成闭环的应用越来越多。

根据各部分功能采用的元件不同,开环系统分为很多种。例如控制器有专用控制器、计算机型控制器(指广义的计算机,如个人计算机、单片机、DSP、PLC、FPGA 和 DDS 等);环形分配器可由硬件构成,或用专用芯片实现,或用计算机软件设计实现;驱动器可以是由电力电子元件设计的一般放大器,也可以是 PWM 驱动器等。

根据结构的不同,开环控制系统分为串行控制和并行控制两种。具有串行控制功能的单片机系统与步进电动机驱动电源之间具有较少的连线,驱动电源必须含有环形分配器。用微机系统的数条端线直接控制步进电动机各相驱动电路的方法称为并行控制。在驱动电源内不包括环形分配器,其功能必须由微机系统完成。

为了实现步进电动机的速度和加速度控制,需要控制系统发出脉冲的频率或者换相周期。可以用软件延时和定时器两种方法确定脉冲的周期(频率)。

软件延时方法是通过延时子程序实现的,它占用 CPU 的时间;定时器方法则是通过设置定时时间常数的方法实现的。

步进电动机的闭环控制越来越受到重视,已发展出模糊控制、矢量控制等多种方式。有的步进电动机还带有传感器,为构成闭环控制提供了条件。

2. 开环系统的误差分析与校正

(1) 误差分析

1)步进电动机误差

步进电动机的误差主要有自身的步距误差、运行中丢步和越步引起的误差。后两者应根据步进电动机的特性及工作条件加以避免。

步进电动机的步距误差一般在 ±15′ 左右,经过精密调整之后,可以提高到 ±10′ 以内。当步进电动机单步运行时,可能出现超调或振荡,突然启动时有滞后。但这些误差一般较小,可以忽略不计。

2)减速齿轮箱误差

齿轮副的加工和装配误差导致齿轮副存在间隙,在开环系统中会造成运动滞后;齿轮副间隙还会在工作台反向移动时出现死区(丢步),影响工作台的位置精度,必须采取措施减小或消除传动齿轮副的间隙。可以采用刚性调整法和柔性调整法减小误差。刚性调整法通常采用偏心圈(见图 5 - 31(a))或偏心轴(见图 5 - 31(b)),调整齿轮副的中心距减小间隙;柔性调整法可通过采用双齿轮错齿式间隙调整结构(见图 5 - 31(c))减小间隙。

刚性调整法是指调整后能暂时消除齿轮间隙,但使用之后不能自动补偿的调整方法。在调整时要严格控制齿轮的齿厚及调节公差,否则会影响传动的灵活性。刚性调整法的传动刚度好、结构简单。偏心圈和偏心轴的间隙调整结构是经常采用的调整方法,通过转动偏心圈或偏心轴来调整两个齿轮的中心距,进而调整齿轮的间隙。

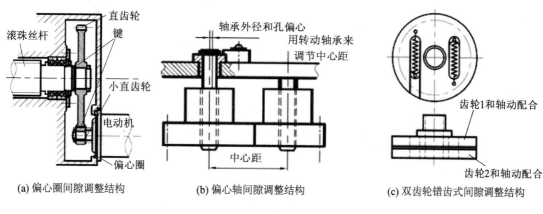

(a) 偏心圈间隙调整结构　　(b) 偏心轴间隙调整结构　　(c) 双齿轮错齿式间隙调整结构

图 5 - 31　消除间隙的结构

　　柔性调整法是指调整后的齿间隙可以自动补偿的方法。在齿轮齿厚和调节有差异的情况下,仍可以保证齿轮无齿隙啮合。这种调整方法的传动刚度低、结构复杂。如图 5 - 31(c)所示为双齿轮错齿式间隙调整结构。图中齿轮 1 和齿轮 2 是两个齿数相同的薄片齿轮,将它们套装在一起,可以相对回转,并与另一个宽齿轮啮合。两个薄片齿轮的端面上安装有弹簧,通过弹簧的拉力使薄片弹簧错位以消除间隙。弹簧力应能克服传动力矩,否则将失去消除间隙的作用。这种结构的正反转分别只有一个薄齿片承受载荷,传动力矩受到限制。

　　3) 滚珠丝杠、螺母副误差

　　滚珠丝杠和螺母副之间的间隙可以采用预紧的措施加以消除;螺距误差、支架刚度、导轨误差、摩擦和热变形等因素,都对工作台的移动有直接影响。

　　(2) 误差校正

　　误差校正方法主要有细分校正、硬件校正和软件校正等,目前多用细分校正和软件校正方法。下面简单介绍软件校正即计算机控制的数字仿真误差校正系统。

　　1) 工作原理

　　利用计算机进行误差校正,需要预先将实测的工作台位移误差数学模型置于微计算机中。计算机在工作时一方面输出工作指令,驱动工作台移动;另一方面计算误差后输出校正指令,形成附加移动,用以校正位移误差。

　　控制方案大致可以分为以下两类:

　　一类是如图 5 - 32 所示的方案。计算机将指令 I 和按给定的误差仿真数学模型计算出的误差值 ΔI 进行求和,输出实际指令值 $I+\Delta I$,进而驱动伺服元件按照实际指令值控制工作台移动。它的优点是机械结构简单。

　　另一类是如图 5 - 33 所示的方案。采用两个电动机分别驱动工作台和校正装置运动。计算机按照输入指令控制脉冲发生器输出一个指令脉冲,使主电动机进行正向或反向旋转。误

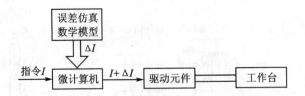

图 5 - 32   计算机控制的数字仿真误差校正系统框图

差数字仿真器进行误差计算,向校正电动机输出校正脉冲,使转台获得附加运动以实现误差校正。校正脉冲当量通常比指令脉冲当量小许多倍,得到微细的校正以达到提高回转精度的目的。

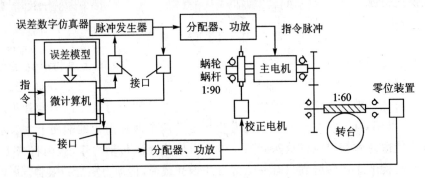

图 5 - 33   计算机控制的误差校正系统原理图

2) 误差仿真数学模型

为了建立误差仿真数学模型,首先需要精确测定转台有限数量的实际角位值,测量结果如图 5 - 34 所示。可见,误差曲线的分布规律是,在一个近似正弦的大周期函数上,叠加若干个形状不规则的小周期误差函数。大周期反映蜗轮的制造和装配误差,小周期反映从主电动机到蜗杆的综合传动误差。由于加工、制造和装配等原因,正、反向传动误差可能不相同。

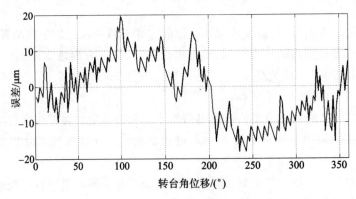

图 5 - 34   转台位移误差分布

3）软件设计

误差仿真数学模型和有关系数存放在存储器中，程序流程框图如图 5－35 所示。

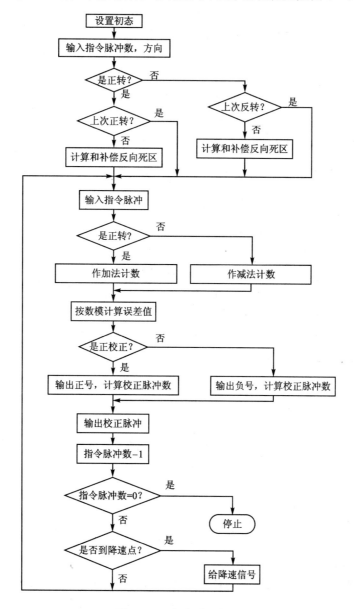

图 5－35　程序流程框图

控制程序的主要功能如下：

① 设置初态，输入指令脉冲数和回转方向。

② 计算并补偿反向死区。由于正向回转误差和反向回转误差的分布不同,各点的反向死区也不相同。因此,首先判定是否反向,然后计算死区值并进行实时补偿。

③ 计算实时转台位置误差值及校正脉冲数。脉冲发生器同时向主电动机和微计算机输入指令脉冲。由于正、反向回转误差的分布情况不同,需要首先判定回转方向,根据转台实时位置所对应的误差曲线,从存储器中取出相应的三次多项式系数,分别计算 $S_1(x)$ 与 $S_2(x)$,然后计算出 $F(x)$。

④ 在控制程序完成一步计算之后,发出校正脉冲,返回到控制程序的输入程序段,等待下一步指令脉冲的到来,进行下一步的误差计算及校正。

⑤ 在工作台停止移动之前,控制程序发出降速信号,获得精确定位。

5.4.2 闭环伺服系统的设计

1. 闭环伺服系统的基本类型及原理

对于精度或速度要求较高的精密机械,常采用闭环伺服系统。闭环伺服系统设有位置测量元件,可以测量工作台(或滚珠丝杠)的实际位移情况,将所测位移参量经负反馈送到比较器中与给定量进行比较,利用比较后所得的差值进行自动控制与调节。

例如自动分步重复照相机是大规模集成电路制版中的重要工艺设备。由于集成度不断提高,要求精密分步工作台具有很高的重复定位精度。当工作台沿主运动方向(x 向)移动时,常常出现 y 向交叉偏摆误差,影响定位精度,必须采取措施予以消除。图 5-36 是应用在自动分步重复照相机上的闭环实时误差校正系统框图。

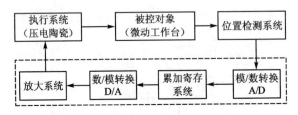

图 5-36　闭环实时误差校正系统框图

在精密分步工作台的最上层安装一个可沿 y 方向微量移动的浮动工作台,作为校正系统的被控对象,利用微动来消除 y 方向交叉偏摆误差。位置检测系统的功能有两个,一是测量 y 方向交叉偏摆误差的大小和方向,发出校正误差信号;二是检测补偿后的实际坐标位置。控制系统的功能是将位置检测系统发出的校正误差信号进行累加计算,转换为驱动电压输入压电陶瓷。执行系统的功能是利用压电陶瓷直接推动微动工作台沿 y 方向微量移动,以补偿误差。

图 5-36 所示闭环实时误差校正系统的工作原理是,当工作台沿 x 方向移动时,位置检测装置检测出 y 方向交叉偏摆误差,并以正、负脉冲的形式送至计数器进行代数累计。当工作台完成一个分步后停机,瞬时采样 y 方向交叉偏摆误差,送到运算器、存储器内与上一步的误

差值进行比较,得出微动工作台移回零位所需的校正值,经译码器、分档开关电路输出相应的直流电压,控制压电陶瓷产生微量位移,以校正 y 方向偏摆误差。当停机曝光时间结束后,工作台自动启动,继续沿 x 方向移动。微动工作台由于压电陶瓷的作用,将继续保持在补偿后的位置上。

闭环伺服系统按指令和反馈比较方式的不同,大致可分为脉冲比较闭环系统、相位比较闭环系统和幅值比较闭环系统。

（1）脉冲比较闭环系统

脉冲比较闭环系统由位置测量装置、脉冲比较环节、数/模转换器、伺服放大器、伺服电动机等部分组成,如图 5-37 所示。

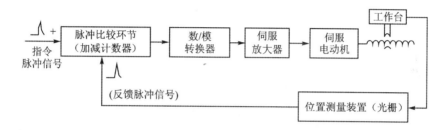

图 5-37　脉冲比较闭环系统

位置测量装置用来将测出工作台的实际位移量变换为相应的脉冲数。若取脉冲当量为 0.001 mm,则工作台每移动 0.001 mm,位置测量装置就输出一个脉冲。常用的位置测量装置有光栅、感应同步器、磁尺和激光干涉仪等。

脉冲比较环节用于在指令脉冲与反馈脉冲之间进行比较。采用可逆计数器作为比较环节,计数器中的数即是指令脉冲与反馈脉冲之差。计数器还应能区别出误差的正、负。

数/模转换器将比较环节中的数转换成与数值成正比的电压或电流量,输出电压或电流的极性应能反映出误差的方向。

伺服放大器常采用运算放大器。

脉冲比较闭环系统的工作原理是当指令脉冲和反馈脉冲都为零时,加、减计数器为全零的状态,伺服放大器没有输出,工作台不动。当一个正向指令脉冲到来时,计数器开始计数,经过数/模转换器,将有一个单位的正电压输出,经伺服放大器放大,驱动伺服电动机带动工作台做正方向的移动,直至位置测量装置发出一个脉冲,输入比较环节作减法计算,使计数器回到零的状态,工作台停止运动。这时工作台相当于在正方向移动了一个脉冲当量的距离。当输入一个反方向的指令脉冲时,数/模转换器输出一个单位电压,但电压的极性为负,经伺服放大器放大驱动伺服电动机,带动工作台做反方向移动,直到位置测量装置发出一个脉冲,输入到比较环节作加法计算,使计数器回到全零的状态,工作台停止运动。这时工作台反方向移动了一个脉冲当量的距离。

如果连续不断地输入正方向的指令脉冲,工作台就沿正方向连续移动。当停止输入指令脉冲时,工作台也将停止移动。在工作台移动的过程中,计数器的数字反映了指令值与实际位移值之差,即误差。工作台移动的速度与指令脉冲的频率有关,二者之间的关系为

$$v = 60\delta f \qquad\qquad (5-28)$$

式中 v——工作台移动速度,mm/min;

δ——脉冲当量,mm/脉冲数;

f——脉冲频率,脉冲数/s。

(2) 相位比较闭环系统

相位比较闭环系统由脉冲-相位变换器、比较器(鉴相器)、伺服放大器、伺服电动机、工作台和相位检测器等组成,如图5-38所示。

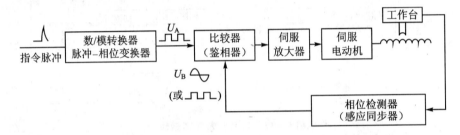

图5-38 相位比较闭环系统

相位比较系统的结构简单,调整方便,频率响应快,抗干扰性强,应用广泛。

1) 脉冲-相位比较器

脉冲-相位比较器将指令脉冲变换为模拟电压。为了便于比较,应使脉冲-相位变换器输出模拟电压 U_A 的频率与反馈电压 U_B 的频率相同,相位随着指令脉冲的变化而变化,如图5-39(a)所示。当没有指令脉冲输入时,U_A 与 U_B 同相位;当输入一个正向指令脉冲时,电压 U_A 的相位向前移动一个单位 $\Delta\theta_0$,U_A 领先 U_B;当输入一个反向指令脉冲时,电压 U_A 的相位向后移动一个单位 $\Delta\theta_0$,U_A 落后于 U_B。脉冲相位变换器电路如图5-39(b)所示。

相位比较闭环系统的工作原理是:变换器由容量为 m 的两套计数器、加减器或同步器组成。

如图5-40(a)所示,当无指令脉冲输入时,两套计数器都由同一脉冲发生器输入脉冲信号。由于初始延时单稳输出端为高电位,故使触发器 T_1 置零。当0到来时(为使门1、2开门的时间与 f_0 错开,引进 $\bar{f}_0$)$T_2=0$,封住门1;f_0 由门2输入,经位移通道计数器输出 U_A,U_A 与 U_B 的频率相同,相位也相同;周期为脉冲发生器信号周期的 m 倍,即 $T=mT_0$。此时鉴相器无输出,工作台不移动。

如图5-40(b)所示,当输入一个正向移动的指令脉冲时,$x_+=1$,触发器 $T_1=1$,$T_2=0$;门

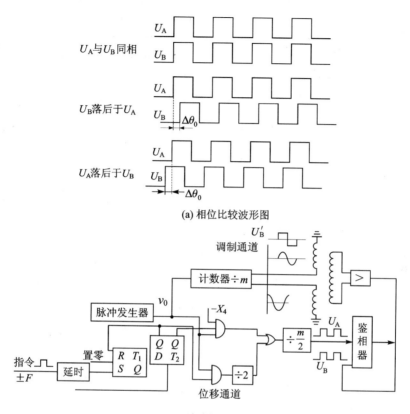

(a) 相位比较波形图

(b) 脉冲相位变换器电路

图 5 - 39　脉冲相位变换

1 打开,门 2 封住;f_0 直接送到 $\left(\div \dfrac{m}{2}\right)$ 计数器,减少一次分频,位移通道比调制通道多一个输出脉冲。位移通道的输出端有一个周期为 $(m-1)T_0$ 的波形,其后的周期仍为 mT_0。位移通道计数器输出电压 U_A 的相位领先于调制通道计数器的输出电压 U_B,二者之间的相位差为

$$\Delta\theta_0 = \frac{1}{m} \times 360° \tag{5-29}$$

如图 5 - 40(c)所示,当输入一个反向移动指令脉冲时,$x_+ = 0$,触发器 $T_1 = 1$,$T_2 = 1$,门 1、2 均封住,位移通道少输出一个脉冲。位移通道输出端有一个周期为 $(m+1)T_0$ 的波形,计数器输出电压 U_A 的相位落后于调制通道计数器的输出电压 U_B。

计数器的容量 m 由下列关系确定。

当工作台移动一个脉冲当量 δ 距离时,如反馈测量位移元件采用感应同步器,则其相位移为 $\Delta\theta$。若感应同步器的节距为 2τ,则

213

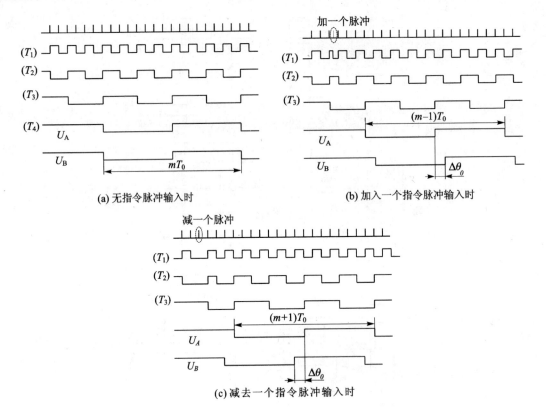

(a) 无指令脉冲输入时

(b) 加入一个指令脉冲输入时

(c) 减去一个指令脉冲输入时

图 5-40　波形图

$$\frac{2\tau}{\delta} = \frac{360°}{\Delta\theta} \qquad (5-30)$$

将式(5-20)代入式(5-30),得到

$$m = \frac{2\tau}{\delta} \qquad (5-31)$$

当选择节距为 2 mm、脉冲当量为 0.002 mm 时,$m = 1\,000$。

　　2) 比较环节(鉴相器)

　　比较环节把指令信号电压 U_A 与反馈信号电压 U_B 之间的相位差转换成相应的直流电压,经放大控制电动机转动,如图 5-41 所示。

　　(3) 幅值比较闭环系统

　　幅值比较闭环系统由感应同步器位置检测元件、数/模转换器、放大器、直流伺服电动机组成,如图 5-42 所示。当工作台静止时,感应同步器的机械角 θ 和激磁信号的电器角 φ 相等,系统处于稳定状态。当插补器发来正向进给脉冲时,数/模转换器产生正的误差电压,工作台作正向移动,正幅值的电压 U_0 经电压频率变换器输出的频率正比于 T_0 值的反馈脉冲。此脉

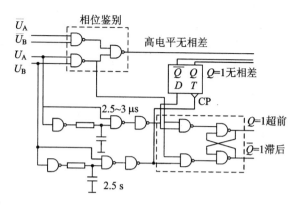

图 5 - 41　相位鉴别电路

冲作为反馈脉冲使模拟误差值减小,同时进入 cos - sin 信号发生器,改变激磁信号的电气角 φ,使 φ 跟踪 θ 而发生变化,不断测量工作台的实际位置。当进给脉冲停止时 $\varphi = \theta$,工作台停止运动。负的进给脉冲使工作台反向移动,工作过程相同。

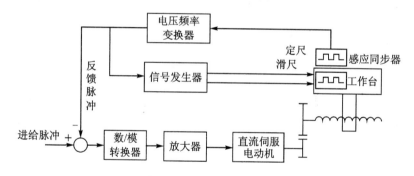

图 5 - 42　幅值比较闭环系统框图

2. 闭环伺服系统的设计举例

(1) 脉宽调速系统的设计与校正

传统系统的设计方法基本上是试凑法,同样一种指标可能通过不同的方案实现。设计时通常需要经过多次综合来确定系统中的各种参数,最后在调整时再加以整定。具体设计方法有很多种,工程中应用的设计方法要求计算简便,容易分析出系统中各参数对输出特性的影响,以及判断加入校正装置后特性的改善情况。

下面以脉宽调速系统为例加以说明。

图 5 - 43 所示为脉宽调速系统的结构框图,由三相桥式整流电路、直流稳压电源、三角波发生器、PWM(脉冲宽度调制)信号发生器、速度调节器、限流环节、PWM 功率放大器等环节组成。

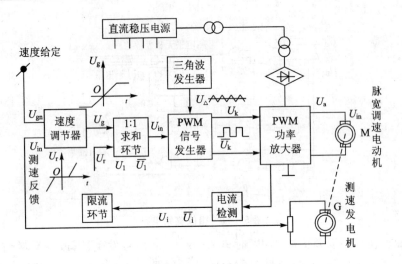

图 5-43 脉宽调速系统结构图

直流电动机的电枢回路供电采用了频率(一般取 2 000 Hz 以上)可调、幅值恒定的矩形脉冲。调节脉冲宽度改变电枢电压的平均值,可使电动机的转速得到调节。

1)脉冲宽度调节信号发生器

脉冲宽度调节信号发生器如图 5-44 所示,运算放大器 A_1 为延迟比较器,运算放大器 A_2 为积分器,按正反馈方式连接运算放大器 A_1 和 A_2,共同组成自激振荡三角波发生器。D_1、D_2、D_3 和 D_4 为 4 个硅二极管(设每个 PN 结的导通电压为 0.6 V),三极管 T_1 导通的条件为 $U_\triangle > +1.8$ V,T_2 导通的条件为 $U_\triangle < -1.8$ V。运算放大器在工作时,A_1 的输出为方波,A_2 的输出为三角波,U_k 端和 $\overline{U}_k$ 端的输出波形如图 5-45 所示。

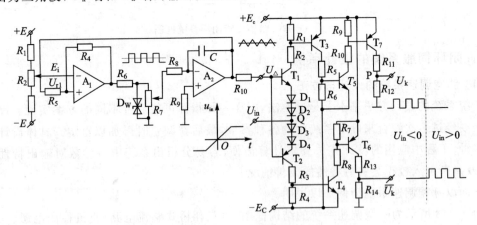

图 5-44 脉宽调节信号发生器

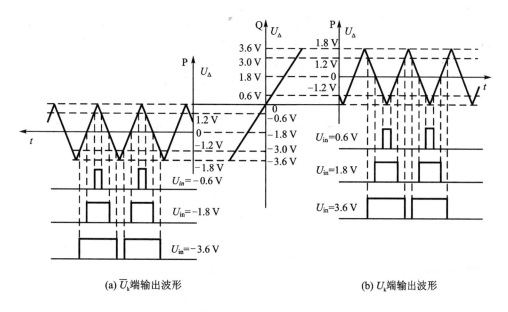

(a) $\overline{U_k}$ 端输出波形　　　　　　　(b) U_k 端输出波形

图 5 - 45　脉宽调制原理

振荡频率为

$$f_c = \frac{R_4}{4R_5 R_8 C}\alpha_w \tag{5-32}$$

输出振幅为

$$E_c = \pm \frac{R_5}{R_4}E_w \tag{5-33}$$

式中　　α_w——电位器 R_7 的分压系数；

　　　　E_w——稳压管 D_w 的稳压电压。

三角波频率由积分器的时间常数 R_8 和 C 决定，R_7 用于微调频率，R_4 用于调节幅值。将三角波的峰峰值调节到 $\pm 1.8\ V$，当在 Q 端输入给定电压 U_{in} 时，其数值定为由 $0\sim\pm3.6\ V$ 之间的任意值，U_k 端将会输出相应宽度的脉冲波。

2）功率放大桥路及电动机

功率放大桥路及电动机如图 5 - 46 所示。其中 T_1、T_2、T_3 和 T_4 是起开关作用的大功率晶体管；二极管 D_1、D_2、D_3 和 D_4 作为功率管开关的过压保护。为了防止功率桥电路中 T_1、T_3 或 T_2、T_4 同时导通损坏桥路，在主通路上连接两只保护二极管 D_5 和 D_6，利用二极管导通时的正向压降把 T_3 或 T_4 管反偏锁住。当有矩形脉冲波由 U_k 端输入时，T_1 和 T_3 工作，设电动机作正向旋转，转速取决于与电压平均值成正比的输入矩形脉冲的宽度。当有矩形脉冲波输入时，T_2 和 T_4 管工作，电动机作反向旋转。

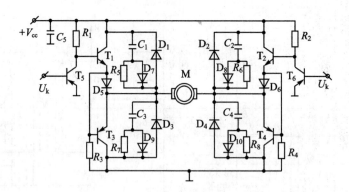

图 5-46　功率放大桥路的结构原理

3）限流环节

如图 5-47 所示，为了防止电动机启动时产生过大的冲击电流，系统中设置了限流环节，由电流检测和死区电路两部分组成。死区电路采用桥路形式，接在运算放大器的反馈回路中，4 只二极管 D_1、D_2、D_3 和 D_4 的导通与输入回路中的直流 I_i 有关。

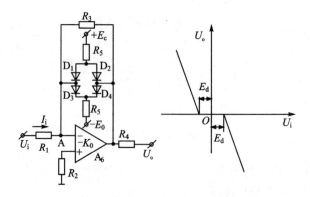

图 5-47　限流环节

当 $U_i > 0$ 且 $I_i < I_o$ 时，反馈电阻 R_3 上没有电流流过，输出电压 U_o 为零，处于死区状态。

当 $U_i > 0$ 且 $I_i > I_o$ 时，有电流流过 R_3 送至电流的输出端，使桥路中 D_2 和 D_3 导通，D_1 和 D_4 截止，运算放大器进入死区以外的反相比例放大状态。

当 $I_i = I_o$ 时，无电流流经 R_3，输出电压 U_o 为零。此时输入电压为限流的上限边界值 E_d，则

$$I_i = \frac{E_d}{R_1} = \frac{E_c - U_D}{R_5} = I_o \tag{5-34}$$

所以

$$E_d = \frac{R_1}{R_5}(E_e - U_D) \tag{5-35}$$

同理,限流下边界值 $-E_d$ 为

$$-E_d = -\frac{R_1}{R_5}(E_e - U_D) \tag{5-36}$$

限流环节的死区电压为

$$\pm E_d = \pm\frac{R_1}{R_5}(E_e - U_D) \tag{5-37}$$

特性曲线的斜率为

$$\lambda = \frac{-R_3}{R_1} \tag{5-38}$$

4)速度反馈环节

如图 5-48 所示,在电动机轴上安装测速发电机,以检测电动机在给定电压作用下的实际转速。在闭环系统中,测速发电机的输出电压经分压取样后,送入比较器与给定电压进行比较,将比较后的差值经放大后驱动电动机,实现速度反馈。

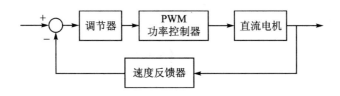

图 5-48 调速系统框图

(2)系统中不变环节的传递函数

1)脉宽中不变环节的传递函数

功率控制器是无惯性环节,但存在延迟。最大延迟时间为一个脉冲周期 t_c,平均延迟时间可取 $0.5t_c$。由于延迟时间极小,可近似为一阶惯性环节,其传递函数为

$$\frac{U_d(s)}{U_i} = \frac{K_{PWM}}{0.5t_c s + 1} \tag{5-39}$$

式中 K_{PWM}——功率放大器的电压放大倍数。

2)直流电动机的传递函数

通常使用的宽调速直流电动机采用铁氧体永磁体材料作为磁极,电动机输出转矩 M 与电枢电流 I_a 成正比。若忽略摩擦负载,则电动机的输出力矩等于惯性负载力矩。图 5-49 所示为电枢电路图。

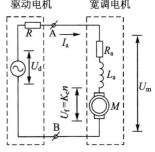

图 5-49 电枢电路图

电枢回路电压方程和扭矩方程分别为

$$U_d(t) = (R_a + r)I_a(t) + L_a \frac{dI_a(t)}{dt} + K_e n(t)$$

$$K_M I_a(t) = J_\Sigma \frac{dn(t)}{dt}$$

$$(5-40)$$

式中　K_e——反电势系数；

　　　$n(t)$——电动机扭矩；

　　　K_M——力矩系数；

　　　J_Σ——负载惯性矩。

对式(5-36)作拉氏变换，并令初始条件为零,则

$$U_d(s) = R_\Sigma I_a(s) + L_a s I_a(s) + K_e n(s)$$

$$K_M I_a(s) = J_\Sigma s_n(s)$$

$$(5-41)$$

式中,$R_\Sigma = R_a + r$。

求得电动机的传递函数为

$$\frac{n(s)}{U_d(s)} = \frac{\dfrac{1}{K_e}}{\dfrac{J_\Sigma L_a}{K_e K_M}s^2 + \dfrac{J_\Sigma R_\Sigma}{K_e K_M}s + 1} = \frac{\dfrac{1}{K_e}}{\left(\dfrac{J_\Sigma L_a}{K_e K_M}s + \dfrac{J_\Sigma R_\Sigma}{K_e K_M}\right)\left(\dfrac{L_a}{R_\Sigma}s + 1\right)} =$$

$$\frac{\dfrac{1}{K_e}}{(T_M s + 1)(T_e s + 1)}$$

$$(5-42)$$

式中

$$T_M = \frac{T_\Sigma R_\Sigma}{K_e K_M} = \frac{GD^2 R_\Sigma}{375 K_e K_M}, \qquad T_e = \frac{L_a}{R_\Sigma}$$

$$(5-43)$$

由于 $T_M \gg T_e$,故惯性环节 $\dfrac{1}{T_M s + 1}$ 可近似成积分环节 $\dfrac{1}{T_M s}$,电动机的传递函数可表示为

$$\frac{n(s)}{U_d(s)} = \frac{\dfrac{1}{K_e}}{T_M s(T_e s + 1)}$$

$$(5-44)$$

3) 速度反馈环节的传递函数

设测速反馈系数为 α,则

$$\alpha = K_v K_i$$

$$(5-45)$$

式中　K_v——测速发电机灵敏度,其数值为最大输出电压与最高转速之比；

　　　K_i——最高给定电压与此时测速电压之比。

设滤波时间常数为 t_n,则测速反馈环节的传递函数 $U_{fn}(s)$ 为

$$\frac{U_{fn}(s)}{n(s)} = \frac{\alpha}{t_n s + 1}$$

$$(5-46)$$

4）系统不变环节

系统不变环节由脉宽调制功率控制器、直流电动机、速度反馈环节组成。其开环传递函数可归纳为

$$W(s) = \frac{K_{\text{PWM}}}{0.5t_c s + 1} \frac{\frac{1}{K_e}}{T_M s(T_e s + 1)} \frac{\alpha}{t_n s + 1} = \frac{\frac{K_{\text{PWM}}}{T_M K_e} \alpha}{s(T_e s + 1)(t_n s + 1)(0.5t_c s + 1)}$$

$$(5-47)$$

由于 t_n 和 t_c 比 t_e 小得多，故可以作为小时间常数的小惯性群处理，即

$$T_\Sigma = t_n + 0.5t_c \tag{5-48}$$

令 $K_\Sigma = \dfrac{K_{\text{PWM}} \alpha}{T_M K_e}$ ，则式(5-47)简化为

$$W(s) = \frac{K_\Sigma}{s(T_e s + 1)(T_\Sigma s + 1)} \tag{5-49}$$

由此可见，不变环节是一个积分环节、一个惯性环节和一个惯性群组成的 I 型三阶系统，需要加入调节环节。调节环节的设计一般是按照技术指标的要求，根据经验试凑而成的。常用的调节器有比例-微分(PD)调节器、比例-积分(PI)调节器和比例-积分-微分(PID)调节器。

(3) 比例-积分-微分调节器的设计

为了获得较好的稳态精度和动态特性，采用如图 5-50 所示的 PID 调节器。

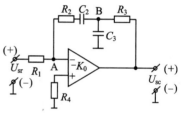

图 5-50　PID 调节器

调节器的输入-输出关系为

$$U_{\text{sc}}(t) = K_P\left[U_{\text{sr}}(t) + \frac{1}{\tau_1}\int_0^t U_{\text{sr}}(t)\mathrm{d}t + \tau_D \frac{\mathrm{d}U_{\text{sr}}(t)}{\mathrm{d}t}\right] \tag{5-50}$$

求出 PID 调节器的传递函数，对图 5-50 中 A 节点列出电流方程(可直接写成拉氏变换式)。因为 $\sum I_A = 0$ ，于是

$$\frac{U_{\text{sr}}(s)}{R_1} + \frac{U_B(s)}{R_2 + \frac{1}{c_2 s}} = 0 \tag{5-51}$$

同理，对 B 节点有

$$\frac{U_{\text{sc}}(s) - U_B(s)}{R_3} - \frac{U_B(s)}{R_2 + \frac{1}{c_2 s}} - \frac{U_B(s)}{\frac{1}{c_3 s}} = 0 \tag{5-52}$$

则 PID 调节器的传递函数为

$$G_{\text{sT}}(s) = \frac{U_{\text{sc}}(s)}{U_{\text{sr}}(s)} = -\frac{R_2 R_3 c_2 c_3 s^2 + [(R_2 + R_3)c_2 + R_3 c_3]s + 1}{R_1 c_2 s} \tag{5-53}$$

为了规范化,在参数选择时使 $R_2 \gg R_3$ 和 $c_2 > c_3$,则

$$(R_2 + R_3)c_2 + R_3 c_3 \approx (R_2 + R_3)c_2 \tag{5-54}$$

即

$$G_{sT}(s) = -\frac{R_2 R_3 c_2 c_3 s^2 + (R_2 + R_3)c_2 s + 1}{R_1 c_2 s} \tag{5-55}$$

式(5-55)又可以进一步简化为

$$G_{sT}(s) = -\frac{[1 + (R_2 + R_3)c_2 s] + \left(1 + \frac{R_2 R_3}{R_2 + R_3}c_3 s\right)}{R_1 c_2 s} = \frac{(1 + \tau_{d1} s)(1 + \tau_{d2} s)}{\tau_i s} \tag{5-56}$$

式中,$\tau_{d1} = (R_2 + R_3)c_2$;$\tau_{d2} = \frac{R_2 R_3}{R_2 + R_3}c_3$;$\tau_i = R_1 c_2$。

将 PID 调节器串联到系统中连接成如图 5-51 所示的单位闭环反馈形式。

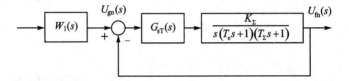

图 5-51　单位闭环反馈框图

系统的开环传递函数可写为

$$W(s)_K = \frac{(1 + \tau_{d1} s)(1 + \tau_{d2} s)}{\tau_i s} \frac{K_\Sigma}{s(T_e s + 1)(T_\Sigma s + 1)} \tag{5-57}$$

设 $\tau_{d2} = T_e$,则

$$W(s)_K = \frac{K_\Sigma (1 + \tau_{d1} s)}{\tau_i s^2 (T_\Sigma s + 1)} \tag{5-58}$$

系统的闭环传递函数可写成

$$W(s)_B = \frac{W(s)_K}{1 + W(s)_K} W_1(s) \tag{5-59}$$

令 $W_1(s) = \frac{1}{1 + \tau_{d1} s}$,则

$$W(s)_B = \frac{K_\Sigma}{\tau_i s^2 (T_\Sigma s + 1) + K_\Sigma (1 + \tau_{d1} s)} = \frac{1}{\frac{\tau_i T_\Sigma}{K_\Sigma} s^3 + \frac{\tau_i}{K_\Sigma} s^2 + \tau_{d1} s + 1} \tag{5-60}$$

特征方程为

$$\frac{\tau_i T_\Sigma}{K_\Sigma} s^3 + \frac{\tau_i}{K_\Sigma} s^2 + \tau_{d1} s + 1 = 0 \tag{5-61}$$

三阶系统稳定的充分必要条件为

$$\frac{\tau_i T_\Sigma}{K_\Sigma} = 0, \qquad \frac{\tau_i}{K_\Sigma} > 0, \qquad \tau_{d1} s > 0, \qquad \frac{\tau_i \tau_{d1}}{K_\Sigma} > \frac{\tau_i T_\Sigma}{K_\Sigma} \qquad (5-62)$$

为了使系统的输出完全跟踪输入,即幅值相等、相位无差,则要求

$$|W(j\omega)_B| = 1, \qquad \angle W(j\omega)_B = 0 \qquad (5-63)$$

由于系统的频率特性为

$$W(j\omega)_B = \frac{1}{\left(1 - \dfrac{\tau_i}{K_\Sigma}\right) + \left(\tau_{d1}\omega - \dfrac{\tau_i T_\Sigma}{K_\Sigma}\omega^3\right)} \qquad (5-64)$$

则幅频特性和相频特性分别为

$$|W(j\omega)_B| = \frac{1}{\sqrt{\left(1 - \dfrac{\tau_i}{K_\Sigma}\omega^2\right)^2 + \left(\tau_{d1}\omega - \dfrac{\tau_i T_\Sigma}{K_\Sigma}\omega^3\right)^2}} \qquad (5-65)$$

和

$$\angle W(j\omega)_B = -\arctan\frac{(K_\Sigma \tau_{d1} - \tau_i T_\Sigma \omega^2)\omega}{K_\Sigma - \tau_i \omega^2} \qquad (5-66)$$

由此得出

$$\left(1 - \frac{\tau_i}{K_\Sigma}\omega^2\right)^2 + \left(\tau_{d1}\omega - \frac{\tau_i T_\Sigma}{K_\Sigma}\omega^3\right)^2 = 1 \qquad (5-67)$$

即

$$\left(\tau_{d1}^2 - \frac{2\tau_i}{K_\Sigma}\right)\omega^2 + \left(\frac{\tau_i^2}{K_\Sigma^2} - \frac{2\tau_{d1}\tau_i T_\Sigma}{K_\Sigma}\right)\omega^4 + \frac{\tau_i^2 T_\Sigma^2}{K_\Sigma^2}\omega^6 = 0 \qquad (5-68)$$

所以

$$\tau_{d1}^2 - \frac{2\tau_i}{K_\Sigma} = 0, \qquad \frac{\tau_i^2}{K_\Sigma^2} - \frac{2\tau_{d1}\tau_i T_\Sigma}{K_\Sigma} = 0, \qquad \frac{\tau_i^2 T_\Sigma^2}{K_\Sigma^2} = 0 \qquad (5-69)$$

以上条件应尽可能满足,以便获得好的调节品质。在设计调节器时还要根据上述条件先求出调节器的微分、积分时间常数,然后确定有关电阻、电容参数,最后进行整定与调整。

(4) 系统调节品质的计算

调节器参数整定后,闭环系统的特征方程各系数即为已知。

设特征方程为

$$as^3 + bs^2 + cs + 1 = 0 \qquad (5-70)$$

解方程求得 3 个特征根分别为

$$\left.\begin{array}{l} \lambda_1 = \tau \\ \lambda_2 = \lambda_3 = \alpha \pm j\beta \end{array}\right\} \qquad (5-71)$$

则单位阶跃输入下系统的过渡函数为

$$x_0(t) = 1 - e^{-\tau_i} - A e^{-\alpha t}\sin\beta t \qquad (5-72)$$

(5) 用频率法设计校正装置

将系统的传递函数用频率特性表征,将传递函数中的拉氏算符 s 用复数算符 $j\omega$ 来代替。在工程中为了方便,把复变函数 $W(j\omega)$ 分别用模与角来表示。复变函数的模称为幅频特性,记作 $A(\omega)$;复变函数的角称为相频特性,记作 $\theta(j\omega)$。

考虑到计算和标度的方便,常采用对数标度的方法。对数频率特性曲线又称为伯德曲线,是频率法中用得较多的一组曲线。伯德图包括对数幅频特性和对数相频特性两条曲线,横坐标 ω 和纵坐标 A 都用对数标度。为了沿用通信技术中的术语,用增益 L 来表示幅值,单位为分贝(dB),则 $L=20\lg A$。例如 $A=1$ 表示幅值无增益,则 $L=0$ dB;$A=10$,则 $L=20$ dB;$A=100$,则 $L=40$ dB,等等。当 A 每增加 10 倍时,L 就增加 20 dB;当 $A<1$ 时,增益 L 为负值。

系统的伯德图是由各环节简单叠加而成的。计算复数的规则是模相乘、角相加。模相乘的运算可以化为模的对数相加。因此由几个环节串联所组成的系统,其对数频率特性就是将各环节的对数频率特性相加。

前面描述的系统不变环节的频率特性为

$$W(j\omega) = \frac{K_{\Sigma}}{j\omega(T_e j\omega + 1)(T_{\Sigma} j\omega + 1)} \tag{5-73}$$

把各典型环节的对数幅频特性曲线和对数相频特性曲线分别相加,就可以画出系统的伯德图。图 5-52 所示为上述环节的对数幅频特性。

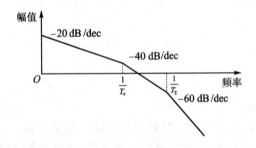

图 5-52　对数幅频特性图

对数幅频特性具有以下特点:

① 最低频率段的频率取决于积分环节的个数,即系统的型数。例如 I 型系统的斜率为 -20 dB/dec,II 型系统的斜率为 -40 dB/dec。

② 当频率 $\omega=1$ 时,对数幅频特性曲线的分贝值等于 K_{Σ} 的分贝值。

③ 在典型环节的交接频率处,渐近线的斜率发生变化,变化的程度随环节的特性而异。例如 $1/(T_e j\omega + 1)$ 环节的交接频率后斜率下降 20 dB/dec,$1/(T_{\Sigma} j\omega + 1)$ 的交接频率后斜率又下降 20 dB/dec。

掌握上述特点便可以直接绘制系统的开环对数幅频特性曲线,而不需要先画出每一个典型环节的对数幅频特性曲线。具体步骤如下：

① 根据系统开环传递函数计算系统增益的分贝值，即

$$增益的分贝值 = 20\lg K_\Sigma \tag{5-74}$$

② 按最低频率段直线的特点，先找出横坐标为 1、纵坐标为 K_Σ 这一点，然后依照系统开环传递函数中积分环节的个数求得斜线的斜率，画出最低频率的斜线。

③ 计算各典型环节的交接频率，由低到高依次按各环节传递函数特性改变斜线的斜率。

系统加进校正环节后，一般应使系统的预期开环对数幅频特性曲线满足下列要求：

① 在低频段（指第一转折点以前的频率段）有

$$W_{\mathrm{L}}(\mathrm{j}\omega) = \frac{K}{(\mathrm{j}\omega)^2} \tag{5-75}$$

式中　$W_{\mathrm{L}}(\mathrm{j}\omega)$——低频段频率特性；

　　　K——积分环节的个数。

当 $n=1$ 时的斜率为 $-20\ \mathrm{dB/dec}$；当 $n=2$ 时的斜率为 $-40\ \mathrm{dB/dec}$。低频段与稳态误差密切相关，增益应足够大，积分环节数要适当。

② 中频段（指截止频率附近的频率段）的频率特性与快速性、超调量密切相关。截止频率 ω_{c} 愈大，系统的通频带愈宽，对输入的反应愈迅速，过渡过程时间可能愈短。中频段的斜线应使 $-20\ \mathrm{dB/dec}$ 过 $0\ \mathrm{dB}$ 线，且有一定的宽度，以保证系统的稳定性。中频段愈宽，系统的振荡愈小。

③ 频段的衰减要快一些，以提高系统抗噪声干扰的能力。

通常希望开环对数幅频特性曲线如图 5-53 所示。

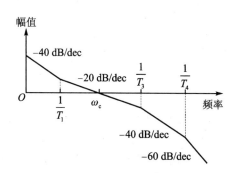

图 5-53　开环对数幅频特性图

工程上常用稳定裕度来分析系统的稳定性。稳定裕度是指系统的开环幅频特性曲线在 $0\ \mathrm{dB}$ 时，其相频特性曲线在 $-180°$ 线以上多少度。例如在 ω_{c} 点，$\theta(\omega_{\mathrm{c}}) = -140°$，系统的稳定储备为 $40°$，可用作图法或计算得出。稳定储备的选择应适当，过小会使系统不稳定；过大则会使系统的动作过于迟缓，一般在 $30°\sim70°$ 范围内为宜。

3. 速率伺服系统的设计

图 5-54 为速率伺服系统的组成简图,要求速率精度在 5 ‰ 以内,带宽大于 1 Hz。采用力矩电动机作为驱动机构,采用传动比为 100 的谐波减速器作为机械传动机构,旋转变压器(激磁信号为 2 kHz)与轴角解码器芯片(AD2S80)解算出高速转子系统的输出速度,电流互感器输出电动机绕组电流,速率伺服系统根据给定速度及反馈的速度和电流值,经过速度控制器和电流控制器计算后输出相应占空比的电压脉冲,通过三相逆变桥电路驱动力矩电动机。

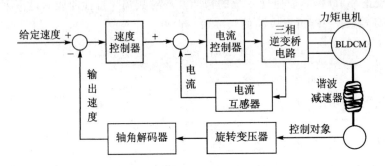

图 5-54 速率伺服系统组成简图

上述速率伺服系统一般采用速度环和电流环双闭环控制。图 5-55 为包括速度环、电流环控制器的框架伺服系统动力学模型的结构图。

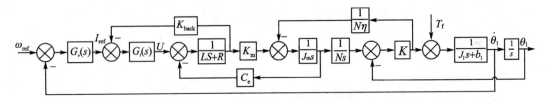

图 5-55 伺服系统动力学模型结构图

ω_{ref} 为指令角速度;U 为力矩电动机的输入电压;L 与 R 分别为力矩电动机两相绕组电感值与电阻值;K_m、J_m 和 C_e 分别为力矩电动机的力矩系数、电动机端的转动惯量和电动机的反电动势系数;θ_l 为负载端角位置;b_l 为负载端粘性阻尼系数;η、N 和 K 分别为谐波减速器的力矩效率、传动比和刚度系数;J_l 为负载转动惯量;T_f 为负载端受到的各种扰动;$G_v(s)$ 为速度环控制器;$G_i(s)$ 为电流环控制器。

电流环、速度环控制器均采用 PID 控制。以表 5-1 中的参数为例,对图 5-55 的速率伺服系统进行仿真。

在电流环控制器中,$G_i(s) = K_{pi}$,将速度环输出 I_{ref} 作为输入,系统角速度 $\dot{\theta}_l$ 作为输出,则其传递函数可以表示为

$$G(s) = \frac{N\eta K_{pi} K_m K}{K_1 s^4 + K_2 s^3 + K_3 s^2 + K_4 s + K_5}$$
(5 - 76)

将 $G(s)$ 作为系统的被控对象,其中

$K_1 = N^2 \eta J_m L J_1$

$K_2 = N^2 \eta J_m (b_1 L + R J_1 + K_{pi} J_1)$

$K_3 = N^2 \eta J_m R b_1 + K N^2 \eta J_m L + K J_1 L + C_e K_m N^2 \eta J_1 + K_{pi} N^2 \eta J_m b_1$

$K_4 = K N^2 \eta J_m R + K R J_1 + K L b_1 + C_e K_m N^2 \eta b_1 + K_{pi} K N^2 \eta J_m + K_{pi} K J_1$

$K_5 = K_{pi} K b_1 + K C_e K_m N^2 \eta$

表 5 - 1　速率伺服系统参数

参数名称	大　小	单　位	参数名称	大　小	单　位
L	1.27	mH	J_m	0.004 2	kg・m²
R	17.6	Ω	J_1	2.024 2	kg・m²
N	100	—	K_{back}	1	—
K_m	0.982	N・m/A	K_{pi}	1.4	
K	26 181	Nm/rad	C_e	0.974	V/(rad・s⁻¹)
b_1	0.06	Ns/rad	η	0.681	—

　　系统的阶跃响应及伯德图分别如图 5-56 和图 5-57 所示。静态误差为零,$t_s = 0.5$,且低频的幅频特性十分平滑。

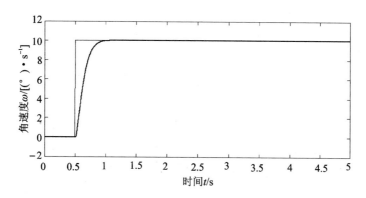

图 5 - 56　系统阶跃响应

　　对图 5-55 所示的速率伺服系统进行 0.175 $\sin(2\pi t)$ rad/s 正弦随动控制,其速度波形如图 5-58 所示,速率伺服系统的给定转速 R_v 和实际转速 $\dot{\theta}_1$ 的幅值差仅为 3.2 %,相位滞后仅为 0.13 rad,很好地满足了 1 Hz 的带宽要求。

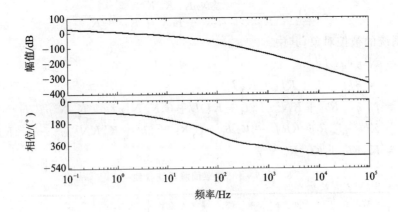

图 5 - 57　系统的伯德图

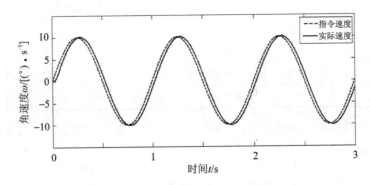

图 5 - 58　速率伺服系统正弦随动控制的速度波形

习　　题

1. 用简图描述伺服系统的组成及各部分功能。

2. 简述控制系统的要求有哪些?

3. 用简图表示步进电动机驱动系统的组成原理。

4. 图 5 - 44 为脉冲信号发生器示意图。其中,运算放大器 A_1 为延迟比较器,运算放大器 A_2 为积分器。按正反馈方式连接运算放大器 A_1 和 A_2,共同组成自激振荡三角波发生器。工作时,运算放大器 A_1 的输出为方波,A_2 的输出为三角波。三角波的频率由积分器时间常数 R_8、C 决定,R_7 用来微调频率,R_4 用来调节幅值。D_1、D_2、D_3、D_4 为 4 个硅二极管,T_1、T_2 为三极管。当在 Q 端输入给定电压 U_{in} 时,则 U_k 端将会输出相应宽度的脉冲波。试用简图说明脉宽调制原理,并计算振荡频率和输出振幅。

5. 为防止电动机启动时产生过大的冲击电流,系统中设置了限流环节。它由电流检测和死区电路两部分组成。死区电路采用桥路形式,接在运算放大器的反馈回路中,如图 5.1 所示。其中,4 只二极管 D_1、D_2、D_3、D_4 的导通与输入回路中的直流 I_i 有关。试说明限流的工作状态,并计算限流环节的死区电压。

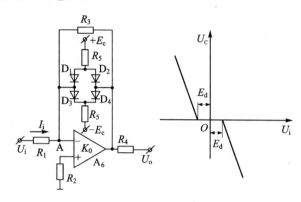

图 5.1 限流环节

6. 根据比例-积分-微分调节器简图(见图 5.2),推导系统的传递函数。调节器的输入-输出应具有如下关系:

$$U_{sc}(t) = K_P\left[U_{sr}(t) + \frac{1}{\tau_1}\int_0^t U_{sr}(t)\,\mathrm{d}t + \tau_D\,\frac{\mathrm{d}U_{sr}(t)}{\mathrm{d}t}\right] \tag{5-77}$$

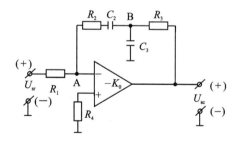

图 5.2 调节器简图

第6章 精密光学系统设计

在人类改造自然的进程中,基于光学技术的方法和仪器占据重要地位。利用光学方法进行观察和测量具有非接触、非破坏、测量精度高、测量速度快和空间分辨力高等优点。特别是随着电子技术、计算机、信号处理等技术的发展,利用图像处理可以实现自动测量、自动识别和生产过程的自动控制,极大地促进了光学仪器的发展。

本章将对光学仪器的基本组成进行阐述,着重讨论基本光学系统的特性和设计方法。

6.1 光学仪器的基本组成

光学仪器从本质上讲是一种传递信息的工具,它的组成主要包括:光源、观测目标、传输介质、光学系统和机构、接收器、信号处理、显示、存储和传输等(见图 6-1)。其中光学系统和机构是信息的调制器,它将目标的信息按预定的形式加以转换。接收器包括人的眼睛、各种光电、热电或光化学元件,其目的是将信息进行处理,以便显示、存储和传输等。光学系统与光源、接收器的性能密切相关,因此光学系统设计实际上就是根据信息源及接收器的特征,按规定的功能确定相应的光学系统和机构。

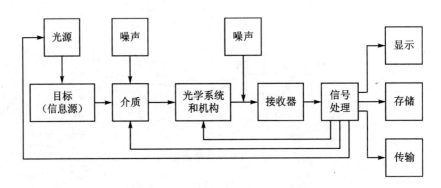

图 6-1 光学仪器中信息的传递

大多数光学系统都是由基本光学系统组合和改进形成的,可以利用这些基本光学系统作为模块,设计出满足使用要求的各种光学系统。

光学系统主要分为三类,即照相系统、显微系统和望远系统。

6.2 光辐射源及其特征

6.2.1 辐射的基本定律

1. 普朗克黑体辐射定律

物体的热辐射能量取决于物体的温度。绝对黑体的单色辐射出射度 $M_\lambda(T)$ 与热力学温度 T 的关系遵循普朗克黑体辐射定律（The Black Distribution Law），可用下式表示：

$$M_\lambda(T) = \frac{C_1}{\lambda^5} \frac{1}{\mathrm{e}^{\frac{C_2}{\lambda T}} - 1} \tag{6-1}$$

式中　$C_1 = 2\pi c^2 h = 3.741\ 3 \times 10^8\ \mathrm{W} \cdot \mu\mathrm{m}^4/\mathrm{m}^2$，为第一辐射常数；

$C_2 = hc/k = 1.438\ 8 \times 10^4\ \mu\mathrm{m} \cdot \mathrm{K}$，为第二辐射常数；

c——光速；

h——普朗克常数；

k——玻耳兹曼常数，$k = 1.380\ 6 \times 10^{-23}\ \mathrm{J} \cdot \mathrm{K}^{-1}$；

$M_\lambda(T)$——在 2π 立体角内的光谱辐射出射度。

2. 维恩位移定律

由图 6-2 所示的黑体单色辐射出射度与波长及温度之间的关系曲线可以看出，在任意给定的温度下，曲线均有最大值，最大值对应的波长称为峰值波长 λ_m。当温度升高时，λ_m 向短波的方向移动，反之则向长波的方向移动。λ_m 和温度 T 之间的关系可用维恩位移定律（Wien Displacement Law）描述：

$$\lambda_m = \frac{2\ 897.8\ \mu\mathrm{m} \cdot \mathrm{K}}{T} \tag{6-2}$$

式中，λ_m 以 $\mu\mathrm{m}$ 为单位，T 以 K 为单位。

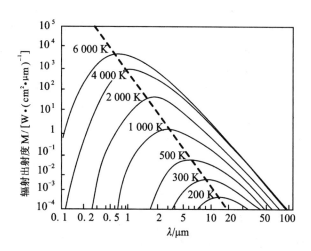

图 6-2　单色辐射出射度与波长及温度之间的关系

例如，当 $T = 3\ 000\ \mathrm{K}$，$\lambda_m = 0.97\ \mu\mathrm{m}$ 时，峰值波长在红外区；当 $T = 5\ 000\ \mathrm{K}$，$\lambda_m = 0.58\ \mu\mathrm{m}$ 时，峰值波长在黄光区。

3. 瑞利-金斯定律

当 λT 远大于 C_2 时，辐射出射度的计算可由瑞利-金斯定律（Reyleigh – Jeans Law）得到，即

$$M_\lambda(T) = \frac{C_1 T}{C_2 \lambda^4} = \frac{2\pi ck T}{\lambda^4} \qquad (6-3)$$

4. 斯忒藩-玻耳兹曼定律

黑体总辐射出射度满足斯忒藩-玻耳兹曼定律（Stefan – Boltzman Law），即

$$M = \sigma T^4 \qquad (6-4)$$

式中，$\sigma = 5.668\ 6 \times 10^{-8}\,\text{W}/(\text{m}^2 \cdot \text{K}^4)$，称为 Stefan – Boltzman 常数。

5. 万用黑体曲线

利用维恩位移定律，并设

$$C_3 = 2\ 897.8\ \mu\text{m} \cdot \text{K}$$

代入式（6-1）得

$$M_\lambda(T) = \frac{C_1}{\lambda^5} \frac{1}{\exp\left(\dfrac{C_2 \lambda_\text{m}}{C_3 \lambda}\right) - 1}$$

再除以 λ_m 时的辐射出射度得

$$\frac{M_\lambda(T)}{M_{\lambda_\text{m}}(T)} = \frac{\lambda_\text{m}^5}{\lambda^5} \frac{\exp\left(\dfrac{C_2}{C_3}\right) - 1}{\exp\left(\dfrac{C_2 \lambda_\text{m}}{C_3 \lambda}\right) - 1} \qquad (6-5)$$

以此方程画出的曲线是 λ/λ_m 的函数，与温度无关。

6. 非黑体源的辐射

温度为 T 的实际光源，其辐射亮度一般小于由普朗克定律计算出的数值。

定义光源的发射率为

$$\varepsilon(\theta, \varphi, \lambda, T) = \frac{L_\lambda(\theta, \varphi, \lambda, T)\,|_{\text{实际光源}}}{L_\lambda(\theta, \varphi, \lambda, T)\,|_{\text{黑体}}} \qquad (6-6)$$

式中，θ、φ 是角度，确定测量辐射亮度的方向。

在某些情况下发射辐射的方向并不重要，在半球范围的发射率定义为光源的辐射出射度和同一温度下黑体的辐射出射度之比：

$$\varepsilon_\lambda(\lambda, T) = \frac{M_\lambda(\lambda, T)\,|_{\text{光源}}}{M_\lambda(\lambda, T)\,|_{\text{黑体}}} \qquad (6-7)$$

当辐射的光谱和方向均不重要时，式（6-7）可写为

$$\varepsilon(T) = \frac{M(T)\,|_{\text{光源}}}{M(T)\,|_{\text{黑体}}} = \frac{M(T)\,|_{\text{光源}}}{\sigma T^4} \qquad (6-8)$$

7．色　温

实际的发光体不是黑体,它在 $T(K)$ 时的分布曲线和黑体在 T_c 时的分布曲线相同,称 T_c 为该物体的色温。例如太阳在海平面上测得的色温为 5 600 K、功率为 200 W 的钨丝灯的色温为 3 200 K。

6.2.2　光谱的选择性

具有光谱选择性的光辐射源是指其光谱辐射出射度和黑体曲线不相匹配的光源。一般来说,它们具有较窄的波长或频率范围。图 6-3 给出了光谱选择发射的例子。

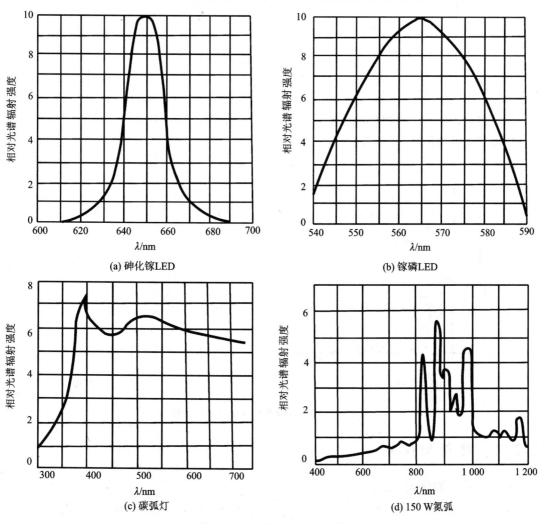

(a) 砷化镓LED　　(b) 镓磷LED

(c) 碳弧灯　　(d) 150 W 氙弧

图 6-3　光源的光谱选择性

6.2.3 常见的辐射源

常见的辐射源一般包括相干辐射源与天然辐射源两种。相干辐射源包括激光光源和窄带光源以及窄带滤波器所得的光辐射。表6-1给出了常见单色相干光源的谱线宽度和相干长度。

表6-1 常见单色相干光源的谱线宽度和相干长度

参数 光源	波长 λ/nm	谱线宽度 $\Delta\lambda$/nm	相干长度 L_0/cm
氪 86	606.78	0.000 47	77
镉	643.850 33	0.0013	30
钠	589.3	0.6	0.06
汞	546.1	0.01	3
氦氖激光	632.8	10^{-8}	36×10^5

天然辐射源一般指太阳与月亮等星体。图6-4给出了太阳、月亮等星体的辐照度(投影在单位面积上的辐射通量)分布曲线。

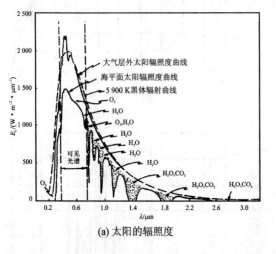

(a) 太阳的辐照度

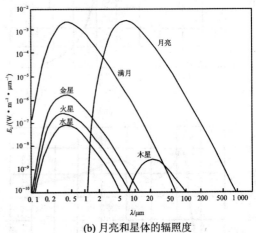

(b) 月亮和星体的辐照度

图6-4 天然辐射源辐照度的分布曲线

6.2.4 辐射的传输

1. 大气中的传输特性

辐射通过大气时,气体分子、水汽、固体粒子及水滴的吸收与散射,使辐射的通量衰减。图6-5为在海平面上测量的大气透过率曲线。

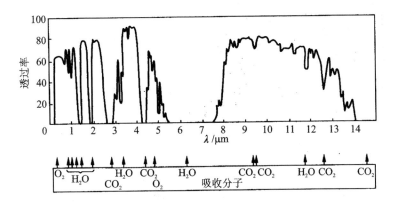

图 6-5 大气透过率曲线

2. 亮度定理

当光束穿过没有损失的光学系统时,其基本亮度(单位投影面积上的发光强度)L/n^2 保持不变,因此有

$$\frac{L_1}{n_1^2} = \frac{L_2}{n_2^2} \qquad (6-9)$$

式中　　n_1、n_2——分别为媒质的折射率;

　　　　L_1、L_2——分别为亮度。

所以光学系统不可能使像的基本辐亮度(物体表面一点处的单位面元在给定方向上单位立体角、单位投影面积内发出的辐射通量)超过光源。

3. 像面照度计算

公式 1:

$$E_1 = \pi \frac{L_0}{n_0^2} n_1^2 \sin \theta_1^2 \qquad (6-10)$$

式中　　θ_1——像方孔径角。

或

$$E_2 = \frac{1}{4} \pi L_0 \frac{n_1^2}{n_0^2} \left(\frac{D}{f}\right)^2 \qquad (6-11)$$

说明像面照度和相对孔径的平方成正比。

公式 2:

$$E = E_0 \cos^4 \theta \qquad (6-12)$$

式中　　E_0——视场中心的照度;

　　　　θ——视场角。

由式(6-12)可知,视场边缘的照度是下降的。

4. 相干检测的天线定理

为了实现相干检测,应使接收孔径小于临界相干面积。这个条件在外差检测中称为天线定理或天线条件。其数学表达式为

$$A_c = \frac{\lambda^2}{\Omega_s} \qquad (6-13)$$

式中　A_c——临界相干面积;

　　　Ω_s——光源对接收孔径中心所张的立体角。

6.3　人眼及其光学系统

6.3.1　人眼的基本结构

传统的光学仪器是以人眼为接收器的。为克服人眼的局限性,近年来发展了各种光电器件,大大地扩展了光学仪器的感受范围。这些光电器件再加上后续的计算机,还可以组成“机器视觉”系统,进行观测和计量。目前的机器视觉还远远没有达到人眼视觉的程度,许多信息的接收器虽然不是人眼,却仍要转换为可见光谱供人观测或以人-机对话的形式参与分析处理,所以人眼视觉仍是光学仪器中不可缺少的信息接收装置。

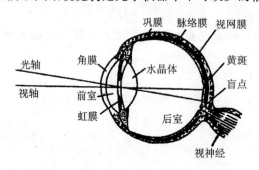

图 6-6　人眼睛的剖视图

人眼相当于一台性能优异的光学仪器,其外观近似于球状,如图 6-6 所示。

人眼作为一台完整的视觉系统,可以把它与一般的光学仪器进行比较:

① 光学系统——由角膜、前室、虹膜、水晶体、后室等组成(虹膜中央的圆孔相当于光阑)。

② 光敏面和信号转换单元——主要是视网膜,它的上面有黄斑和盲点。

③ 信号传输通道——视神经。

下面分别进行说明:

● 角膜由角质组成,它的形状为双球面,厚度约为 0.55 mm,折射率约为 1.377 10。

● 前室充满水状液,厚度约为 3.05 mm,折射率约为 1.337 40。

● 虹膜中央的圆孔称为瞳孔。虹膜可以调节瞳孔的大小,以改变进入眼睛的光能量,故虹膜相当于一个可变光阑。

● 水晶体由多层生理薄膜组成,它的中间层较硬,外层较软。各层折射率也不同,其中最外层为 1.373,中央层为 1.42。在自然状态下,前表面的曲率半径约为 10.2 mm,后表

面的曲率半径约为 6 mm。水晶体周围睫状肌的张弛可以改变前表面的曲率,进而改变眼睛的焦距,使不同远近的物体都能够清晰地成像在视网膜上。从这个意义上讲,水晶体相当于一个可以自由调焦的变焦距系统。

● 后室充满着一种类似于蛋白质的透明液,俗称玻璃液,其折射率约为 1.336 0。

● 视网膜是一层由视神经细胞和神经纤维构成的薄膜,是视觉系统的光敏单元。其中最敏感的区域称为黄斑。黄斑下方是视神经纤维的出口,这里没有感光细胞,不能产生视觉,称为盲点。黄斑上有一块中央凹,直径约为 1.5 mm。

● 脉络膜是包围视网膜的一层黑色薄膜。它可以吸收透过视网膜的光线,禁止其散射,保护感光细胞免受强光的危害。

● 巩膜是一层不透明的白色外皮,将眼球紧紧地包裹住。

● 黄斑中央与眼睛光学系统像方节点的连线称为视轴。这里的视觉最灵敏,具有最高的分辨力。与一般光学仪器相比,眼睛的有效视场很大,可以达到 135°~160°;但是能够清晰识别的视场仅在视轴周围 6°~8°的范围之内。

当眼睛注视某物体时,眼睛依靠周围肌肉的牵动,自动地把该物体的像调整至黄斑上。在观察大范围的景物时,眼球不断地进行转动,以便看清各部分的细节。

视网膜上有两种不同的视觉细胞——锥状细胞和杆状细胞,总数约 1 亿 1 千万个,其中锥状细胞约 700 万个,不足总数的 10 %。锥状细胞在黄斑上的分布最密(约 4 000 个),且每个细胞都有单一的视神经通道,能够独立地传递感光刺激,故黄斑区域具有最高的分辨力。这个区域完全没有杆状细胞。锥状细胞直径为 2~6 μm,长约为 40 μm,其功能是在较高照度下感知景物,并能从物体的明暗和颜色两个方面提取出视觉信息。杆状细胞的直径为 2~4 μm,长约为 60 μm。其细胞数量比锥状细胞多得多,但它不是每个细胞与独立的神经相连,而是多个连通一簇。因此杆状细胞具有极高的视觉灵敏度,在很弱的光能量下也能产生视觉刺激。有资料称,它的视觉灵敏度比锥状细胞高三个数量级,故能在低照度条件下获取景物的亮度信息。但它辨别细节的能力较差,且只能感知明暗程度,不能区分颜色。例如在月光下观察物体,主要是依靠杆状细胞,这时只能感知物体的总体轮廓和形态,但不能了解其细节和颜色。

6.3.2　人眼的光学特性

1. 人眼模型的简化

在许多场合下,选择一个恰当的简化模型来表示人眼是必要的。

通常将人眼作如下简化:

① 认为其两个主点重合(实际相差 0.254 mm)。

② 认为是由一种透明介质完成整个屈光的过程,因而以单一折射面取代眼睛的光学系统,并基于此选择折射球面的曲率半径,使之具有眼睛光学系统的光焦度。这样简化眼在视网膜上造成的物像大小与真实人眼一致。

基于以上思想，至今已有多种简化人眼的方案模型，目前国际上使用较广的是 A. Gull-strand（古尔斯特兰）简化眼，它的光学参数是：

曲率半径 $r = 5.7$ mm；

介质折射率 $n \approx 1.333\ 3$；

视网膜曲率半径 $r' = 9.7$ mm。

因为将其视为空气中的单一折射面，故由上述 r、n 可以算出以下参数：

物方焦距 $f = (-5.7/0.333\ 3)$ mm $= -17.10$ mm；

像方焦距 $f' = (1.333\ 3 \times 17.10)$ mm $= 22.80$ mm；

像方光焦度 $\varphi' = 0.333\ 3/(5.7 \times 10^{-3}) = 58.48$。

这种简化眼模型可用于对与人眼耦合的光电成像系统进行像质评价，即认为在光电成像系统的出瞳处配有上述简化眼，考察从光电成像系统出射的光束，看它们在穿过上述简化眼之后，怎样分布在曲率半径为 9.7 mm 的简化视网膜球面上。这种简化模型也可用于目视仪器的设计。

2. 屈光调节

当正常人眼观察前方无限远的物体时，无须进行屈光调节，其像正好呈现在视网膜上。这时的眼肌处于自然状态，最不易疲劳。因此目视光学仪器的像都应设计在无限远（如望远镜）。

在观察近处物体时眼肌收缩，使水晶体前表面曲率增大，眼的像方焦距变小，后焦点移至视网膜的前方，物体的像仍呈现在视网膜上。为表示眼肌的调节程度，引入"视度"这一概念，用 SD 表示。

若视网膜对应的物方共扼面离眼的距离为 l(m)，则眼的视度为

$$视度 = 1/l(\text{SD}) \tag{6-14}$$

例如当观察 0.5 m 处的物体时，眼的视度为 -2SD。

眼在自然状态下能看清物体的最远距离称为远点距离；而依靠调节能看清物体的最近距离称为近点距离。近点与远点对应的视度之差表示人眼的调节范围，它是屈光能力的标志。

正常人眼在 250 mm 至无限远这一范围内可以轻松地进行调节。故通常把物体置于 250 mm 处进行观察，这一距离也称为明视距离。明视距离对应的视度为 -4SD。但是随着年龄的增长，调节能力降低。在目视仪器中视度一般有 ± 5SD 的调节范围，有的仪器中视度调节范围为 -8SD $\sim +6$SD。

3. 视角与瞳孔

在眼球不转动的情况下，人眼的清晰视角数值为 $6° \sim 8°$。当眼球转动时，以视轴为准，在水平面内往太阳穴方向的视角可达 $95°$，往鼻子方向为 $65°$；在铅垂面内，向上为 $60°$，向下约为 $72°$。对单眼而言，无论在水平面内还是在铅垂面内，其有效视角都不是对称分布的，这是由人体的生理条件决定的。

瞳孔位置:瞳孔在角膜之内,至角膜顶点约 4 mm,至眼睫毛约 8 mm,所以目视仪器的出瞳距不得小于 5 mm;对欧美人,出瞳距还应稍大些。

眼睛的虹膜可以自动改变瞳孔的大小,使之在直径 2~8 mm 范围内变化。例如当白天光线较强时,瞳孔缩到 2 mm;夜晚可扩至 8 mm 左右。在目视仪器中仪器的出瞳应与眼睛瞳孔相适应,因此眼睛瞳孔大小是仪器设计中的一个重要起始数据。它与视场的亮度有关,具体关系如表 6-2 所列。

表 6-2　眼瞳直径与亮度之间的关系

视场亮度/$(cd \cdot m^{-2})$	10^{-5}	10^{-3}	10^{-2}	10^{-1}	1	10	10^2	10^3	2×10^4
眼瞳直径/mm	8.17	7.80	7.44	6.72	5.66	4.32	3.04	2.32	2.24

6.3.3　人眼的视觉特性

1. 眼睛的响应阈值

根据实验可知,最小可探测的视觉刺激是由 58~145 个蓝绿光(510 nm)的量子轰击角膜引起的,这一刺激只有 5~14 个量子到达并作用于视网膜上。

当观察两个亮度不等的相邻面时,眼睛能否区别出来这两个面,取决于它们的照度及衬度。各种照度条件下的衬度阈值如表 6-3 所列,其中 $\Delta L = (L_0 - L_B)$,L_0 是物体亮度,L_B 是背景亮度。实验时是用双目进行观察,观察的时间不限。

表 6-3　最小分辨角及衬度阈值与照度的关系

照度/lx	最小分辨角/(′)	衬度阈值 $\dfrac{\Delta L}{L_B}$ /%
100 000	0.7	4.8
1 000	0.7	1.7
100	0.8	1.8
10	0.9	2.1
1	1.5	3.7
0.1	3	7.8
0.000 1	50	60

2. 眼睛的空间分辨力

当人眼刚能区分两发光点时,此两点对眼的张角称为极限分辨角 α_e;把 $1/\alpha_e$ 称为分辨力或视觉锐度。视网膜中央凹附近密集分布着锥状细胞,其平均直径很小(4~4.5 μm),且每个细胞都有独立的视神经通道,故该区域的分辨力最高(也即分辨角最小,$\alpha_e = 1'$)。在偏离中央凹时，锥状细胞急剧变少，杆状细胞成为视觉感知的主体。杆状细胞的分布较稀，且多个成簇地与一个神经通道相连，因此导致分辨力下降。

在对比良好的情况下直视目标时，不同照度分辨力的平均实测值如表 6-4 所列。在斜视时成像远离黄斑区，分辨力很快降低。

表 6-4　视网膜不同部位的视觉锐度

锐　度 对比度 $c/\%$	白背景亮度/ $(cd \cdot m^{-2})$	4.46×10^{-4}	3.37×10^{-3}	0.034 1	0.063 4	0.151	0.344	1.069	3.438
92.9		18	8.8	3.0	2.2	1.6	1.4	1.2	1.0
76.2		23	11	3.7	2.5	2.0	1.5	1.4	1.2
39.4		33	18	5.2	3.8	2.7	2.3	1.9	1.6
28.4		44	24	7.6	5.1	3.4	2.8	2.2	1.7
15.5		—	40	14	9.5	6.3	5.1	3.9	3.0
9.6		—	—	25	16	8.8	8.0	6.2	4.9
6.3		—	—	29	19	12	8.4	7.2	5.4
2.98		—	—	28	26	21	17	12	
1.77		—	—	—	—	36	30	22	14

眼睛的分辨力可以用视网膜的结构来解释。在黄斑区只有锥状细胞，当两个相邻点的像落在同一个细胞上时，眼睛无法分辨而误认为是一个点；要能分辨出这两个点，它们的像应落在视网膜上至少隔开一个锥状细胞的两个细胞上，并且这两个细胞必须由不同的视神经与大脑相连。锥状细胞的直径是 $3\sim6\ \mu m$，取其平均值 $5\ \mu m$。

若眼球的平均焦距 $f'=20\ mm$，则一个锥状细胞对眼球的张角为

$$\alpha = \frac{0.005}{20} \times 2'' \times 10^5 = 50'' \qquad (6-15)$$

这个数值与实测的分辨角很接近。

3. 眼睛的瞄准精度

瞄准就是使标志物与被观测物或其像相重合的过程，可以用人眼或光电系统来实现。瞄准精度是指标志物与被观测物相互重合的程度。瞄准与分辨之间不是一回事，却又有一定的关系。如图 6-7 所示，两条线落在视网膜上的距离虽小于一个锥状细胞的直径，但由于每条线同时占据几个细胞，这几个细胞传出的信息经视神经与大脑的综合作用，还是能够区别出这两条线的，但是没有瞄准。因此，瞄准精度高于分辨力。瞄准

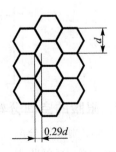

图 6-7　瞄准误差模型

精度还与物体的形状、照度、对比度以及瞄准方式等因素有关。

表 6-5 给出了几种仪器中常用的瞄准方式及瞄准精度,表中的数据是在照度适中、对比度良好的情况下得出的。当条件差时瞄准精度还会降低。

通过仪器进行瞄准时,瞄准精度 α 为

$$\alpha = \alpha_E / \beta \tag{6-16}$$

式中　α_E ——人眼的瞄准精度;

　　　β ——仪器的放大倍数。

表 6-5　瞄准方式及瞄准精度

瞄准方式	简　图	在明视距离的瞄准精度	说　明
单实线重合	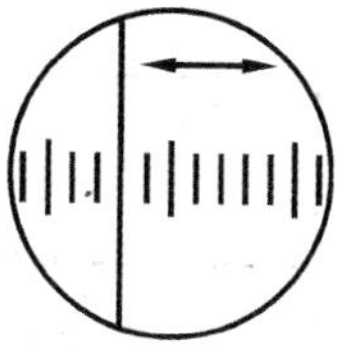	$\pm 60''$	—
单线线端对准	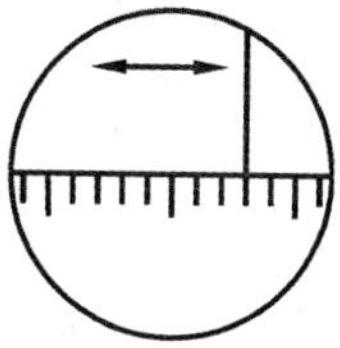	$\pm(10'' \sim 20'')$	—
虚线对实线（或工件轮廓）	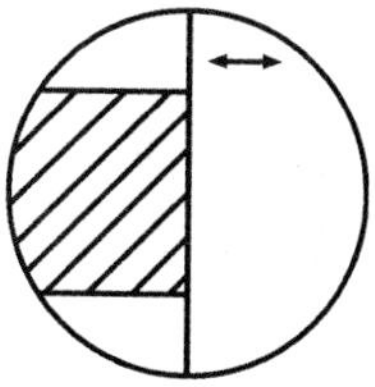	约 $\pm 20''$	此数据取自上海光学仪器厂
双线线端对准	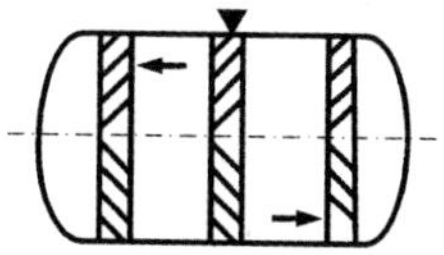	$\pm(5'' \sim 10'')$	对准时,上、下线条同时等速相对移动,亦称"符合对准"或"重合对准"
双线对称跨单线		$\pm 5''$	刻线边缘平整,且刻线与缝宽应严格平行,否则瞄准精度大大降低

4. 眼睛的估读数度

在仪器的读数装置中,相应被测量的指标线一般不会正好落在标准器的整数刻划线上,而是介于其间,因此需要对测量结果进行估读。估读误差与刻线的间隔及刻线的宽度有关,其关系如图 6-8 及图 6-9 所示。从图中可以看出当刻线间隔小于 0.6 mm 时,误差增加很快。但间隔增大则会使标尺结构的尺寸增加。一般刻线间隔应保持在 1～2.5 mm 之间,当刻线宽度为间隔的 1/10 时,读数的精度最高。

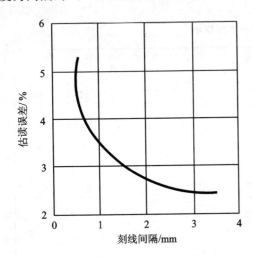

图 6-8　估读误差与刻线间隔之间的关系

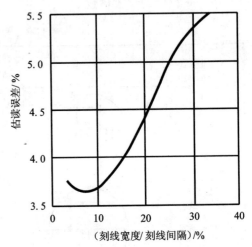

图 6-9　估读误差与刻线宽度之间的关系

5. 双眼视觉

处于不同距离的物体对观察者有不同的张角,如图 6-10 所示。人眼就是根据张角的大小来判断物体的远近,进而得到体视感觉。当 $|\theta'-\theta|\leqslant 10''$ 时,人眼就判别不出其变化,分辨不出物的远近,这就是人眼的体视灵敏阈。

双眼有关的参数如下:

双目瞳孔间的距离:55～74 mm。

双目光轴允许的最大不平行性:

● 水平面内的会聚:3°;

● 水平面内的发散:1°;

● 垂直面内的发散:30′。

观察舒适时允许的不平行性:

● 水平面内的会聚:1°;

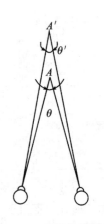

图 6-10　双目体视效应

- 水平面内的发散:20′;
- 垂直面内的发散:10′。

对目视光学仪器,应将上列数据按光学系统的放大率换算成对仪器的相应要求。

6. 眼睛的时间分辨力

当被观察物体以闪烁的方式交替出现时,如果时间间隔小于 120 ms,观察者将不会感到被观察物是断续出现的;如果物体的像在视网膜上不同部位交替出现的时间小于 120 ms,则观察者认为物体在相应的部位间作连续运动,这就是电影的视觉基础。这 120 ms 是正常照度下的时间分辨值。若照度降低,则眼的灵敏度提高,时间响应频率却下降;反之,照度提高后,则眼的灵敏度降低,频率响应却提高。

6.4　光学系统的像差及像质评价

实际光学系统与理想光学系统之间有很大的差异,物空间的一个物点发出的光线经过一个实际的光学系统之后,不再会聚于像空间的一点,而是形成一个弥散斑,弥散斑的大小与系统的像差有关。光学系统设计的目的就是为了校正像差,使光学系统能够在一定的相对孔径下对给定大小的视场成清晰的像。

光学系统对单色光成像时一般产生五种单色像差:球差、彗差、像散、像面弯曲(场曲)和畸变。当对白光成像时,光学系统除对白光中各单色光成分有单色像差之外,还会产生两种色差,即轴向色差和垂轴色差。这些像差的存在影响了光学系统的观测精度,需要根据光学仪器的需求进行相应的校正。

6.4.1　光学系统的像质评价

设计任何光学系统时都必须考虑其像差的校正。但是任何光学系统都不可能也没有必要把所有的像差都校正为零,必然还残存有一定的剩余像差,且剩余像差的大小直接与系统所要求的成像质量好坏有关。因此有必要讨论光学系统所允许存在的剩余像差值及其像质评价。

1. 瑞利(Reyleigh)判断和中心点亮度

(1) 瑞利判断

瑞利判断是根据波像差的大小,即实际成像波面相对于理想球面波的变形程度,来判断光学系统的成像质量。瑞利认为,当实际波面和参考球面波之间的最大波像差不超过 $\lambda/4$ 时,此波面可看作是无缺陷的。该判断提出了光学系统成像时所允许存在的最大波像差公差,它认为当波像差 $W < \lambda/4$ 时,光学系统的成像质量是良好的。

瑞利判断的优点是便于实际应用,因为波像差与几何像差之间的计算关系比较简单,只要利用几何光学中的光路计算得出几何像差曲线,通过对曲线图形的积分就可以方便地得到波像差,由所得到的波像差即可判断出光学系统的成像质量优劣。反之,由波像差和几何像差之间的关系,利用瑞利判断也可以得到几何像差的公差范围,这对实际光学系统的讨论更为有利。

瑞利判断是一种较为严格的像质评价方法,主要适用于小像差光学系统,例如望远物镜、显微物镜、微缩物镜和制版物镜等对成像质量要求较高的系统。

(2) 中心点亮度

瑞利判断是根据成像波面的变形程度来判断成像质量的,中心点亮度是当光学系统存在像差时,依据其成像衍射斑的中心亮度和不存在像差时衍射斑的中心亮度之比 S.D 来表示光学系统的成像质量。当 S.D≥0.8 时,认为光学系统的成像质量是完善的,这就是著名的斯托列尔(K. Strehl)准则。

瑞利判断和中心点亮度是从不同角度提出来的像质评价方法。研究表明,对一些常用的像差形式,当最大波像差为 $\lambda/4$ 时,其中心点亮度 S.D≈0.8,说明上述两种评价成像质量的方法是一致的。图 6-11 给出了任一像点的能量分布图。

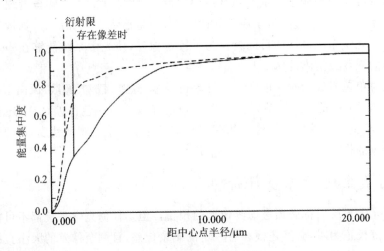

图 6-11　像点的能量分布图

2. 分辨力

分辨力反映光学系统分辨物体细节的能力,是一个很重要的指标参数。可以用分辨力来作为光学系统成像质量的评价方法。

瑞利指出,能分辨的两个等亮度点之间的距离对应艾里斑的半径,即当一个亮点的衍射图案中心与另一个亮点的衍射图案的第一暗环重合时,这两个亮点就能够被分辨出来,如图 6-12(b)所示。根据衍射理论,在无限远物体被理想光学系统形成的衍射图案中,第一暗环半径对出射光瞳中心的张角为

$$\Delta\theta = 1.22\lambda/D \tag{6-17}$$

式中　$\Delta\theta$——光学系统的最小分辨角；

　　　D——出瞳直径。

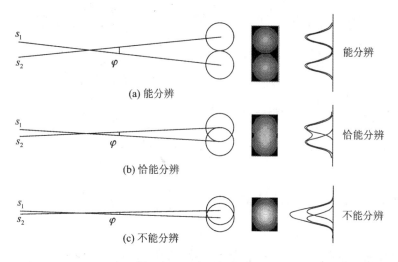

图 6-12　瑞利分辨极限

对 $\lambda = 0.555\ \mu m$ 的单色光,当最小分辨角以($''$)为单位、D 以 mm 为单位来表示时,则

$$\Delta\theta = 140''/D \tag{6-18}$$

式(6-18)是计算光学系统理论分辨力的基本公式,对不同类型的光学系统可由式(6-18)推导出不同的表达形式。

图 6-13 给出了 ISO12233 鉴别率板的缩小示意图。这是一种专门用于数码相机镜头分辨力检测的鉴别率板,图中数字的单位为线对数/mm。

3. 点列图

在几何光学的成像过程中,由一点发出的许多条光线经光学系统成像之后,由于像差的存在,使其与像面的交点不再集中于一点,而是形成一个分布在一定范围内的弥散图形,称之为点列图。在点列图中,利用点的密集程度来衡量光学系统成像质量的方法,称为点列图法。

对于大像差的光学系统(例如照相物镜等),利用几何光学中的光线追迹方法,可以精确地表示出点物体的成像情况。其做法是把光学系统入瞳的一半或全部分成大量的等面积小面元,并把发自物点且穿过每一个小面元中心的光线,认为是代表通过入瞳上小面元的光能量。在成像面上,追迹光线的点子分布密度就代表像点的光强或光亮度。因此对于同一物点,追迹的光线条数越多,则像面上的点子数就越多,越能精确地反映出像面上的光强分布情况。实验表明,在大像差的光学系统中,用几何光线追迹所确定的光能量分布,与实际成像情况的光强分布是相当吻合的。

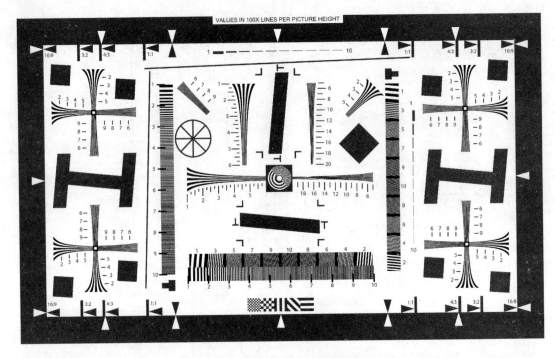

VALUES IN 100X LINES PER PICTURE HEIGHT

图 6 - 13　ISO12233 鉴别率板

　　图 6 - 14 列举了光瞳面上选取面元的方法,可以按直角坐标或极坐标来确定每条光线的坐标。对轴外物点发出的光束,当存在光阑时,只追迹通光面积内的光线。

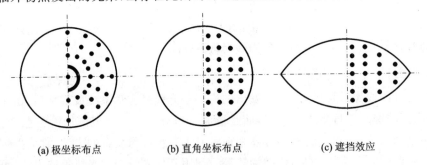

(a) 极坐标布点　　　　　(b) 直角坐标布点　　　　　(c) 遮挡效应

图 6 - 14　光瞳上的坐标选取方法

4. 利用 MTF 曲线来评价成像质量

　　所谓 MTF 是表示各种不同频率的正弦强度分布函数经光学系统成像之后,其对比度(即振幅)的衰减程度的函数(见图 6 - 15)。当某一频率的对比度下降到零时,说明该频率的光强分布已无亮度变化,即该频率被截止。这是利用光学传递函数来评价光学系统成像质量的主要方法。

光学传递函数反映光学系统对物体不同频率成分的传递能力。一般来说，高频部分反映物体的细节传递情况；中频部分反映物体的层次传递情况；低频部分则反映物体的轮廓传递情况。

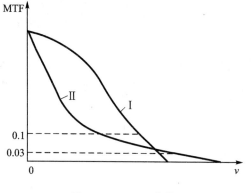

图 6 - 15　MTF 曲线

从理论上可以证明，像点的中心点亮度值等于 MTF 曲线所包围的面积。MTF 所围的面积越大，表明光学系统所传递的信息量越多，光学系统的成像质量越好，图像越清晰。因此在光学系统的接收器截止频率范围内，利用 MTF 曲线所包围面积的大小，来评价光学系统的成像质量是非常有效的。

图 6 - 16(a)的阴影部分为 MTF 曲线所包围的面积，从图中可以看出面积的大小与 MTF 曲线有关。

在一定的截止频率范围内，只有获得较大的 MTF 值，光学系统才能传递较多的信息。图 6 - 16(b)的阴影部分为两条曲线所包围的面积，曲线 I 是光学系统的 MTF 曲线，曲线 II 是接收器的分辨力极值曲线。此两条曲线所包围的面积越大，表明光学系统的成像质量越好。两条曲线的交点为光学系统和接收器共同使用时的极限分辨力，说明此种成像质量评价方法也兼顾了接收器的性能指标。

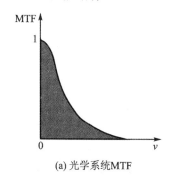

(a) 光学系统MTF

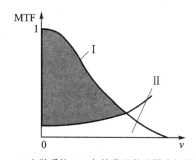

(b) 光学系统MTF与接收器的分辨力极值曲线

图 6 - 16　MTF 曲线所围的面积

5. 基于衍射理论的方法

对于像质要求非常高的光学系统，其像差一般要校正到衍射极限，使用几何光学方法往往得不到正确的评价。例如当绘制点列图时，可能会出现弥散圆直径小于波长的情况。针对这一类系统，只有基于衍射理论的评价方法才能对其成像质量进行客观的评价；大像差系统的成像质量主要由像差决定，但也不能忽略衍射现象的影响。

除了瑞利判断、光学传递函数等方法外,点扩散函数和线扩散函数也是基于衍射理论得到广泛应用的像质评价方法。其中点扩散函数是指一个理想的几何物点,经过光学系统后其像点的能量展开情况(见图 6－17);线扩散函数是指子午面或弧矢面内的几何线经过光学系统后的能量展开情况。真实的点扩散函数和线扩散函数应该利用惠更斯原理(Huygens Method)进行计算,但是计算量太大,所以通常采用快速傅里叶变换算法进行近似处理。

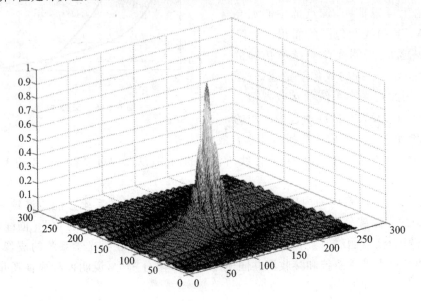

图 6－17　点扩散函数

6.4.2　光学系统的像差公差

不可能也没有必要消除光学系统的所有像差,那么,多大的剩余像差被认为是允许的呢?这是一个比较复杂的问题。因为光学系统的像差公差不仅与像质的评价方法有关,而且还随系统的使用条件、使用要求和接收器性能等的不同而改变。

由于波像差与几何像差之间有着较为方便和直接的联系,因此以最大波像差作为评价依据的瑞利判断是一种方便而实用的像质评价方法。利用它可由波像差的允许值得出几何像差公差,但它只适用于评价望远镜和显微镜等小像差系统。对于其他系统的像差公差则是根据长期设计和实际使用要求得出的,这些公差虽然没有理论证明,但实践证明是可靠的。

1. 望远系统和显微系统的像差公差

这两类系统的物镜视场小、孔径角较大,应保证其轴上物点和近轴物点有很好的成像质量,因此必须校正好球差、色差和正弦差,使之符合瑞利判断的要求。

目镜的视场角较大,一般应校正好轴外点像差;轴上点的像差公差可参考望远物镜和显微物镜的像差公差。

2. 照相系统的像差公差

照相物镜属于大孔径、大视场的光学系统，应当校正全部像差。但作为照相系统接收器的感光胶片或光电接收器有一定的颗粒度，在很大程度上限制了系统的成像质量，因此照相物镜无需有很高的像差校正要求，往往以像差在像面上形成的弥散斑大小（即能分辨的线对）来衡量系统的成像质量。

照相物镜所允许的弥散斑大小应与接收器的分辨力相匹配。不同的接收器有不同的分辨力，照相物镜应根据使用的接收器来确定其像差公差。如荧光屏的分辨力为 4~6 线对/mm；光电变换器的分辨力为 30~40 线对/mm；常用照相胶片的分辨力为 60~80 线对/mm；微粒胶片的分辨力为 100~140 线对/mm；超微粒干板的分辨力为 500 线对/mm。此外，照相物镜的分辨力 N_L 应大于接收器的分辨力 N_d，即 $N_L \geqslant N_d$，所以照相物镜所允许的弥散斑直径应为

$$2\Delta y' = 2 \times (1.5 \sim 1.2)/N_L \tag{6-19}$$

式(6-19)中的系数 1.5~1.2 是考虑了弥散圆的能量分布，也就是把弥散圆直径的 60%~65% 作为影响分辨力的亮核。

对于一般的照相物镜，弥散斑的直径在 0.03~0.05 mm 以内是允许的；对高质量的照相物镜，弥散斑的直径为 0.01~0.03 mm。倍率色差最好不超过 0.01 mm，畸变为 2%~3%。以上只是一般的要求，对一些特殊用途的高质量照相物镜，例如投影光刻物镜、微缩物镜、制版物镜等，其成像质量要比一般照相物镜高得多，弥散斑的大小要根据实际使用分辨力来确定，有些物镜的分辨力可以高达衍射的分辨极限。

6.5　光学系统总体设计原则

任何复杂的光学系统都是由基本光学系统组成的，设计复杂光学系统时应遵循以下原则。

6.5.1　光孔转接原则

每个基本光学系统都有自己的光瞳-孔径光阑、入瞳、出瞳、视场光阑、入窗、出窗。对于由两个以上基本光学系统组成的复杂光学系统，前组基本光学系统的光瞳应与后组基本光学系统的光瞳统一。在图 6-18 中，AP 表示入瞳，EP 表示出瞳。在图 6-18 (a)中，前、后系统的光瞳重合，前一系统出射的光流全部进入后一系统；图 6-18(b)为前、后系统光瞳不重合的情形，这时前一系统出射的光通量只有部分进入后一系统，不仅损失了光能量，而且还会造成杂散光。

对于高倍投影系统，当达不到工作距离的要求时，采用如图 6-19 所示的结构能够很好地

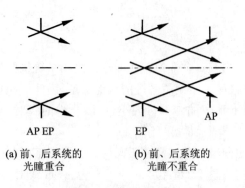

(a) 前、后系统的
光瞳重合

(b) 前、后系统的
光瞳不重合

图 6-18 光孔转接

解决这一问题。图中 2 为前置镜,往往设计成 $-1^{\times}$,它将物体 1 成一中间像 3,然后再经投影物镜 4 将 3 投射于屏 5 上。这时实际的工作距离为 L,投影物镜 4 的工作距离虽小,但并不妨碍工作,且对高倍物镜来说共扼距也不至于过长。前置镜 2 的孔径光阑位于其后焦平面 A 处,此为前置镜 2 的出瞳。投影物镜 4 的孔径光阑位于其后焦平面 B 处。出瞳位于物镜 4 的左方无穷远处。显然两组基本光学系统的光瞳不统一,不仅损失了光能量,还会造成杂散光,更为严重的是会产生较大的测量误差。要解决光瞳不统一的问题,可在 3 处放置一个场镜,使场镜 3 的焦距等于位置 3 到 A 之间的距离。这样物镜 4 的入瞳经过场镜后成像在 A 处,与前置镜 2 的出瞳相重合,满足了光孔转接原则。此外,场镜 3 还减小了物镜 4 的口径,在 3 处还可以放置一块分划板 4,将分划板及中间像同时投影于屏幕 5 上。

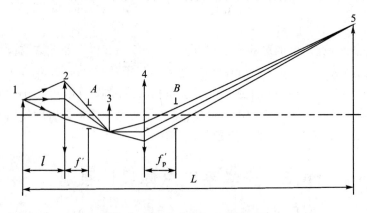

图 6-19 具有前置镜的投影系统

6.5.2 物像空间不变原则

对于由多个基本光学系统组成的共轴系统,满足物像空间不变,即

$$J = nyu = n'y'u' \tag{6-20}$$

或

$$J = ny\tan U = n'y'\tan U' \tag{6-21}$$

式中 n、n'——分别为物方和像方介质的折射率;

y、y'——分别为物高和像高;

u、u'——分别为物方和像方的近轴孔径角;

U、U'——分别为物方和像方孔径角；

J——物像空间不变量,或拉格朗日不变量。

6.6　照明系统设计

6.6.1　照明方式与设计

为了提供必要的照明视场和孔径,光源和照明系统组成的光管必须充满后面光学系统的入瞳和物平面。照明系统是指由光源与集光镜、聚光镜及辅助透镜组成的一种照明装置。它是光学仪器的一个重要组成部分,不少光学仪器在工作的时候,需要用光源进行照明,如投影仪、放映机等。这些仪器一般都是利用光源为物体照明,再通过系统进行成像,为了提高光源的利用率和充分发挥成像光学系统的作用,需要在光源和被照明物平面之间再加入一个聚光照明系统。

根据照明方式的不同,照明系统可以分为光源直接照明和聚光照明两种方式。

1. 直接照明系统

这是最简单的一种照明方式,直接用光源去照射物平面。为了使照明均匀,光源的发光面积要大一些,并且光源离物面越远,所需光源的尺寸就越大,如图 6 - 20(a) 所示。为了充分利用光能,还可以加一块反射镜。反射镜表面涂以冷光膜,使有害的红外光透过而反射出需要的光谱。有时还可以插入一个毛玻璃以使视场均匀。这种照明方式简单,视场较均匀且结构紧凑。但是毛玻璃的散射会使光能的利用率不高,还伴有杂散光,因此这种照明方式只用于对光能要求不高的目视系统。

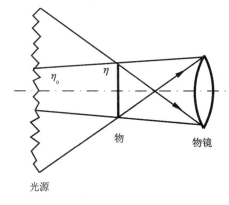

(a) 直接照明系统

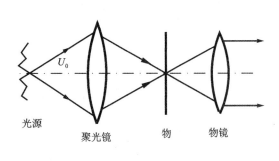

(b) 聚光照明系统

图 6 - 20　照明系统

2. 聚光照明系统

在光源和物平面之间加一个聚光镜,光源发出的光线经聚光镜为投影平面照明。这种照明方式可以提高光源的利用率,也可以缩小光源的尺寸,实现了用小面积的光源照明大面积的物体,如图 6-20(b)所示。

这类光学系统一般由光源、聚光照明系统、成像物镜三个部分构成,如图 6-21 所示。光源发出的光线经聚光镜为投影物平面照明,投影物镜把物平面成像在屏幕上。

聚光照明系统的作用是:

① 提高光源的利用率,使光源发出的光线尽可能多地进入投影物镜。

② 充分发挥成像物镜的作用,使照明光束能够充满物镜的口径。

③ 使成像物平面的照明均匀,即物平面上各点的照明光束口径尽可能一致。

聚光照明系统主要有两种类型。

第一类,把发光体成像在投影物镜的光瞳上,即柯勒照明(见图 6-21)。聚光照明系统的口径由物平面的大小决定。为了缩小照明系统的口径,一般尽量使照明系统和投影物的平面靠近。投影物镜的视场角 ω 决定了照明系统的像方孔径角 U'。为了尽可能提高光源的利用率,应尽量增大照明系统的物方孔径角 U。但增加物方孔径角一方面会使照明系统的结构复杂,另一方面在照明系统口径一定的情况下,光源和照明系统之间的距离将会缩短,这就要求使用体积更小的光源。以上两个方面都限制了 U 角的增大。

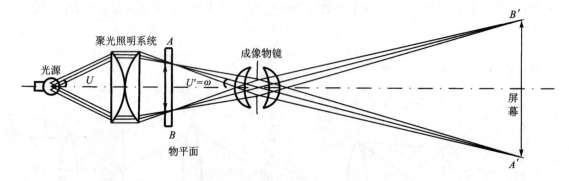

图 6-21 聚光(柯勒)照明系统

照明系统的物方孔径角 U 和像方孔径角 U' 决定照明系统的放大率 β,即

$$\beta = \frac{\sin U}{\sin U'} \tag{6-22}$$

这里垂轴放大率用孔径角的正弦之比代替理想光学系统的孔径角正切之比,是因为照明系统中像差很大,采用理想光学系统的公式时误差会很大;而且在照明系统中像面位置是按边缘光线的聚交点计算的,即投影物镜的入瞳与边缘光线的聚交点重合。

投影物镜的光瞳直径一般是根据像面照度确定的。当物镜的口径确定之后,根据照明系

统的倍率 β 就可以求出充满物镜光瞳所需发光体的尺寸,作为选用光源的依据。

第二类,把发光体成像在投影物平面附近,即临界照明(见图 6-22)。照明系统的像方孔径角 U' 要大于投影物镜的孔径角。为了充分利用光源的光能量,同样要求增大系统的物方孔径角 U 。当 U 和 U' 确定以后,照明系统的倍率 β 就确定了。根据投影物平面的大小,利用放大率公式 $\beta = \dfrac{\sin U}{\sin U'} = \dfrac{y'}{y}$ 就可以求出要求的发光体尺寸,作为最后选定光源的功率和型号的依据。由于发光体直接成像在物平面附近,为了达到比较均匀的照明,要求发光体本身比较均匀,同时使投影物平面和光源像之间有足够的离焦量。投影物镜的孔径角应该取得大一些,因为物镜的孔径角过小,则物镜的焦深很大,容易反映出发光体本身的不均匀性。

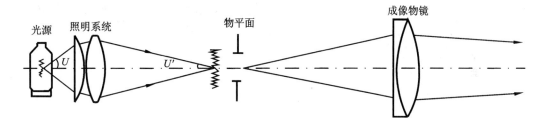

图 6-22 临界照明系统

也可以用反射镜作为聚光照明系统。一般是利用椭球面的反射镜,把光源放在椭球面的一个焦点上,通过椭球面反射以后成像在另一焦点上,如图 6-23 所示。

将反射式聚光镜和透射式聚光系统进行比较,优点是能更充分地利用光能;它对应的物方孔径角 U 可以超过 $90°$,同时不随孔径角的增大而增加光能的损失。近年来由于光学镀膜技术的发

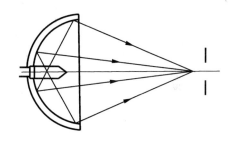

图 6-23 反射式照明系统

展,可在反射镜上镀一层冷光膜,这种膜能反射可见光而透过红外线,减轻被照明物平面过热的问题。照明反光镜的应用范围正在逐步扩大。

从对两类不同照明系统的分析可以看到,照明系统的主要光学特性有两个,一个是它的孔径角,另一个是它的倍率。

6.6.2 照明系统的要求

对照明系统提出以下具体要求:

① 被照明面要有足够的光照度,而且要足够均匀;

② 要保证被照明物点的数值孔径,而且照明系统的渐晕系数与成像系统的渐晕系数应

一致；

③ 尽可能减少杂光,限制视场以外的光线进入,防止多次反射,以免降低像面的对比度和照明的均匀性；

④ 对于高精度的仪器,光源和物平面以及决定精度的主要零部件不要靠得很近,以免造成温度误差。

一般的照明系统只要求物面和光瞳获得均匀照明,因此对像差要求并不严格,因为它并不影响投影物平面的成像质量,而只影响像面的照度。这时只需校正球差和色差,使两个光阑出现清晰的光孔边界像即可。例如在第一类系统中,如果照明系统有较大的球差,则当某一视场角的主光线正好通过物镜光瞳中心时,其他视场的主光线就不通过光瞳中心,可能使投影物镜产生渐晕,如图 6-24 所示。为了减小球差的影响,一般将成像物镜的入瞳和边缘视场的主光线聚交点重合,而不与发光体的近轴像面重合。在第二类照明系统中,像差将引起光源像的扩散,使视场边缘部分的照明不均匀,这样有效的均匀照明范围就缩小了。由于发光体的尺寸一般不大,照明的孔径角 U、U' 比较大,因此照明系统主要的像差是球差。但是对于球差的要求并不严格,不需要完全校正,只要控制在适当范围即可。

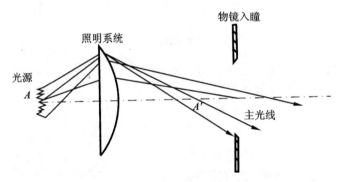

图 6-24 照明系统的渐晕

6.7 典型光学系统设计

6.7.1 望远系统设计

1. 望远系统的基本组成

望远系统是用于观察远距离目标的一种光学系统,相应的目视仪器称为望远镜。由于通过望远光学系统所成的像对眼睛的张角大于物体本身对眼睛的直观张角,因此给人一种"物体被拉近"的感觉。利用望远镜可以更清楚地看到物体的细节,增强人眼观察远距离物体的能力。

望远系统一般是由物镜和目镜组成的,有时为了获得正像,需要在物镜和目镜之间加一棱镜式或透镜式转像系统。其特点是物镜的像方焦点与目镜的物方焦点相重合,光学间隔 $\Delta =$ 0。因此,平行光入射望远系统后,仍以平行光出射。图 6 - 25 给出了一种常见望远系统的光路图。这种望远系统没有专门设置的孔径光阑,物镜框就是孔径光阑,也是入射光瞳。出射光瞳位于目镜的像方焦点之外,观察者在此处观察物体的成像情况。系统的视场光阑设在物镜的像平面处,即物镜和目镜的公共焦点处。入射窗和出射窗分别位于系统的物方和像方的无限远处,均与物平面和像平面相重合。

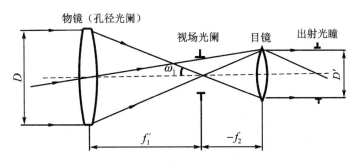

图 6 - 25　望远系统光路图

2. 放大率

望远系统的放大率主要有以下几种:

垂轴放大率:
$$\beta = -\frac{f_2'}{f_1'}$$

角放大率:
$$\gamma = -\frac{f_1'}{f_2'}$$

轴向放大率:
$$\alpha = \left(\frac{f_2'}{f_1'}\right)^2$$

式中　f_1'、f_2'——分别为物镜和目镜的焦距。

　　望远系统的放大率取决于望远系统的物镜焦距和目镜焦距。目视光学仪器更有意义的特性是它的视放大率,即人眼通过望远系统观察物体时,物体的像对眼睛的张角 ω 的正切值与眼睛直接观察物体时物体对眼睛的张角的正切值之比,用 Γ 表示:

$$\Gamma = \frac{\tan \omega'}{\tan \omega} \qquad (6 - 23)$$

$\tan \omega'/\tan \omega$ 是望远系统的角放大率,则

$$\Gamma = \gamma = -\frac{f_1'}{f_2'} \qquad (6 - 24)$$

　　由图 6 - 25 可知,$\dfrac{D}{2f_1'} = \dfrac{D}{2f_2'} = \tan \omega'$,则

$$\Gamma = -\frac{D}{D'} \tag{6-25}$$

式中，D 和 D' 分别为入瞳和出瞳的直径。

可见，视放大率仅仅取决于望远系统的结构参数，其值等于物镜和目镜的焦距之比。欲增大视放大率，必须使 $|f_1'| > |f_2'|$。

表示目视仪器观察精度的指标是它的极限分辨角。若以 $60''$ 作为人眼的分辨极限，为了使望远镜所能分辨出的细节也能被人眼分辨出来，充分利用望远镜的分辨力，则望远镜的视放大率与它的极限分辨角 ψ 应满足如下关系：

$$\psi \Gamma = 60'' \tag{6-26}$$

若减小极限分辨角 ψ，则需增大视放大率 Γ。

望远镜的极限分辨角是指刚刚能被分辨的远方两个发光点之间的最小角间距。

由衍射理论可得

$$\psi = \frac{1.22\lambda}{D} \tag{6-27}$$

式中　　D——望远镜的入瞳直径。

如果 $\lambda = 550$ nm，并将 ψ 化为秒（角度单位），则有

$$\psi = \frac{140''}{D} \tag{6-28}$$

将望远镜的极限分辨角 ψ 代入式(6-26)，就得到了望远镜应该具备的最小视放大率：

$$\Gamma = \frac{60''}{\left(\dfrac{140''}{D}\right)} \approx \frac{D}{2.3} \tag{6-29}$$

由式(6-29)求出的视放大率称为正常放大率，它相当于出射光瞳直径 $D' = 2.3$ mm 时望远镜所具有的视放大率。

由于 $60''$ 是人眼的分辨极限，因此按正常放大率设计的望远镜，必须以很大的注意力去观察物体通过望远镜的像。为了减轻操作人员的疲劳，设计望远镜时宜用大于正常放大率的值，即将工作放大率作为望远镜的视放大率，使望远镜所能分辨的极限角以大于 $60''$ 的视角成像在眼前。工作放大率通常为正常放大率的 $1.5 \sim 2$ 倍。

在瞄准仪器中，仪器的精度用瞄准误差 $\Delta \alpha$ 来表示，它和视放大率之间的关系与式(6-26)相似，只是因瞄准方式不同，需用不同的值代替等号右边的值。

例如当采用压线瞄准时，

$$\Delta \alpha \Gamma = 60'' \tag{6-30}$$

当采用对线、双线或叉线瞄准时，

$$\Delta \alpha \Gamma = 10'' \tag{6-31}$$

由此可见，望远镜的视放大率越大，它的瞄准精度越高。

望远系统的视放大率与仪器结构尺寸之间的关系由式(6-24)和式(6-25)给出。当目镜的焦距确定时,望远镜物镜的焦距随视放大率的增大而加大;当目镜所要求的出瞳直径确定时,望远镜物镜的直径随视放大率的增大而加大。这种关系在军用望远镜设计中显得非常重要。体积和重量问题往往是军用仪器增大视放大率的障碍。

选取望远系统的视放大率也需要考虑具体的使用条件。例如大气抖动可能引起景物抖动达 $1''\sim2''$ 之多,为了减小这种现象对成像清晰度的影响,地面观测瞄准仪器的视放大率不宜太大,通常为 $30^{\times}\sim40^{\times}$。处于抖动状态使用的望远镜,视放大率更小,手持望远镜的视放大率不超过 $8^{\times}$,超过 $8^{\times}$ 者需要使用支架固定。

3. 视 场

望远系统的视场应能看到欲观测的范围,在精密测量系统中主要在视场中心进行瞄准,因而视场不大,一般只有 $1°\sim3°$。在自准直仪中,视场取决于仪器的测角范围。系统的放大率与物方视场及目镜视场的关系为 $\tan\omega'=\gamma\tan\omega$,因此放大率与物方视场受目镜视场的约束,当两者都很大时,要求有大视场的目镜与之相匹配。当不能满足时,可在结构上使望远镜筒摆动来扩大仪器的观察范围。

4. 焦 距

焦距与放大率之间的关系为 $\gamma=\dfrac{f'_{ob}}{f'_{oc}}$,当放大率 γ 确定之后,由于目镜的焦距 f'_{oc} 应满足对分划板观察的要求,如果使分划板上刻线间隔的视见宽度达到 $1\sim2.5\ \text{mm}$,则物镜的焦距 f'_{ob} 就确定下来了。

5. 出瞳直径

出瞳直径与以下因素有关:

① 出瞳直径应与人眼瞳孔的尺寸相适应。眼瞳的直径与望远镜的使用环境有关。若使出瞳直径与眼瞳一致,则可充分利用物镜的鉴别率。

② 当被观察物体的像面与分划板不重合时,若观测者通过仪器出瞳进行观察的方向与光轴不平行,则会出现视差。视差随出瞳直径增大而变大。像面与分划板的不重合,或多或少总是存在的,因此用做测量的仪器(如经纬仪、测角仪等),其出瞳直径都应较小(约 1 mm),以限制视差。

③ 视网膜上的照度即人眼的主观亮度与仪器出瞳直径的平方成比例。

④ 当仪器使用中伴随有较大的振动时,为使目标不丢失,应有较大的出瞳。

6. 像差补偿

望远物镜有折射式、反射式和折反射式三种形式。

由于望远物镜要和目镜、棱镜或透镜式转像系统配合使用,因此在设计物镜时应当考虑到它和其他部分的像差补偿。在物镜光路中有棱镜的情况下,物镜的像差应当和棱镜的像差互相补偿。棱镜中的反射面不产生像差,棱镜的像差等于展开以后的玻璃平板的像差。由于玻璃平板的像差和它的位置无关,因此不论物镜光路中有几块棱镜,也不论它的相对位置如何,只要它们所用的材料相同,都可以合成为一块玻璃平板来计算像差。另外,目镜中通常有少量剩余球差和轴向色差,需要物镜给予补偿,所以物镜的像差常常不是真正校正到零,而是要求它等于指定的数值。在装有分划镜的情况下,由于要求能够同时看清目标和分划镜上的分划线,因此分划镜前后的两部分系统应当尽可能分别消除像差。

望远物镜的相对孔径和视场都不大,要求校正的像差也比较少,所以它们的结构一般比较简单,多数采用薄透镜组或薄透镜系统。它们的设计方法大多建立在薄透镜系统初级像差理论的基础上,设计的理论比较完善。

以上为望远镜系统的主要参数,它们之间既有联系,又相互制约,应按仪器的主要用途来确定这些参数值。

6.7.2 显微镜的设计

1. 显微镜及其光学特性

显微光学系统是用来帮助人眼观察近距离物体微小细节的一种光学系统。由其构成的目视光学仪器称为显微镜,它是由物镜和目镜组合而成的。显微镜和放大镜的作用相同,都是把近处的微小物体通过光学系统后形成一放大的像,以供人眼观察;区别是通过显微镜所成的像是实像,且显微镜比放大镜具有更高的放大率。

显微镜的光学特性主要有衍射分辨力和视放大率。由于显微镜物镜决定了物点能够进入系统成像的光束大小,因此显微镜的光学特性主要是由它的物镜决定的。

光学计量仪器中显微系统可分为两类:一类用来观察物体表面的微观轮廓,另一类用来瞄准或读数。前一类的关键是分辨力,并由此来决定系统的数值孔径、放大率等一系列参数;后一类则应从瞄准、读数精度出发来决定其参数。

2. 显微镜成像原理

图 6-26 是物体被显微镜成像的原理图。为便于分析,把物镜 L_1 和目镜 L_2 均以单块透镜表示。物体 AB 位于物镜前方,离物镜的距离大于物镜的一倍焦距但小于两倍焦距。物体 AB 经物镜以后形成一个倒立的放大实像 $A'B'$。$A'B'$ 位于目镜的物方焦点 F_2 上,或者在很靠近 F_2 的位置上,再经目镜放大为虚像 $A''B''$ 后供人眼观察。虚像 $A''B''$ 的位置可以在无限远处(当 $A'B'$ 位于 F_2 上时),也可以在观察者的明视距离处(当 $A'B'$ 在图中焦点 F_2 的右边时),具体取决于 F_2 与 $A'B'$ 之间的距离。目镜的作用与放大镜一样,不同的是眼睛通过目镜看到的不是物体本身,而是物体被物镜所反向的、放大了的像。

由于经过物镜和目镜的两次放大,因此显微镜总的放大倍率 Γ 是物镜放大倍率 β 和目镜放大倍率 Γ_1 的乘积。和放大镜相比,显微镜具有高得多的放大率,并且通过更换不同放大倍

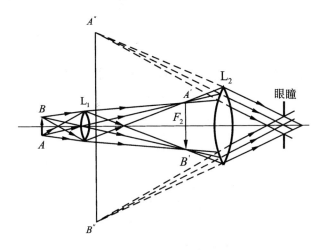

图 6 - 26　显微镜成像原理图

率的目镜和物镜,能方便地改变显微镜的放大率。在显微镜中存在着中间实像,可以在物镜的实像平面上放置分划板,对被观察物体进行测量。在该处还可以设置视场光阑,用以消除渐晕现象。

物体被物镜成的像 $A'B'$ 位于目镜的物方焦面上或者附近,相对于物镜像方焦点的距离 $x' \approx \Delta$,其中 Δ 为物镜和目镜的焦点间隔,在显微镜中称为光学筒长。

设物镜的焦距为 f'_1,则物镜的放大率为

$$\beta = -\frac{x'}{f'_1} = -\frac{\Delta}{f'_1} \tag{6-32}$$

物镜的像再次被目镜放大,其放大率为

$$\Gamma_1 = \frac{250}{f'_2} \tag{6-33}$$

式中　　f'_2 ——目镜的焦距。

显微镜的总放大率为

$$\Gamma = \beta\Gamma_1 = -\frac{250\Delta}{f'_1 f'_2} \tag{6-34}$$

可见,显微镜的放大率和光学筒长成正比,和物镜及目镜的焦距成反比;并且,由于式中有负号,当显微镜具有正物镜和正目镜时(一般如此),整个显微镜将给出倒置的像。

根据几何光学中合成光组的焦距公式可知,整个显微镜的总焦距和物镜及目镜焦距之间满足以下公式:

$$f' = -\frac{f'_1 f'_2}{\Delta} \tag{6-35}$$

代入式(6-34)可得

$$\Gamma = \frac{250}{f'} \qquad\qquad (6-36)$$

式(6-36)与放大镜的放大率公式具有完全相同的形式。可见,显微镜实质上就是一个复杂化了的放大镜。由单组放大镜发展成为由一组物镜和一组目镜组合起来的显微镜,比单组放大镜具有更多的优点。

3. 显微镜中的光束限制

(1) 显微镜的孔径光阑

在显微镜中,孔径光阑按如下的方式设置:对于单组的低倍物镜,物镜框就是孔径光阑,它被目镜所成的像是整个显微镜的出瞳,显然要在目镜的像方焦点之后;对于由多组透镜组成的复杂物镜,一般以最后一组透镜的镜框作为孔径光阑,或者在物镜的像方焦面上,或其附近设置专门的孔径光阑。后一种情况如果孔径光阑位于物镜的像方焦面上,则整个显微镜的入瞳在物方无限远处。出瞳则在整个显微镜的像方焦面上,其相对于目镜像方焦点的距离为

$$x'_F = -\frac{f_2 f'_2}{\Delta} = \frac{f'^2_2}{\Delta} \qquad\qquad (6-37)$$

式中　f'_2——目镜焦距;

　　　Δ——光学筒长,并且总是正值。

因此 $x'_F > 0$,即此时出瞳所在的显微镜像方焦面位于目镜像方焦点之外。

如果孔径光阑位于物镜像方焦点附近相距为 x'_1 的位置(见图6-27),则整个显微镜的出瞳相对于目镜像方焦点的距离为

$$x'_2 = \frac{f_2 f'_2}{x'_1 - \Delta} = \frac{f'^2_2}{\Delta - x_1} \qquad\qquad (6-38)$$

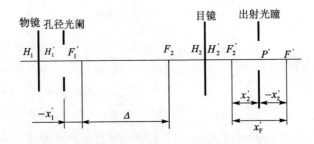

图 6-27　显微镜出瞳与光阑位置的关系

显微镜出瞳相对于显微镜像方焦点的距离为

$$x'_Z = x'_2 - x'_F = \frac{f'^2_2}{\Delta - x'_1} - \frac{f'^2_2}{\Delta} = \frac{x'_1 f'^2_2}{\Delta(\Delta - x'_1)} \qquad\qquad (6-39)$$

式(6-41)中的 x'_1 与 Δ 相比较是一个很小的值,故上式可表示为

$$x_{Z}' = \frac{x_1' f_2'^2}{\Delta^2} \tag{6-40}$$

由于 x_1' 是一个很小的值，$f_2'^2/\Delta^2$ 也是一个很小的数，约为几十分之一甚至几百分之一，因此 x_Z' 的值很小。这说明即使孔径光阑位于物镜像方焦点的附近，整个显微镜的出瞳仍可认为与显微镜的像方焦面重合，即总是在目镜像方焦点之外距离 x_F' 处。所以用显微镜进行观察时，观察者的眼瞳总是可以与出瞳相重合。

(2) 显微镜出瞳直径

图 6-28 画出了像方空间的成像光束。设出瞳和显微镜的像方焦面重合，$A'B'$ 是物体 AB 被显微镜所成的像，大小为 y'。

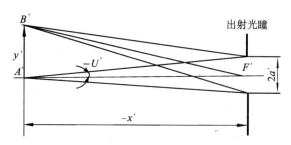

图 6-28　像空间成像光束示意图

出瞳半径为

$$a' = x' \tan U' \tag{6-41}$$

由于显微镜的像方孔径角 U' 很小，故可用正弦来代替其正切，即

$$a' = x' \sin U' \tag{6-42}$$

另外，显微镜应满足正弦条件，即

$$n' \sin U' = \frac{y}{y'} n \sin U \tag{6-43}$$

式中

$$\frac{y}{y'} = \frac{1}{\beta} = -\frac{f'}{x'} \tag{6-44}$$

显微镜中的 n' 总等于 1，因此

$$\sin U' = -\frac{f'}{x'} n \sin U \tag{6-45}$$

代入式(6-42)得

$$a' = -f' n \sin U = -f' \mathrm{NA} \tag{6-46}$$

式中，$\mathrm{NA} = n \sin U$，称为显微镜物镜的数值孔径，是表征显微镜物镜特性的一个重要参数。此外，公式中的负号没有实际意义。

若将公式

$$f' = \frac{250}{\Gamma} \qquad\qquad (6-47)$$

代入式(6-46),则得

$$a' = 250 \frac{\mathrm{NA}}{\Gamma} \qquad\qquad (6-48)$$

可见,当已知显微镜的放大率 Γ 及物镜数值孔径 NA 时,可以求得出瞳的直径 $2a'$。表6-6列出了三大放大率、数值孔径及出瞳孔径之间的关系。

表6-6　放大率和数值孔径及出瞳孔径之间的关系

Γ	$1\,500^\times$	$600^\times$	$50^\times$
NA	1.25	0.65	0.25
$2a'/\mathrm{mm}$	0.42	0.54	2.50

可以看出,显微镜的出瞳很小,一般小于眼瞳的直径;只有当放大率较低时,才能达到眼瞳的大小。

(3) 显微镜的视场光阑和视场

显微镜的视场被安置在物镜像平面上的视场光阑所限制。在显微镜中由于入射窗与物平面相重合,因此在观察时可以看到界限清楚和照度均匀的视场。

与放大镜一样,显微镜的视场也是以在物平面上所能看到的圆直径来表示的,该范围内物体的像应该充满视场光阑。因此,视场光阑的直径和线视场大小的比值,就应该是物镜的放大率。

显微镜物镜特别是高倍镜,要提高分辨力就必须有很大的数值孔径。因此,物镜是以很宽的光束来成像的,要首先保证轴上的点和视场中心部分有良好的像差校正。在这种情况下视场一增大,视场边缘部分的像质就会急剧变化,所以一般显微镜只能有很小的视场。通常当线视场 $2y$ 不超过物镜焦距的 $1/20$ 时,成像质量是满意的,即

$$2y \leqslant \frac{f_1'}{20} = \frac{\Delta}{20\beta} \qquad\qquad (6-49)$$

可见,显微镜的视场特别是在高倍物镜时是很小的。

4. 显微镜的景深

当显微镜调焦于某一物平面(称之为对准平面)时,如果位于其前面和后面的物平面仍能被观察者看清楚,则此两平面之间的距离就称为显微镜的景深。

在图6-29中,$A'B'$ 是对准平面的像(称之为景像平面),$A_1'B_1'$ 是位于对准平面之前的物平面的像,它相对于景像平面的距离为 $\mathrm{d}x'$,并设显微镜的出瞳与其像方焦点 F' 重合。

A_1' 点的成像光束在景像平面上截出直径为 z' 的弥散斑,可得如下关系:

$$\frac{z'}{2a'} = \frac{\mathrm{d}x'}{x' + \mathrm{d}x'} \qquad\qquad (6-50)$$

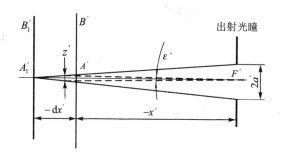

图 6-29 景深计算光路

上式分母 $x' + \mathrm{d}x'$ 中的 $\mathrm{d}x'$ 与 x' 相比,是一个很小的值,可以略去,于是得

$$\mathrm{d}x' = \frac{x'z'}{2a'} \tag{6-51}$$

要使直径为 z' 的弥散斑被肉眼看起来仍是点像,它对出瞳中心的张角 ε' 必须不大于眼睛的极限分辨角。此时 $\mathrm{d}x'$ 的 2 倍就可以认为是在像方能同时看清楚的景像平面前后两个平面之间的深度,即

$$2\mathrm{d}x' = \frac{x'z'}{a'} = \frac{x'^2\varepsilon'}{a'} \tag{6-52}$$

将 $2\mathrm{d}x'$ 换算到物方空间去,即可得到显微镜景深的表达式。显然只要将 $2\mathrm{d}x'$ 除以轴向放大率 α 即可。根据几何光学的有关公式有

$$\alpha = \frac{\mathrm{d}x'}{\mathrm{d}x} = -\beta^2\frac{f'}{f} = -\frac{x'^2}{f'^2}\cdot\frac{f'}{f} = -\frac{x'^2}{ff'} = \frac{n'x'^2}{nf'^2} = \frac{x'^2}{nf'^2} \tag{6-53}$$

由此可得

$$2\mathrm{d}x = \frac{2\mathrm{d}x'}{\alpha} = \frac{nf'^2\varepsilon'}{a'} \tag{6-54}$$

或

$$2\mathrm{d}x = \frac{nf'\varepsilon'}{\mathrm{NA}} = \frac{250n\varepsilon'}{\Gamma\mathrm{NA}} \tag{6-55}$$

可见,显微镜的放大率越高,数值孔径越大,景深越小。

例如有一显微镜 $n = 1$,NA$= 0.5$,设弥散斑的极限角 $\varepsilon' = 0.000\,8$(约 $2.75'$),在 $\Gamma = 10^\times \sim 500^\times$ 之间,按上式计算所得的景深如表 6-7 所列。

表 6-7 放大率和景深的关系

放大率 Γ/倍	10	50	100	500
景深 $2\mathrm{d}x'$/mm	0.04	0.008	0.004	0.000 8

可见,显微镜的景深是很小的。但以式(6-55)所算得的景深值,是在观察时假定眼睛的

调节不变的情况下得到的。实际上眼睛总能在近点和远点之间进行调节,因此实际的景深还应该考虑到眼睛的调节能力。

在像空间,设近点和远点到显微镜出瞳的距离为 p' 和 r'。因出瞳与像方焦面重合,故对于物空间中的近点和远点距为

$$p = \frac{ff'}{p'}, \qquad r = \frac{ff'}{r'} \qquad (6-56)$$

或

$$p = -\frac{nf'^2}{p'}, \qquad r = -\frac{nf'^2}{r'} \qquad (6-57)$$

其差值 $r - p$ 即为通过显微镜观察时,眼睛的调节深度,有

$$r - p = -nf'^2\left(\frac{1}{r'} - \frac{1}{p'}\right) \qquad (6-58)$$

式中,括号内的 r' 和 p' 如果以 m 为单位时,则括号内的值就是以折光度为单位的眼睛的调节范围 $\overline{A}$,故

$$r - p = -0.001nf'^2\overline{A} \qquad (6-59)$$

以 $\Gamma = \dfrac{250}{f'}$ 中的 f' 代入,得

$$r - p = -62.5\frac{n\overline{A}}{\Gamma^2} \qquad (6-60)$$

对于具有正常视力的 30 岁左右的人来说,调节范围 $\overline{A}$ 大约为 7SD,则

$$r - p = -437.5\frac{n}{\Gamma^2} \qquad (6-61)$$

式中的负号仅表示远点在近点的远方(或左方)。

仍以上面所举显微镜为例,求得不同倍数时的眼睛调节深度如表 6-8 所列。

表 6-8　放大率与眼睛调节深度的对应关系

Γ/倍	10	50	100	500
$(r-p)$/mm	4.375	0.175	0.044	0.002

显微镜的景深,是按式(6-55)和式(6-59)算得的 $2\mathrm{d}x$ 和 $r - p$ 之和。

当用显微镜进行观察时,可以通过调焦来看清被观察物体。调焦时不可能把对准平面正好重合于被观察平面,由于具有一定的景深范围,只要将被观察面调焦到位于该范围以内,就可以观察清楚了。从上面的计算例子可以看到,显微镜的景深特别是在高倍时很小,要把被观察平面调焦到这样小的范围内,必须具有微动调焦装置。

5. 显微镜的分辨力和有效放大率

显微镜的分辨力以它所能分辨的两点间的最小距离来表示,即

$$\sigma_0 = \frac{0.61\lambda}{\mathrm{NA}} \qquad\qquad (6-62)$$

式中 λ —— 观测时所用光线的波长;

NA —— 物镜数值孔径。

实际上人眼对两个亮点间照度对比为 1:0.93~1:0.95 时就可以分辨,所以实际分辨力可以比理论分辨力高。

式(6-62)表示显微镜对两个自发光亮点的分辨力。

对于不能自发光的物点,根据照明情况的不同,分辨力是不同的。

阿贝在这方面做了很多研究,当被观察物体不发光而被其他光源照明时,其分辨力为

$$\sigma_0 = \frac{\lambda}{\mathrm{NA}} \qquad\qquad (6-63)$$

在斜照明时的分辨力为

$$\sigma_0 = \frac{0.5\lambda}{\mathrm{NA}} \qquad\qquad (6-64)$$

可见,显微镜对于一定波长光线的分辨力,在像差校正良好时,完全由物镜的数值孔径所决定。数值孔径越大,分辨力越高。这就是希望显微镜要有尽可能大的数值孔径的原因。

当显微镜的物方介质为空气时($n = 1$),物镜可能具有的最大数值孔径为 1,一般只能达到 0.9 左右。当在物体与物镜第一片之间浸以液体,一般当浸以 $n = 1.5 \sim 1.6$(甚至 1.7)的油或高折射率的液体(如杉木油 $n_D = 1.517$,溴化萘 $n_D = 1.656$,二碘甲烷 $n_D = 1.741$ 等)时,数值孔径可达 1.5~1.6。因此,光学显微镜的分辨力基本上与所使用光线的波长具有同一数量级。

对于数值孔径大于 1 的物镜,设计时必须考虑物方介质(即浸液)的折射率。这种物镜称为阿贝浸液物镜。

为了充分利用物镜的分辨力,使已被显微物镜分辨出来的细节能同时被眼睛所看清,则显微镜必须有恰当的放大率,以便把它放大到足以被人眼所分辨的程度。

便于眼睛分辨的角度距离为 $2' \sim 4'$。若取 $2'$ 为分辨角的下限,$4'$ 为分辨角的上限,则在明视距离 250 mm 处能分辨开两点之间的距离 σ' 为

$$(250 \times 2 \times 0.000\ 29)\ \mathrm{mm} < \sigma' < (250 \times 4 \times 0.000\ 29)\mathrm{mm} \qquad (6-65)$$

式中,σ' 为显微镜像空间被人眼所能分辨的线距离。换算到显微镜的物方,相当于显微镜的分辨力乘以视放大率,取 $\sigma_0 = 0.5\lambda/\mathrm{NA}$,得如下表示式:

$$250 \times 2 \times 0.000\ 29 < \frac{0.5\lambda}{\mathrm{NA}}\Gamma < 250 \times 4 \times 0.000\ 29 \qquad (6-66)$$

设所使用光线的波长为 0.000 55 mm,则式(6-66)为

$$527\mathrm{NA} < \Gamma < 1\ 054\mathrm{NA} \qquad\qquad (6-67)$$

或近似写成

$$500\mathrm{NA} < \Gamma < 1\,000\mathrm{NA} \tag{6-68}$$

满足式(6-68)的放大率称为显微镜的有效放大率。

可见,显微镜的放大率取决于物镜的分辨力或数值孔径。当使用比有效放大率下限更小的放大率时,则不能看清楚物镜已经分辨出来的某些细节。如果盲目取用高倍目镜到比有效放大率上限更大的放大率,则是无效放大。

6. 工作距离及焦距的确定

对观察微细结构的物镜,对其工作距离一般没有特殊的要求,物体往往就放在其前焦点附近;若对工作距离有特殊要求,则可采用反射式或折反式物镜。瞄准用显微镜的工作距离应能安全、可靠地满足测量要求(如不碰坏工件或镜头),且操作舒适,因而工作距离较长。若将物镜看成薄透镜,如图6-30所示,其中 l 为物距(此处即为工作距离),l' 为像距,L 为共扼距,由使用要求及结构尺寸决定,则它们之间应满足以下关系:

$$\beta_{\mathrm{ob}} = \frac{l'}{l} \tag{6-69}$$

$$L = l' - l \tag{6-70}$$

因此

$$l = \frac{L}{\beta_{\mathrm{ob}} - 1} \tag{6-71}$$

式中　β_{ob}——物镜的横向(垂轴)放大率。

从薄透镜成像公式可得

$$f'_{\mathrm{ob}} = \frac{-L\beta_{\mathrm{ob}}}{(\beta_{\mathrm{ob}} - 1)^2} \tag{6-72}$$

如果计算出的工作距离不能满足使用要求,则可采用如图6-31所示的反远距型物镜结构,在系统正组1的像方焦点 F'_1 处放一负透镜3,且光阑2亦置此处,使系统的物方主面前移至 H,从而增大工作距离。

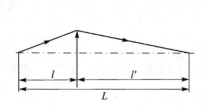

图6-30　物镜作为薄透镜成像

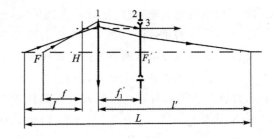

图6-31　反远距型物镜

至于目镜,可将它看成放大镜,其焦距为

$$f'_{\mathrm{ob}} = \frac{250}{\Gamma_{\mathrm{oc}}} \tag{6-73}$$

式中　Γ_{oc} ——目镜的放大率,其大小为

$$\Gamma_{oc} = \frac{\Gamma}{\beta_{ob}} \qquad\qquad (6-74)$$

式中　Γ ——系统的总放大率。

7. 像差校正

对显微镜物镜的像差要求,主要是校正近轴区的球差($\delta L'$)、轴向色差($\delta L'_{FC}$)和正弦差(SC')。此外,设计时针对不同的光学特性要求,在校正上述三种像差的同时,还必须校正它们的边缘像差。有时对孔径的高级像差,如高级球差、色球差和正弦差等也要进行校正。对于视场较大的物镜,还要校正轴外像差。若用于显微照相、显微摄影等特殊用途的物镜,则为了保证清晰的视场,除了校正近轴区的三种像差外,还要求校正场曲、像散、垂轴色差以及二级光谱。

6.8　光电传感系统设计

6.8.1　光电效应及光电传感器

1. 光电效应

某些光敏物质在光的作用下,直接引起物质中电子运动状态发生变化,产生物质的光电子发射、光生伏特或电导率变化等现象,称为光电效应。

光电效应可分为外光电效应和内光电效应两种。

外光电效应是指物质受光照后激发的电子逸出物质的表面,在外电场作用下形成真空中光电子流的现象。这种效应多发生于金属和金属氧化物等材料中,有时也称为光电子发射效应,其中被光能从材料中逐出的电子被称为光电子。

内光电效应则是指某些特殊材料被光照射时,激发的电子并不逸出光敏物质表面,而在物质内部参与导电,使其电导率发生变化或者产生电动势的现象,多发生于半导体内。内光电效应又可分为光电导效应和光生伏特效应。

外光电效应和内光电效应的主要区别在于,受光照而激发的电子,前者逸出物质的表面形成光电子流,后者则在物质内部参与导电。光电效应以及具有光电效应的功能材料,为光电信号的转换提供了一种可实现的途径。不同的光电效应及功能材料可用来设计不同的光电敏感元件,如图 6-32 所示。不同的光电敏感元件又有着不同的光电转换特性,可用做不同的光电传感器设计。利用外光电效应的器件主要有光电管和光电倍增管。利用内光电效应的器件主要有光敏电阻、光敏二极管、光敏三极管、雪崩光电二极管、光电池等。

2. 外光电效应器件

光电管是一种基于光电子发射效应的光敏器件,其光电检测灵敏度和光电信号转换速度

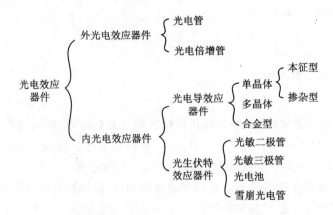

图 6-32　光电效应及光敏元件的分类

都比较高。光电管根据其对光敏感的波长范围不同分为红敏和紫敏两种。

红敏光电管是在其阴极表面涂银和氧化铯(增敏),适用于波长范围为 $625\sim1\,000$ nm 的光信号检测;紫敏光电管适用于波长范围为 $300\sim500$ nm 的光信号检测。所有光电管的原理性结构相同(见图 6-33),但不同用途的光电管可以做成完全不同的形状。

图 6-34 给出了光电管驱动和检测电路原理图。

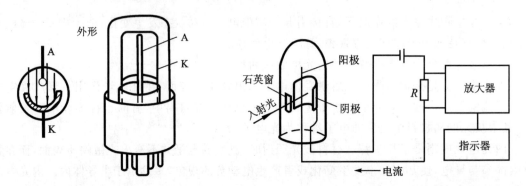

图 6-33　光电管的原理性结构及形状　　图 6-34　光电管驱动和检测电路原理图

尽管光电管敏感器已经具有很高的光电检测灵敏度,但在某些科学分析仪器如单光子检测分析仪器中,有时却需要更高灵敏度的光电敏感器。于是在光电管的基础上又设计出了具有更高灵敏度的光电传感器——光电倍增管。光电倍增管是一种灵敏度极高、响应速度极快的光探测器。光电倍增管的原理性结构如图 6-35 所示,它在光电管的阳极和阴极之间安装上一系列被称为电子倍增极的次阴极,分别称为第一阴极、第二阴极等,最多可达 10 多级。

3. 内光电效应器件

相对于外光电效应,产生内光电效应的外部辅助条件要简单得多。基于内光电效应的光

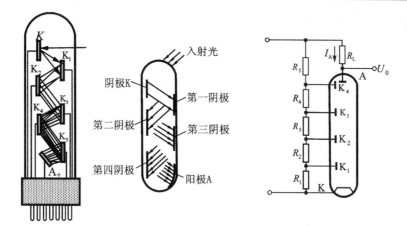

(a) 光电倍增管结构原理图　　　　　(b) 光电倍增管电路原理图

图 6 - 35　光电倍增管的原理性结构示意图

电传感器一般具有体积小、质量轻、工作电压低、功耗低等优点,而且容易制作成各种阵列式传感器结构,在各行各业有着广泛的应用。

(1) 光敏电阻

光敏电阻(见图 6 - 36)是基于光电导效应制成的典型器件。光敏电阻的内部结构非常简单,如图 6 - 36(a)所示,其中绝缘衬底材料起到绝缘和刚性衬底的作用,半导体光敏薄膜材料在不同光照条件下,其电阻发生不同程度的改变,导电电极用于与外部电路的连接。不同半导体光敏材料的光谱特性不同,典型的光敏电阻材料有硫化锡、硒化锡(可见光)、氧化锌、硫化锌(紫外光)、硫化铅、硒化铅、碲化铅(红外光)、硫化铂(近红外光)等金属化合物半导体。图 6 - 36(b)给出了硫化镉、硫化铊、硫化铅等典型光敏电阻材料的光谱响应特性曲线,其中 K_r 为光敏电阻的相对灵敏度。

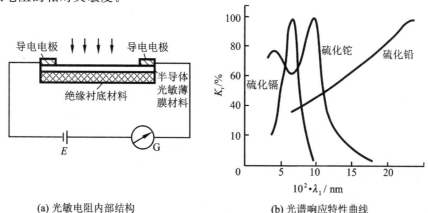

(a) 光敏电阻内部结构　　　　　(b) 光谱响应特性曲线

图 6 - 36　光敏电阻的内部结构与光谱响应特性曲线

光敏电阻的光谱响应范围很宽,从紫外一直到红外,几乎可以用于目前已有的所有种类光源,如 LED、氖灯、荧光灯、白炽灯、激光、火焰光、太阳光等,同时它的灵敏度高、体积小、性能稳定,在许多光电仪器中用做光电传感器的转换元件。

光敏电阻的电阻一般随着光照度的增加而减小,与之呈近似的线性递减关系(见图 6-37)。光敏电阻的温度特性与普通电阻类似,温度变化时容易产生阻值漂移,从而影响其测量灵敏度。为了清楚地描述这一特性,图 6-38 给出了光敏电阻灵敏度的相对变化量 K 与工作温度之间的典型关系曲线。

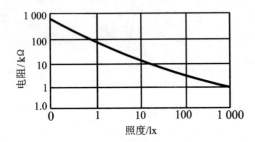
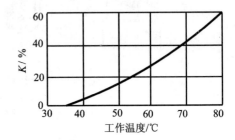

图 6-37　光敏电阻照度与电阻的典型关系曲线　　图 6-38　光敏电阻灵敏度与工作温度的关系曲线

高精度和高灵敏度的光敏电阻测量转换电路,一般需要采用有源的惠氏电桥转换电路来实现。

图 6-39 给出了两种实用的高精度和高灵敏度光敏电阻传感器测量转换电路,其中阻值为 $R(1+\delta)$ 的电阻表示光敏电阻所在位置,$U_\circ$ 为测量输出信号。

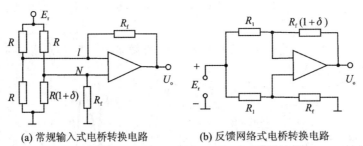

(a) 常规输入式电桥转换电路　　　　(b) 反馈网络式电桥转换电路

图 6-39　两种实用的高精度和高灵敏度光敏电阻传感器测量转换电路

(2) 光伏器件

光敏二极管(见图 6-40)、光敏三极管、雪崩光电管是基于光生伏特效应的光电转换元件,其特点是在偏置电路中,电流随着入射光照度的变化而变化;元件本身不产生主动电流或电压,类似于光电导效应中的电阻变化,但又不能在无偏置电路的条件下测量其电阻的变化。图 6-41(a)为光敏二极管的工作原理图,图 6-41(b)为光敏二极管反向偏置基本工作电路原理图。在无光照时,光敏二极管相当于反向偏置的普通二极管,无光电流通过;在有光照时,光能导致耗尽层内产生载流子形成光电流,其结果是光敏二极管的反向偏置电流受外部光能的调制且在外部反向偏置电压大小不变的情况下,光电流与入射光光强成正比。

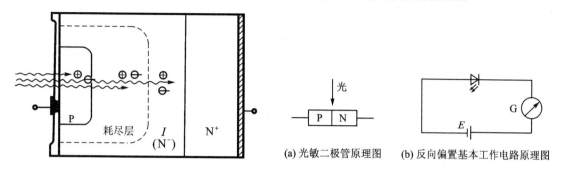

图 6-40　光敏二极管内部工作原理示意图	(a) 光敏二极管原理图　(b) 反向偏置基本工作电路原理图 图 6-41　光敏二极管原理图及基本工作电路原理示意图

光敏二极管的亮电流比较小,在转换电路中,多数情况下都需要借助三极管或运放等前置放大电路提高其光电转换电流。光敏三极管是将两个具有光敏特性的 PN 结集成在一起的具有三极管结构的另一种光电转换器件,如图 6-42(a)所示。光敏三极管的光电转换原理与光敏二极管相似,但它对光电流具有放大作用,在相同偏置条件下,能输出更大的光电流。为了输出更大的光电流,光敏三极管还可以与普通三极管组合集成在一起,构成有更大电流输出能力的达林顿式光敏三极管。

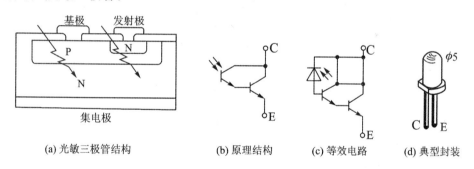

(a) 光敏三极管结构　　(b) 原理结构　　(c) 等效电路　　(d) 典型封装

图 6-42　光敏三极管与达林顿式光敏三极管的结构示意图

图 6-43 给出了两种典型的光敏三极管的转换电路。其中图 6-43(a)是一种低成本的普通转换电路,电容 C 用于阻断静态直流信号通道,使得输出端获得的信号与静态直流信号无关,而仅仅与外部光照条件的动态变化情况有关;图 6-43(b)是一种具有自动温度补偿特性的转换电路。

光电池与前面介绍的各种光敏元件都不同。在光照条件下元件内部会产生主动的电动势,如果外电路闭合,则能形成主动电流。因此,光电池不仅能用做敏感元件,也能用做太阳能电源电池。

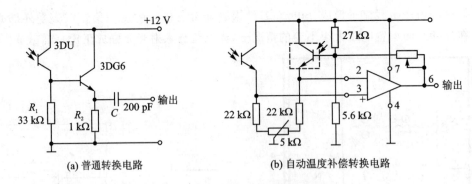

(a) 普通转换电路   (b) 自动温度补偿转换电路

图 6 – 43 光敏三极管典型的测量转换电路

　　光电池是一种可以将光能转换为电能的"换能器",具有明显的能量转换特征。从物理结构上看,光电池实际上就是一个感光面积达到宏观尺度的 PN 结。当光照射到该 PN 结时,在 PN 结的两端便产生电动势,如果通过电极把 PN 结的两端引出,那么两电极之间就能输出电压和电流。几乎所有航天飞行器的能量都来源于光电池对太阳能的转换。

　　可用做光电池 PN 结的半导体材料主要有氧化铜、硫化铊、硒、硅、锗、砷化镓等。其中砷化镓的转换效率最高,目前的实用水平大约可以达到 17 %,部分文献报道在实验室可以高达 20 %。

　　光电池的特点是感光面积比较大,非拼接的单片可选面积可达 0~100 cm²,这是其他光电转换器件所不具备的突出特点,特别适合某些需要较大感光面积的传感器设计。光电池可以在电压或电流两种模式下工作,因此光电池传感器的测量转换电路也有电压和电流两种工作模式。图 6 – 44 给出了两种用运算放大器实现的典型光电池传感器测量转换电路。

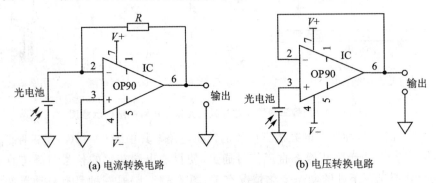

(a) 电流转换电路   (b) 电压转换电路

图 6 – 44 典型的光电池传感器测量转换电路

4. 阵列式光电图像传感器

　　图像传感器在现代光电仪器中有着广泛的应用,一般分为扫描式和阵列式两种基本结构。扫描式图像传感器主要是通过一组特殊扫描机构来实现其功能的,一般只需要一个或少量的几个光电转换单元即可,例如由一组精密扫描机械机构和真空光电倍增管,即可实现高分辨力专业扫描仪的功能。扫描式图像传感器由于其体积大、机械结构复杂等原因,目前在现代仪器技术中已经较少使用,仅仅在部分有特殊性能需求的仪器设计中依然使用。应用最多的图像传感器是基于内光电效应的半导体阵列式图像传感器,如 CCD 和 CMOS 相机。下面提到的图像传感器均是指这种阵列式图像传感器。

　　阵列式图像传感器要求在传感器的阵列中,各光电转换单元对光信号必须保持相对一致的转换特性,这种要求无疑对阵列式图像传感器的加工工艺提出了较高要求。

　　阵列式图像传感器产品主要有 CMOS 图像传感器和 CCD 图像传感器两种。CMOS 图像传感器实际上就是光敏二极管阵列,是近年来才发展起来的一项新技术;CCD 图像传感器又叫电荷耦合器件,包括线阵和面阵两种类型的产品,相对来说比较成熟,具有较高的成像质量,在各行各业的应用非常广泛。

　　CMOS 图像传感器实际上是一种光敏二极管阵列传感器,它是由许多个光敏二极管、阵列寻址驱动电路以及数据采集和处理电路集成在一起构成的单片相机系统,如图 6－45 所示。

　　CMOS 图像传感器的迅速发展并商业化得益于成熟的 CMOS 工艺,国外许多公司和科研机构已经开发出不同光学特性、多种类型的 CMOS 图像传感器,并将其应用于光谱学、X 射线检测、天文学、空间探测、国防、医学、工业等不同的领域。

　　CMOS 图像传感器总体结构如图 6－46 所示,它是一种真正的单片相机系统,CMOS 图像传感器芯片的内部包括光敏二极管像素单元阵列、行选通逻辑、列选通逻辑、片内模拟信号处理器、片内 ADC 和存储器、片内测光、自动快门和数字信号处理器、总线定时和控制电路。

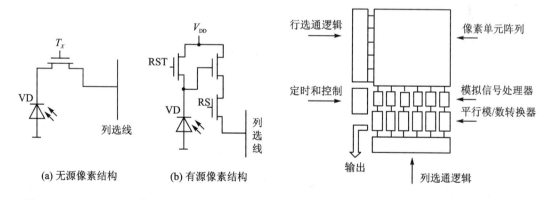

图 6－45　CMOS 图像传感器的单元像素结构　　　　图 6－46　CMOS 图像传感器总体结构示意图

　　CMOS 图像传感器的主要特点是采用标准的 CMOS 工艺,继承了 CMOS 电路的优点,采用标准的生产工艺,使低成本的系统单片集成成为可能;极低的静态功耗,单电源电压工作,提高了电源使用效率;输入阻抗高、噪声容限大,抗干扰能力很强,适于在噪声环境恶劣的条件下工作;片内集成电路可提供多种智能相机的功能,可对兴趣窗口像素进行随机读取,增加了工作灵活性;工作速度较快,具有较高的输出帧率,可以达到视频录像的要求。

低成本和单片集成这一突出优点,使 CMOS 图像传感器从诞生开始,就意味着无限的商业价值和商业前景,目前已经在手机、网络摄像、安全监控摄像等图像质量要求不太高的低功耗产品中得到广泛应用。

CCD 是电荷耦合器件(Charge - Coupled Devices)的英文简称,是 20 世纪 70 年代发展起来的一种阵列式图像传感器器件。在此之前的成像传感器多为机械扫描式结构的图像传感器。CCD 芯片的内部集成了 MOS 光敏单元阵列和读出移位寄存器等主要部件,是一种具有自扫描功能的图像传感器。电荷耦合器件不仅用于广播电视、扫描仪、可视电话和传真,在仪器测控领域也有着广阔的应用。

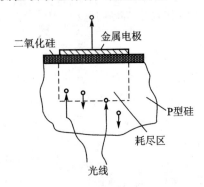

图 6 - 47　MOS 光敏单元的原理结构示意图

CCD 片内 MOS 光敏单元的原理结构如图 6 - 47 所示,在半导体基片上(如 P 型硅)生长一种具有绝缘作用的氧化物(如二氧化硅),又在其上沉积一层金属电极,形成了金属-氧化物-半导体(MOS)结构的单元。当在金属电极上施加一正电压时,在电场的作用下,电极下的 P 型硅区域里的空穴载流子被排斥,从而形成一个耗尽区。也就是说,对带负电的电子而言,这是一个势能很低的区域,称之为势阱,势阱具有电子电荷存储的功能。当入射光照射到半导体硅片上时,在光子的作用下半导体硅片上就会产生电子和空穴,光生电子被附近的势阱所俘获,而同时光生空穴则被电场排斥出耗尽区。此时势阱内所吸收的光生电子数量与入射到势阱附近的光强成正比。人们把这样一个 MOS 结构单元称为 MOS 光敏单元或叫做一个像素,把一个势阱所收集的若干光生电荷称为一个电荷包。

如果在半导体硅片上制有成千上万个相互独立的 MOS 光敏单元,即可构成 CCD 阵列式图像传感器。若在金属电极上施加一正电压,就会在此半导体硅片上形成成千上万个相互独立的势阱。如果照射在这些光敏单元上的是一幅明暗起伏的图像,那么这些光敏单元就感生出一幅与光照强度相对应的光生电荷图像,这种电荷图像可以通过读出电路输出。

由于 MOS 结构的势阱深度即耗尽层的厚度与金属电极上所加偏置电压的大小成比例,因此 CCD 电荷图像可以通过电荷移位存储进行移位读出。CCD 电荷移位存储的工作原理示意图如图 6 - 48 所示。

CCD 图像传感器的集成程度远不如 CMOS 图像传感器,因此 CCD 图像传感器正常工作所需要的各种时钟脉冲一般都需要由外部电路提供,不同型号的产品有不同的要求,有的需要提供两相时钟脉冲信号,有的则需要提供三相甚至四相时钟脉冲信号,各时钟信号之间的相对相位关系有着十分严格的要求。这一特点增加了 CCD 图像传感器外围电路设计的难度、复杂性和多样性。

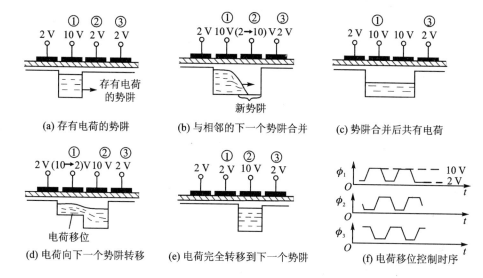

(a) 存有电荷的势阱　(b) 与相邻的下一个势阱合并　(c) 势阱合并后共有电荷

(d) 电荷向下一个势阱转移　(e) 电荷完全转移到下一个势阱　(f) 电荷移位控制时序

图 6 - 48　CCD 电荷移位存储的工作原理示意图

在精密计量测试仪器技术中,线阵 CCD 传感器常应用于:

① 尺寸和形貌测量仪器传感器,例如一维或二维工件形状和尺寸的测量;

② 位移和角度测量仪器传感器,例如薄膜厚度测量仪、光学准直仪等;

③ 高质量的扫描成像传感器,例如扫描仪;

④ 航天传感器,如卫星推扫式遥感照相机、立体遥感成像仪、数字式太阳敏感器等。

图 6 - 49 给出了一个用线阵 CCD 图像传感器测量微型零件尺寸的传感器设计实例。放置在平行光照明区域内的微型被测零件,被光学透镜成像在线阵 CCD 图像传感器上,由线阵 CCD 转换为一列顺序输出的视频信号。由于线阵 CCD 图像传感器各像素图像输出的顺序是严格按照已知时序进行的,各像素之间的间隔和光学镜头的放大倍数也是已知的,因此通过测量图像中暗区持续的长度,即可测量出微型被测零件的实际尺寸。

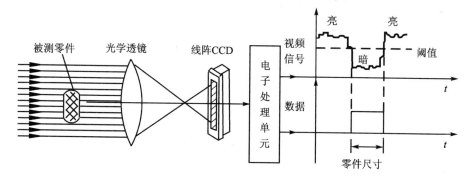

图 6 - 49　用线阵 CCD 测量工件尺寸的传感器设计实例

6.8.2　光电系统设计

当用光电探测器接收光能时,光学系统的参数应根据探测器的噪声等效功率 NEP 确定。

1. 入瞳直径的计算

考虑图 6-50 所示的光电系统。光源 1 的辐射通过介质和光学系统投射到探测器 2 上。某些光学系统中设置滤光片 3,用以改变投射到探测器上的光谱成分。要使系统能够正常工作,光学系统的作用应使探测器对特定光源的辐射通量响应至少等于 $\Phi_{\min}$。$\Phi_{\min}$ 与所用探测器的噪声等效功率有关,即

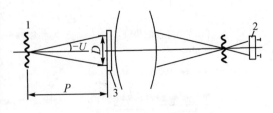

1—光源;2—探测器;3—滤光片

图 6-50　光电系统

$$\Phi_{\min} \geqslant k\mathrm{NEP} \tag{6-75}$$

式中,$k \geqslant 1$。

如果光源位于光轴上且向各个方向的辐亮度 L_e 相同,通过光学系统入瞳进入系统的辐射通量,在不存在渐晕的情况下为

$$\Phi_e = \tau_a \pi L_e A_e \sin^2 U \tag{6-76}$$

式中　τ_a ——光源入瞳间的透过率;

　　　U ——在物方空间的数值孔径角;

　　　A_e ——光源的面积。

如果滤光片的透过率为 τ_f,光学系统的透过率为 τ_s,则在不存在渐晕的情况下,进入系统后的辐射通量为

$$\Phi'_e = \tau_f \tau_s \Phi_e = \tau_f \tau_s \pi L_e A_e R \sin^2 U \tag{6-77}$$

假设所有通量 Φ'_e 到达具有响应度 R 的探测器的光敏面上,则探测器的阈值响应度为

$$\Phi_{\min} = R\Phi'_e = \tau_f \tau_s \pi L_e A_e R \sin^2 U \tag{6-78}$$

则物方孔径角为

$$\sin U = \left(\frac{\Phi_{\min}}{\tau_f \tau_s \pi L_e A_e R} \right)^{1/2} \tag{6-79}$$

入瞳的直径为

$$D = 2P \tan U \tag{6-80}$$

2. 探测器位于像面上的结构

光电探测器的灵敏面位于像平面上或其附近的结构是最常见的一种光电系统。由于技术缺陷等原因,光电探测器灵敏面的响应度并不是处处相同。要使整个系统的性能稳定,应使光源的像尽可能和灵敏面大小相同,位置一致。另一方面,为有效地利用光能,应使光学系统中

的入瞳不产生渐晕。

（1）光源位于有限距离的单组透镜系统

如图 6-51(a)所示，光源 1 的面积 A_e 和辐亮度 L_e、探测器 2 的响应度 R、最小响应 $\Phi_{\min}$、光学系统的透过率 τ_s、物方空间的孔径角 U 的关系为

$$\sin U = \left(\frac{\Phi_{\min}}{\tau_s \pi L_e A_e R} \right)^{1/2} \tag{6-81}$$

上式成立的条件是光学系统没有渐晕，没有使用滤光片，光源距物镜较近，即 $\tau_a = 1$。

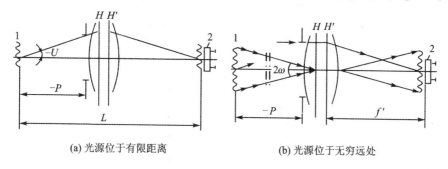

(a) 光源位于有限距离　　　　　(b) 光源位于无穷远处

1—光源；2—探测器

图 6-51　光源位于不同位置的光电系统

适当地选择系统的放大率，使像-探测器的尺寸匹配。如果光源是 $b \times c$ 的矩形，探测器光敏面是直径为 d_d 的圆，则光学系统的放大率为

$$\beta = -\frac{d_d}{(b^2 + c^2)^{1/2}} \tag{6-82}$$

光学系统的结构形式取决于数值孔径角 $2U$。如果 $2U \leqslant 30°$，则可用单透镜；如果 $2U \leqslant 60°$，则选用双透镜；当 $2U \leqslant 90°$ 时，应采用三透镜。

（2）光源位于无限远处的单组透镜系统

在图 6-51(b)的结构中，探测器位于系统后焦平面上。如果光源 1 对前主点的最大张角是 2ω，那么它在后焦平面上像的尺寸是 $d'_e = 2f' \tan \omega$，像的大小与探测器敏感面相符，即 $d'_e \leqslant d_d$。因此，系统的焦距应是

$$f' = \frac{d_d}{2 \tan \omega} \tag{6-83}$$

如果光源的像比探测器的灵敏面小得多，那么探测器应远离焦平面。当光源和探测器确定后，物方孔径角和入瞳直径 D 可由式(6-79)和式(6-80)确定。对于光源位于无限远的情形，$|p| \gg D$，则 $\sin U = \tan U$，因此

$$D = 2P \sin U = 2P \sqrt{\frac{\Phi_{\min}}{\tau_a \tau_f \tau_s \pi L_e R}} \tag{6-84}$$

无限远物体的尺寸用它的张角 2ω 表征,如果光源是圆形的,它所对的张角是 2ω 弧度,光源面积是 $A_e = \pi P^2 \omega^2$,此式代入式(6-84),则入瞳直径为

$$D = \frac{2}{\pi\omega}\sqrt{\frac{\Phi_{\min}}{\tau_a\tau_f\tau_s L_e R}} \tag{6-85}$$

3. 光源像大于探测器的结构

光电仪器中的光学系统不存在渐晕,并且当像的大小和探测器的敏感面面积相同时,通过系统入瞳进入的光通量全部射到探测器的敏感面上,适当选择光学系统的放大率和焦距便可实现这个条件。然而在实际设计时光学系统的放大率及焦距不能满足设计的要求,在这种情况下通过入瞳进入的光通量不能全部由探测器接收,上述导出的入瞳表达式将是无效的。

当光源像大于探测器光敏面的尺寸时,从像空间开始设计光学系统是合理的。

光源在探测器敏感面上的光照度为

$$E'_e = \tau_a\tau_f\tau_s \pi L_e \sin^2 U' \tag{6-86}$$

式中,L_e 为物方辐射亮度。因为光源像大于探测器,射到探测器上的辐通量为

$$\Phi'_e = E'_e A_d = \tau_a\tau_f\tau_s \pi L_e \sin^2 U' A_d \tag{6-87}$$

式中,A_d 为探测器的灵敏面面积。探测器的输出信号为

$$\Phi_{\min} = R\Phi'_e \tag{6-88}$$

根据上述两式,像方的孔径角为

$$\sin U' = \sqrt{\frac{\Phi_{\min}}{\tau_a\tau_f\tau_s \pi L_e A_d R}} \tag{6-89}$$

如果光源位于无限远,则 $\sin U' = \dfrac{D}{2f'}$,可以得到

$$\frac{D}{f'} = 2\sqrt{\frac{\Phi_{\min}}{\tau_a\tau_f\tau_s \pi L_e A_d R}} \tag{6-90}$$

式(6-89)和式(6-90)也可应用于光源像恰好和探测器灵敏面尺寸匹配的情况。在这种情况下,探测器的面积由辐射源的像面积 A'_e 代替,记为

$$\sin U' = \sqrt{\frac{\Phi_{\min}}{\tau_a\tau_f\tau_s \pi L_e A'_e R}} \tag{6-91}$$

式(6-91)即为光源位于有限距离时数值孔径公式(6-81)中的右边部分。当光源位于无限远时,则

$$\frac{D}{f'} = 2\sqrt{\frac{\Phi_{\min}}{\tau_a\tau_f\tau_s \pi L_e A'_e R}} \tag{6-92}$$

4. 探测器位于出瞳上的结构

在某些应用中发现即使是均匀的探测器表面,其上的响应也可能并不均匀。在这种情况下,不能采用探测器在像平面附近的移动来解决,因为在探测器上,像的微小移动便产生不稳

定的响应。这种缺陷可以通过将探测器安放在光学系统的出瞳上的方法来改善。在无渐晕的情况下,出瞳平面上存在均匀的辐射照度,因此无论光源位于何处,均可使探测器接收到均匀的辐照。

把探测器安置在出瞳面上的最简单的光学系统必须有两组透镜,由单透镜构成的该种系统如图 6-52 所示。前组透镜将光源成像于视场光阑上,在物方空间,光源的视场角为 2ω ;后组透镜将前组透镜成像于系统的出瞳面上,即探测器的敏感面上。

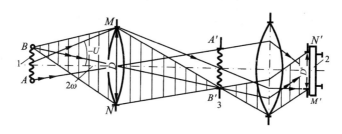

1—光源;2—探测器;3—视场光阑

图 6-52　探测器位于出瞳面的结构

同其他结构一样,该系统设计时,应首先选定所使用的光源和探测器。如果光源位于有限距离上,则物方孔径角由式(6-79)确定,即

$$\sin U' = \sqrt{\frac{\Phi_{\min}}{\tau_a \tau_f \tau_s \pi L_e A_e' R}} \qquad (6-93)$$

式中, τ_s 为透镜组的透过率。

6.9　光学系统设计的具体过程和步骤

光学设计就是根据仪器设备的功能和性能需求,选择和安排光学系统中各光学零件的材料、曲率和间隔,使得系统的成像性能符合应用要求。

1. 制定合理的技术参数

从光学系统对使用要求的满足程度出发制定光学系统合理的技术参数,是设计成功与否的前提条件。

2. 光学系统总体设计和布局

光学系统总体设计的重点是确定光学原理方案和外形尺寸计算。为了设计出光学系统的原理图,确定基本光学特性,使其满足给定的技术要求,首先要确定放大率(或焦距)、线视场(或角视场)、数值孔径(或相对孔径)、共扼距、后工作距、光阑位置和外形尺寸等。因此,常把这个阶段称为外形尺寸计算阶段。一般都按理想光学系统的理论和计算公式进行外形尺寸计算。

在上述计算时还要结合机械结构和电气系统,以防止这些理论计算在机械结构上无法实现。每项性能的确定一定要合理,过高的要求会使设计结果复杂,造成浪费;过低的要求会使设计不符合要求。因此,这一步必须慎重。

3. 光组的设计

光组的设计一般分为选型、确定初始结构参数、像差校正三个阶段。

(1) 选 型

光组的划分一般以一对物像共扼面之间的所有光学零件为一个光组,也可将其进一步划分。现有的常用镜头可分为物镜和目镜两大类。目镜主要用于望远和显微系统,物镜可分为望远、显微和照相摄影物镜三大类。镜头在选型时首先应依据孔径、视场及焦距来选择镜头的类型,特别要注意各类镜头各自能承担的最大相对孔径、视场角。在大类型的选型上,应选择既能达到预定要求而又结构简单的。选型是光学系统设计的出发点,选型是否合理、适宜是设计成败的关键。

(2) 初始结构的计算和选择

初始结构的确定常用以下几种方法。

1) 解析法(代数法)

解析法即根据初级像差理论求解初始结构。这种方法是根据外形尺寸计算得到的基本特性,利用初级像差理论来求解满足成像质量要求的初始结构,即确定系统各光学零件的曲率半径、透镜的厚度和间隔、玻璃的折射率和色散等。

2) 缩放法

缩放法即根据对光组的要求,找出性能参数比较接近的已有结构,将其各尺寸乘以缩放比 K,得到所要求的结构,并估计其像差的大小或变化趋势。

初始结构选好后,要在计算机上进行光路计算,或用像差自动校正程序进行自动校正,然后根据计算结果画出像差曲线,分析像差,找出原因,再反复进行像差计算和平衡,直到满足成像质量要求为止。

4. 长光路的拼接与统算

以总体设计为依据,以像差评价为准绳,来进行长光路的拼接与统算。若结果不合理,则应反复试算并调整各光组的位置与结构,直到达到预期的目的为止。

5. 绘制光学系统图、部件图和零件图

绘制各类图纸,包括确定各光学零件之间的相对位置、光学零件的实际大小和技术条件。这些图纸为光学零件加工、检验,部件的胶合、装配、校正,乃至整机的装调、测试提供依据。

6. 编写设计说明书

设计说明书是进行光学设计整个过程的技术总结,是进行技术方案评审的主要依据。

7. 进行技术答辩

必要时可以进行技术答辩。

习　　题

1. 一黑体温度为 500 K,求:① 辐射出射度 M;② 最大辐射出射度对应的峰值波长 λ_m;③ 在 λ_m 处的辐射出射度;④ 如果光源呈球形,半径为 5 cm,求 100 cm 处的辐射照度。

2. 一个年龄为 50 岁的人,近点距离为 -0.4 m,远点距离为无限远,试求他的眼睛的屈光调节范围。

3. 什么是光学系统设计中的光孔转接原则?

4. 简述直接照明、临界照明和柯勒照明的特点。

5. 要求分辨相距 0.000 375 mm 的两点,用 $\lambda = 0.000\ 55$ mm 的可见光照明,试求此显微物镜的数值孔径。

6. 一台测量显微镜,其物镜垂轴放大率 $\beta = -4^{\times}$,测微目镜的焦距 $f''_2 = 20$ mm,使用双线对称夹单线瞄准,瞄准误差为多少?

7. 用人眼直接观察敌方目标,能在 400 m 距离上看清目标编号,要求使用望远镜在 2 000 m 距离上也能看清。试求望远镜的倍率。

8. 内、外光电效应的物理学原理是什么? 两者有何区别?

第 7 章　精密定位系统设计

近年来随着微电子技术、宇航、生物工程等学科的发展,作为精密机械与精密仪器关键技术之一的精密测量与定位技术得到了迅速发展。特别是到了 20 世纪 70 年代后期,微电子技术向大规模集成电路(LSI)和超大规模集成电路(VLSI)的方向发展,随着集成度的提高,线条越来越微细化,要求相应设备的测量与定位精度达到亚微米甚至纳米级的量级,对精密测量与定位技术提出了更高的要求。

本章将对仪器精密定位技术中的微动系统和精密测量系统的设计问题进行讨论。

7.1　微动器件及系统

微动器和微动机构是指行程小(一般小于毫米级)、灵敏度和精度高(亚微米或纳微米级)

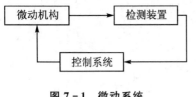

图 7 - 1　微动系统

的器件和机构。随着科学技术的发展,精密仪器的精度越来越高,微动技术的应用也越来越广泛。微动系统在精密仪器中主要用于提高整机的精度。微动系统(见图 7 - 1)主要包括微动机构、检测装置和控制系统三部分。

微动系统的应用范围大致可分为四个方面。

(1) 精度补偿

精密仪器中的精密工作台正在向着高速度和高精度的方向发展,精密工作台是高精度精密仪器的核心,它的精度优劣直接影响整机的精度。精密工作台的运动速度一般在 $20\sim50$ mm/s,最高可达 100 mm/s 以上;精度则要求优于 $0.1\ \mu m$,由于高速度带来的惯性很大,故一般运动精度比较低。为解决高速度和高精度之间的矛盾,通常采用粗、精相结合的两个工作台来实现,如图 7 - 2(a)所示。粗动工作台完成高速度大行程的运动;高精度运动则由微动工作台实现,通过微动工作台对粗动工作台运动中带来的误差进行精度补偿,达到预定的精度。

(2) 微进给

主要用于精密机械加工中的微进给机构以及精密仪器中的对准微动机构,如图 7 - 2(b)所示的金刚石车刀车削镜面磁盘,车刀的进给量为 $5\ \mu m$,就是利用微动机构实现的。

(3) 微　调

精密仪器中的微调是经常遇到的问题,如图 7 - 2(c)所示,其中的左图表示磁头与磁盘之间的浮动间隙调整,右图为照相物镜与被照干板之间焦距的调整。

（4）微执行

主要用于生物工程、医疗、微型机电系统、微型机器人等,用于夹持微小物体。如图 7 - 2（d）所示的是微型器件装配系统中的微执行机构。

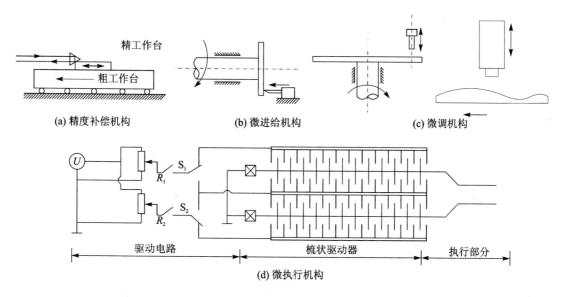

(a) 精度补偿机构　　　　(b) 微进给机构　　　　(c) 微调机构

(d) 微执行机构

图 7 - 2　微动机构的应用

根据形成微位移的机理,微动器和微动机构可分成机械式和机电式两大类,其分类与机构原理见表 7 - 1 和图 7 - 3。

表 7 - 1　微动器的类别机构

类　别	丝杠-螺母机构	杠杆机构	楔块机构	扭簧机构
机　构				
类　别	弯曲弹簧	横向压缩弹簧机构	弹簧减压机构	伸缩筒
机　构				

类　别	弹簧膜片	电热伸缩	电热伸缩筒	磁致伸缩效应
机　构				

类　别	压电效应	电致伸缩效应	电磁力
机　构	$y \propto u$	$y \propto u^2$	

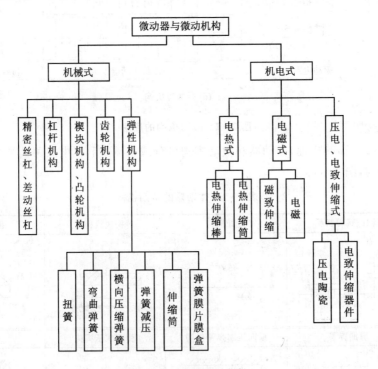

图 7 - 3　微动器的分类

7.1.1　压电、电致伸缩器件

　　压电、电致伸缩器件是近年来发展起来的新型微动器件,它具有结构紧凑、体积小、分辨力高、控制简单等优点,同时没有发热,不会引起精密工作台的热误差。用这种器件制成的微动工作台,容易实现精度为 $0.01~\mu\mathrm{m}$ 的超精密定位,是一种理想的微动器件,在精密仪器中得到广泛应用。

1. 压电、电致伸缩效应

电介质在电场的作用下,由于感应极化的作用引起应变,应变与电场的方向无关,应变的大小与电场的平方成正比,这种现象称为电致伸缩效应。电介质在机械应力的作用下产生电极化,电极化的大小与应力成正比,电极化的方向随应力方向的改变而改变,这种现象称为压电效应。压电效应和电致伸缩效应统称为机电耦合效应。

在微动器件中应用的是逆压电效应,即电介质在外界电场的作用下产生应变,应变的大小与电场的大小成正比,应变的方向与电场的方向有关,即当电场改变方向时应变也改变方向。电介质在外加电场作用下的应变与电场之间的关系为

$$s = dE + ME^2 \tag{7-1}$$

式中　dE ——逆压电效应。其中 d 为压电系数,E 为电场。

ME^2 ——电致伸缩效应。其中 M 为电致伸缩系数。

s ——应变。

逆压电效应仅在无对称中心晶体中才有,电致伸缩效应则在所有的电介质晶体中都有,但通常很微弱。压电单晶如石英、罗息盐等的压电系数比电致伸缩系数大几个数量级,在低于 $1~\mathrm{MV/m}$ 的电场作用下只有逆压电效应。

表 7-2 给出了部分国产压电陶瓷材料及其主要性能指标。

表 7-2　部分国产高压电系数的压电陶瓷材料及其主要技术参数

材料型号	机电耦合系数		介电系数	压电系数		弹性模量 $10^{-9}Y_{11}/$ $(\mathrm{N\cdot m^{-2}})$	介质损耗角 $\tan\theta$	生产厂
	K_{31}	K_{33}	$\varepsilon_{33}/\varepsilon_0$	d_{31}	d_{33}			
PZT-S	0.360	0.725	2 300	186	650	60	1.9	淄博无线电厂
PZTMN	0.375	0.712	4 000	270	700	55	1.8	
P(ZTSN)-4	0.300	0.690	1 500	160	550	61	1.9	
S_1	0.372	0.712	3 500	270	750	68	1.3	上海玩具元件一分厂
S_2	0.369	0.642	2 140	175	400	73	1.6	
S_3	0.347	0.740	1 550	170	560	62	1.9	
S_4			3 120	265	800	62	1.7	
S_5	0.308		4 000	290	800	62	2.7	

表 7-3 列出了 PMN 系与 La:PZT 系等几种典型组分的电致伸缩性能。

在一般的压电陶瓷中,电致伸缩系数比压电系数大,在没有极化前虽然单个晶粒具有自发极化,但它们总体不表现出静的压电性。静的极化强度在极化过程中被冻结(即剩余极化)并

产生一个很强的内电场,这样高的内电场引起了电致伸缩效应的偏压作用,极化后在弱外电场的作用下产生宏观线性压电效应。有些压电陶瓷的室温刚好高于它的居里点,没有压电效应,介电常数又很高,在外界电场的作用下,能被强烈地感应极化并伴随产生相当大的形变,使电致伸缩效应呈抛物线形的电场-应变曲线。

表 7 - 3　几种典型组分的电致伸缩性能

组　分	$10^{16} \cdot$ 电致伸缩系数 $M_{33}(\mathrm{m}^2 \cdot \mathrm{V}^{-2})$	电致伸缩温度系数 $\dfrac{\Delta x}{x} \Big/ (\% \cdot {}^\circ\!\mathrm{C}^{-1})$
PMN	0.31	1.38
0.9PMN - 0.1PT	6.0	2.28
0.45PMN - 0.35PT - 0.2BZN	0.45	0.91
La:PZT 481B	4.5	1.0
La:PZT 481A	6.0	0.72
La:PZT 481A Q	5.5	0.90

图 7 - 4 给出了 La:PZT - 481 的介电常数与应变特性曲线。

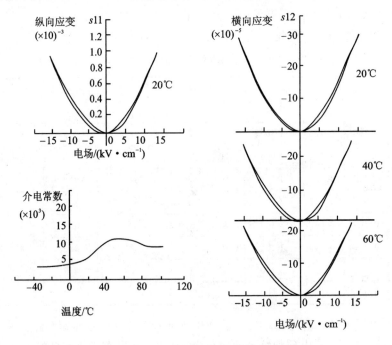

图 7 - 4　La:PZT - 481 的介电常数与应变特性曲线

2. 压电、电致伸缩器件

(1) 压电微动器件

压电陶瓷作为微动器件目前已得到广泛应用,如激光稳频、精密工作台的补偿,精密机械加工中的微进给以及微调等。

当无电致伸缩效应时,$ME^2 = 0$,压电系数为

$$d = \frac{s}{E} = \frac{\Delta l}{l} \cdot \frac{b}{U} \tag{7-2}$$

式中　U ——外界施加的电压;

b ——压电陶瓷的厚度;

$l, \Delta l$ ——分别为压电陶瓷所用方向的长度和施加电压后的变形量。

可以得到压电陶瓷的变形量为

$$\Delta l = \frac{l}{b}Ud \tag{7-3}$$

压电陶瓷的主要缺点是变形量小,当在压电微动器件上施加较高的电压时,行程仍然很小。因此,在设计微动器件时,应尽量提高压电陶瓷的变形量。由式(7-3)可知,提高微动器件行程的措施主要有:

① 增加压电陶瓷的长度 l 或者提高施加的电压 U。但增加长度会使结构增大;提高电压会造成使用不便。

② 减小压电陶瓷的厚度 b,可使变形量增加,厚度与变形量之间的关系如图 7-5 所示。但厚度减小会使强度下降,承受较大的轴向压力时可能会使器件破坏,故应兼顾机械强度。

③ 不同材料的压电系数不同,可根据需要选择不同的材料。

④ 压电晶体在不同的方向上有不同的压

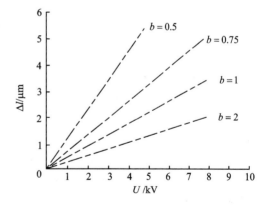

图 7-5　不同壁厚的压电陶瓷变形量曲线

电系数,d_{31} 是在与极化方向垂直的方向上产生的应变与在极化方向上所加电场强度之比;d_{33} 是在极化方向上产生的应变与在该方向上所加电场强度之比。从各种压电陶瓷的数据来看,一般 d_{33} 是 d_{31} 的 2～3 倍,因此可以利用极化方向的变形进行驱动。

⑤ 采用压电堆,提高变形量。

由式(7-3)可知,当 $b = l$ 时,

$$\Delta l = Ud_{33} \tag{7-4}$$

此时压电陶瓷的变形量与厚度无关,故可以选取较小的厚度。为了得到大的变形量,可用

多块压电陶瓷组成压电堆,其正负极按并联连接,则总的变形量为

$$\Delta L = n\Delta l \qquad\qquad (7-5)$$

式中 n ——压电堆包含单块压电晶体的块数。

如图 7-6 所示是外形尺寸相同的圆筒,其中 A 是单件,B 是压电堆,由于各陶瓷的壁厚 b 是相同的,施加相同电压时,在轴向的变形量 B 是 A 的 2～3 倍,其压电堆的变形曲线如图 7-7 所示。

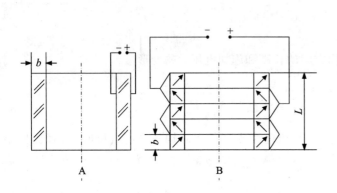

图 7-6 单块与压电堆

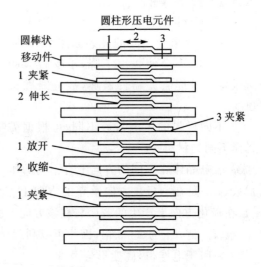

(锆钛酸铅 $b=1$ mm,$n=7$)

图 7-7 压电堆变形曲线

⑥ 采用尺蠖机构。

为了解决压电陶瓷器件移动范围窄的问题,美国 BI 公司研制了由 3 个压电元件组成的尺蠖机构,它具有很高的分辨力(0.02 μm)、行程范围大(大于 25 mm)、移动速度为 0.01～0.5 mm/s,工作原理如图 7-8 所示。3 个压电陶瓷通过机械的方式串联在一起,压电陶瓷 1、3 与轴之间的间隙几乎为零,加电压之后直径变小,与轴抱紧成为一体。在不加电压时,压电陶瓷与轴脱开,可以与轴相对移动;压电陶瓷 2 与轴之间的间隙大,加电压之后产生轴向变形。只要按一定的频率顺序在 3 个晶体上加电压,就能使器件在轴上步步移动,达到预定的行程。改变加在 3 个压电陶瓷上的电压频率可以获得不同的移动速度。

图 7-8 利用压电元件伸缩的尺蠖移动机构

(2) 电致伸缩器件

电致伸缩器件最早是 1977 年由 Cross 等人研制的,把 PZTs 或 PMN 材料制成 $\phi 25.4$ mm、厚 2 mm 的圆片,将 10 片叠加起来(见图 7 - 9(a)),外加 2.9 kV 电压可得到 13 μm 的位移,其分辨力为 1 nm。

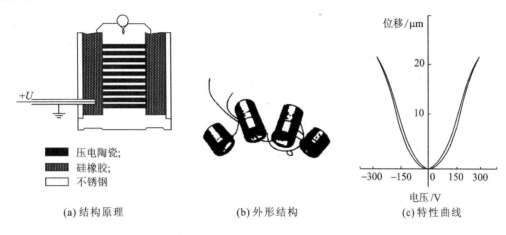

| 压电陶瓷; |
| 硅橡胶; |
| 不锈钢 |

(a) 结构原理　　　　(b) 外形结构　　　　(c) 特性曲线

图 7 - 9　电致伸缩微动器

我国 20 世纪 80 年代研制出优于 PMN 的 PZT:La 电致伸缩微动器——WTDS - 1 型电致伸缩微动器。它的优点是工作电压低、位移量大、分辨力高。在 45 mm 长的器件上外加 300 V 的电压可以产生 25 μm 的位移,分辨力为 0.08 μm/V,推力大于 100 N,同时再现性好,没有剩余变形和老化现象,迟滞现象小。它的外形与特性曲线如图 7 - 9(b)、(c)所示。

由于电致伸缩微动器件有电容量(约 2 μF),因此外加电压达到稳态时会产生过渡的过程。图 7 - 10 为电致伸缩微动器件的简化模型,其中 C 为微动器的等效电容,R 为电压放大电路等效充放电的电阻,K_m 是微动器的电压位移转换系数。根据图中的关系可推导出在单位阶跃电压输入的作用下,微动器的位移输出响应为

$$y(t) = K_m (1 - 2e^{-t/T'_m} + e^{-2t/T'_m}) \qquad (7-6)$$

式中,$T'_m = RC$。

图 7 - 10　电致伸缩微动器简化模型

7.1.2　磁致伸缩器件

磁致伸缩效应(Joule 效应)是指某些铁磁材料在外磁场的作用下,其尺寸和形状发生变化,而当外磁场撤离以后又能恢复原来形状的一种现象。一般认为磁致伸缩效应产生的机理,是材料内磁偶极子互相作用的结果。

如图 7-11 所示,可以通过一个磁致伸缩机理的模型来解释磁致伸缩效应。图中的永磁铁代表磁致伸缩材料内部的磁偶极子,连接永磁铁的弹簧代表磁致伸缩材料内部原子或晶格的势能。从磁偶极子之间相互作用的能量角度考虑,图 7-11(a)所示的正方形晶格结构,要比图 7-11(b)所示的长方形晶格结构存储的能量低。因此磁致伸缩材料内部的磁偶极子平常处于图 7-11(a)所示正方形的形态,在外磁场的作用时,将变成图 7-11(b)所示长方形的形态,并且存储更多的势能;当外磁场撤离以后,磁致伸缩材料内部的磁偶极子必然会从图 7-11(b)所示的高势能形态恢复到图 7-11(a)所示的低势能形态。磁致伸缩效应事实上是一个发生在材料内部的、十分复杂的微观物理过程,远比上述模型所描述的过程复杂。

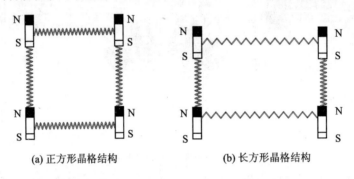

(a) 正方形晶格结构　　　　　　　(b) 长方形晶格结构

图 7-11　磁致伸缩产生的机理

磁致伸缩材料在饱和外磁场的作用下发生磁致伸缩效应,其饱和伸缩的变形量 $\delta l_{\max}$ 与材料原长度 l 的比值称为磁致伸缩系数 λ,即

$$\lambda = \frac{\delta l_{\max}}{l} \tag{7-7}$$

磁致伸缩材料的磁致伸缩系数(常数)可以反映出该材料的最大磁致伸缩变形能力。

尽管 19 世纪中叶人们就已经发现了磁致伸缩效应,但由于普通铁磁材料的磁致伸缩效应不明显(伸缩系数仅为约 0.001 %),它的应用一直受到限制。直到 1963—1965 年,在稀土金属 Tb、Dy 等单晶体中发现了高伸缩系数的磁致伸缩效应,其应用才得到真正的重视。1972 年开发出了在室温下具有超大磁致伸缩效应的 $TbFe_2$ 材料,其伸缩系数可达 0.1 %～0.2%。从此磁致伸缩执行器的研究日趋活跃。表 7-4 给出了常用铁磁材料与稀土材料的磁致伸缩系数(常数)数据表。

图 7-12 给出了典型稀土磁致伸缩材料的特性曲线。其中横坐标表示外磁场的强度 H,纵坐标表示磁致伸缩材料的相对伸缩量 $\mathrm{d}l/l$。当外磁场的强度 H 较小时,磁致伸缩材料的相对伸缩量 $\mathrm{d}l/l$ 将随着 H 的变化而变化;当外磁场强度 H 足够大时,磁致伸缩材料的相对伸缩量 $\mathrm{d}l/l$ 不再随着 H 的变化而变化,达到饱和的相对变形量,此时 $\mathrm{d}l/l = \delta l_{\max}/l = \lambda$。普通磁致伸缩材料的磁饱和场强 H 低于 16～24 kA/m;稀土类磁致伸缩材料的磁饱和场强 H 约低于 80 kA/m。

表 7 - 4　常用铁磁材料与稀土材料的磁致伸缩系数(常数)数据表

单体、合金、铁氧体系的磁致伸缩常数		主要的稀土化合物的磁致伸缩常数	
材　料	饱和磁致伸缩系数	化合物	饱和磁致伸缩系数
Ni	-40×10^{-6}	$TbFe_2$	1.753×10^{-2}
Co	-60×10^{-6}	$Tb - 30\%Fe$	1.590×10^{-2}
Fe	-9×10^{-6}	$SmFe_2$	-1.560×10^{-2}
$Co - 40Fe$	-70×10^{-6}	$Tb(CoFe)_2$	1.487×10^{-2}
Fe_3O_4	60×10^{-6}	$Tb(NiFe)_2$	1.151×10^{-2}
$NiFe_2O_4$	-26×10^{-6}	$TbFe_2$	6.93×10^{-4}
$CoFe_2O_4$	-110×10^{-6}	$DyFe_2$	4.33×10^{-4}
$Fe - 13Al$	40×10^{-6}	Pr_2Co_{17}	3.36×10^{-4}
Fe 系非晶态	$(30 \sim 40) \times 10^{-6}$ -28×10^{-6}	$a - TbFe_2$(a 表示非晶态)	3.08×10^{-4}

图 7 - 13 给出了磁致伸缩微动器多种可能的变形模式,但最常用的磁致伸缩微动器变形模式为沿材料长度方向的伸缩变形模式。

图 7 - 14 给出了某磁致伸缩材料的典型磁致伸缩特性曲线,设基于该材料的磁致伸缩微动器在饱和变形范围内的变形量为 S,磁场强度为 H,磁致伸缩特性曲线的斜率为 μ_S,那么变形量 S 的计算公式可以表示为

$$S = \mu_S H - \Delta S = \mu_S nI - \Delta S \qquad (7 - 8)$$

式中　ΔS——低场强时的变形补偿量;

　　　n——外磁场激磁线圈单位长度上的匝数;

　　　I——激磁线圈中的电流。

图 7 - 15 给出了某磁致伸缩微动器的设计实例,它是一种用于气体或液体喷嘴控制的磁致伸缩微动器结构示意图。根据微动器所需要的实际变形量、磁致伸缩材料特性曲线以及式(7 - 8),即可求得控制线圈单位长度上的匝数和需要的工作电流。

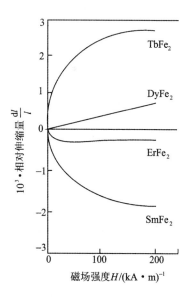

图 7 - 12　典型稀土磁致伸缩材料的特性曲线

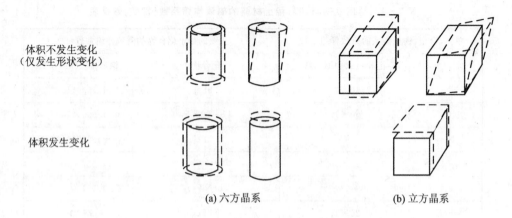

体积不发生变化
（仅发生形状变化）

体积发生变化

(a) 六方晶系　　　　　　　　(b) 立方晶系

图 7 – 13　磁致伸缩微动器多种可能的变形模式

　　磁致伸缩微动器设计的另一个性能指标是能量利用率。对于某些连续工作的高频大幅度振动磁致伸缩微动器,如超声波焊接机、切割机、电动机、声纳、医疗器具、粉碎机等,其设计过程中常常需要考虑能量利用率。一般用机电耦合系数 k 来表示磁致伸缩执行器的能量利用率,它的定义式如下:

$$k = \sqrt{E_S/E_M} \qquad\qquad (7 - 9)$$

式中　　E_S —— 弹性能;

　　　　E_M —— 磁能,约等于电能。

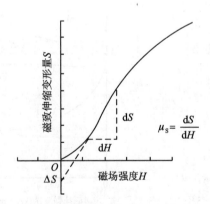

图 7 – 14　磁致伸缩微动器变形量的计算方法

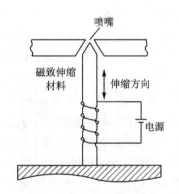

图 7 – 15　磁致伸缩微动器结构

　　磁致伸缩材料的机电耦合系数与材料的磁致伸缩常数、饱和磁化强度等特性有关。常用磁致伸缩材料的机电耦合系数(能量利用率)如表 7 – 5 所列。

表 7 - 5 常用磁致伸缩材料的机电耦合系数

材 料	k	材 料	k
Ni	$0.2 \sim 0.3$	Ni 系铁氧体	$0.18 \sim 0.26$
坡莫合金(Ni－Fe)	$0.2 \sim 0.35$	$Tb_{(0.27 \sim 0.8)}$ $Dy_{(0.7 \sim 0.8)}Fe_{(1.9 \sim 2.0)}$	$0.7 \sim 0.75$
非晶态合金(Fe－Co－Si－B)	0.95		

7.1.3 电热式微动机构

电热式微动机构包括电热伸缩棒和电热伸缩筒两种结构形式,它们都是利用物体的热膨胀来实现微位移的。热变形的原理如图 7-16 所示。

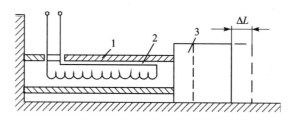

1—传动杆;2—线圈;3—零部件

图 7 - 16 电热式微动机构原理

传动杆 1 的一端固定在支架上,另一端固定在沿导轨作微位移的零部件 3 上,当线圈通电加热时,传动杆受热伸长,伸长量 ΔL 为

$$\Delta L = \alpha L (t_1 - t_0) \tag{7 - 10}$$

式中 α ——传动杆材料的线膨胀系数;

$\qquad L$ ——传动杆的长度;

$\qquad t_1 \, t_0$ ——分别为被加热达到的温度和加热前的温度。

当传动杆由热变形伸长而产生的力大于导轨副中的静摩擦阻力时,运动件 3 就开始移动,理想的情况是传动件的伸长量恰好等于运动件的位移量。但由于导轨副摩擦力的性质、位移速度、运动件的质量及系统阻尼等因素的影响,往往不能达到理想情况。当传动杆的伸长量为 ΔL 时,运动件的实际位移量为

$$s = \Delta L \pm \frac{c}{K} \tag{7 - 11}$$

式中 c ——与摩擦阻力、位移速度和系统中阻尼有关的系数;

$\qquad K$ —— $K = EA/L$,与传动件材料的弹性模量 E、单位长度截面面积 A/L 有关的系数。

位移的相对误差为

$$\Delta = \frac{s - \Delta L}{\Delta L} = \pm \frac{c}{EA\alpha\,\Delta t} \qquad\qquad (7-12)$$

由式(7-12)可见,为了减小位移的相对误差,应选择线膨胀系数和弹性模量较高的材料制成传动杆。

电热式微动机构的特点是结构简单、操作控制方便。但由于传动杆与周围介质之间存在热交换,影响了位移的精度。当隔热不合理时,相邻零部件由于受热而引起形变,影响整机的精度,因此它的应用范围受到限制。

7.1.4　机械式微动机构

机械式微动机构是一种古老的机构,在精密机械与仪器中应用广泛。

机械式微动机构的形式比较多,主要有螺旋机构、杠杆机构、楔块凸轮机构、弹性机构以及它们之间的组合。由于机械式微动机构中存在着机械间隙、摩擦磨损以及爬行等,难以达到很高的运动灵敏度和精度,故只适用于中等精度。

1. 螺旋式微动机构

螺旋式微动机构可以获得微小直线位移,也可以获得大行程的位移。其结构简单、制造方便,如图7-17所示。

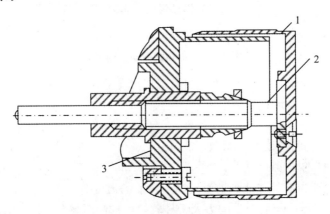

1—手轮;2—螺杆;3—工作台

图7-17　螺旋式微动机构

转动手轮1经过螺杆2使工作台3移动,工作台的位移s与手轮的转角φ之间的关系为

$$s = \pm \frac{t}{2\pi}\varphi \qquad\qquad (7-13)$$

灵敏度为

$$\Delta s = t\,\frac{\Delta\varphi}{2\pi} \qquad\qquad (7-14)$$

式中　t——螺旋的螺距；

　　φ、$\Delta\varphi$——分别为手轮的转角和手轮的最小可分辨转角。

2．机械组合式微动机构

（1）螺旋-斜面微动机构

图 7-18 所示是螺旋-斜面式微动机构，它由主动螺杆 1、从动螺母 2、推杆 3、套 4、斜块 5、工作台 6 及弹簧等组成。

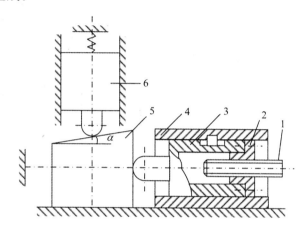

1—主动螺杆；2—从动螺母；3—推杆；4—套；5—斜块；6—工作台

图 7-18　螺旋-斜面式微动机构

当主动螺杆 1 转动时，斜面推动工作台 6 移动，其运动关系为

$$s = t\,\frac{\varphi}{2\pi}\tan\alpha \qquad\qquad (7-15)$$

式中　t——螺旋的螺距；

　　φ——螺杆的转角；

　　α——斜块斜面的倾角，一般取 $\tan\alpha = 1/50$。

由式（7-15）可见，t 与 α 越小，微动的灵敏度越高。

（2）蜗轮-凸轮式微动机构

图 7-19 所示是蜗轮-凸轮式微动机构，主动件蜗杆 1 转动，经蜗轮蜗杆副减速，带动凸轮 4 转动，通过滚轮 5 使滑板获得微位移。

（3）齿轮-杠杆式微动机构

图 7-20 所示是齿轮-杠杆式微动机构。手轮轴 1 的转动经过三级齿轮减速，变成扇形齿轮 2 的微小转动，再经过杠杆机构将扇形齿轮 2 的微小转动，变为运动件 5 的上下微动。

以上两种组合结构与其他机构相比，具有降速比大、微量位移读数方便的优点，但在结构设计中应考虑采用消除间隙机构或调整机构，以消除或减小传动中的啮合间隙。

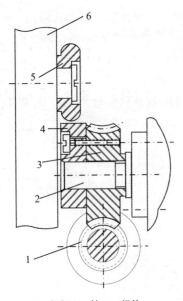

1—蜗杆；2—轴；3—蜗轮；
4—凸轮；5—滚轮；6—滑板

图 7-19　蜗轮-凸轮式微动机构

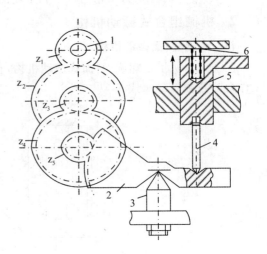

1—手轮轴；2—扇形齿轮；3—支承；
4—连杆；5—运动件；6—弹簧

图 7-20　齿轮-杠杆式微动机构

（4）齿轮-摩擦式微动机构

图 7-21 所示是由摩擦轮-蜗轮蜗杆-齿轮齿条-滚动导轨组合而成的微动机构。主动手轮 1 带动轴 2 转动，轴 2 与空心轴 4 之间通过 3 个钢球 5 靠摩擦方式带动空心轴上的蜗杆 6

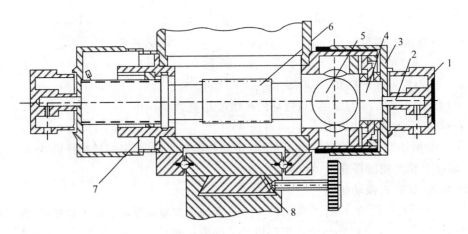

1—主动手轮；2—轴；3—手轮；4—空心轴；5—钢球；6—蜗杆；7—螺母；8—运动件

图 7-21　齿轮-摩擦式微动机构

转动,经蜗轮副减速后,再经齿轮齿条减速带动滚动导轨上的运动件 8 作微小移动,实现微位移。也可直接用手轮 3 带动蜗杆转动,从而使运动件获得大行程快速移动。该机构不仅灵敏度高,还可实现大行程,且稳定可靠,是比较理想的机械式复合微动机构。

7.2　光栅定位测量系统

计量光栅是增量式光学编码器,在精密仪器和精密计量中应用非常广泛。计量光栅的种类繁多,主要类型如图 7 - 22 所示。

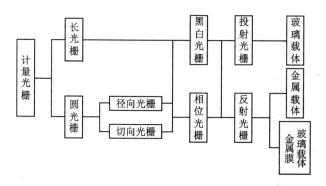

图 7 - 22　计量光栅的类型

计量光栅有以下优点。

(1) 测量精度高

计量光栅应用莫尔条纹的原理进行测量。莫尔条纹是许多刻线综合作用所产生的结果,对刻划误差具有均化作用。利用莫尔条纹信号所测量的位置精度较线纹尺高,可用于微米级、亚微米级的定位系统。

(2) 取数速率高

莫尔条纹的取数速率一般取决于光电接收元件和所使用电路的时间常数,取数速率可从零至数十万次每秒,既可用于静止量测量,也可用于运动量测量,非常适用于动态测量中的定位系统。

(3) 分辨力高

常用光栅栅距为 $10 \sim 50\ \mu m$,细分后很容易达到 $1 \sim 0.1\ \mu m$ 的分辨力,最高分辨力可达到 $0.025\ \mu m$。

(4) 读数易实现数字化、自动化

莫尔条纹信号接近于正弦信号,适合于电路处理,测量位移的莫尔条纹可用光电转换并以数字的形式显示或输入计算机,实现自动化,稳定可靠。

由于莫尔条纹的优点多,目前在精密机械、精密仪器及精密计量中得到广泛应用,如高精度加工机床、刻线机、光学坐标镗床、三坐标测量机、动态测量仪器及大规模集成电路中的设备及检测仪器等。

7.2.1 莫尔条纹的定位测量

利用莫尔条纹测量位移(包括直线位移和角位移)其核心部件是光栅副,包括标尺光栅和指示光栅。当两光栅重叠在一起并且有一个很小的夹角时,就形成如图 7-23 所示的莫尔条纹。

1. 振幅光栅测量位移的原理

长光栅测量位移系统如图 7-24 所示。

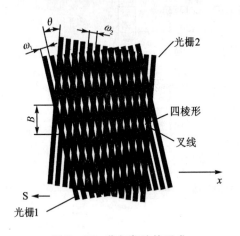

图 7-23 莫尔条纹的形成

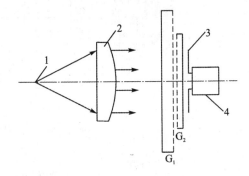

1—光源;2—透镜;3—光阑;4—光电元件;
G_1—标尺光栅;G_2—指示光栅

图 7-24 长光栅测量位移系统

光源 1 发出的光经过透镜 2 之后变成平行光束,照明标尺光栅 G_1 和指示光栅 G_2,形成莫尔条纹,并且被光电元件 4 接收,转变成为电信号。取垂直于光栅 1 刻线的方向为 x 方向,当光栅 G_2 沿 x 方向移动时,莫尔条纹沿垂直于 x 方向运动,光栅移动一个栅距,莫尔条纹移动一个条纹间隔;当光栅 G_2 向反方向运动时,莫尔条纹也随之改变。

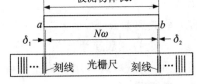

图 7-25 长光栅测量原理

设被测对象的长度为 x,如图 7-25 所示,则

$$x = ab = \delta_1 + N\omega + \delta_2 = N\omega + \delta \tag{7-16}$$

式中　ω——光栅栅距;

　　N——a、b 间包含的光栅栅线数;

　　δ_1、δ_2——分别为被测距离两端对应光栅上小于一个栅距的小数;

　　$\delta = \delta_1 + \delta_2$。

如将光栅的栅距进行细分,假设分成 n 等分,其中 n 为系统的细分数,则光栅系统的分辨

力为

$$\tau = \omega/n \tag{7-17}$$

或

$$\omega = n\tau \tag{7-18}$$

也可以改写为

$$x = M\tau \tag{7-19}$$

式中，$M = Nn + m$，是以细分的分辨力为单位的总计数值，其中 $m = 0, 1, 2, \cdots$。

（1）长光栅莫尔条纹方程

长光栅莫尔条纹的简图如图 7-26 所示。

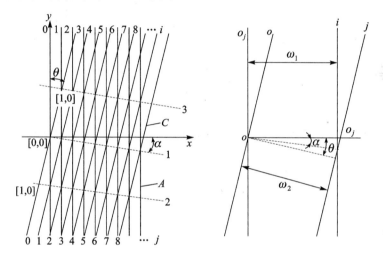

图 7-26　长光栅莫尔条纹简图

如果取主光栅（标尺光栅）A 的 0 号栅线为 y 坐标，x 坐标垂直于 A 的诸刻线，指示光栅 C 的 0 号栅线相交于坐标原点，其夹角为 θ，那么两刻线交点的连线就代表了莫尔条纹的中心线。设主光栅两相邻刻线之间的距离为 ω_1（即栅距），指示光栅的栅距为 ω_2，则建立莫尔条纹的方程式为

$$\left.\begin{array}{l} y_1 = x\tan\alpha = \dfrac{\omega_1\cos\theta - \omega_2}{\omega_1\sin\theta}x \\[2mm] y_2 = x\tan\alpha = \dfrac{\omega_1\cos\theta - \omega_2}{\omega_1\sin\theta}x - \dfrac{\omega_2}{\sin\theta} \\[2mm] y_3 = x\tan\alpha = \dfrac{\omega_1\cos\theta - \omega_2}{\omega_1\sin\theta}x + \dfrac{\omega_2}{\sin\theta} \end{array}\right\} \tag{7-20}$$

1）横向莫尔条纹

当 $\omega_1 = \omega_2 = \omega$，$\theta \neq 0$ 时，得到的莫尔条纹称横向莫尔条纹，如图 7-27 所示。此时

$$\left. \begin{array}{l} \tan \alpha = - \tan \dfrac{\theta}{2} \\[2mm] y_1 = - x \tan \dfrac{\theta}{2} \end{array} \right\} \qquad (7-21)$$

横向莫尔条纹与 x 轴之间的夹角为 $\dfrac{\theta}{2}$，两相邻莫尔条纹在 y 轴上的距离 B_y 为

$$B_y = y_3 - y_1 = y_1 - y_2 = \dfrac{\omega}{\sin \theta} \qquad (7-22)$$

两条纹之间的间隔 B 为

$$B = B_y \cos \dfrac{\theta}{2} = \dfrac{\omega_2 \cos (\theta/2)}{\sin \theta} = \dfrac{\omega}{2 \sin (\theta/2)} \qquad (7-23)$$

由于 θ 很小，故 $\sin \theta \approx \theta$，$\sin(\theta/2) \approx \theta/2$。这样式(7-22)与式(7-23)两者相等，即 $B = B_y$。因此，在实际应用时，通常以 B 代替 B_y。

在 $\theta \neq 0$ 的条件下，欲使 $\alpha = 0$，也就是使莫尔条纹平行于 x 轴，则必须满足 $\omega_2 = \omega_1 \cos \theta$，才能获得严格的横向莫尔条纹。

2）光闸莫尔条纹

当 $\omega_2 = \omega_1$，$\theta = 0$ 时，$B = \infty$。莫尔条纹随着主光栅的移动，明暗交替变化。指示光栅相当于光闸的作用，称为光闸莫尔条纹。

3）纵向莫尔条纹

当 $\omega_2 \neq \omega_1$，$\theta = 0$ 时，形成纵向莫尔条纹，如图7-28所示。

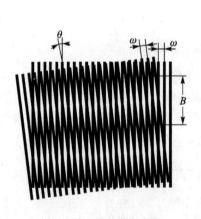

图 7-27　横向莫尔条纹

图 7-28　纵向莫尔条纹

（2）莫尔条纹的特征

1）莫尔条纹的运动与光栅的运动之间具有对应关系

当光栅副中任一光栅沿垂直于刻线的方向移动时，莫尔条纹就沿着近似垂直于光栅运动

的方向运动。每当光栅移动 1 个栅距,莫尔条纹就移动 1 个条纹间隔。当光栅反向移动时,莫尔条纹也随之反向运动。两者的运动关系是对应的。

2)莫尔条纹具有位移放大作用

$$k = \frac{B}{\omega} \approx \frac{1}{\theta} \qquad (7-24)$$

式中 k ——放大倍数。

一般 θ 角的取值很小,故 k 值很大。莫尔条纹具有放大作用,因此适合于高灵敏度的位移测量。

3)莫尔条纹具有平均光栅误差的作用

由于光栅在刻划的过程中存在着栅距误差,故莫尔条纹不是直线。莫尔条纹是由大量光栅刻线组成的,光电元件接收到的是这个区域中包含的所有刻线的综合结果,对各栅距的误差起到了平均作用,提高了测量精度。

设单个栅距误差为 δ,形成莫尔条纹的区域内有 N 条刻线,则综合栅距误差 Δ 为

$$\Delta = \pm \frac{\delta}{\sqrt{N}} \qquad (7-25)$$

2. 圆光栅莫尔条纹

(1) 圆光栅莫尔条纹的分类

如图 7-29 所示,圆光栅分为中心辐射圆光栅(见图 7-29(a))和非中心辐射圆光栅(见图 7-29(b))两种。

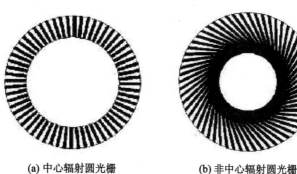

(a) 中心辐射圆光栅   (b) 非中心辐射圆光栅

图 7-29 圆光栅

在中心辐射圆光栅中,刻线的延长线都相交于 O 点,此点称为圆光栅的中心。

在非中心辐射圆光栅中,刻线的延长线都相切于半径为 r 的小圆,该小圆的圆心也是圆光栅的中心。从圆光栅的中心到刻线区域的距离称为圆光栅的半径 R。在非中心辐射圆光栅中,根据刻线和小圆相切的方向不同,可以分为左切非中心辐射圆光栅和右切非中心辐射圆光栅,分别简称为左切圆光栅和右切圆光栅。圆光栅相邻两条刻线之间的夹角称为圆光栅的角

栅距 δ;两条刻线之间占有的弧长称为圆光栅的线栅距 ω;圆光栅的全周刻线总数为 n,δ 和 ω 之间的关系为

$$\delta = \frac{2\pi}{n}, \qquad \omega = \delta R \qquad (7-26)$$

当两块圆光栅配对使用时,它们的中心不一定重合,其中心之间的距离称为中心距。

(2) 圆光栅莫尔条纹的轨迹

在如图 7-30 所示的两块圆光栅 G_I 和 G_{II} 中,G_I 的刻线序号按顺时针方向排列为 0,1,2,…,$n-1$;G_{II} 的刻线序号按反时针方向排列为 0,1,2,…,$n-1$。

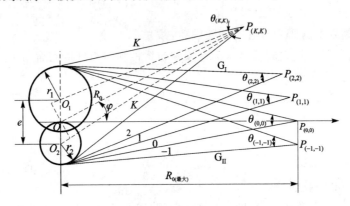

图 7-30 莫尔条纹的形成

两块圆光栅中心连线的中点为极坐标的原点 O,Ox 为极轴。两块左切(或右切)的圆光栅面对面地叠在一起,G_I 中第 0 条刻线和 G_{II} 中第 0 条刻线的交点为 $P_{(0,0)}$,正好与 x 轴重合,其他序号刻线的交点为 $P_{(1,1)}$,$P_{(2,2)}$,…,$P_{(K,K)}$,…。这些刻线交点的夹角为 $\theta_{(0,0)}$,$\theta_{(1,1)}$,…,$\theta_{(K,K)}$,…。根据莫尔条纹轨迹就是光栅刻线交点的连线轨迹这一原理,可知 $P_{(1,1)}$,$P_{(2,2)}$,…,$P_{(K,K)}$,… 的连线就是圆光栅的莫尔条纹轨迹之一。由于两块光栅的序号之差为 0,故称为 0 级条纹。交点至坐标原点的距离为 R_0,在轨迹上取 $P_{(K,K)}$ 点,$P_{(K,K)}$ 点刻线的夹角为 $\theta_{(K,K)}$。根据图 7-30 可建立如下的近似关系:

$$\theta_{(K,K)} = \frac{1}{R_0}(|r_1 \pm r_2| + e\cos\varphi) \qquad (7-27)$$

式中,$|r_1 \pm r_2|$ 当圆光栅切向相同时为 $r_1 + r_2$,当切向相反时为 $r_1 - r_2$。

$$\theta_{(0,0)} = \theta_{(1,1)} = \cdots = \theta_{(K,K)} = \cdots = \theta_0 \qquad (7-28)$$

取切向相同时,式可以写成

$$R_0 = \frac{1}{\theta_0}(r_1 + r_2 + e\cos\varphi) \qquad (7-29)$$

当 $\varphi = 0$ 时,$\theta_0 = \dfrac{r_1 + r_2 + e}{R_{0max}}$,代入式(7-29)得

$$R_0 = \frac{R_{0\max}}{r_1 + r_2 + e}(r_1 + r_2 + e\cos\varphi) \qquad (7-30)$$

式(7-30)就是式(7-28)中描述的序号 0 的莫尔条纹轨迹方程,其中 $R_{0\max} = OP_{(0,0)}$。

同理,可建立序号 K 的莫尔条纹轨迹方程为

$$R_K = \frac{R_{0\max}}{r_1 + r_2 + e + K\delta R_{0\max}}(r_1 + r_2 + e\cos\varphi) \qquad (7-31)$$

式(7-31)是 R_K-φ 的极坐标曲线方程,它表示一族莫尔条纹的轨迹。

令 $(r_1 + r_2)/e = \beta$,则式(7-31)变成

$$R_K = \frac{eR_{0\max}}{r_1 + r_2 + e + K\delta R_{0\max}}(\beta + \cos\varphi) \qquad (7-32)$$

对一定的圆光栅,r_1 和 r_2 是定值,故 β 与 e 成反比。不同 β 值对应不同形状的莫尔条纹,如图 7-31 所示。当 β 值增大时,莫尔条纹的轨迹逐渐趋于圆。

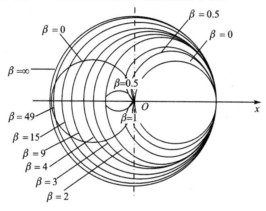

图 7-31　不同 β 值的莫尔条纹

7.2.2　莫尔条纹的读数系统

莫尔条纹读数系统(又称为读数头)的作用是将光栅的位移转换成近似正弦的莫尔条纹光电信号,经电路处理后可用于精密机械运动的控制定位或测量。

1. 直读式

直读式读数系统可分为透射式(见图 7-32)和反射式(见图 7-33)两种。直读式适用于栅距大于 0.01 mm 的振幅光栅,对 25~100 线对/mm 的黑白光栅,标尺光栅和指示光栅的间隙 d 可取 $d = (3\sim5)$ mm。反射式光栅用钢材料制成,其优点是坚固耐用,线膨胀系数与工件相近。

2. 镜像式

镜像式读数系统是利用主光栅和它的镜像产生莫尔条纹信号。其优点是可获得无间隙的莫尔条纹信号,无指示光栅;可获得倍频信号输出,灵敏度得到提高。

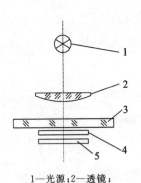

1—光源;2—透镜;
3、4—光栅;5—光电接收元件

图 7-32 透射式读数系统

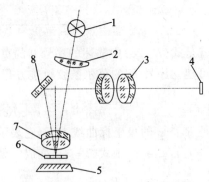

1—光源;2—透镜;3、7—聚光镜;4—光电接收元件;
5—反射光栅;6—光栅;7—反射镜

图 7-33 反射式读数系统

二倍频镜像式读数系统如图 7-34 所示。光源 S 发出的光经过透镜 L_1,变成平行光照明主光栅 G,经透镜 L_2、反射镜 M 使主光栅的镜像成在主光栅上,形成光闸莫尔条纹,再经透镜 L_1 和析光镜 M_d,被光电元件接收后产生光电信号。该系统光电信号的频率增加 1 倍,故其灵敏度也提高 1 倍。

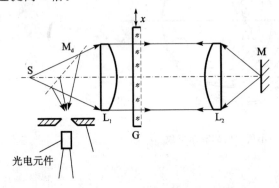

(a) 透射式二倍频读数系统

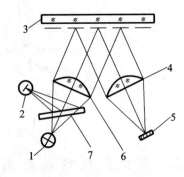

(b) 反射式二倍频读数系统

1—光源;2—光电接收元件;3、5—光栅;4、6—透镜;7—析光镜

图 7-34 二倍频镜像式读数系统

图 7-35 为多倍频读数系统,光源 S 发出的光经过透镜 L_1 变成平行光,经分束板照明闪耀光栅 G,光栅产生 $\pm m$ 级的衍射,经分束板及透镜 L_2 被光电元件接收,可以获得 m 倍频的莫尔条纹,故该系统的灵敏度很高,适于高精度的测量。

3. 调相式

调相式莫尔条纹读数系统如图 7-36 所示。旋转圆柱光栅 7 经光源 8 照明之后,其处于运动状态的栅线分别被投影到两块长光栅 2、4 上,其中光栅 4 为基准光栅,不运动。光电接收元件 3 产生不变的基准信号。另一路光栅 2 是运动的,光电接收元件产生被调制的信号。光栅每移动 1 个栅距,在基准信号与调制信号之间得到 360°的相位变化,可利用两者的相位差进行测量。

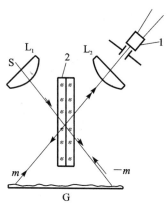

1—光电元件;2—分束板

图 7 - 35　多倍频读数系统

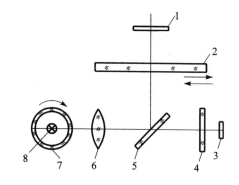

1、3—光电接收元件;2、4—光栅;5—半透半反镜;
6—透镜;7—圆柱光栅;8—光源

图 7 - 36　调相式读数系统

7.2.3　光栅副的设计

1. 光栅的栅距 ω

根据式(7 - 17),光栅的栅距与细分数 n 和分辨力 τ 的乘积成正比,可见从减小分辨力(即仪器的脉冲当量)的角度出发,栅距 ω 应当尽量选择得小一些,这样比较便于细分。但光栅的栅距太小,会造成刻划困难;同时由于衍射效应的增加,使莫尔条纹的反差减小,光栅副间隙的变化对信号的影响很大。因此对于机械部分运动精度要求高的场合,应合理地选择光栅的栅距。计量振幅光栅的栅距一般选取 ω＝0.004～0.05 mm,即 250～20 线对/mm。近年来由于细分技术的发展,采用粗光栅高细分的方法也取得了较好的效果。

2. 光栅刻线宽度 b 和刻线长度 C

对振幅光栅通常采用黑白相等的间隔,即

$$a = b = \omega/2 \tag{7 - 33}$$

式中　a ——振幅光栅通光部分的宽度;

　　　b ——振幅光栅刻线的宽度。

3. 标尺光栅的长度 L

标尺光栅的长度 L 为

$$L = L_1 + L_2 + L_3 \tag{7 - 34}$$

式中　L_1 ——精密机械运动长度即仪器的行程;

L_2 ——指示光栅长度(应包括机械部分的长度);

L_3 ——余量(包括固定机械部分需要的长度)。

在设计标尺光栅时,应注意光栅的长度和厚度之间的关系。如果厚度不够,会因变形而降低精度,通常取长度和厚度之比为 10:1～30:1,精度要求高的可取 10:1～15:1。

4. 光栅副的材料

制作光栅的材料有金属和玻璃两类。金属材料用于制作反射光栅,玻璃材料用于制作透射光栅。在选择玻璃时应尽量选取与金属(钢类)热膨胀系数相接近的材料如 K9、F6 等,以避免温度变化引起测量误差。

7.2.4 莫尔条纹的影响因素

1. 光栅副的间隙

光栅副在工作的过程中,为了避免标尺光栅和指示光栅之间因擦碰而损坏,以及装调的方便,一般在两光栅之间有一定的间隙。间隙过大会引起光栅信号质量的下降,影响细分的精度,甚至会造成系统不能正常工作。因此,在保证系统工作可靠和满足精度要求的前提下,应尽量选取较大的间隙。

光栅副的间隙应满足下列要求:

① 保证获取莫尔条纹的对比度尽可能高,使光电转换后电信号的基波幅值较大,含高次谐波的成分较小;

② 保证光栅系统正常工作并能获得足够的细分精度;

③ 光栅副在运动的过程中,间隙量的相对变化对信号的影响较小。

根据条纹反差的条件确定光栅副的间隙,在白光照明时,莫尔条纹的反差 K 为

$$K = \frac{\sin(\pi\eta d/f'\omega)}{\pi\eta d/f'\omega} \cdot \frac{\sin(\pi\eta d/2f'\omega)}{\pi\eta d/2f'\omega} \tag{7-35}$$

式中 η ——照明灯丝的宽度;

f' ——聚光镜的焦距;

ω ——光栅栅距;

d ——两光栅之间的间隙。

根据上述公式确定光栅副的间隙,可能仍然得不到满意的结果。在实际工作中,通常还要根据具体的光栅系统,进行适当调试来获得满意的间隙。

2. 光栅副相对位置偏差对信号的影响

光栅副系统(见图 7-37)由于精密机械运动部分的误差及其他因素的影响,标尺光栅在测量位移的过程中,其余 5 个自由度可能会偏离原始位置出现微量的摆动漂移。如图 7-37(b)所示,在 z 方向存在 $\Delta\bar{z} = \Delta d$ 的光栅副间隙偏差和 $\Delta\hat{z} = \Delta\theta$ 的光栅刻线夹角偏差;在 y 方

向存在 Δy 运动光栅在 y 方向的平移和 $\Delta \hat{y}$ 光栅的平行性偏差；在 x 方向存在 $\Delta \hat{x}$ 光栅的平行性偏差。

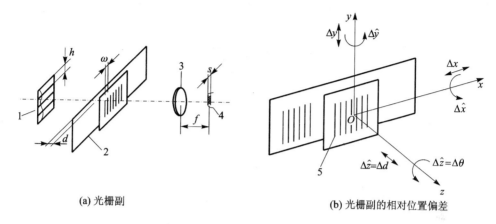

(a) 光栅副　　　　　　　(b) 光栅副的相对位置偏差

1—光电池；2—光栅副；3—透镜；4—灯丝；5—指示光栅

图 7 - 37　光栅副系统

对上述各项因素的分析结果如表 7 - 6 所列。

表 7 - 6　光栅副相对位置偏差对信号的影响

质量\偏差	信号调制度的相对变化	信号直流电平的相对变化	信号的对称性	相邻二相信号的正交性偏差	测量误差 $\Delta \bar{x}$
Δd			0	0	
$\Delta \hat{x}$	$\varepsilon(d) = T(d) \sum \Delta d$ 式中： $T(d) = \dfrac{2\pi\left(\dfrac{d}{l}+\dfrac{1}{2}\right)\cos\left[\pi\left(\dfrac{d}{l}+\dfrac{1}{2}\right)\right]-2}{2d+1} - \dfrac{5\pi^2\eta^2 d}{12\omega^2 f^2}$ $\sum \Delta d =$ $\Delta d + G\Delta\hat{x} + U\Delta\hat{y}$	$\varepsilon_x(d) = z(d) \sum \Delta d$ 式中： $z(d) = \dfrac{6\pi\sin\left(2\pi\dfrac{d}{l}\right)}{l\left[103 - 3\cos\left(2\pi\dfrac{d}{l}\right)\right]}$ $\sum \Delta d =$ $\Delta d + G\Delta\hat{x} + U\Delta\hat{y}$	调制度对称性： $P =$ $1 + T(d)2a\Delta\hat{x}$ 略去不计 直流电平对称性： $P_x =$ $1 + z(d)2a\Delta\hat{x}$	略去不计	略去不计
$\Delta \hat{y}$			0	略去不计	
ΔQ	$\varepsilon(\theta) = \left[\dfrac{\pi h\theta}{\omega}\cos\left(\dfrac{\pi h\theta}{\omega}\right)-1\right]\dfrac{\Delta\theta}{\theta}$	0	0	$\Delta\varphi = \dfrac{2\pi a\Delta\theta}{\omega}$	$\Delta\bar{x} = R_y\Delta\theta$
$\Delta \bar{y}$	0	0	0	0	$\Delta\bar{x} = \theta\Delta\bar{y}$

7.2.5 莫尔条纹信号的细分

1. 莫尔条纹的细分

在采用莫尔条纹测量位移的一些高分辨力、高精度的仪器中,仅靠使用更细的光栅来提高系统的分辨力是比较困难的。为了适应高精度检测技术的需要,近年来莫尔条纹细分技术日益成熟,细分的方法也越来越完善。对一个栅距进行几十到上千等份的细分已不再困难,为光栅在高精度仪器中的应用提供了广阔的前景。

莫尔条纹的细分一般分为空间位置细分和时间相位细分两类,可采用机械、光学和电子学的方法实现。图 7-38 给出了莫尔条纹的细分方法。

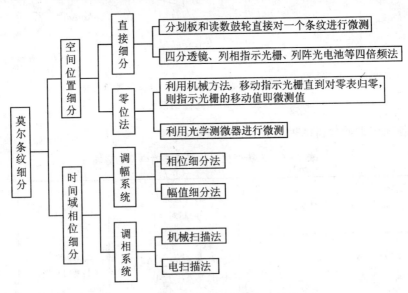

图 7-38 莫尔条纹细分的方法

下面介绍电子细分方法。

2. 电子细分方法

电子细分是在时间域上通过对相位信息的测量达到细分的目的。通过光电转换将莫尔条纹转换成电信号

$$U(t) = U\sin(\omega t + \varphi) \tag{7-36}$$

由式(7-36)可见,光栅信号的波形是正弦波。

(1) 对光栅信号的要求

高质量的原始信号是获得高精度细分的前提。由于光栅本身存在误差、衍射效应以及光栅副装调过程中的问题等,一般获得的正弦信号往往达不到理想的效果。从电子细分的角度来看,光栅信号应满足下列要求。

1) 信号的正弦性

严格地说,光栅信号是包含多次谐波成分的非正弦性信号,利用差分放大电路仅可以消除二次谐波,对三次谐波却无法克服。因此,对高质量的测量系统,应采用滤波的方法提高信号的正弦性。通常当 $n>100$ 时,要求三次谐波分量<6 %。

2) 信号的等幅性及全行程幅值的一致性

由于光栅制造中受线条的质量如线宽的均匀性、透光的一致性等的影响,会造成不同区域信号波形的幅值不等。当 $n>100$ 时,要求信号的幅值变化<10 %。

3) 正弦信号和余弦信号的正交性

正弦信号和余弦信号是电子细分的基础,两者的相位差应该是 $90°$,以保证取样的正确性。一般正交性相对误差要求<10 %。

4) 抑制共模电压(直流分量)

由于光源发光强度的变化,造成接收信号中直流分量(即共模电压)的波动,影响电子细分精度。通常要求光源亮度变化造成的剩余电压<6 %。

5) 反 差

反差是指莫尔条纹转换成电信号中的交流信号电压与直流信号电压的比值,通常反差应>80 %。

(2) 细分方法

对光栅莫尔条纹信号进行电子细分的方法有幅值分割法、周期测量法、角频率倍增法(倍频法)、移相法和函数变换法五种。

表 7-7 给出了各种细分方法的原理。

表 7-7 各种细分方法的原理

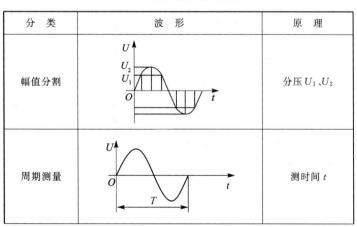

分 类	波 形	原 理
幅值分割		分压 U_1、U_2
周期测量		测时间 t

续表 7 - 7

分 类	波 形	原 理
倍频	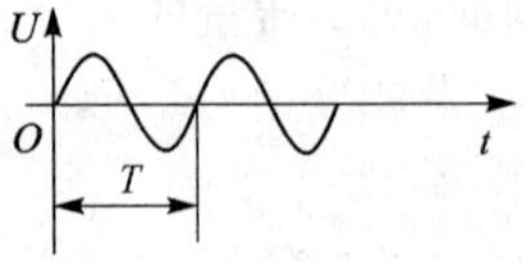	增加角频率 $n\omega$
移相	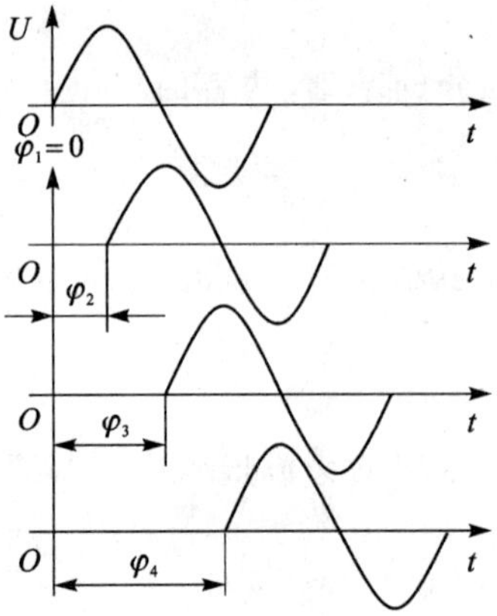	移相多信号： $\varphi_1 = \dfrac{2\pi}{n}$ $\varphi_2 = \varphi_1$ $\vdots$ $\varphi_n = (n-1)\varphi_{n-1}$
函数变换	$x^2 + y^2 = 1$	$f(t) \rightarrow F[f(t)]$

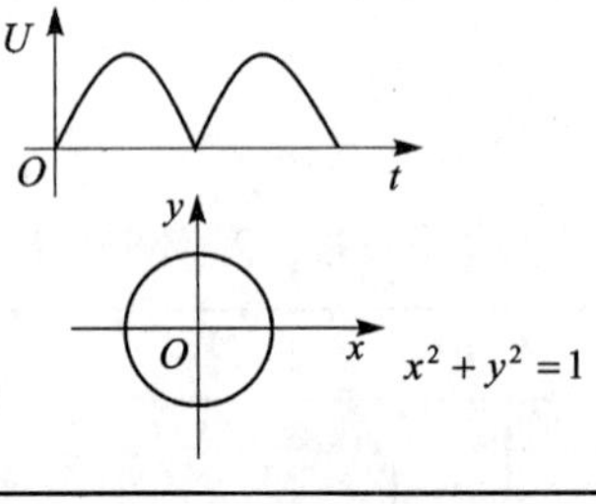

表 7 - 8 给出了目前常用的各种电子细分方法的特点与应用范围。这些方法同样适用于光波干涉条纹信号和衍射条纹信号等一切可转变成正弦电信号的情况，它们是数字技术中普遍使用的方法。

表 7 - 8 常用细分方法的特点与应用范围

细分方法	常用细分数	主要优缺点	应用范围
直接细分法	4	电路简单； 对信号无严格要求； 细分数不高	可用于动态和静态测量，应用较广泛

续表 7 – 8

细分方法	常用细分数	主要优缺点	应用范围
移相电阻法	10~60	细分数较大,精度较高。电阻元件获得容易。对信号正交性要求较严格,随着细分数增大,电路成比例复杂化。零点漂移对细分精度影响较大	可用于静态和动态测量,在细分数为 20 左右时优点显著
幅值分割电阻链法	40~80	细分数较大,精度较高。信号波形与幅值变化对细分精度影响较小。电路复杂	可用于动态和静态测量,常用于细分数较大的场合
锁相细分法	100~1 000	细分数很大,电路简单。对信号波形无严格要求,对光栅运动匀速性要求很高	只适用于动态测量,细分数较大时,可优先采用
载波调制法	100~1 000	细分数大,精度较高。对信号波形及正交性要求严格,电路比较复杂	适用于动态和静态测量,要求细分数较大的场合
内插示波器法	25~40	对信号的正弦性、等幅性和正交性要求较高	只能用于速度较低的场合
适量运动法	6~20	以差分放大器为组合单元,易改变等分数,但细分数大,结构复杂	适用于细分数较小的动态和静态测量
正弦-余弦电位器法	10~20	正-余弦电位器误差较大,难以得到较大细分数,电位器转速不能大于 1 r/s,电路简单	只适用于静态或准静态测量
光学调制法	200~1 000	细分数大,精度较高。对信号波形无严格要求,系统机构复杂	适用于动态和静态测量

3. 电子细分方法实例——倍频法

采用模拟乘法器将莫尔条纹光电信号进行二倍频和四倍频,当原始信号是标准正弦波时,倍频后的信号仍然保持正弦波;在原理上不会因倍频处理而使倍频后的信号附加新的高次谐波,较大地放宽了对线性电路带宽的要求,可用于运动速度较高的仪器中。结合移相电阻链细分(或其他常规的细分方法)组成倍频细分电路,可将莫尔条纹分别细分为 64 份、128 份、256 份。

(1) 乘法倍频原理

在精密位移测量中,一般采用 4 只光敏元件同时接收同一周期内的莫尔条纹位移信息,形成相位互差 1/4 周期的一组四相光电信号。如图 7 - 39 所示的莫尔条纹的四相细分信号为

$$u_1 = u_{10} + \sum_{k=1}^{\infty} u_{1k} \sin k\left(\theta - \frac{1}{k}a_{1k}\right)$$

$$u_2 = u_{20} + \sum_{k=1}^{\infty} u_{2k} \sin k\left(\theta - \frac{1}{k}a_{2k} + \frac{\pi}{2}\right)$$

$$u_3 = u_{30} + \sum_{k=1}^{\infty} u_{3k} \sin k\left(\theta - \frac{1}{k}a_{3k} + \pi\right)$$

$$u_4 = u_{40} + \sum_{k=1}^{\infty} u_{4k} \sin k\left(\theta - \frac{1}{k}a_{4k} + \frac{3}{2}\pi\right)$$

$$(7-37)$$

式中，u_{10}、u_{20}、u_{30}、u_{40}，u_{1k}、u_{2k}、u_{3k}、u_{4k} 和 a_{1k}、a_{2k}、a_{3k}、a_{4k} 分别是四相倍频信号中的直流分量、基波和各次谐波的振幅和相移，其中 k 为自然数。$k=1$ 表示基波，其余表示相应的各次谐波。

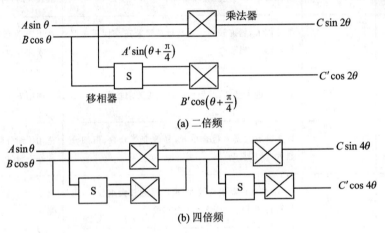

(a) 二倍频

(b) 四倍频

图 7-39　莫尔条纹细分电路

设 4 路信号的拾取条件相同，4 只光敏元件的性能参数一致，忽略原始信号中各次谐波的影响，当用相对值表示时，式（7-37）可改写成

$$u_1 = \sin\theta$$
$$u_2 = \cos\theta$$
$$u_3 = -\sin\theta$$
$$u_4 = -\cos\theta$$

$$(7-38)$$

由式（7-38）可得信号

$$u_A = u_1 - u_3$$
$$u_B = u_2 - u_4$$

$$(7-39)$$

从三角函数关系可知

$$A\sin\theta \times B\cos\theta = \frac{1}{2}AB\sin 2\theta = C\sin 2\theta \qquad (7-40)$$

若用 u_A 和 u_B 分别代替式中的 $A\sin\theta$ 和 $B\cos\theta$，则只要通过一个四象限的模拟乘法器，就可以产生和莫尔条纹成二倍频关系的信号，进而实现莫尔条纹的倍频。为进一步细分或产生更高一级的倍频信号，还需要一个与上述信号正交的倍频信号

$$C'\cos 2\theta = A'\sin\left(\theta + \frac{\pi}{4}\right) \times B'\cos\left(\theta + \frac{\pi}{4}\right) \qquad (7-41)$$

该信号可通过移相器对原始信号 u_A、u_B 各移相 45° 之后再加入乘法器得到。四倍频的原理与上述相同，只要将已倍频的信号作初始信号再倍频一次即可。显然，要获得 $2n$ 倍频信号，只要用 n 级二倍频电路就可以实现。二倍频、四倍频的细分电路如图 7-39 所示。

(2) 倍频细分电路

图 7-40 所示为用乘法器构成的二倍频 64 细分电路，由前置放大、移相、倍频、功率放大和移相电阻链细分 5 部分组成。四相交变电信号经前置放大器 F_1、F_2 差动放大之后，既增加了幅度，又消除了共模量及偶次谐波的影响，信号质量得到改善。4 个相等的电阻 $R_1 \sim R_4$ 组成移相器，在电阻节点上分别输出被移相 $\pi/4$ 的信号。倒相器 $-F_3$ 是根据移相需要设置的。

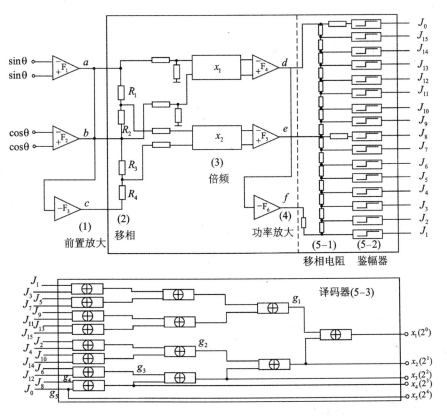

图 7-40　二倍频 64 细分电路

倍频器由四象限模拟乘法器组成。放大器 F_4、F_5 用来抑制乘法器输出的共模量,提供细分电路驱动功率。另一个倒相器是 $-F_6$。移项电阻链细分电路由细分 32 等份的移相电阻(5-1)、鉴幅器(5-2)及译码器(5-3)组成。原始信号经过倍频细分电路之后,输出与角度 θ 相对应的两组 5 位自然二进制代码 $x_1 \sim x_5$($2^0 \sim 2^4$),1 个莫尔条纹周期被等分成 64 份。$J_1 \sim J_{15}$ 是阶梯码,$g_1 \sim g_5$ 是周期二进制代码。

在二倍频 64 细分的基础上,加一级相同的倍频电路,可构成四倍频 128 细分电路;在四倍频的基础上,换成 64 细分电路,可构成四倍频 256 细分电路。

7.3　激光干涉定位测量系统

20 世纪 60 年代初激光的出现,特别是 He-Ne 激光器的出现,使激光干涉测量技术得到迅速发展,广泛应用于计量技术中。近年来精密仪器向着高精度和自动化的方向发展,使激光干涉技术发展成为自动控制、自动记录和显示更加完善的系统,无论在精度和适应能力方面还是在经济效益方面,都显示出它的强大优越性。

7.3.1　激光干涉仪的原理

根据物理光学原理,迈克尔逊双光束干涉仪的测长公式为

$$L = K\frac{\lambda}{2} \tag{7-42}$$

式中　L ——被测长度;

　　　λ ——波长,$\lambda = \lambda_0/n$,其中 λ 为激光在真空中的波长,n 为折射率;

　　　K ——干涉条纹数。

将式(7-42)改写成

$$K = \frac{2nL}{\lambda_0} \tag{7-43}$$

如图 7-41 所示为干涉仪的光路。

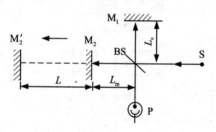

图 7-41　干涉仪的光路图

光源 S 发出的光经过分光镜(析光镜)BS 分成两束,一束透过分光镜入射到测量反射镜被返回;另一束反射后入射到参考反射镜 M_1 被返回。两束光在分光镜相遇而发生干涉,产生的干涉条纹被光敏元件 P 接收。干涉仪处于起始位置,其初始光程差为 $2(L_m - L_c)$,对应的干涉条纹为

$$K_1 = 2n(L_m - L_c)/\lambda_0 \tag{7-44}$$

式中　L_m ——测量光路长度;

L_c——参考光路长度。

当反射镜 M_2 移动到 M_2' 位置时,设被测长度为 L ,那么

$$K = \frac{2n}{L} + \frac{2n(L_m - L_c)}{\lambda_0} \tag{7-45}$$

$$K = K_2 + K_1 \tag{7-46}$$

式中　K_1——初始位置时的干涉条纹数;

　　　K_2——测量的条纹数。

在实际测量中,通常取测量初始位置的干涉条纹数 $K_1 = 0$,对应测量长度 L 计数器得到的条纹数 $K = K_2$ 。

7.3.2　干涉仪的误差分析

在图 7-41 所示干涉仪的光路图中,外界环境(如温度、湿度和气压等)变化对干涉仪本身的精度会有直接影响,造成定位测量误差。

对下式进行全微分:

$$dK = dK_2 + dK_1 \tag{7-47}$$

式中

$$
\begin{aligned}
dK_1 &= \frac{\partial K_1}{\partial n}dn + \frac{\partial K_1}{\partial (L_m - L_c)}d(L_m - L_c) + \frac{\partial K_1}{\partial \lambda}d\lambda = \\
&\quad 2(L_m - L_c)\frac{dn}{\lambda_0} + \frac{2n}{\lambda_0}d(L_m - L_c) - \frac{2n}{\lambda_0^2}d(L_m - L_c)d\lambda_0 = \\
&\quad \frac{2}{\lambda_0}\left[(L_m - L_c)dn + nd(L_m - L_c) - \frac{n}{\lambda_0}(L_m - L_c)d\lambda_0\right]
\end{aligned} \tag{7-48}
$$

$$
\begin{aligned}
dK_2 &= \frac{\partial K_2}{\partial n}dn + \frac{\partial K_2}{\partial L}dL + \frac{\partial K_2}{\partial \lambda_0}d\lambda_0 = \\
&\quad \frac{2}{\lambda_0}\left(Ldn + ndL - \frac{n}{\lambda_0}Ld\lambda_0\right)
\end{aligned} \tag{7-49}
$$

因此在测量结束时产生的干涉条纹误差为

$$\Delta K = \int dK = \int dK_1 + \int dK_2 = \Delta K_1 + \Delta K_2 \tag{7-50}$$

若在测量开始时使计数器"置零",则在测量结束时计数器计到的干涉条纹数为

$$
\begin{aligned}
\overline{K} &= 2nL/\lambda_0 + \frac{2}{\lambda_0}\left(L\Delta n_0 + n\Delta L_0 - \frac{n}{\lambda_0}L\Delta\lambda_{00}\right) + \frac{2}{\lambda_0}\int\left(L\delta n + n\delta L - \frac{n}{\lambda_0}L\delta\lambda_0\right) + \\
&\quad \frac{2}{\lambda_0}\int\left[(L_m - L_c)\delta n + \delta n(L_m - L_c) - \frac{n}{\lambda_0}(L_m - L_c)\delta\lambda_0\right]
\end{aligned} \tag{7-51}
$$

式中　$dn = \Delta n_0 + \delta n$;

　　　$d\lambda_0 = \Delta\lambda_{00} + \delta\lambda_0$;

$\mathrm{d}(L_m - L_c) = \Delta(L_m - L_c) + \delta(L_m - L_c)$；

$\mathrm{d}L = \Delta L_0 + \delta L$；

L ——被测长度的名义值；

n ——标准状态下的空气折射率；

λ_0 ——真空中波长的理论值；

ΔL_0 ——测量开始时，被测件长度对其名义值的增量；

Δn_0 ——测量开始时，空气折射率对 n 的增量；

$\Delta\lambda_{00}$ ——测量开始时，真空中的实际波长对其理论值的增量；

$\Delta(L_m - L_c)$ ——测量开始时，干涉仪的初始程差对其名义值的增量；

δn ——测量过程中，空气折射率对起始状态的变动量；

δL ——测量过程中，被测长度对起始状态的变动量；

$\delta\lambda_0$ ——测量过程中，波长对起始状态的变动量；

$\delta(L_m - L_c)$ ——测量过程中，干涉仪的初程差对起始状态初程差的变动量。

由式(7-51)可见，计数器计到的干涉条纹数由下面4部分组成：

① $K_2 = 2nL/\lambda_0$，反映了被测长度真值的条纹数；

② $$\Delta K_{20} = \frac{2}{\lambda_0}\left(L\Delta n_0 + n\Delta L_0 - \frac{n}{\lambda_0}L\Delta\lambda_{00}\right) \tag{7-52}$$

这项误差是由测量开始时，外界环境条件偏离标准状态造成 Δn_0、ΔL_0、$\Delta\lambda_{00}$ 所引起的，均与被测长度有关；

③ $$\delta K_2 = \frac{2}{\lambda_0}\int\left[L\delta n + n\delta L - \frac{n}{\lambda_0}L\delta\lambda_0\right] \tag{7-53}$$

这项误差反映了在测量过程中，外界环境条件偏离测量初始条件而造成的 δn、δL 和 $\delta\lambda_0$ 与被测长度 L 有关；

④ $$\delta K_1 = \frac{2}{\lambda_0}\int\left[(L_m - L_c)\delta n + n\delta(L_m - L_c) - \frac{n}{\lambda_0}(L_m - L_c)\delta\lambda_0\right] \tag{7-54}$$

这项误差反映了在测量的过程中，干涉仪的初程差也随着环境条件的变化而发生变化，产生于测量区之外，与被测长度 L 无关，故称为“闲区误差”或“零点漂移”。

7.3.3 典型干涉仪的结构

图7-42给出了干涉仪结构的几种典型布局。

1. 整体式

如图7-42(a)所示，将参考镜 M_1、分光镜BS、激光器J等密封在一个整体之内，测量镜与被测件连在一起，测量时置于外界条件之中。这种结构布局的参考臂区与测量臂区处于不同的环境条件下，在计算干涉仪的误差时，应分别计算 δn_m、δn_c、δL_m 和 δL_c 的影响。

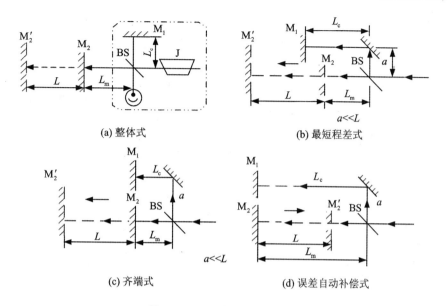

图 7 - 42　干涉仪结构布局图

2. 最短程差式

如图 7 - 42(b)所示,这种结构布局是在最大测量行程时使两相干光束(测量光束和参考光束)具有最短的相干长度,即 $|L_m - L_c| = \dfrac{L}{2}$ 。由于参考镜 M_1 和测量镜 M_2 布置在同一侧,可以认为干涉仪两臂经受相同的环境条件。在计算干涉仪误差时可按式(7 - 54)直接进行计算。

3. 齐端式

如图 7 - 42 (c)、图 7 - 42 (d)所示,"齐端"是指干涉仪的参考镜和测量镜在测量开始时"齐端",即 $L_m = L_c$,且 $\delta(L_m - L_c) = 0$ 。在式(7 - 54)中 $\delta K_1 = 0$,干涉仪的闲区误差为零。

4. 误差自动补偿式

由式(7 - 53)和式(7 - 54)可见, δK_2 和 δK_1 的表达形式相似,当改变参考镜和测量镜的相对位置时,可以在相同的环境条件下改变 δK_1 的符号。

当 $L_m < L_c$ 时,

$$\delta K_1' = \frac{2}{\lambda_0} \int \left[(L_c - L_m)\delta n + n\delta(L_c - L_m) - \frac{n}{\lambda_0}(L_c - L_m)\delta\lambda_0 \right] = -\delta K_1 \qquad (7-55)$$

这就提供了利用闲区误差对 δK_2 进行补偿的可能,如图7-43(a)所示。同理,当 $L_m > L_c$ 时,可令测量镜作反向运动(见图 7 - 43(b)),此时 L 取负值。类似地,由式(7 - 53)可得 $\delta K_2' = -\delta K_2$ 也提供了 δK_1 补偿 $-\delta K_2$ 的可能性。

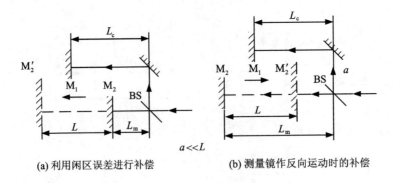

(a) 利用闲区误差进行补偿　　　(b) 测量镜作反向运动时的补偿

图 7 - 43 　误差自动补偿式

整体式布局的闲区误差较大,不适于高精度的仪器,一般只用于小型轻便式干涉仪;齐端式可使闲区误差为零但不具备自动补偿的能力;最短程差式虽然闲区误差不为零,但用于大测程可使结构紧凑;自动补偿式结构布局可利用闲区误差对测量误差进行补偿,具有较高的测量精度。

7.3.4 　激光干涉仪光路的设计原则

(1) 共路原则

在干涉仪的结构布局设计时应尽量遵守共路原则。所谓"共路"是指测量光束与参考光束接近于同一路径,这样可以认为两束光处于相同的外界环境,避免外界环境变化对测量精度的影响。为了实现共路原则,在设计干涉仪的光路时,可将参考光束转折成与测量光束平行;同时,尽量做到测量光束与参考光束等光程。等光程不但意味着光路的长度相等,而且两光路中光学元件的设置也应尽量类似。

(2) 阿贝原则

在设计仪器的干涉定位系统时,应遵守阿贝原则。具体地说,阿贝原则在该干涉定位系统中应包含两个内容:一是测量点与被测点共线,即被测点位于激光干涉仪测量点的运动方向延长线上。但由于结构的限制,往往不能做到,此时被测点应尽量接近其延长线,以减小阿贝误差的影响。二是参考点应选择在与被测点有关的点上,以保证测量的精度。例如图 7 - 44 所示为美国 GCA 公司生产的光学图形发生器,其参考光束的反射镜安放在照相物镜上,可以避免因变形引起物镜位置变化所造成的误差。

(3) 光强尽量相等

两光束在相干点的光强应尽量相等,以获得最清晰的对比度和最好的干涉图形。

(4) 非期望光尽可能少

不反映被测量的光线称非期望光或称闲杂光。它包括两部分:一是光线在各光学零件界面上可能同时发生折射和反射,这些光线通过各种途径进入到干涉场,影响干涉条纹的对比

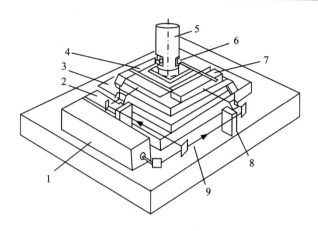

1—激光器;2—y 粗动台;3—z 粗动台;4—微动台;5—镜筒;6—参考反射镜;

7—工作台反射镜;8—激光接收器;9—析光镜

图 7-44　光学图形发生器的激光干涉系统

度;二是"回授"光线,即激光发出的光经干涉系统之后又回到激光管内,回授的存在会干扰激光器的发光强度,严重时还会破坏激光器的正常工作。

减少非期望光的方法很多,例如减少光学零件的数目、镀膜,正确选择光学元件,在光路中加光阑以及采用偏振方法等,可以根据具体的仪器采取相应的措施。

7.3.5　提高干涉测量精度的措施

激光干涉定位系统在精密仪器中是测量的基准,定位精度的高低在很大程度上取决于该基准的精确程度。为了使激光干涉仪形成稳定的干涉条纹,应选用单一纵模和单一横模激光器。除激光器实现单频输出外,还要求它的输出频率变化尽量小。

1. 频率的稳定度和再现性

频率的稳定度即频率的稳定程度,稳定度的定义式为

$$S = \Delta\nu/\nu \tag{7-56}$$

式中　ν——参考频率,测量所用时间的平均值;

　　　$\Delta\nu$——频率变化量。

稳定度又分为短时间稳定度和长时间稳定度。当测量时间小于观测系统的时间常数时,称为短时间稳定度;大于观测时间时,称为长时间稳定度。

再现性是指激光器频率稳定点在不同时间、不同地点之间的一致性。频率再现性的定义式为

$$a = \delta\nu/\nu \tag{7-57}$$

式中　$\delta\nu$——不同时间、地点或者环境下频率的变化量。

2. 频率变化的原因

影响频率变化的因素为

$$\frac{\Delta \nu}{\nu} = -\nu \left(\frac{\Delta l}{l} + \frac{\Delta n}{n} \right) \tag{7-58}$$

可见，激光器发出激光频率的变化，主要是由于谐振腔长度及折射率的变化引起的。

(1) 温度的影响

由于工作环境温度的变化使激光器的腔长发生改变：

$$\frac{\Delta l}{l} = \alpha \Delta t \tag{7-59}$$

式中　α——线膨胀系数；

　　　Δt——工作环境温度变化量。

温度的变化直接改变光学谐振腔的长度变化，使频率发生变化。例如用石英管制作的半内腔激光器 $l=100$ mm，当 $\Delta t=1℃$ 时，$\Delta l=6 \times 10^{-6}$ mm，$\Delta \nu = 3 \times 10^{8}$ Hz。温度变化还会引起折射率 n 的改变，使管子变形，以及窗口、镜片产生畸变等，导致频率的稳定性变差。

(2) 振动的影响

工作环境中的机械振动会造成激光管的变形，使谐振腔的光学长度改变，导致谐振频率的漂移，严重的机械振动还会破坏激光器的正常工作。

(3) 大气波动的影响

激光器工作环境中大气的波动，以及温度、气压、湿度等的变化，将导致折射率的变化。对于外腔式激光器，其频率变化为

$$\frac{\Delta \nu}{\nu} = (\beta_p \Delta P - \beta_T \Delta T - \beta_H \Delta H) \frac{l - l_1}{l} \tag{7-60}$$

式中　ΔP、ΔT、ΔH——分别为大气压力、温度及湿度的变化量；

　　　l、l_1——分别为谐振腔长和放电管长；

　　　β_p、β_T、β_H——分别为压力、温度和湿度变化系数。

3. 频率稳定的方法

根据上述分析，造成激光器频率变化的主要外部因素是温度、振动和大气的影响，在要求精度不高的条件下，可采用恒温、防振和密封的方法进行稳频，稳定度一般可以达到 $10^{-6} \sim 10^{-7}$。对于测量精度较高的仪器，必须进一步采取稳频措施。常用的稳频方法有兰姆下陷法、塞曼效应法和饱和吸收法等。

兰姆下陷法是目前应用最广泛的一种稳频方法。对于单纵模气体激光器，当输出频率出现在原子跃迁谱线中心时，会有一个局部的极小值，称兰姆下陷，如图 7-45 所示。兰姆下陷的深度和宽度与激光器的工作条件有关，小信号增益越大或光学损失越小，则兰姆下陷越深；均匀加宽的宽度越小，则兰姆下陷的宽度越小。

利用兰姆下陷法稳频的激光器如图 7 − 46 所示。整个激光器安装在谐振腔的间隔器（如石英管或殷钢管）上，其中一块反射镜胶合在环形压电陶瓷上，陶瓷的内表面和外表面分别为负极和正极。加正、负电压之后，压电陶瓷伸长或缩短使腔长缩短或伸长。它的变化量与加在压电陶瓷上的电压和压电陶瓷的长度成正比，可以补偿外界因素所引起的腔长变化。

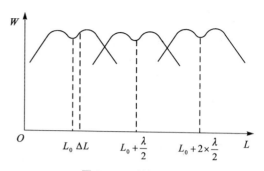

图 7 − 45　兰姆下陷

利用兰姆下陷稳频实际上是一个负反馈的控制系统，其原理框图如图 7 − 47 所示。当激光频率偏离特定的标准值（即兰姆下陷的中心频率）时，发出一个误差信号。该信号经过放大反馈来控制腔长，将激光频率又拉回到特定的中心频率。其反馈的基本原理是：在压电陶瓷上加一个正弦调制电压（频率为 1 kHz，幅值为 0.5 V），则腔长也以这个频率伸缩，激光器输出的频率也随之做正弦变化。

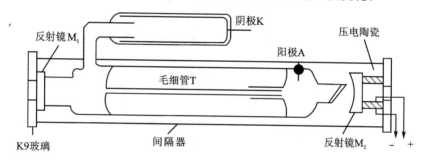

图 7 − 46　兰姆下陷稳频激光器

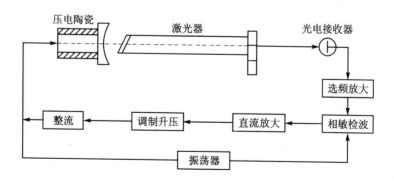

图 7 − 47　稳频原理框图

如图 7 − 48 所示，在兰姆下陷的 A、B、C 处获得二倍频输出即 $2f$，在 BC 和 AB 处得到 f 频率的正弦变化，但 BC 段和 AB 段输出信号的相位相反。激光输出的信号由光敏三极管接

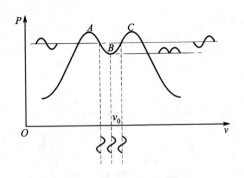

图 7-48　兰姆下陷法获得的信号图

收后转换成电信号,经过选频放大后的频率恰好落在 f 处,那么 $2f$ 频率的信号便不能通过选频放大器。放大后的信号送入相敏检波得到直流电压,电压的大小与误差成正比。

电压的正、负取决于误差信号与调制电压之间的相位关系,它反映了由于外界环境变化引起的频率漂移方向。这个电压经过调制升压、整流之后加在压电陶瓷上,使压电陶瓷伸长或缩短,控制了腔长的修正方向。如果激光输出的频率在 $\Delta\nu$ 处,输出为 $2f$,且幅度较小,则由于选频放大器调谐在 f 处,腔长将仍然维持在原值。

用兰姆下陷法要求激光器的输出是单纵模激光,兰姆下陷法的对称性好,下陷要尽可能深且斜率较大。经过兰姆下陷稳频,可以获得较高的频率稳定度,其稳定度可达 10^{-9}。

7.4　其他编码器

7.4.1　线纹尺与度盘

线纹尺与度盘具有结构简单、制造安装调整方便、工作稳定可靠等优点,常用于长度、角度等基准,应用很广泛。线纹尺与度盘都有反射式和透射式两种,其中反射式用金属材料制成,毛坯加工容易,截面形状可制作成复杂的截面,线膨胀系数与仪器本身的线膨胀系数一致,可降低对外界环境的要求;透射式采用玻璃制成(如 K9、F6 等),它采用透射光进行照明,易获得较好的信号,适用于光电自动测量系统。玻璃尺的表面质量很好,一般所用的线纹尺和度盘都采用照相复制的方法,价格比较便宜。

1. 线纹尺

常用的玻璃线纹尺已标准化,如表 7-9 所列。

线纹尺的任意两条分划线之间的最大不准确度分为五级:

1 级　$\left(0.2+\dfrac{L}{500\ \text{mm}}\right)\mu\text{m}$ 　　2 级　$\left(0.5+\dfrac{L}{200\ \text{mm}}\right)\mu\text{m}$

3 级　$\left(1+\dfrac{L}{200\ \text{mm}}\right)\mu\text{m}$ 　　4 级　$\left(1+\dfrac{L}{100\ \text{mm}}\right)\mu\text{m}$

5 级　$\left(3+\dfrac{L}{100\ \text{mm}}\right)\mu\text{m}$

其中,L 为任意两分划线之间的距离,单位为 mm。

表 7 - 9　玻璃标尺的基本系列

基本系列		规　格	基本系列		规　格
分划长度/mm	分划间隔/mm		分划长度/mm	分划间隔/mm	
50	1	50×1	150	1	150×1
50	0.1	50×0.1	150	0.1	150×0.1
75	1	75×1	200	1	200×1
75	0.1	75×0.1	300	1	300×1
100	1	100×1	500	1	500×1
100	0.1	100×0.1	—	—	—

形成线纹尺误差的主要原因有：

① 刻划误差,分为周期误差和累积误差两种,主要取决于刻线机的精度和刻线工艺的水平;

② 温度变化造成的误差,在使用中由于外界环境温度变化所引起的误差;

③ 变形误差,标尺受自身的重量等因素引起变形而造成的误差。

2. 度　盘

线纹度盘用于角度测量和基准,主要参数有分划值、刻线宽度和刻划直径。其中分划值是指度盘两相邻刻线对中心的张角 δ,通常采用 $60'$ 制。常用的有 $1/2°$、$1/3°$、$1/6°$、$1/10°$、$1/12°$、$1/15°$、$1/30°$ 等。分划值的选择取决于仪器的最小读数值和读数测微机构的性能。

度盘的直径选择与刻线位置有关,同时还要与读数测微装置相匹配。

度盘刻线的位置误差为

$$\Delta\varphi = \frac{2\Delta}{D}\rho \tag{7-61}$$

式中　$\Delta\varphi$——度盘刻线位置误差;

　　　Δ——切向误差;

　　　D——度盘直径;

　　　ρ——常数,$\rho = 2\times10^{5''}$。

影响度盘精度的因素主要有：

① 刻划误差。刻划误差是实际刻线位置偏离理想位置的角度量。一般是由于刻划机本身的误差、度盘安装不正确、刻划机调整不良及外界环境变化等因素造成的。其包括刻线位置误差和刻划直径误差两种。

② 偏心误差。由于度盘安装不正确造成旋转中心与度盘刻划中心不重合,进而产生误差。

7.4.2　码尺与码盘

码尺与码盘是一种绝对值式的编码器，它以二进制代码运算为基础，用透光和不透光两种状态代表二进制代码中的"1"和"0"两个状态，经光电接收和模/数转换之后，可用于长度和角度的测量和定位。

在码盘(或码尺)上，用透光缝隙代表"1"，不透光的线条代表"0"，组成二进制代码，它们是光学编码器的编码单元。圆周上黑、白相间的一圈称为码道，代表二进制数的一位数。一个码盘可包含多个码道。二进制的码道数 n 和码盘容量 M 之间的关系为

$$M = 2^n \tag{7-62}$$

角分辨力 δ 与码道数 n 之间的关系为

$$n = \frac{360^\circ}{2^n} \tag{7-63}$$

图 7-49 (a)所示是一个由五个码道组成的二进制编码盘，图 7-49 (b)是它的展开图。

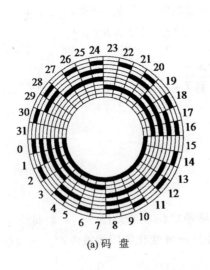

(a) 码　盘

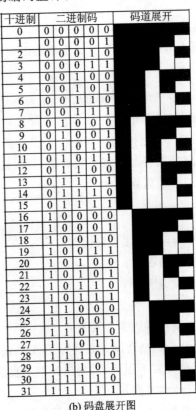

十进制	二进制码					码道展开
0	0	0	0	0	0	
1	0	0	0	0	1	
2	0	0	0	1	0	
3	0	0	0	1	1	
4	0	0	1	0	0	
5	0	0	1	0	1	
6	0	0	1	1	0	
7	0	0	1	1	1	
8	0	1	0	0	0	
9	0	1	0	0	1	
10	0	1	0	1	0	
11	0	1	0	1	1	
12	0	1	1	0	0	
13	0	1	1	0	1	
14	0	1	1	1	0	
15	0	1	1	1	1	
16	1	0	0	0	0	
17	1	0	0	0	1	
18	1	0	0	1	0	
19	1	0	0	1	1	
20	1	0	1	0	0	
21	1	0	1	0	1	
22	1	0	1	1	0	
23	1	0	1	1	1	
24	1	1	0	0	0	
25	1	1	0	0	1	
26	1	1	0	1	0	
27	1	1	0	1	1	
28	1	1	1	0	0	
29	1	1	1	0	1	
30	1	1	1	1	0	
31	1	1	1	1	1	

(b) 码盘展开图

图 7-49　二进制编码盘

二进制码在进位时,常常是多个位数上的代码同时发生转换,如从$(0111)_2$向$(1000)_2$进位时,四个码道都同时发生代码转换。高位从"0"到"1",其他各位从"1"到"0"。由于码盘的制作和安装存在误差,四个码道转换可能会发生不同步的现象,进而造成误差。这是普通二进制编码的重大缺陷。

提高编码器精度的方法有双读数头法、循环码、精码/粗码和校正码等,相关内容可参考有关文献。

7.4.3　旋转变压器

旋转变压器是一种角度检测元件,具有结构简单、成本低、环境变化影响小、维护方便和工作可靠等优点,但定位精度较低,仅适用于开环系统。

旋转变压器是一种旋转式的小型交流电机,由定子和转子组成。定子绕组为变压器的原边,转子绕组为变压器的副边。将激磁电压接到原边,激磁频率通常有 400 Hz、500 Hz 或 2 000 Hz 和 5 000 Hz。当激磁电压加到定子绕组时,通过电磁耦合,转子绕组产生相应的感应电压,如图 7-50 所示。如果转子转到使它的绕组磁轴与定子绕组磁轴垂直的位置,则转子绕组感应电压为零。当转子绕组的磁轴自垂直位置转动一角度 θ 时,转子绕组中产生的感应电势为

$$E_2 = nU_1 \sin\theta = nU_m \sin\omega t \sin\theta \tag{7-64}$$

式中　n——变压比;

　　　U_m——最大瞬时电压;

　　　U_1——定子输入电压。

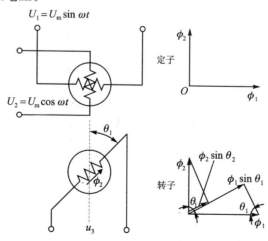

图 7-50　正弦、余弦旋转变压器

当转子转到两磁轴位于同一轴线上(即 $\theta=90°$)时,转子绕组中感应电势为最大,即

$$E_2 = nU_m \sin \omega t \qquad (7-65)$$

实际应用较多的是正弦、余弦旋转变压器,其定子和转子绕组中各有互相垂直的两个绕组,如图 7-50 所示。当激磁用 2 个相位差 90°的电压供电时,应用叠加原理,在副边的一个转子绕组的输出电压(另一绕组短接)为

$$\varphi_3 = \varphi_1 \sin \theta_1 + \varphi_2 \cos \theta_1 \qquad (7-66)$$

$$u_3 = nU_m \sin \omega t \sin \theta + nU_m \cos \omega t \cos \theta = nU_m \cos(\omega t - \theta) \qquad (7-67)$$

综上所述,当采用图 7-50 的接法时,转子绕组感应电压的幅值严格地按转子偏转角 θ 的正弦(或余弦)规律变化,其频率与激磁电压的频率相同;当采用图 7-51 的接法时,转子绕组感应电压的频率也与激磁绕组的频率相同,其相位严格地随转子偏转角 θ 而变化。因此,可采用测量旋转变压器副边感应电压的幅值或相位的方法,来间接地测量转子转角 θ 的变化。旋转变压器只能测量转角,大多数用于直接测量丝杠的转角,或者通过齿轮、齿条的转化,间接地测量工作台的位移,如图 7-52 所示。

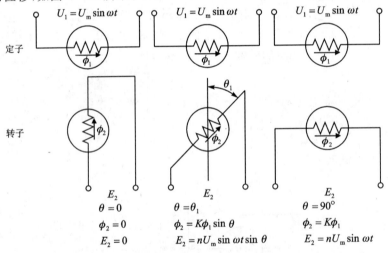

图 7-51 旋转变压器的工作原理

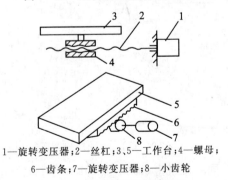

1—旋转变压器;2—丝杠;3、5—工作台;4—螺母;

6—齿条;7—旋转变压器;8—小齿轮

图 7-52 旋转变压器的应用

7.4.4　磁　栅

磁栅是一种录有磁化信号的磁性标尺或磁盘,由磁栅和读数磁头及测量电路三个部分组成,可用于大型精密机械的位置测量系统。

磁栅与光栅、感应同步器相比较具有以下独特的优点:

① 制作较简单,易安装调整,成本低;可以方便地进行录制,节距可任意选择,不合适时可以抹去重录而不损坏磁膜;可以安装在精密机械上之后再进行录制,避免了安装误差;带状磁栅还可以通过调整张紧力来消除累积误差,因此使用方便。

② 磁尺的长度可以任意选择,棒状可以做到十几毫米;带状可以做到几米甚至十几米而不需接长。

③ 耐油污、灰尘等,对使用环境要求低。

磁栅有线型(同轴型)、尺型(实体型)和旋转型三种,分别如图 7 - 53(a)、(b)、(c)所示。磁栅的制作一般是在青钢或绝缘材料上镀一层 Ni - Co 或 Ni - Co - P 磁性薄膜后录制而成。

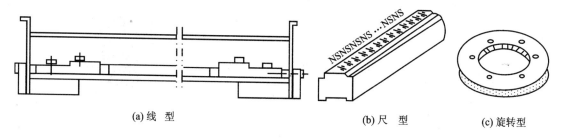

(a) 线　型　　　　　　　　　　　(b) 尺　型　　　　(c) 旋转型

图 7 - 53　磁　栅

1. 磁栅的工作原理

如图 7 - 54 所示,磁栅每移动 1 个栅距 2τ,漏磁通 φ_0 就变化 1 个周期,可以近似地认为

$$\varphi_0 = \varphi_m \sin \frac{2\pi x}{2\tau} = \varphi_m \sin \frac{\pi x}{\tau} \tag{7-68}$$

输出电压为

$$U = K\varphi_m \sin \frac{\pi x}{\tau} \cos 2\omega t \tag{7-69}$$

式中　x ——磁栅位移;

　　　φ_m ——磁通量的峰值;

　　　K ——与结构有关的常数;

　　　ω ——激磁角频率。

磁栅式基准量常采用双磁头鉴相的工作方式,两磁头空间位置相隔 $\left(m + \dfrac{1}{4}\right)2\tau$,其中 m

为整数。通过两个磁头之间的激磁电压相同,相位相差 45°。

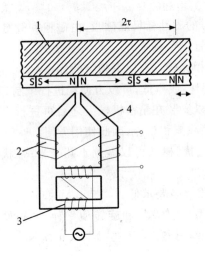

1—磁栅;2—输出绕组;3—激磁绕组;4—测量磁头

图 7-54 磁栅工作原理

将两个磁头的输出信号合成后得到

$$U = K\varphi_{\mathrm{m}} \sin \frac{\pi x}{\tau} \cos 2\omega t + K\varphi_{\mathrm{m}} \sin \frac{\pi}{\tau} \Big[x + \Big(m + \frac{1}{4} \Big) 2\tau \Big] \times \cos(\omega t - 45°) =$$

$$K\varphi_{\mathrm{m}} \sin \Big(2\omega t + \frac{\pi x}{\tau} \Big) \qquad\qquad (7-70)$$

根据 U 的相位变化,可以测量出磁栅的位移 x。

影响磁栅精度的原因主要有:

① 磁栅的栅距误差;

② 磁栅安装与变形误差;

③ 磁栅剩磁变化带来的零点漂移;

④ 外界的电磁干扰。

使用磁栅要注意妥善屏蔽,防止磁头的磁化;不要将磁头的激磁绕组和输出绕组接错,以免损坏磁栅。

2. 磁头结构

测量磁头用来把磁栅上的磁化刻度检测出来变成电信号,按读取信号方式的不同,磁头可分为动态磁头和静态磁头。动态磁头又称速度响应式磁头,它只有一组输出绕组,只有当磁头与磁栅之间发生相对运动时才有信号输出。静态磁头能测出静止状态磁栅的磁化刻度。它采用磁调制式磁头,可分单磁头、双磁头和多磁头三种。

单磁头如图 7-54 所示,磁头有两个绕组,一组为输出绕组,一组为激磁绕组。在激磁绕组中加一交变的激磁信号,使磁栅和磁头处于相对静止时仍有信号输出。

　　双磁头是为了识别磁栅移动的方向(见图 7-55),两磁头按($m \pm 1/4$)栅距配置,其中 m 为整数。

　　多磁头(见图 7-56)的铁芯是用厚度为 50 μm 的铍莫合金片与厚度为 50 μm 的铍铜隔片交替叠成的。铁芯分左右两半,左侧或右侧铁芯之间的间隔为 0.2 mm,磁头的宽度是左右铁芯的重合部分。这种磁头的放置与普通磁头不同,铁芯平面与磁栅长度方向相垂直。多磁头相当于有 n 个磁头工作,且 n 个磁头按间隔 τ 配置,若把相邻磁头的输出绕组反相串接,则能把各个磁头的输出电压相加。多磁头的特点是使输出信号幅度增加,同时使各铁芯之间的误差平均化。

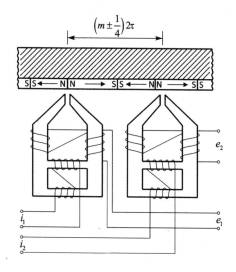

图 7-55　双磁头磁栅工作原理

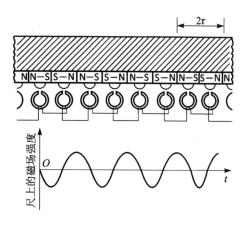

图 7-56　多磁头工作原理

3. 测量电路

　　磁栅测量系统的相位式检测电路如图 7-57 所示,400 kHz 振荡器发出的信号经 80 分频器后得到 5 kHz 的激磁信号,再经滤波器得到正弦波信号。把该正弦波信号分成两路,一路经过功率放大器送到第 1 组磁头的激磁线圈;另一路经过 45°移相之后送入第 2 组磁头的激磁线圈。两磁头获得的信号 u_1、u_2 送入求和电路中相加,得到相位按位移量变化的等幅波。将此信号经过选频放大后保留 10 kHz 的交变信号,微分之后得到与位移量有关的信号,再经鉴相细分,用可逆计数器进行计数或显示。

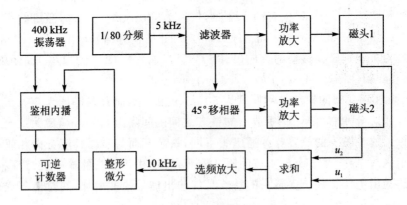

图 7-57 相位检测电路框图

习　　题

1. 扩大压电陶瓷变形量有哪几种方法？
2. 试总结各种微动机构的原理及特点。
3. 简述振幅光栅测量位移的基本原理。
4. 影响莫尔条纹信号质量的因素有哪些？
5. 电子学细分方法对光栅信号有哪些要求？
6. 简述激光测距的基本原理。
7. 分析利用兰姆下陷法进行激光稳频的基本原理，并画出稳频系统原理框图。
8. 说明旋转变压器的工作原理。
9. 说明磁栅定位的工作原理，并分析影响磁栅定位精度的因素有哪些。

第 8 章　航天陀螺系统设计

随着我国空间技术的发展,要求卫星在具备高指向精度和高姿态稳定度的同时,还要具备姿态快速机动的能力。控制力矩陀螺具有输出力矩大、动态性能好等特点,已经成为空间站等大型航天器以及敏捷机动卫星实现大力矩姿态机动控制的核心执行机构,相关技术也是我国未来空间站以及大型卫星、敏捷机动卫星的核心技术。

本章对卫星姿态控制的方法进行阐述,着重给出控制力矩陀螺的基本原理及其结构设计,最后对单框架控制力矩陀螺的应用进行讨论。

8.1　卫星姿态的控制

在空间运行的物体,不论是自然天体还是人造天体,其运动都可以分解为两个部分:一是物体作为一个等效质点在所有外力(引力场的引力和非引力场的外力)作用下所产生的质心平动;二是物体在外力矩作用下产生的绕质心的转动。对于卫星而言,前者是卫星轨道动力学的研究范畴;后者则属于卫星姿态动力学的内容。所谓姿态就是指卫星相对于空间某参考坐标系的方位或指向。在人造地球卫星上天之后,为了充分利用卫星执行特定的探测、开发和开展空间任务,对卫星的姿态运动提出了各种要求,主要包括姿态稳定和姿态控制两大类。

第一类是要求将卫星上安装的有效载荷对空间的特定目标进行定向、跟踪或扫描。例如通信卫星的定向天线要指向地面特定的目标区,为此需要捕获目标,然后保持跟踪和定向。这种克服内外干扰力矩使卫星姿态保持对某参考方位定向的控制任务称为姿态稳定。

第二类则是要求卫星从一种姿态转变到另一种姿态,称为姿态机动或姿态再定向。例如当要求卫星改变运行轨道时,必须启动与卫星固连的发动机,在某给定的方向产生速度增量,将卫星的姿态从机动前的准确状态变更到满足变轨要求的另一个状态。姿态稳定和姿态机动都要进行姿态控制以克服干扰,消除由姿态测量给出的实际姿态与期望姿态之间的偏差。

在轨运行的卫星由于受到内、外力矩的作用,其姿态总是变化的。由卫星本身因素所产生的力矩称为内力矩,包括用来控制卫星姿态的控制力矩,还有推力偏心、星体内活动部件的运动、卫星向外的电磁辐射和热辐射,以及卫星漏气、漏液和升华等因素所造成的干扰力矩。作用在卫星星体的外力矩,是指由卫星与周围环境通过介质接触或场的相互作用而产生的力矩,主要包括气动力矩、太阳辐射压力矩、策略梯度力矩和磁力矩等。姿态控制应在充分利用各种环境力矩的基础上,综合考虑各种制约因素,采取必要的措施,使卫星的姿态满足特定任务的需要。

按照是否需要消耗卫星上的能源(电能或燃料化学能)或获得控制力矩的方式,卫星的姿态控制分为被动控制和主动控制两大类,以及介于二者之间的半被动或半主动控制。

　　下面分别进行论述。

8.1.1　被动姿态控制

　　有一类卫星可以利用其本身的动力学特性(如角动量、惯性矩),或卫星与周围环境相互作用所产生的外力矩作为控制力矩源,几乎不消耗卫星能源实现被动姿态的控制。被动姿态控制即被动姿态稳定,包括自旋稳定、重力梯度稳定、磁稳定、气动稳定和辐射压稳定等。

1. 自旋稳定

　　自旋稳定利用卫星绕自旋轴旋转所产生的动量矩在惯性空间的定轴性,使自旋轴在无外力矩作用时在惯性空间定向,在有外力矩作用时以某角速度进动而不做加速运动。自旋稳定方式简单、经济、可靠,常由运载火箭的末级使卫星产生自旋,卫星本身不需要额外手段就能够实现自旋轴在惯性空间的定向。但纯自旋稳定卫星的转速和指向,完全由入轨时星-箭分离的初始条件以及后续运行过程所受外干扰力矩的累积作用所决定,需要通过主动控制措施实现转速或指向调整。由航天器姿态动力学可知,非理想刚体自旋卫星只有在绕其最大惯量轴自旋时才是稳定的。若在星-箭分离或其他时刻受到外力矩的干扰,则卫星将出现一种称为章动的运动,这时星体的自旋轴不与角动量矢量重合,需要星体自身耗散能量,或用专门设置的章动阻尼器来促使卫星章动及时衰减,满足自旋稳定的要求。

2. 重力梯度稳定

　　重力梯度稳定利用卫星各部分质量在地球引力场中受到不等的重力,使绕圆轨道运行的刚体卫星的最小惯量轴趋向于稳定在当地垂线的方向。由于绕地球轨道运动时姿态参考坐标系在空间旋转,所产生的惯性力矩(陀螺力矩)与重力矩的共同作用,使刚体卫星的最大惯量轴趋向于垂直轨道平面。这种方式特别适用于要求卫星某一个面持续对地指向的任务。重力梯度稳定力矩与卫星到地心距离的立方成反比,与卫星的最大与最小惯量之比成正比,通常只对要求指向精度不高的中低轨道卫星适用。为了尽可能获得大的惯量差,通常在最小惯量轴方向伸出一根长杆,称重力梯度杆;在杆端设置配重或某些星上部件(如天平动阻尼器)。由于重力梯度稳定力矩随卫星最小惯量轴偏离地垂线的偏差角是按正弦规律变化的,故在无其他力矩作用时卫星将相对于地垂线做无衰减的摆动——天平动。一般采用天平动阻尼器来衰减天平动。天平动阻尼器也常兼作重力梯度杆的端部质量。

　　重力梯度稳定方式简单、可靠,成本低,适用于对地定向的长寿命卫星,曾得到广泛应用。但它的指向精度不高,除廉价小卫星外,纯被动的重力梯度稳定目前较少单独使用。大型卫星及航天器在采用精度较高的主动控制技术时,仍然可以充分利用本体的惯量分布特性,发挥被动重力梯度稳定的作用,降低对主动控制的要求,实现被动和主动控制相结合的混合控制。

3. 磁稳定

磁稳定是利用卫星本体的磁偶极子矩与地球磁场相互作用所产生的力矩实现稳定的。采用固定磁偶极子矩实现纯被动磁稳定比较少见;使用其电流可控制的电磁线圈产生磁矩的磁控方式则应用普遍,是主动和半主动控制系统产生控制力矩的一种常用手段。除提供恢复力矩外,地磁场与卫星本体部件的相互作用还可以提供磁滞阻尼和涡流阻尼力矩。确定磁力矩需要知道环境磁场的强度和方向、卫星的磁偶极子矩以及磁偶极子矩相对于当地磁场矢量的方向,可以在卫星星体上安装能测定当地磁场矢量的仪器——磁强计。许多磁稳定卫星可以通过建立地磁场模型,按轨道位置实现程序的控制。这种方案有一定的风险,因为在太阳磁暴期间的地磁场矢量常出现突变,影响磁稳定的可靠性。

4. 气动稳定

卫星在轨运行时大气中气体分子与星体表面碰撞将产生气动力和气动力矩。通过设计良好的卫星质量分布特性和星体气动外形,能使卫星的姿态对迎面气流的方向保持稳定,这种方式称为气动稳定。由于气动力矩随大气密度发生变化,纯被动的气动稳定只适用于低轨道,一般在轨道调试低于 500 km 时才可行。例如返回式卫星,返回舱再入大气层时的姿态主要靠气动稳定,由返回舱气动外形及质量分布特性的设计,保证在整个返回再入过程中的姿态稳定。

5. 辐射压稳定

当卫星表面受到空间辐射源(主要是太阳)的照射时,入射光对卫星表面产生一个净压力,各处表面净压力的综合效应产生合成辐射压力和合成辐射压力矩。由于太阳辐射压与卫星到太阳的距离平方成反比,对于地球轨道上的卫星而言,辐射压力和辐射压力矩基本上与卫星轨道的高度无关。对 1 000 km 以上或更高轨道的卫星,在理论上利用太阳辐射压力矩可以实现卫星的被动姿态稳定。这种稳定方式受制于卫星的构形及卫星表面对辐射的吸收和反射特性等因素,且稳定力矩较小,实用意义不大。辐射压力矩作为一种干扰力矩,是高轨道卫星最大的干扰源。可以适当安排卫星接受辐照的表面,使辐射压力矩最小,或利用辐射压力矩抵消其他干扰力矩的常值分量,减轻主动姿态控制系统的负担。

8.1.2　半被动姿态稳定和半主动姿态控制

在被动姿态稳定的基础上,施加一些附加手段以提高姿态稳定性能(以消耗星上能源为代价)的系统称为半被动姿态稳定系统。典型的实例是在重力梯度稳定卫星的一个横向轴(垂直于指向地心的最小惯量轴)方向加一个调整旋转的飞轮(动量轮)。这种组合稳定方式利用重力梯度实现最小惯量轴指向地心,利用动量轮角动量的陀螺效应实现动量轮轴指向轨道面的法线方向,改善了姿态稳定的性能。维持动量轮的旋转要付出一定的功耗,这种半被动稳定方式仍然依赖卫星及动量轮的综合动力学特性,在地球引力场中维持三轴姿态稳定,而不需要姿态敏感器和其他主动控制手段。

在被动稳定的基础上利用姿态敏感器测量出姿态误差,实现部分主动控制的系统称为半主动姿态控制。半主动姿态控制系统的典型实例是在自旋稳定的基础上增加姿态敏感器(测量和确定自旋轴的指向及自旋转速和相位)和执行机构(如反作用推进系统和磁力矩器),以实现卫星自旋转速控制和自旋轴在空间的定向和进动控制。另一种广泛应用的半主动姿态控制系统,是在半主动自旋控制系统的基础上发展起来的双自旋控制系统。这种卫星由高速旋转的自旋部分(转子)和通过轴承连接的低速转动或不转动的消旋部分(消旋平台)构成。双自旋稳定卫星依靠转子的角动量维持整个卫星的自旋轴对惯性空间的定向(通常指向轨道平面的法线方向),通过对消旋平台的主动伺服控制使有效载荷(如通信天线)指向地球。

8.1.3 主动姿态控制

利用星上的能源(电能或推进剂工质),依靠直接或间接敏感到的姿态信息,按一定的控制律操纵控制力矩器实现姿态控制的方式,称为主动姿态控制。按控制力矩产生的方式,主动姿态控制分为以下几种形式:

① 质量排出式控制:依靠反作用推进系统推力器排出的工质所产生的反作用力,形成控制力矩以实现控制;

② 动量交换式控制:利用卫星内部高速转旋的飞轮与星体之间的角动量交换实现控制;

③ 磁控制:利用卫星内部通以电流的电磁线圈产生的磁矩与地磁场之间的相互作用,产生力矩实现控制;

④ 利用环境力矩作为姿态控制力矩。

主动姿态控制系统的组成如图8-1所示,由姿态敏感器、控制器、执行机构(控制力矩器)和卫星本体一起构成闭环控制回路。

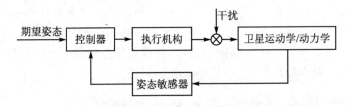

图8-1 主动姿态控制系统框图

姿态敏感器测量和确定卫星相对空间某些已知基准目标的方位;控制器对测量信息进行处理后确定卫星的姿态,按满足设计要求的控制律给出指令;执行机构按控制指令产生所需的控制力矩,实现卫星的姿态控制。

姿态敏感器按不同的测量基准分为惯性敏感器(如陀螺仪、加速计)、光学敏感器(如地球敏感器、太阳敏感器、星敏感器等)、射频敏感器和磁敏感器(磁强计)等。

控制器由模拟电子装置、数字电子装置或电子计算机实现。

　　控制执行机构有反作用推进系统(冷气、热燃气、电推力器等)、惯性飞轮、控制力矩陀螺(Control Moment Gyroscope,CMG)和磁力矩器等。推进系统的控制相对简单,但由于受到燃料的限制不可能长期使用,且喷气对姿态稳定的影响较大,很难满足较高的精度要求。飞轮及磁力矩器的控制力矩有限,满足不了大惯量、大干扰力矩、大型航天器以及具有快速姿态机构能力等特殊要求的卫星。

　　主动姿态控制系统复杂、成本高,要实现系统的长寿命和高可靠运行,在技术上存在较大的难度。主动控制系统的精度高、反应快,能完成复杂的控制任务,并且能够应付不测事件,已经成为卫星姿态控制的主要方式。

　　空间站、空间实验室和大型卫星等大型航天器的发展,要求连续工作数月或数年之久(某些大型卫星的寿命要求在 10 年以上),大多数是在无人监视的情况下工作,对寿命和可靠性的要求特别严格,要求具有大力矩、长寿命、高精度的控制力矩陀螺作为姿态控制执行机构。灾害监测卫星和立体测绘卫星等中小型航天器则要求具备姿态机动、快速稳定和高精度定位的能力,也需要大力矩、高精度的控制力矩陀螺作为姿态控制的执行机构,以延长卫星定点观测时间或扩大观测范围。图 8-2 给出了一种基于 CMG 的卫星姿态控制系统框图。由于 CMG 具有饱和的可能,在控制系统中需要对 CMG 进行卸载。

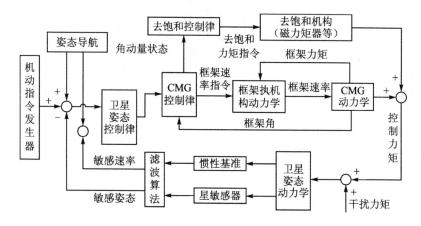

图 8-2　基于 CMG 的卫星姿态控制系统框图

8.2　控制力矩陀螺的原理与结构

8.2.1　控制力矩陀螺的原理

　　CMG 是一类利用惯性力矩作为控制力矩的执行机构的总称,有时也称为角动量储存或角动量交换装置,主要由具有一定的角动量飞轮(以恒定的角速度旋转)和框架伺服系统组成,在框架轴上装配力矩电机和传感器,框架轴由框架轴承支承,飞轮则由飞轮轴承支承,通过高速电动机进行驱动,如图8-3所示。

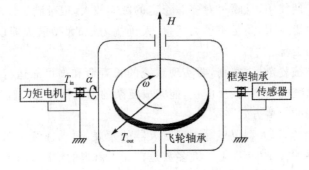

图 8-3　CMG 系统的组成

CMG 的核心是一个自旋飞轮,其理论基础是牛顿力学定律,如图8-4所示。

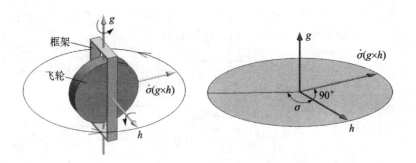

图 8-4　CMG 的工作原理

通过框架伺服系统驱动框架轴旋转,改变飞轮角动量的方向使飞轮进动,输出陀螺力矩。输出力矩可表示为

$$\vec{\tau} = \dot{\sigma}(g \times h) \tag{8-1}$$

式中　h——CMG 系统中飞轮转子的角动量;

　　　$\dot{\sigma}$——框架伺服系统的框架角速率;

　　　$\vec{\tau}$——CMG 的输出力矩。

航天器对 CMG 的要求是可靠性高、寿命长、体积小、质量轻和功耗低等。根据框架自由度的个数,将 CMG 分为单框架控制力矩陀螺 SGCMG(Single Gimbal Control Moment Gyroscope,如图8-5所示)和双框架控制力矩陀螺 DGCMG(Double Gimbal Control Moment Gyroscope,如图8-6所示)。

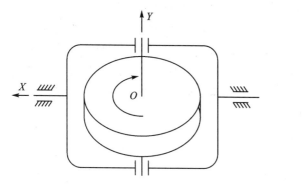

图 8 - 5　SGCMG 结构示意图

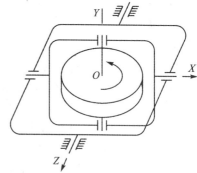

图 8 - 6　DGCMG 结构示意图

　　SGCMG 具有机械结构简单、输出力矩大、系统精度和响应速度高等优点；但存在奇异的问题，在组成姿态控制系统中需要多个 SGCMG 组成陀螺群。DGCMG 的机械结构和控制系统复杂，具有两个框架伺服系统，在两个框架轴上均安装力矩电机和传感器，比 SGCMG 多一个框架控制自由度，通过框架控制系统使飞轮自旋轴绕内、外框架轴按要求进动。力矩电机定子上的反作用力矩传到航天器上，可同时在 OX 轴和 OZ 轴方向产生控制力矩。它的角动量包络似球形，奇异问题不明显，构型和操纵律简单，使用个数少（一般只需 2 个 DGCMG 即可实现航天器三轴姿态稳定控制；SGCMG 则最少需要 3 个才能实现航天器的三轴姿态稳定控制，通常需要 5 个甚至更多），有效地降低姿态控制系统的体积、重量和功耗，提高了系统的冗余度。

　　前苏联"和平号"空间站共应用了两组 SGCMG 群，每组由 6 个 SGCMG 组成五棱锥构型作为姿态控制系统（见图 8 - 7）；国际空间站共使用了 4 个 DGCMG 组成双平行构型的陀螺群作为姿态控制系统（见图 8 - 8）。

图 8 - 7　由 6 个 SGCMG 组成五棱锥构型的陀螺群

图 8 - 8　由 4 个 DGCMG 组成双平行构型的陀螺群

　　由于 CMG 由高速转子系统和框架伺服系统组成，故高速转子与框架轴的支承成为 CMG

的关键技术问题,CMG 的寿命主要取决于高速转子轴承。根据高速转子的支承方式分为机械式 CMG 和磁悬浮 CMG 两种。目前广泛应用的是滚珠轴承,要达到长寿命运行,除了必须选用高精度轴承外,还要合理地解决润滑问题。采用一种特殊的供油系统,在轴承组件中安装专门贮存润滑剂的贮油器,在离心力的作用下不断地将润滑油供给轴承,补偿滑润油的挥发和损耗。轴承的摩擦力矩必须足够小且稳定,以降低高速电动机的功耗并提高控制精度。另外,滚珠轴承、飞轮通常置于一个密封壳体中,壳体内部保持一定的低真空度,既可以避免滑润油的快速挥发,又可以减小飞轮高速旋转的风阻。框架轴承的摩擦力矩是决定框架控制精度的主要因素之一,框架轴承目前均采用滚珠轴承。

机械轴承的根本弱点是存在机械接触,需要复杂的润滑技术。机械轴承由于受到摩擦、振动的影响较大,使用寿命受到限制,转子的转速也不能过大。为了 CMG 获得较大的角动量,必须增加转子的质量或体积,这就影响了 CMG 的使用效率。为了克服摩擦干扰,提高机械轴承的寿命,一般可采用新的润滑剂和润滑控制等技术。润滑系统不仅占用机组的质量、消耗工质,而且受环境温度的影响大,特别是在太空环境中,地球的阴面和阳面之间的温度相差几百度,恶劣的环境使得通过改进润滑来提高转子的转速和机械轴承的寿命受到限制。

现代航天任务的复杂性要求航天器在综合功能不变甚至提高的前提下,具有体积小、质量轻、寿命长、功耗低的优点。无接触、无摩擦、无需润滑的磁悬浮 CMG 可以大幅度提高转子的转速,成为一种有效的技术途径。磁轴承完全没有机械接触,电子部件的可靠性很高,寿命可以长达几十年。

磁轴承(magnetic bearing)是一种利用电磁场的作用力,实现转子的非接触、无摩擦悬浮的一种新型高性能轴承。电磁轴承具有许多传统轴承所不具备的优点:

① 完全消除了磨损。在理论上,磁力轴承可以获得永久的工作寿命。

② 无需润滑和密封。不需要相应的泵、管道、过滤器和密封件等,不会因润滑剂污染环境,特别适用于航空航天产品。

③ 圆周转速高。对于相同的轴颈直径,电磁轴承所达到的速度比滚动轴承高 5 倍,比流体动压滚动轴承高 2.5 倍。在理论上,轴承的转速只受转子材料抗拉强度的限制。

④ 环境适应性强。对温度不敏感,能在极高或极低的温度(−253～+450 ℃)下工作。

⑤ 发热少、功耗低。磁滞和涡流仅引起很小的磁损,可以达到很高的效率。

⑥ 轴承可以自动绕惯性主轴旋转,而不是绕支承轴线转动,消除了质量不平衡所引起的附加振动。

电磁轴承的研究已有 100 多年的历史,随着近代电子技术、制造工艺、材料科学、控制理论等科学技术的发展,其正在逐渐走向工程化。电磁轴承目前已经成功地应用在 300 多种不同的旋转或往复运动机械中,如离心机、压缩机、高速电动机、铣切削机床和储能飞轮等。图 8-9 为"和平号"空间站及其姿态控制执行机构的磁悬浮 CMG。

(a) "和平号"空间站

(b) 磁悬浮CMG

图 8 - 9　"和平号"空间站和磁悬浮 CMG

8.2.2　磁悬浮控制力矩陀螺

图 8 - 10 所示为一种磁悬浮控制力矩陀螺的组成结构图,主要由提供角动量的磁悬飞轮、力矩电机、框架轴承、导电滑环、传感器及底座组成。力矩电机和传感器通过框架轴与飞轮壳体连接,通过框架轴承支承在底座上,导电滑环进行能量及信号的传输。传感器测量出飞轮的角位置和角速率信息,为框架电机的控制提供测量信号,通过框架伺服系统控制力矩电机,控制磁悬浮飞轮的进动角速度,实现陀螺力矩的输出,通过底座与航天器连接,对航天器的姿态

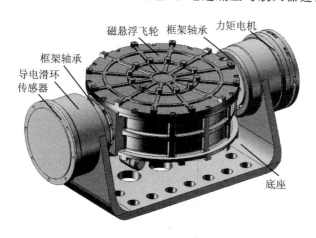

图 8 - 10　磁悬浮控制力矩陀螺组成结构图

进行控制。

框架伺服系统中主要部件的功能如下。

(1) 力矩电机

驱动框架轴,控制磁悬浮飞轮角动量的方向,输出陀螺力矩进而控制航天器的姿态。

(2) 传感器

探测框架轴的角位置和角速度。

(3) 导电滑环

实现信号和能量的传输。

(4) 底　座

提供框架伺服系统、高速转子系统与航天器的机械接口。

(5) 传动机构

根据需要可在力矩电机与飞轮之间增加传动机构,减小力矩电机的体积和质量,尤其是对空间站等大型航天器用的大型 CMG,需要增加传动机构。

磁悬浮飞轮系统分为内转子结构方案和外转子结构方案两种,图 8 - 11 分别给出了两种结构方案的示意图。该系统主要由输出角动量的转子、径向磁轴承、轴向磁轴承、非接触位移传感器、密封罩和底座及其控制系统等组成。

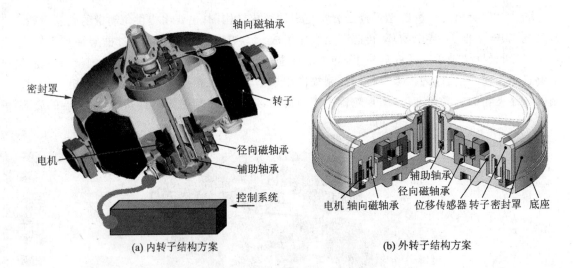

(a) 内转子结构方案　　　　　　　　(b) 外转子结构方案

图 8 - 11　磁悬浮飞轮结构示意图

各主要部件及其功能如下。

(1) 高速转子

通过高速旋转提供角动量。

(2) 电动机及其控制器

驱动磁悬浮转子做高速旋转,在额定转速时达到所需要的角动量。

(3) 径向磁轴承和轴向磁轴承

实现磁悬浮高速转子径向位置的两个平动自由度和轴向一个平动自由度的稳定悬浮,以及与转子旋转方向垂直的两轴扭转动自由度的控制。

(4) 位移传感器

探测磁悬浮高速转子的径向位移及其振动信号。

(5) 辅助轴承

在磁轴承过载、掉电、运输等情况下提供保护作用。

(6) 底　座

支承与连接的结构件,同时提供与航天器的机电接口。

(7) 密封罩

密封、防尘,同时保持磁悬浮飞轮系统内部的低真空状态。

(8) 控制系统

包括磁轴承控制系统和电动机控制系统。

磁悬浮飞轮系统还包括磁悬浮飞轮锁紧机构,加强航天器发射阶段对磁悬浮飞轮的保护作用。

8.3　磁悬浮控制力矩陀螺设计

8.3.1　磁悬浮转子系统设计

1. 高速转子组件的设计与优化

磁悬浮高速转子是 CMG 的核心部件,主要功能是在额定转速下提供一定的角动量,它的质量、静力学和动力学性能直接影响系统的整体性能,如系统的功耗、稳定性、振动情况及可靠性等。由于航天器对 CMG 质量、体积和功耗等都有严格的要求,磁悬浮高速转子是关键元件,故需要对它的结构进行优化设计。设计的要求是在额定转速下达到设计角动量(即转子达到指定的转动惯量),同时满足强度、刚度、可靠性等要求,并且希望以尽可能小的质量与尺寸达到尽可能大的转动惯量。磁悬浮飞轮工作在真空环境中的风阻很小,可以忽略不计。在额定转速下的主要载荷是由于飞轮转子绕惯性主轴高速旋转所引起的离心力。磁悬浮飞轮转子的设计与空气环境中的优化设计不同。

从结构优化设计的角度来看,磁悬浮高速转子的优化设计是一个有约束、非线性优化的问题。考虑到约束条件中存在弹性一阶共振频率等与结构设计参数呈比较复杂关系的因素,可以采用直接搜索法中的序列二次规划法(NLPQL)进行优化设计。直接搜索法的特点是直接比较并利用各设计点的目标函数和约束函数本身的数值进行搜索,不需要考虑函数的导数。这种方法的逻辑结构简单、直观性强,易于实现程序化。在初步设计阶段,要综合考虑飞轮转子的设计转速、转动惯量、几何尺寸对系统的等效质量、电动机设计方案、磁轴承设计方案、传感器安装位置及尺寸、底座设计等多种影响因素,最终确定飞轮转子的基本结构和轴向长度。考虑到磁悬浮飞轮转子上需要安装飞轮电动机转子、径向磁轴承和轴向磁轴承转子,根据电动机和磁轴承方案进行初步设计,转子芯轴和飞轮中间辐板已经没有进一步优化的余地,只能针对转子的轮缘进行优化设计,如图 8-12 所示。

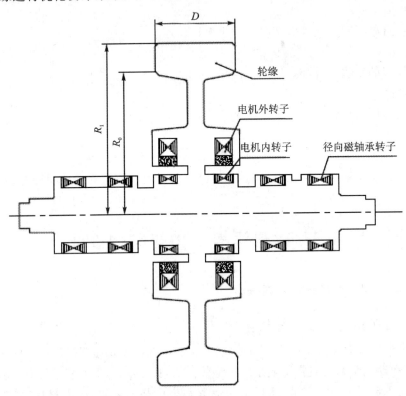

图 8-12 磁悬浮飞轮转子结构示意图

应用 NLPQL 对陀螺转子优化设计问题的数学描述如下:

搜寻设计变量:

$$x = (R_0, R_1, D) \qquad (8-2)$$

目标函数:

$$M = F(X) = F(R_0, R_1, D) \qquad (8-3)$$

满足以下约束条件:

$$g_j(x) = 0, \qquad j = 1, \cdots, m_e \qquad (8-4)$$

$$g_j(x) \geqslant 0, \qquad j = m_e + 1, \cdots, m \qquad (8-5)$$

$$x_l \leqslant x \leqslant x_u \qquad (8-6)$$

式中　R_0——轮缘内半径；

　　　R_1'——轮缘外半径；

　　　D——轮缘厚度。

式(8-2)为设计变量，式(8-3)为目标函数，当陀螺转子质量 M 取最小值时，设计结果最优；式(8-4)为等式约束；式(8-5)为不等式约束；式(8-6)为边界约束。

飞轮转子的优化设计需要满足以下约束条件。

(1) 效能约束

飞轮转子组件在额定的转速(20 000 r/min)下需要提供 200 N·m·s 的角动量，极转动惯量为 $J = 0.095\ 49\ \text{kg·m}^2$。

(2) 几何约束

为了限制陀螺房和框架系统的体积和质量，要求轮缘的内、外半径 $R_{0,1} \leqslant 130$ mm，轴向尺寸满足电动机和磁轴承安装尺寸的要求。

(3) 强度约束

为了使系统具有较高的可靠性，要求转子在额定转速下的最大等效应力 $\sigma_{\text{max,eq}} \leqslant [\sigma]/2$，($[\sigma]$ 为许用应力)。

(4) 刚度约束

要求飞轮转子在工作转速范围内为刚性转子，弹性一阶共振频率大于转子最高工作转速的 1.4 倍。对于最高转速为 24 000 r/min 的陀螺转子，考虑到控制系统的需要，转子组件的弹性一阶共振频率应满足 $f_1 > 1\ 000$ Hz；

(5) 形　状

以扁平转子为宜，要有利于磁悬浮飞轮转子系统的稳定控制，抑制陀螺效应。转子的极惯性矩/赤道惯性矩在 1.4～2 之间。

根据以上设计目标及约束条件，结合优化设计软件和有限元分析软件，在初步设计的基础上，采用 NLPQL 对磁悬浮控制力矩陀螺的转子进行优化设计，如图 8-13 所示。

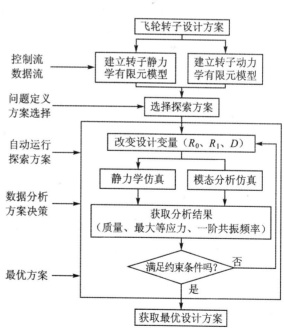

图 8-13　磁悬浮飞轮转子的优化设计

根据电磁设计的要求,飞轮转子的材料选用高强度低碳钢材料。首先建立转子组件的静力学和动力学模型,通过 iSIGHT 软件集成两种分析模型,利用 NLPQL 算法在满足约束的条件下获得一组最优设计,使质量为最小。

陀螺转子组件的优化过程曲线如图8-14所示。

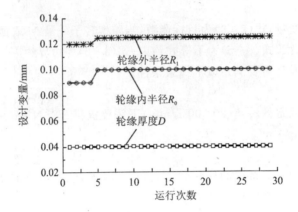

图8-14 设计变量优化过程曲线

优化设计结果如表8-1所列。

表8-1 飞轮转子优化设计结果

参　　数	初始设计方案	优化设计方案
轮缘厚度 D/mm	50	40
轮缘内半径 R_0/mm	93	100
轮缘外半径 R_1/mm	120	125
极转动惯量 J/(kg·m²)	0.101 9	0.955
极转动惯量与赤道转动惯量之比 q	1.63	1.61
最大等应力 SEQV/MPa	410	373
一阶共振频率 f/Hz	1 347	1 313
转子质量 M/kg	15.023	13.927

与原设计方案相比,通过优化设计使转子质量减小了 1.051 kg(约减小了 7.1 %);按合金钢 S06 的屈服强度($\sigma_{0.2}$=980 MPa)计算,安全系数由原来的 2.39 提高到 2.63,提高了 10 %;极转动惯量基本为 0.095 5 kg·m²;其他优化结果也满足约束条件的要求。

最优计算结果下的陀螺转子,在 20 000 r/min 下的最大等应力云图如图8-15所示,最大等应力为 373 MPa,发生在转子中间辐板与中间芯轴相连接的位置。

在最优计算结果中,陀螺转子在磁轴承支承下的一阶弹性固有振型如图8-16所示。忽

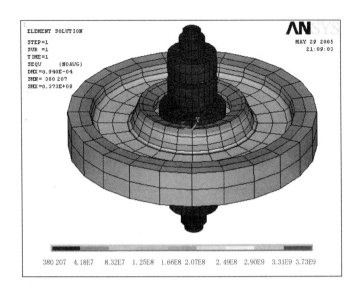

图 8 - 15　轮转子的等应力云图

略了轴向磁轴承对一阶振型的影响,转子两端的径向磁轴承分别等效为四个弹簧单元,取等效刚度系数为 500 N/mm,刚度可根据系统性能需要进行调节,振型为转子芯轴与轮盘的相对弯曲,对应的固有频率为 $1\ 313 \text{ Hz}$。

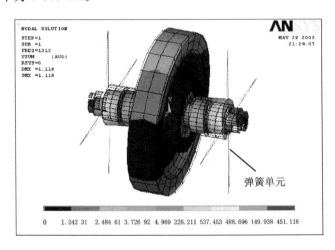

图 8 - 16　飞轮转子的一阶弹性固有振型

为了对陀螺转子进行初步方案设计和优化计算结果有一个定性的认识,分析了设计变量 R_0、R_1 和 D 对转子质量 M、一阶频率 f、最大等应力 SEQV 等参数对计算结果的影响。经有限元分析和计算,只改变 D,保持 R_0、R_1 恒定不变的设计结果如图 8 - 17 所示。

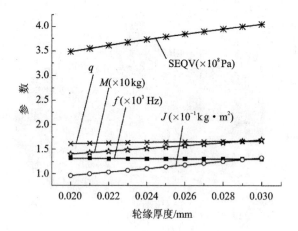

图 8-17 转子相关参数与轮缘厚度的关系曲线

随着轮缘厚度 D 的增加,除陀螺转子的弹性一阶固有频率 f 单调降低外,转子的质量 M、极转动惯量 J、极转动惯量与赤道转动惯量之比 q、最大等应力 SEQV 都单调增加。

同样也可以分析在几何尺寸约束范围内,只改变轮缘内半径 R_0 或外半径 R_1 对其他参数的影响:

轮缘内半径 $R_0\uparrow$,$M\downarrow$,最大等应力 SEQV$\downarrow$,极转动惯量 $J\downarrow$,极转动惯量与赤道转动惯量之比 $q\downarrow$,弹性一阶固有频率 $f\uparrow$;轮缘外半径 $R_1\uparrow$,$M\uparrow$,最大等应力 SEQV$\uparrow$,极转动惯量 $J\uparrow$,极转动惯量与赤道转动惯量之比 $q\uparrow$,弹性一阶固有频率 $f\downarrow$。

2. 磁轴承设计

(1) 磁轴承的工作原理及分类

磁轴承是利用磁场力使轴悬浮的一种轴承,又称为磁悬浮轴承。磁轴承主要应用于精密陀螺仪、加速度计、磁悬浮动量轮、真空泵、高速机床、减振器、储能飞轮等设备。磁轴承无需任何润滑剂,无机械接触,因此无磨损、功耗小(功耗仅为普通滑动轴承的 1/100～1/10)。通过电子控制系统可控制轴的位置,调节轴承的阻尼和刚度,使转子具有良好的动态性能,能在真空、低温、高温、低速、高速等各种特殊环境下工作。过去由于技术复杂、价格昂贵,磁轴承仅用于特殊领域;现在随着电子控制技术的发展,磁性材料、电子器件、超导技术、微处理机和大规模集成电路的发展和价格的下降,应用范围逐步扩大,可靠性不断提高。

按照控制方式的不同,磁轴承分为有源磁轴承、无源磁轴承和有源与无源混合型磁轴承;按磁能方式分为永磁轴承、激励型磁轴承、激励永磁混合型磁轴承、超导体型磁轴承;按结构形式分为径向磁轴承、推力磁轴承和组合轴承(例如锥形磁轴承、T 形磁轴承、阶梯形磁轴承、球形磁轴承、边缘磁场型磁轴承等)。

无源磁轴承又称为被动磁轴承,作为磁力轴承的一种形式,具有体积小、无功耗、结构简单

等独特优势。被动磁力轴承与主动磁力轴承
的最大不同在于,在被动磁轴承中没有主动
电子控制系统,而是利用磁场本身的特性将
转轴悬浮起来。在被动磁力轴承中应用最多
的是由永久磁体构成的永磁轴承。永磁轴承
分为斥力型和吸力型两种。被动轴承可同时
用做径向轴承和推力轴承(轴向轴承),两种
轴承都采用吸力型或斥力型。根据磁环的磁
化方向及相对位置不同,被动轴承有多种磁
路结构,最基本的结构有两种,如图 8 – 18
所示。

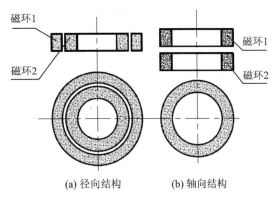

图 8 – 18　被动磁轴承的基本结构

　　被动轴承由径向或轴向磁化的永磁环构成,刚度和承载力通过多对磁环的叠加得到提高。
在图 8 – 18(a)所示的结构中,当磁环 1 和磁环 2 采用轴向充磁且极性相同装配时,构成吸力型
径向轴承;当采用极性相对装配时,则构成斥力型推力轴承。在图 8 – 18(b)所示的结构中,当
永磁环轴向充磁且极性相同装配时,构成斥力型径向轴承;当极性相对装配时,则构成吸力型
推力轴承。

　　另一类被动轴承建立在吸力的基础上,吸力作用在磁化了的软磁部件之间,形成被动径向
磁阻轴承,如图 8 – 19 所示。当转子部件做径向运动时,吸力效应来自于磁阻的变化,也称为
“磁阻轴承”。这种轴承可以设计成永磁部分不旋转,仅软铁部分旋转,具有更好的稳定性。

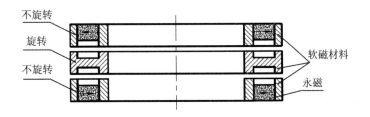

图 8 – 19　被动径向磁阻轴承

　　无源磁轴承不可能在空间坐标的三个方向上都稳定悬浮,至少在一个方向上采用有源型
磁轴承。实用的磁轴承都是无源和有源混合型的磁轴承系统。除绕转子惯性主轴旋转的自由
度外,其余 5 个自由度按支承系统的约束。自由度分为五种类型:1 个自由度是有源磁轴承约
束(其余 4 个自由度是无源磁轴承约束);2 个自由度是有源磁轴承约束(其余 3 个自由度是无
源磁轴承约束);3 个自由度是有源磁轴承约束(其余 2 个自由度是无源磁轴承约束);4 个自由
度是有源磁轴承约束(其余 1 个自由度是无源磁轴承约束);5 个自由度全部是有源磁轴承
约束。

在磁悬浮系统中,有源磁轴承(又称为主动磁轴承)具有刚度和阻尼可控、响应速度快等优点,应用十分广泛。图 8-20 给出了一种最简单的单自由度磁轴承系统。该系统主要由转子、位移传感器、控制器、功放、电磁铁五部分组成。设质量为 m 的转子在重力和电磁力 f 的作用下保持平衡,使转子处于悬浮位置为平衡位置(参考位置)。假设在参考位置处转子受到一个上下的振动,转子就会偏离其参考位置做上下运动,传感器检测出转子偏离参考位置的位移,控制器将这一位移信号变换成控制信号,功率放大器调节电磁绕组上的电流,改变电磁铁的吸力,驱动转子返回到原来的平衡位置。

五自由度磁轴承系统需要由多个磁铁组成,如图 8-21 所示,典型的可由径向磁轴承和推力磁轴承组成,这些磁铁由一个多变量控制器相互联接在一起。

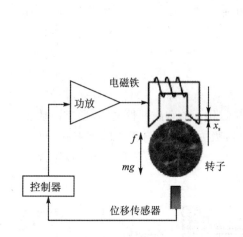

图 8-20 简单的单自由度磁轴承系统

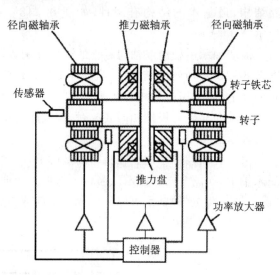

图 8-21 五自由度磁轴承系统

(2) 主动磁轴承的磁力计算

如图 8-22(a)所示,吸力型主动磁轴承产生在具有不同磁导率 μ 的界面上,力的计算以磁场能量为基础。

假设存储在气隙中的能量为 W_1,当磁路气隙中的磁场均匀变化时,存储能量服从

$$W_1 = \frac{1}{2}B_1 H_1 V_1 = \frac{1}{2}B_1 H_1 A_1 2s \tag{8-7}$$

式中 B_1——磁通密度。

作用在铁磁体($\mu_r \gg 1$)上的力由气隙中场能的变化产生,是铁磁体位置的函数。

对于小位移 ds,磁通 $B_1 A_1$ 保持不变。当气隙 s 增加 ds 时,体积 $V_1 = 2sA_1$ 也增加,磁场的能量 W_1 也增加 dW。该能量由机械能提供,必须克服吸引力。

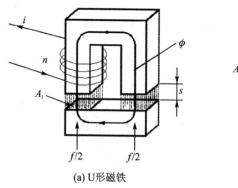

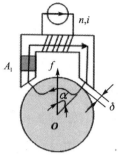

(a) U形磁铁　　　　　　　(b) 径向磁轴承

图 8 - 22　电磁铁的磁力

根据虚位移原理,吸引力 f 等于场能 W_1 对气隙 s 的偏导数,即

$$f = \frac{\mathrm{d}W_1}{\mathrm{d}s} = B_1 H_1 A_1 = \frac{B_1^2 A_1}{\mu_0} \qquad (8-8)$$

在闭合系统中,力 f 可由虚位移导出,μ_0 为真空中的磁导率。对于电磁铁,电能通过线圈端子引入系统建立磁场。为了使式(8-8)保持有效,微分只能在假定线圈和电源之间不再有电能交换,亦即在磁通密度 B_1 保持恒定的情况下才能进行。为了导出作为线圈电流和气隙函数的吸引力 f,可在微分后将 $B(i,s)$ 代入式(8-8),在不考虑铁芯情况下的合力 f 为

$$f = \mu_0 A_1 \left(\frac{ni}{2s} \right)^2 = \frac{1}{4} \mu_0 n^2 A_1 \frac{i^2}{s^2} \qquad (8-9)$$

式中　B_1——磁通密度,$B_1 = \mu_0 \dfrac{ni}{2s}$；

　　　n——线圈匝数；

　　　A_1——铁芯横截面积；

　　　i——线圈中的电流。

式(8-9)说明力与电流的平方成正比,与气隙的平方成反比。

与图 8-22(a)所示的 U 形磁铁模型不同,在图 8-22(b)所示的实际径向轴承磁铁中,每个磁铁有 2 个磁极,这 2 个磁极以夹角 α 作用于转子,通过差动方式工作。

如图 8-23 所示,在 x 轴上有 2 个作用相反的磁铁在工作。

这种结构使得正向力和负向力都能产生,即所谓的差动激励方式。磁铁 1 以偏置电流 i_0 与控制电流 i_x 之和激磁;磁铁 2 则利用二者之差 $i_0 - i_x$ 激磁,气隙则以 $s_0 + x$ 和 $s_0 - x$ 代入,则转子在 x 方向上所受力的大小为电磁力的合力,考虑 α 后得到

$$f_x = f_+ - f_- = \frac{1}{4} \mu_0 n^2 A_1 \left[\frac{(i_0 + i_x)^2}{(s_0 - x)^2} - \frac{(i_0 - i_x)^2}{(s_0 + x)^2} \right] \cos \alpha \qquad (8-10)$$

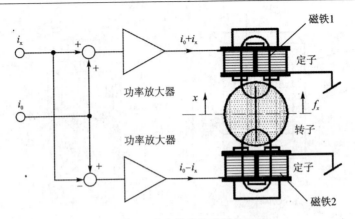

图 8-23 差动激磁方式的电磁铁

令 $k = \dfrac{1}{4}\mu_0 n^2 A_1$,式(8-10)变为

$$f_x = f_+ - f_- = k\left[\frac{(i_0 + i_x)^2}{(s_0 - x)^2} - \frac{(i_0 - i_x)^2}{(s_0 + x)^2}\right]\cos\alpha \qquad (8-11)$$

对于 $x \ll s_0$,对式(8-11)进行简化并使之线性化,得到磁轴承的线性化模型关系式为

$$f_x = \frac{4ki_0}{s_0^2}(\cos\alpha)i_x + \frac{4ki_0^2}{s_0^3}(\cos\alpha)x = k_i i_x + k_s x \qquad (8-12)$$

式中　k_i——电流刚度;

　　　k_s——位移刚度。

(3) 轴向磁轴承的设计与分析

轴向磁轴承实现磁悬浮飞轮转子在轴向方向的稳定悬浮和控制。下面以轴向纯电磁轴承和轴向永磁偏置混合磁轴承为例进行说明。

磁轴承系统存在着非线性,为了改善磁轴承磁力的非线性,最常用的方法是采用差动控制的方式,在轴承气隙中提供一个偏置磁场。产生偏置磁场有两种方式:一是利用轴承线圈的偏置电流;二是利用永磁体,其结构和磁路如图 8-24 所示。

图 8-24(a)为电磁偏置轴向磁轴承,采用电流产生静态偏置磁场。为减小纯电磁轴向磁轴承的体积和功耗,提高轴承承载力,产生了利用永久磁铁产生的磁场取代主动磁轴承中由电流产生的静态偏置磁场。图 8-24(b)为一种永磁偏置轴向混合磁轴承,永磁体的磁化方向为轴向。这两种结构的轴向混合磁轴承主要由推力盘、控制线圈、定子和环形永磁体组成。它们的主要区别是,轴向混合磁轴承在纯电磁轴承的基础上,将环形永磁体放置在电磁的磁路上,控制线圈产生的磁通通过永磁体。

根据上述两种不同结构的轴向磁轴承及其磁路,忽略定子铁芯磁阻、转子磁阻(定子铁芯和转子均采用导磁性能良好的软磁材料,其磁导率远远大于气隙和永磁体的磁导率)和漏磁的影响,可以分别得到这两种轴向磁轴承的等效磁路(见图 8-25)。由于差动结构轴向磁轴承

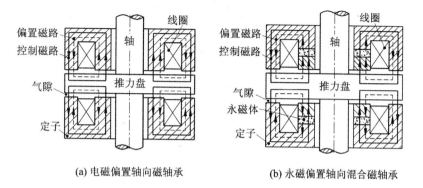

(a) 电磁偏置轴向磁轴承　　　　　　(b) 永磁偏置轴向混合磁轴承

图 8-24　两种不同结构的轴向磁轴承结构和磁路示意图

两端的等效磁路相同,图中只给出单端轴向磁轴承的等效磁路,工作时,两端控制线圈串联。轴向磁轴承的偏置磁路与控制磁路共磁路,磁路相对简单。

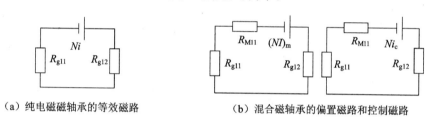

（a）纯电磁磁轴承的等效磁路　　　　（b）混合磁轴承的偏置磁路和控制磁路

图 8-25　两种轴向磁轴承等效磁路

轴向磁轴承系统一般由推力盘(转子)、位移传感器、控制器、功率放大器和电磁铁等组成。当磁轴承的转子处于平衡位置时,上、下两端的气隙相等。由于系统的结构对称且参数相同,两种轴向磁轴承分别由偏置电流和永磁体产生磁通,故在转子的上、下气隙中产生的磁密相等。如果转子在平衡位置时受到一个向下的外部干扰力,转子就会偏离平衡位置向下运动,造成上、下气隙磁通的变化。位移传感器检测出转子偏离参考位置的位移量,通过控制器将这一位移信号转变成控制信号,经功率放大器将控制信号变换成控制电流,使上面气隙磁路中的控制磁通与偏置磁通相叠加,下面气隙磁路中的控制磁通与偏置磁通相减,转子产生向上的合力,使转子恢复到平衡位置。如果转子受到向上的外部干扰力,控制原理相同。轴向磁轴承系统通过控制器调节励磁线圈中的电流,使磁悬浮转子保持在平衡的位置。

为了方便计算和比较,假设两种轴向磁轴承转子处于平衡位置时的气隙长度、气隙处磁阻、气隙处截面积、磁极横截面积和气隙中的磁密都相等。

1) 纯电磁轴向磁轴承磁路的计算

对于纯电磁轴向磁轴承,气隙中的偏置磁通和控制磁通均由电流产生,假设磁通经过气隙处的横截面积 A 相等,由等效磁路图 8-25(a)可以计算出转子所受的合力 f_{I0} 为

$$f_{I0} = \frac{(\phi_{11} + \phi_{ix1})^2}{\mu_0 A} - \frac{(\phi_{12} - \phi_{ix2})^2}{\mu_0 A} \tag{8-13}$$

式中　μ_0——真空中磁导率；

　　　ϕ_{11}、ϕ_{12}——上、下气隙处的偏置磁通；

　　　ϕ_{ix1}、ϕ_{ix2}——控制磁通，分别为

$$\left.\begin{array}{l} \phi_{11} = \dfrac{Ni_0}{R_{g11} + R_{g12}} \\[4mm] \phi_{12} = \dfrac{Ni_0}{R_{g21} + R_{g22}} \end{array}\right\} \tag{8-14}$$

$$\left.\begin{array}{l} \phi_{ix1} = \dfrac{Ni_x}{R_{g11} + R_{g12}} \\[4mm] \phi_{ix2} = \dfrac{Ni_x}{R_{g21} + R_{g22}} \end{array}\right\} \tag{8-15}$$

式中　N——控制线圈匝数；

　　　i_0、i_x——偏置电流和控制电流；

　　　R_{g11}、R_{g12}、R_{g21} 和 R_{g22}——上、下气隙磁阻；且有 $R_{g11} = R_{g12}$、$R_{g21} = R_{g22}$，即上、下气隙长度相等，气隙横截面积也相等。

设转子处于平衡位置的气隙长度为 s_0，转子的位移量为 x，则气隙磁阻分别为

$$\left.\begin{array}{l} R_{g11} = R_{g12} = \dfrac{s_0 + x}{\mu_0 A} \\[4mm] R_{g21} = R_{g22} = \dfrac{s_0 - x}{\mu_0 A} \end{array}\right\} \tag{8-16}$$

设偏置电流为 i_0，控制电流为 i_x，把式(8-13)和式(8-14)代入式(8-12)，得

$$f_{I0} = \frac{1}{4} \mu_0 N^2 A \left[\frac{(i_0 + i_x)^2}{(s_0 - x)^2} - \frac{(i_0 - i_x)^2}{(s_0 + x)^2} \right] \tag{8-17}$$

根据式(8-16)计算出纯电磁轴向磁轴承转子在平衡位置的电流刚度 k_{i0} 和位移刚度 k_{x0} 分别为

$$k_{i0} = \frac{\partial f_{I0}}{\partial i} \bigg|_{\substack{i=i_0 \\ x=0}} = \frac{\mu_0 N^2 i_0 A}{s_0^2} \tag{8-18}$$

$$k_{x0} = \frac{\partial f_{I0}}{\partial x} \bigg|_{\substack{i=i_0 \\ x=0}} = -\frac{1}{2} \frac{\mu_0 N^2 i_0^2 A}{(s_0 + x)^3} - \frac{1}{2} \frac{\mu_0 N^2 i_0^2 A}{(s_0 - x)^3} \tag{8-19}$$

2) 永磁偏置轴向混合磁轴承磁路的计算

随着磁轴承技术的发展，对于上述指标严格限制的磁悬浮飞轮和磁悬浮控制力矩陀螺等空间执行机构，要求减小磁轴承的体积与质量，以降低损耗。为了满足这一要求，出现了永磁偏置的混合磁轴承，即利用永磁体取代主动磁轴承中由励磁电流产生的静态偏置磁场。这种

磁轴承具有降低功率放大器的损耗、减少电磁铁的安匝数、缩小磁轴承的体积和质量及提高轴承的承载能力等优点。

图 8 – 24(b)为较为常见的轴向混合磁轴承,根据其结构得到的等效磁路如图 8 – 25(b)所示。由等效磁路可计算出转子所受的合力 f_{PM0} 为

$$f_{PM0} = \frac{(\phi_{P11} + \phi_{i11})^2}{\mu_0 A} - \frac{(\phi_{P12} - \phi_{i12})^2}{\mu_0 A} \tag{8 – 20}$$

式中,上、下气隙处的偏置磁通 ϕ_{P11}、ϕ_{P12} 和控制磁通 ϕ_{i11}、ϕ_{i12} 分别为

$$\left. \begin{aligned} \phi_{P11} &= \frac{F_{M11}}{R_{g11} + R_{g12} + R_{M11}} \\ \phi_{P12} &= \frac{F_{M12}}{R_{g21} + R_{g22} + R_{M12}} \end{aligned} \right\} \tag{8 – 21}$$

和

$$\left. \begin{aligned} \phi_{i11} &= \frac{Ni_x}{R_{g11} + R_{g12} + R_{M11}} \\ \phi_{i12} &= \frac{Ni_x}{R_{g21} + R_{g22} + R_{M12}} \end{aligned} \right\} \tag{8 – 22}$$

轴向磁轴承上、下两端的结构对称,即两端永磁体的磁动势 $F_{M11} = F_{M12} = H_c \cdot h_{m1}$,其中 H_c 为永磁体的矫顽力,h_{m1} 为永磁体磁化方向的厚度。

同理,上、下两端的永磁体磁阻 $R_{M11} = R_{M12} = h_{m1}/(\mu_0 \mu_r A)$,其中 μ_r 为永磁体的相对磁导率。

把式(8 – 20)、式(8 – 21)和各参数代入式(8 – 19)中,得转子所受的合力 f_{PM0} 为

$$f_{PM0} = \frac{1}{\mu_0 A} \left\{ \left[\frac{h_{m1} H_c}{R_{M11} + 2(S_0 + x)/(\mu_0 A)} + \frac{Ni_x}{R_{M11} + 2(S_0 + x)/(\mu_0 A)} \right]^2 - \left[\frac{h_{m1} H_c}{R_{M11} + 2(S_0 - x)/(\mu_0 A)} - \frac{Ni_x}{R_{M11} + 2(S_0 - x)/(\mu_0 A)} \right]^2 \right\} \tag{8 – 23}$$

根据式(8 – 22),由 f_{PM0} 分别对控制电流 i_x 和位移 x 求一阶偏微分,计算出轴向混合磁轴承的电流刚度 k_{i1} 和位移刚度 k_{x1} 分别为

$$k_{i1} = \frac{\partial f_{PM0}}{\partial i} = \frac{4\mu_0 A N^2 h_{m1} H_c}{(h_{m1}/\mu_r + 2s_0)^2} \tag{8 – 24}$$

$$k_{x1} = \frac{\partial f_{PM0}}{\partial x} = -4 \left\{ \frac{(h_{m1} H_c)^2 \mu_0 A}{[h_{m1}/\mu_r + 2(S_0 + x)]^3} + \frac{(h_{m1} H_c)^2 \mu_0 A}{[h_{m1}/\mu_r + 2(S_0 - x)]^3} \right\} \tag{8 – 25}$$

3) 两种轴向磁轴承的比较

磁轴承的主要参数为最大承载力、电流刚度、位移刚度、电感和功耗等,这些参数决定了磁轴承的性能及其应用领域。对于上述两种不同结构的轴向磁轴承,根据其结构上的特点可应用于不同的领域。在设计磁轴承时,通常把承载力作为主要输入参数。

为了比较性能,在最大承载力相同的情况下,对两种轴向磁轴承的假设为:不考虑漏磁影响,忽略定子铁芯磁阻和转子磁阻,线圈匝数 N 相同,平衡位置时气隙中的偏置磁通密度 B_{bias} 相等,磁极面积 A 相等,平衡位置时气隙长度 s_0 相等,不考虑铁芯饱和,不考虑功率放大器饱和。

根据上述假设条件得出磁轴承的初始参数,如表 8-2 所列。

根据表 8-2 的参数可计算出两种轴向磁轴承的相关参数,如表 8-3 所列。

表 8-2 磁轴承的初始参数

参数	数值
平衡位置气隙厚度 s_0/mm	0.25
磁极面积 A/mm^2	872.6
气隙中偏置磁通密度 B_{bias}/T	0.568 9
最大承载力/N	899

表 8-3 两种轴向磁轴承的相关参数

参数	数值
纯电磁轴向磁轴承(电磁偏置)	
线圈匝数 N	350
偏置电流 i_0/A	0.65
轴向混合磁轴承(永磁偏置)	
线圈匝数 N	350
永磁体磁化方向厚度 h_{m1}/mm	0.62
永磁体截面积 A/mm^2	872.6

根据轴向磁轴承的相关参数和计算公式,得出上述两种轴向磁轴承转子在平衡位置处的力-电流关系曲线(见图 8-26)。

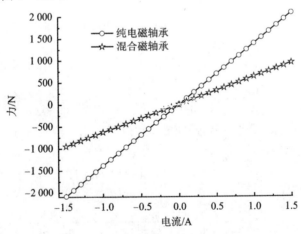

图 8-26 平衡位置时力-电流关系曲线

当轴向磁轴承转子位于平衡位置(或在平衡位置附近做微小运动,即 $x \ll s_0$)时,两种轴向磁轴承的力与电流之间呈线性关系,即随着电流的增加而增加。

上述两种轴向磁轴承的力与位移之间呈非线性关系。

当控制电流为 0 A 时,两种轴向磁轴承的力-位移关系曲线和位移-刚度曲线分别如图 8-27 和图 8-28 所示。

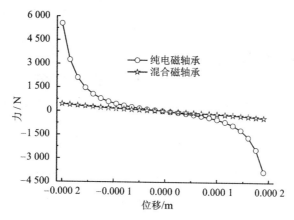

图 8-27　控制电流为 0 A 时力-位移关系曲线

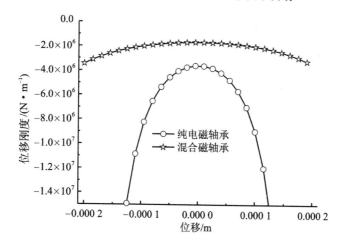

图 8-28　控制电流为 0 A 时位移-位移刚度关系曲线

由图 8-27 可以看出,电磁偏置轴向磁轴承的非线性最严重,轴向混合磁轴承具有较好的线性度;由图 8-28 的位移-位移刚度曲线可以看出,两种轴向磁轴承的位移刚度均为负刚度。

磁轴承在工作时必须克服负刚度才能实现稳定的悬浮,混合型轴向磁轴承的位移负刚度较小,最有利于系统的稳定和控制。对磁悬浮转子在任意工作气隙范围(-0.2~0.2 mm)内和任意控制电流(-1.5~1.5 A)下的力-电流-位移、电流刚度和位移刚度进行计算,分别得出两种轴向磁轴承的计算结果,如图 8-29 所示。

(4) 径向磁轴承的分析设计

径向磁轴承实现磁悬浮转子在径向方向的稳定悬浮,也可以控制与磁悬浮飞轮转子惯性

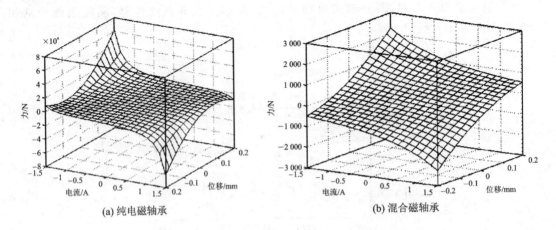

(a) 纯电磁轴承　　　　　　　　　　　　(b) 混合磁轴承

图 8-29　两种轴向磁轴承的力-控制电流-位移曲线

主轴垂直方向两个扭转方向的自由度或高速转子的陀螺效应。主动径向磁轴承根据提供偏置磁场的方式分为电磁偏置和永磁偏置两种。

永磁偏置混合磁轴承具有功耗低和体积小等优点。下面以永磁偏置径向混合磁轴承为例进行讨论。

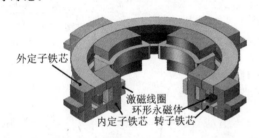

外定子铁芯

激磁线圈
环形永磁体
内定子铁芯　转子铁芯

图 8-30　永磁偏置径向混合磁轴承结构

永磁偏置径向混合磁轴承的结构如图 8-30 所示,主要由外定子铁芯、内定子铁芯、激磁线圈、转子铁芯和环形永磁体组成,四个相互成 90°角的磁极在径向方向组成两对磁极(差动控制),具有结构紧凑的优点。偏置磁场由永磁体产生(磁化方向为轴向),控制磁场则由励磁线圈产生。

根据控制系统的要求,永磁体和控制线圈产生的磁通在气隙中进行叠加,产生所需的控制力。根据径向混合磁轴承的结构,定子铁芯和转子均采用导磁性能良好的软磁材料,其磁导率远远大于气隙和永磁体的磁导率。忽略定子铁芯磁阻和转子铁芯磁阻及漏磁的影响,得到等效永磁磁路和等效电磁磁路分别如图 8-31(a) 和图 8-31(b) 所示。图中仅给出一对磁极的等效电磁磁路,工作时,两端控制线圈串联。由于气隙处的磁阻远小于永磁磁阻,电磁磁路与永磁磁路之间不会产生耦合。

径向混合磁轴承的工作原理如图 8-32 所示。

当磁悬浮转子受到一个 x 轴负方向的干扰时,激磁线圈根据控制信号产生所需的控制电流,电磁磁通和永磁磁通在气隙中叠加,产生 x 轴正方向上的恢复力。

根据径向混合磁轴承结构及其等效磁路计算出转子在 x 轴方向所受合力 f 为

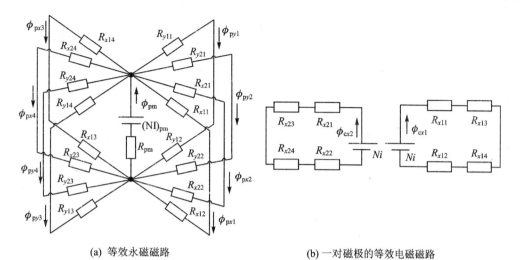

(a) 等效永磁磁路　　　　　　　　　　(b) 一对磁极的等效电磁磁路

图 8-31　径向混合磁轴承等效磁路

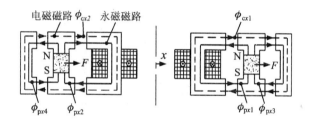

图 8-32　径向混合磁轴承工作原理示意图

$$f = \left[\frac{(\phi_{px3} + \phi_{cx1})^2}{\mu_0 A_2} - \frac{(\phi_{px1} - \phi_{cx1})^2}{\mu_0 A_1} \right] + \left[\frac{(\phi_{px2} + \phi_{cx2})^2}{\mu_0 A_1} - \frac{(\phi_{px4} - \phi_{cx2})^2}{\mu_0 A_2} \right] \quad (8-26)$$

式中　μ_0——真空中磁导率;

A_1、A_2——转子内、外磁极面积;

ϕ_{px1}、ϕ_{px2}、ϕ_{px3}、ϕ_{px4}——永磁体在各气隙中产生的永磁磁通;

ϕ_{cx1}、ϕ_{cx2}——激磁线圈在 x 轴上一对磁极气隙中产生的电磁磁通。

各气隙处的磁阻及其关系为

$R_{x11} = R_{x12}$, $R_{x21} = R_{x22}$, $R_{x13} = R_{x14}$, $R_{x23} = R_{x24}$, $R_{y11} = R_{y12}$, $R_{y21} = R_{y22}$, $R_{y13} = R_{y14}$, $R_{y23} = R_{y24}$。

永磁磁路总磁阻 R_{pmsum} 为

$$R_{pmsum} = R_{pm} + R_g \quad (8-27)$$

式中　R_g、R_{pm}——分别为总的气隙磁阻和永磁体磁阻,表达式分别为

$$R_g = \cfrac{1}{\cfrac{1}{2R_{x11}} + \cfrac{1}{2R_{x21}} + \cfrac{1}{2R_{x13}} + \cfrac{1}{2R_{x23}} + \cfrac{1}{2R_{y11}} + \cfrac{1}{2R_{y21}} + \cfrac{1}{2R_{y13}} + \cfrac{1}{2R_{y23}}}$$

$$R_{pm} = \frac{h_{pm}}{\mu_0 \mu_r A_{pm}} \Bigg\}$$

$$(8-28)$$

式中　h_{pm}——永磁体磁化方向长度；

　　　μ_r——永磁体相对磁导率；

　　　A_{pm}——环形永磁体截面积。

设转子处于平衡位置时的气隙长度为 s_0，转子在 x 轴方向的位移为 x，转子在 y 轴方向的位移为 y，则各气隙的磁阻分别为

$$R_{x11} = \frac{s_0 - x}{\mu_0 A_1}, \qquad R_{x21} = \frac{s_0 + x}{\mu_0 A_1}, \qquad R_{x13} = \frac{s_0 + x}{\mu_0 A_2}, \qquad R_{x23} = \frac{s_0 - x}{\mu_0 A_2}$$

$$R_{y11} = \frac{s_0 - y}{\mu_0 A_1}, \qquad R_{y21} = \frac{s_0 + y}{\mu_0 A_1}, \qquad R_{y13} = \frac{s_0 + y}{\mu_0 A_2}, \qquad R_{y23} = \frac{s_0 - y}{\mu_0 A_2} \Bigg\}$$

$$(8-29)$$

永磁磁路中的总磁通 ϕ_{pm} 为

$$\phi_{pm} = \frac{(NI)_{pm}}{R_{pmsum}} = \frac{H_c h_{pm}}{R_{pmsum}} \qquad (8-30)$$

式中　$(NI)_{pm}$——永磁体产生的磁动势；

　　　H_c——永磁体矫顽力。

永磁体在 x 轴方向上的四个磁极气隙中产生的偏置磁通（见图 8-32）分别为 x 轴右侧磁极对内外气隙中的偏置磁通 ϕ_{px1}、ϕ_{px3} 和 x 轴左侧内外气隙中的偏置磁通 ϕ_{px2}、ϕ_{px4}，分别为

$$\phi_{px1} = \phi_{pm} \frac{R_g}{2R_{x11}}$$

$$\phi_{px3} = \phi_{pm} \frac{R_g}{2R_{x13}}$$

$$\phi_{px2} = \phi_{pm} \frac{R_g}{2R_{x21}}$$

$$\phi_{px4} = \phi_{pm} \frac{R_g}{2R_{x23}} \Bigg\}$$

$$(8-31)$$

由图 8-32 计算出两对磁极产生的控制磁通 ϕ_{cx1} 和 ϕ_{cx2} 分别为

$$\phi_{cx1} = \frac{Ni}{R_{x11} + R_{x12} + R_{x13} + R_{x14}} = \frac{Ni}{2R_{x11} + 2R_{x13}}$$

$$\phi_{cx2} = \frac{Ni}{R_{x21} + R_{x22} + R_{x23} + R_{x24}} = \frac{Ni}{2R_{x21} + 2R_{x23}} \Bigg\}$$

$$(8-32)$$

式中 N——线圈的匝数;

i——线圈的控制电流。

将式(8-27)、式(8-29)代入式(8-25)中,可计算出转子在 x 轴方向所受合力。当 $x \ll s_0$ 时,简化式(8-25)并使之线性化。分别对控制电流 i 和位移 x 求偏微分,计算出平衡位置处的电流刚度 k_i 和位移刚度 k_x 分别为

$$\left. \begin{aligned} k_i &= \frac{\partial f}{\partial i}\bigg|_{\substack{i=0 \\ x=0}} = \frac{2\mu_0 N A_1 A_2 H_c h_{pm}}{s_0(A_1+A_2)\left[\dfrac{2(A_1+A_2)h_{pm}}{\mu_r A_m}+s_0\right]} \\[2em] k_x &= \frac{\partial f}{\partial x}\bigg|_{\substack{i=0 \\ x=0}} = -\frac{(H_c h_{pm})^2\mu_0 A_1}{\left[2(A_1+A_2)\dfrac{h_{pm}}{\mu_r A_m}+s_0\right]^2 s_0} - \frac{(H_c h_{pm})^2\mu_0 A_2}{\left[2(A_1+A_2)\dfrac{h_{pm}}{\mu_r A_m}+s_0\right]^2 s_0} \end{aligned} \right\}$$

$$(8-33)$$

磁轴承的主要参数为最大承载力、电流刚度、位移刚度、电感和功耗等,这些参数决定了磁轴承的性能与应用领域。在设计径向混合磁轴承时,把承载力、磁轴承工作点等参数作为主要输入参数,采用等效磁路的方法进行设计。

所设计磁悬浮飞轮转子的质量为 4.4 kg,径向混合磁轴承的设计参数如表 8-4 所列。

表 8-4 径向混合磁轴承设计参数

参　数	数　值
平衡位置气隙厚度 s_0/mm	0.3
保护气隙 s_1/mm	0.15
气隙偏置磁通密度 B_{bias}/T	0.445
最大承载力/N	633
线圈匝数 N	350
永磁体磁化方向厚度 h_m/mm	6
线圈中最大控制电流/A	1
平衡位置电流刚度/(N·A^{-1})	289.7
平衡位置刚度/(N·μm^{-1})	−1.186
平衡位置最大承载力/N	250.3
起浮电流/A	0.835

根据磁悬浮飞轮的性能要求和相关参数,计算出径向磁轴承的性能。在实际工作过程中,干扰因素将使转子工作在平衡位置附近;控制电流根据转子的位置进行调节。根据实际工作情况,转子的工作位置一般在十几微米以内。当转子位于平衡位置或在平衡位置附近做微小运动(转子偏离平衡位置为 −0.05 mm 和 0.05 mm)时,得出径向混合磁轴承的力与电流近似

呈线性关系(见图 8-33),力随着电流的增加而增加。电流刚度曲线如图 8-34 所示,承载力和电流刚度随着转子偏离平衡位置方向和大小的变化而变化,变化的趋势相反。当转子在平衡位置时,电流刚度为一定值(289.7 N/A)。

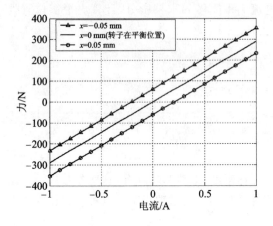

图 8-33 不同工作位置下的力-电流关系曲线

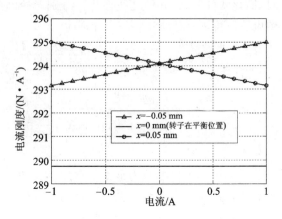

图 8-34 不同工作位置下的电流刚度

当控制电流为 0 A、−0.1 A 和 0.1 A 时,径向磁轴承力-位移关系曲线和位移-刚度关系曲线分别如图 8-35 和图 8-36 所示。从图中可以看出,位移刚度均为负刚度,且为非线性,与转子的工作位置和控制电流相关。

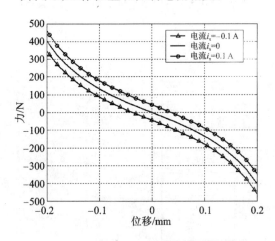

图 8-35 不同控制电流下的力-位移关系曲线

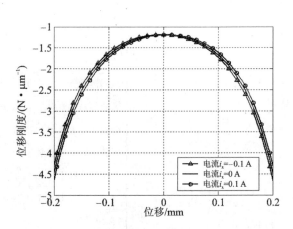

图 8-36 不同控制电流下的位移-刚度关系曲线

对于上述径向磁轴承,图 8-33～图 8-36 只考虑了几种特殊的工作情况,仅对磁悬浮转子偏离平衡位置的两种情况下的力-控制电流及电流刚度进行了分析,对控制电流不为零时两种情况下的力-位移关系及位移刚度进行了讨论。根据磁悬浮转子系统的实际工作情况,磁悬浮转子可以稳定地悬浮在任意位置,控制电流将根据转子的实际工作位置进行变化,磁悬浮转子的工作位置和控制电流也将同时变化。对磁悬浮转子在任意工作气隙范围(－0.2～0.2 mm)内和任意控制电流(－1～1 A)下的力-控制电流-位移也进行分析计算,结果如图 8－37 所示,可以得出与上述相同的结论。径向混合磁轴承在工作气隙和控制电流范围内呈非线性,转子偏离平衡位置与控制电流的大小相关。

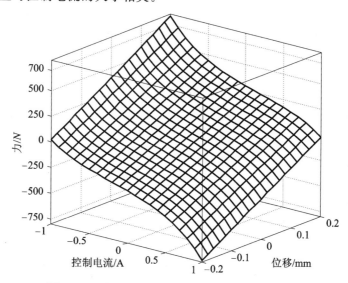

图 8－37　径向混合磁轴承力-控制电流-位移曲线

(5) 磁轴承材料

磁轴承中的磁性材料包括永磁材料、软磁材料和超导材料。软磁材料是指具有低矫顽力和高磁导率的磁性材料。软磁材料易于磁化,也易于退磁,广泛地用于电工设备和电子设备中。软磁材料在径向磁轴承中的应用最多,其性质与所包含的成分及加工工艺有很大关系。在铁、钴、镍等铁磁性物质中,铁常用来做软磁材料;钴和镍一般只用来制造合金以改进材料的磁性能。常用的软磁材料有硅钢片、纯铁、铁镍合金(坡莫合金)和软磁铁氧体;碳素钢和铸铁也为常用的软磁材料。永磁材料常用于永磁被动磁轴承和永磁偏置混合磁轴承中,要求具有较高的磁能积、温度稳定性和抗去磁性等。超导材料用于超导悬浮系统中,要求具有较高的临界温度。

磁轴承的常用材料及性能要求如表 8－5 所列。

3. 磁轴承系统中的传感器

根据磁轴承的应用场合,在选择位移传感器时不仅要考虑测量范围、线性度、灵敏度、分辨力和频率范围,还要考虑传感器的温度范围、零点温漂及其他抗干扰性能等。

从主动磁轴承的工作原理可知,磁轴承与传统的机械轴承不同。传感器要对转子进行反馈控制,检测出磁悬浮气隙的大小即转子轴心的运动状态,以实现高精度的非接触测量。磁悬

表 8 – 5　磁轴承的常用材料

类　别		永磁材料及性能要求	软磁材料及性能要求	超导材料及性能要求
名称		铁氧体	高硅合金	钡镧铜氧系列
		铝镍钴合金	硅镍铁合金	钇钡铜氧系列
		稀土钴	坡莫合金	铋银钙铜氧系列
		钕铁硼合金	铁铝合金	铊钡钙铜氧系列
			软磁铁氧体	
性能要求		抗去磁性好	磁导率高	临界温度高
		温度稳定性好	铁损耗低	
		磁性能稳定	磁对形变不敏感	
		可加工性好	力学稳定性好	
			可加工性好	

浮系统的综合性能与所采用位移传感器的性能密切相关。为了实现非接触稳定悬浮，必须选择非接触式传感器，连续测量磁悬浮高速转子的位置。由于磁悬浮飞轮的高速旋转，传感器测量的是旋转表面，飞轮转子的几何形状、材料的均匀性等都将影响传感器的测量精度。几何加工精度差或探测表面材料的不均匀，将产生测量噪声而引起干扰。磁悬浮系统中的传感器可以反馈位移、速度、电流、磁通等多种信号，目前用得比较多的是位移传感器。对磁轴承进行非接触位移测量的传感器很多，主要有电容式、光纤式、电感式和涡流式传感器等。下面分别进行介绍。

（1）电容式传感器

电容式传感器以电容器作为传感元件，将被测的非电量变化转换为电容量的输出变化。由于磁轴承转子系统结构的限制，采用变极距型电容传感器比较合适。这种传感器有一个固定极板和可动极板，中间为空气介质或固定介质，传感器固连于定子上，被测磁轴承的转子作为动极板，如图 8 – 38 所示。当转子位置偏离中心方向时，动极板产生 Δd 的变化，极间电容 C 发生变化。由电容变化量与位移变化量之间的近似线性关系 $\dfrac{\Delta C}{C} \approx \dfrac{\Delta d}{d}$，以及测得的电容变化量得到转子位移的变化量。

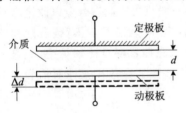

图 8 – 38　变极距型电容传感器

电容传感器具有结构简单、分辨力高、体积小和动态响应好等优点。但寄生电容和测试分布电容对测量误差有较大的影响，还存在着电容量的变化与极板之间距离变化非线性、对加工工艺要求高等问题，仅在很小的测量范围内才有近似的线性输出。磁悬浮转子上的静电荷、湿度、灰尘等环境因素，对测量精度有较大的影响。

（2）光纤式传感器

　　光纤式传感器按测量原理分为传光型和功能型两种,测量旋转轴的位移和振动采用传光反射的方法,发射光纤和接收光纤并排对准被测物体,如图 8-39 所示。发射光纤发出的光经被测物体反射之后,由接收光纤接收。接收光强随被测物体与光纤端面之间的距离不同而变化。如果光纤的端面固定不动,则根据接收光强的变化就可以计算出被测物体的位移。

　　光纤式传感器具有精度高、频谱宽、不受电磁干扰影响等优良特性。在磁轴承系统中,轴在旋转过程中的偏移和振动可能使接收光纤探测不到光信号。但光纤式传感器还需要安装光源及光学器件,使测量系统变得复杂、成本增加;另外,它还对环境的要求高、结构复杂、检测信号弱、不利于小型化,难以满足航天环境的特殊需求。

（3）电感式传感器

　　置于铁氧体磁芯中的感应线圈构成振荡电路的一部分,当待测量的铁磁体接近线圈时,线圈的电感发生变化使振荡电路失调。测量信号经过解调并线性化之后,它的大小与传感器、被测对象之间的气隙成正比。差动电感式传感器是把被测量的变化转换为线圈电感变化的电磁感应自感式传感器,如图 8-40 所示,传感器由线圈、铁芯和衔铁三部分组成。磁轴承转子系统的线圈和铁芯固定于系统的定子部分,衔铁是被测量的转子。当转子发生位移时,铁芯和衔铁之间的空气气隙发生变化,导致磁路的磁阻变化,引起线圈自感的变化,通过测量自感的变化量实现对转子位移的非接触测量。

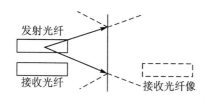

图 8-39　光纤式传感器

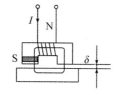

图 8-40　差动电感式传感器

　　差动电感式传感器的结构简单、测量精度高、性能可靠,线圈被铁氧体材料屏蔽,传感器对电磁轴承磁铁附近的强磁场不敏感,抗干扰性能好。电感式传感器以 5～100 kHz 的调制频率工作,输出信号的截止频率在调制频率的 1/10～1/5 范围内。当磁轴承采用开关功率放大器驱动,并且放大器的切换频率接近于调制频率时,会产生干扰。

（4）涡流式传感器

　　涡流式传感器的工作原理是,高频交变电流流过浇铸在壳体内的空心线圈,电磁线圈端面的磁通在被测导体中感应到涡流,从振荡电路中吸收能量,振荡幅值的变化取决于间隙的大小。一旦信号经过解调、线性化和放大之后,该幅值将提供一个正比于被测间隙的电压,调制频率通常在 0～20 kHz。电涡流位移传感器是基于导体的电涡流效应制成的,如图 8-41 所示。

电涡流传感器一般由感应元器件即探头与检测电路两部分组成,如图8－42所示。探头一般为一个固定在框架上的扁平线圈,用于感应被测物体与探头之间的距离变化。框架的形状依被测物体的形状而定,可以有圆柱形、环形和方形等,其中以圆柱形和环形最为常用。检测电路通常独立于探头之外,用于将探头与被测物体之间非电量的距离变化,转换为电压或频率等电量的变化。根据实际需要也可以将探头与检测电路进行整体封装。

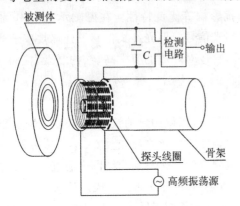

图8－41　电涡流式传感器原理

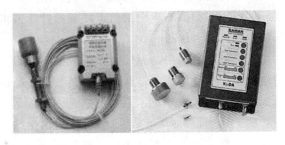

图8－42　电涡流传感器实物

4. 高速电动机

　　磁悬浮高速转子在高速旋转时提供角动量。飞轮的转速在通常情况下恒定不变,可采用无刷直流电动机。无刷直流电动机是随着电子技术的迅速发展而出现的一种新型直流电动机,是现代工业设备、科学技术、军事装备和航空航天领域中的重要运动部件。无刷直流电动机以法拉第电磁感应定律为基础,以新兴的电力电子技术、数字电子技术和各种物理原理为后盾,具有很强的生命力。无刷直流电动机的最大特点是没有换向器(整流子)和电刷组成的机械接触机构,因此没有换向火花,寿命长,运行可靠,维护简便;此外,转速不受机械换向的限制,可以实现每分钟几万到几十万转的超高运行转速。

　　无刷直流电动机的反电动势波形和供电电流波形都是矩形波,称为矩形波同步电动机(又称无刷直流电动机),可作为磁悬浮飞轮转子的高速驱动电动机。这类电动机由直流电源供电,借助于位置传感器测量主转子的位置,检测出的信号触发相应的电子换向线路,实现无接触式换流。无刷直流电动机具有有刷直流电动机的各种运行特性,由于采用无定子铁芯的永磁无刷直流电动机,它的定子无任何铁磁性材料。定子与转子之间不存在对磁轴承系统有干扰的任何吸力。

　　磁悬浮CMG中的飞轮只需改变转速的大小而不需要改变自旋方向,电子换向器只需改变绕组中电流的有无而不需要改变方向。

　　图8－43是一种经常采用的飞轮转速控制系统,电动机具有三相星形绕组,驱动开关和制

动开关为脉冲调宽式电子开关。

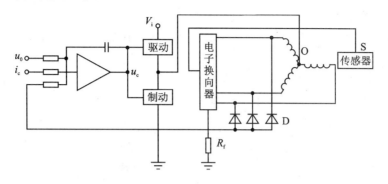

图 8 - 43　一种飞轮转速控制系统

当 $u_c=0$ 时,驱动开关和制动开关均处于截止状态,电动机绕组中没有电流通过。当 $V_i<0$ 时驱动开关导通,电源 V_s 接到电动机绕组的中心点 O。导通的时间与 u_c 成比例,流过绕组的平均电流也与 u_c 成比例。当电动机加速时,控制电子换向器依次接通三相绕组。绕组电流 I 流过电阻 R_f,其上的电压降为反馈信号。它的第一级是积分环节,静态关系为

$$u_C + u_B = -R_f I \qquad (8-34)$$

式(8-34)表示电枢电流与输入信号成比例。当控制信号 $u_c=0$ 时,必须有一定大小的偏置信号 u_B,使绕组中有一定的电流。电动机输出一定的力矩,克服摩擦力矩和风阻力矩,维持飞轮以额定的转速旋转。当 $u_c \neq 0$ 时,飞轮的输出力矩与 u_c 成正比。当 $u_0>0$ 时,驱动开关截止,制动开关导通,电动机处于发电状态,反电势使二极管 D 导通,流过绕组、二极管、电阻 R_f 及制动开关的电流是由电动机反电势所产生的制动电流,而不是来自电源的驱动电流。静态制动电流的大小,也就是制动力矩的大小,与控制信号 u_c 成正比。这种制动方法称为能耗制动,其优点是可节省大约一半的能源。由于电动机力矩总是与电枢电流成正比,故称这种控制方案为恒力矩控制。

5. 保护轴承设计

为了保证磁悬浮飞轮系统的安全、可靠运行,磁悬浮飞轮系统需要其他的轴承辅助工作。一旦磁轴承过载或掉电,保护轴承就保护转子和磁悬浮轴承,帮助旋转机械安全地停机。辅助轴承(或保护轴承)也是一个重要部件,在调试系统发生故障和过载时起到保护作用,一般要求反复使用。

保护轴承对系统的性能也有一定影响,在设计时需要考虑质量、体积和动力学性能等诸多因素。根据需求和应用环境的不同,保护轴承的类型也不相同,各有优缺点。

(1) 保护轴承的类型

保护轴承大约有四种类型,即滑动保护轴承、滚动保护轴承、行星保护轴承和无气隙保护轴承。

1) 滑动保护轴承

滑动保护轴承是结构最简单、成本最低的一种保护轴承。其原理是当磁轴承过载或发生故障时,滑动轴承取代转子和定子表面之间的摩擦磨损。根据应用的需要可选择径向滑动轴承和推力滑动轴承。Federal - Mogul(F - M)开发了一种复杂的滑动保护轴承系统,根据不同的设计需求在各种润滑剂中加入特殊烧结的轴承合金。F - M 为 NAM 公司开发的 23 MW 压缩机径向滑动保护轴承和推力滑动保护轴承分别如图 8 - 44 和图 8 - 45 所示。

图 8 - 44　径向滑动保护轴承

图 8 - 45　推力滑动保护轴承

2) 滚动保护轴承

为了减小摩擦和热源,大部分磁轴承系统由滚动轴承作为保护轴承。在滚动保护轴承中多采用成对安装(面对面或背靠背并预紧)的角接触球轴承,可同时承受径向和轴向载荷,消除轴承的游隙和振动噪声。滚珠为滚动轴承中滚动单元的首选,可以减小滚动体加速过程中的侧滑现象。成对安装的角接触保护轴承装置如图 8 - 46 所示,通过面对面安装提供一定的预紧力,通过弹性体与轴承座连接。这种结构的设计简单,制造方便,应用广泛。

3) 行星保护轴承

当转子的线速度超过保护轴承的极限转速时,可以通过行星保护轴承装置进行减速,降低保护轴承的线速度。轴承的线速度可以通过选择减速比进行控制。某行星保护轴承装置如图 8 - 47 所示,围绕旋转轴的外环有三个或更多滚动体(行星)保持架,行星的数量和滚动体的形式可根据具体的应用方式选择,与转子接触的轴套要进行硬化处理。

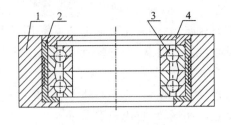

1—轴承座;2—弹性体;
3—成对角接触球轴承;4—锁紧螺母

图 8 - 46　成对安装的角接触保护轴承装置

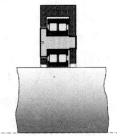

图 8 - 47　行星保护轴承

4）无气隙保护轴承

根据行星保护轴承的概念，Mohawk Innovative Technology 公司开发了一种无气隙保护轴承 ZCAB(Zero Clearance Auxiliary Bearing)，在原理上与行星保护轴承有根本的区别，如图 8-48 所示。这种保护轴承在工作时，轴承和磁悬浮转子之间没有间隙，能够在径向和轴向都起到保护作用。行星（一般为 5～8 个行星）的方位角由一个固定在径向槽中的驱动环确定。径向槽为螺旋槽，一般有 5～8 个，均布在轴承的圆周上，行星的旋转轴与螺旋槽啮合，控制行星的运动方向接近或远离磁悬浮转子。当磁轴承过载或失稳时，磁悬浮的转子与一个或多个行星碰撞，行星在切向力 F_t 的作用下，与转子接近并啮合，起到保护作用。通过保护轴承的定心作用，磁悬浮转子回复到中心位置，使磁悬浮系统恢复正常工作。通过弹簧给行星施加力 F_s，使保护轴承与磁悬浮转子分离，由磁轴承支承系统。无气隙保护轴承装置如图 8-49 所示。

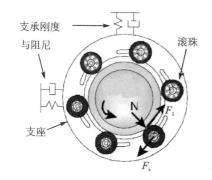

图 8-48　无气隙保护轴承原理

图 8-49　无气隙保护轴承装置

除了上述单独使用的基本保护轴承外，还可以派生出多种保护轴承，如径向利用一种类型的保护轴承，轴向则利用另一种类型的保护轴承。滑动轴承的材料也可以应用在其他类型的保护轴承中，进一步提高系统的可靠性和使用寿命。

（2）各种保护轴承的优缺点

表 8-6 对各种保护轴承的优缺点进行了总结，可以根据磁悬浮系统的具体情况选择适当的保护轴承。

滑动轴承最显著的优点是简单，保存时间持久，计算简单；缺点则是摩擦系数大，发热严重。应用时必须考虑散热，特别是对于大载荷和储能系统。

与滑动轴承相比，行星轴承具有较低的摩擦系数，发热少，但轴承在初始加速阶段的振动和剧烈冲击可能导致轴承损坏。在长期不工作的条件下要保持正常的预服役状态，不需维护。在预服役期间要防止轴承的不正常运动和腐蚀、污染物所引起的破坏。轴承的工作状态不可能完全预测，只能通过维护测量或使用后获得。行星保护轴承的优缺点与其他滚动保护轴承相似，主要优点是可以减小轴承的线速度，但必须考虑它的复杂性和高成本。

无气隙保护轴承与行星轴承相似，显著优点是消除了转子与保护轴承之间的间隙，可有效地控制磁悬浮转子的转子动力学行为,在具体应用时需要进行实验测试。

表 8-6 保护轴承的优缺点

优缺点 类型	优 点	缺 点
滑动保护轴承	低成本; 被动保护,无活动部件; 减少了预备模式下的退化趋势; 通过气隙可计算出磨损情况	摩擦系数高; 发热严重
滚动保护轴承	低成本; 摩擦系数低和发热少; 同时提供径向和轴向保护; 可减小系统体积	加速时可能损坏滚珠和保持架; 需防止污染物
行星保护轴承	有利于减小轴承的线速度; 低摩擦系数和发热少	结构复杂,成本高; 需防止污染物; 加速时有可能损坏部件
无气隙保护轴承	消除了悬浮转子和轴承的间隙; 延长了使用寿命; 有利于减小轴承的线速度; 摩擦系数低和发热少	最复杂,成本最高; 需防止污染物; 加速时有可能损坏部件; 可靠性相对较差

8.3.2 框架伺服系统

1. 组成及工作原理

控制力矩陀螺输出陀螺力矩,需要框架力矩电机驱动框架轴旋转,改变飞轮转子角动量的方向,在垂直于角动量的方向产生控制力矩即陀螺力矩。要得到精确的控制力矩就必须准确地控制框架,使角动量按照输入的指令工作。

如图 8-50 所示,伺服系统用于控制被控对象的某种状态,使其能够自动、连续、精确和快速地复现输入信号的变换规律。控制系统主要由检测装置、放大装置和执行部件等组成。框架伺服系统的作用是使飞轮能够按给定的角速度转动。控制器的输出经过功放控制力矩电机,直接驱动固连在力矩电机转子轴系上的飞轮系统转动。采用高精度的位置传感器检测转子的角位移和角速度,反馈给控制器,构成电流环、速率环和位置环系统,提高控制的精度。

2. 无刷直流力矩电机

永磁无刷直流电动机既具备交流电动机的结构简单、运行可靠、维护方便等优点,又具备有刷直流电动机的运行效率高、无励磁损耗以及调速性能好等特点,同时克服了有刷直流电动机中机械电刷和换向器所带来的噪声、火花、无线电干扰以及寿命短等弊端。伺服控制系统采

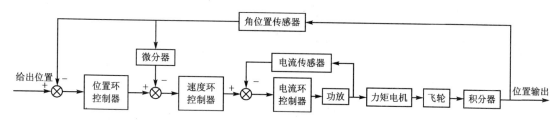

图 8 - 50　控制力矩陀螺伺服系统

用永磁无刷力矩直流电动机作为驱动电动机,驱动电动机还可以采用永磁同步电动机、步进电动机等。

下面以永磁无刷直流力矩电动机为例进行分析。

无刷直流电动机主要由电动机本体、转子位置传感器和电子开关线路三部分组成。定子绕组一般为多相(三相、四相、五相不等)结构,转子按一定的极对数($2p=2,4,\cdots$)组成,如图 8 - 51 所示。

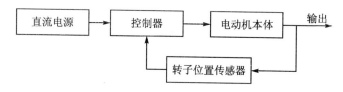

图 8 - 51　无刷直流电动机结构

无刷直流电动机的控制分为三相半控和三相全控两种。三相半控电路的特点是简单,一个可控硅控制一相通断。每个绕组只 1/3 时间通电,另外 2/3 时间处于断开状态,没有得到充分的利用,在运行过程中转矩的波动较大。三相全控式电路比半控式电动机的运行更加平稳。

下面具体说明二相导通 Y 形三相六状态无刷直流电动机的工作原理。

(1) 逆变器的触发结构

图 8 - 52 为一台典型的三相桥式永磁无刷直流电动机原理图,d 轴为励磁轴,a_s 轴为 A 相绕组的轴线。其中 T1～T6 为电力电子开关器件,常用的有 IGBT、MOSFET 和 GTR;D1～D6 为与开关器件并联的反向续流二极管,电动机的本体由定子和转子两部分构成,永磁体贴在转子上与转子同轴旋转;电枢绕组装在定子上,可以是类似于交流电动机的重叠绕组,也可以是含极靴的非重叠绕组;θ 为定子与转子磁势之间的夹角(电角度)。根据位置传感器检测的转子位置,按一定逻辑触发功率变换器的功率器件,给电动机的定子绕组馈电。随着电力电子器件构成的功率器件有规律地开通与关断,转子在定子磁动势的带动下旋转起来。

(2) 无刷直流电动机的换相过程

从无刷直流电动机的工作原理可知,无刷直流电动机是根据转子的位置信号决定导通相

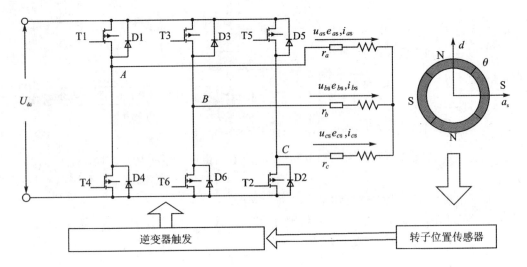

图 8 - 52　三相桥式永磁无刷直流电动机原理图

的次序和换相时刻。

　　下面以一台原型样机为例分析它的工作原理和换相过程。

　　图 8 - 53 为无刷直流电动机三相六状态的相电流和转子位置示意图,三相定子电流流出纸面为正方向,流入纸面为负方向。例如 $\overline{AB}$ 表示 A 相绕组中电流流出纸面,B 相绕组中电流流入纸面。

　　转子的初始位置如图 8 - 53 (a)所示。开关器件 T1 和 T6 导通,定子的磁势 $\overline{F_a}$ 超前转子 N 极 120°,转子的永磁体在定子磁场的吸引下逆时针旋转。当位置传感器检测到转子落后于定子磁势 $\overline{F_a}$ 为 60°时,如图 8 - 53(b)所示,开关器件 T1 和 T2 导通。由于转子转动惯量的存在,转子在开关期间切换时依然保持原来的位置不动,定子的磁势 $\overline{F_a}$ 重新超前 N 极 120°。随着位置传感器信号的变化,电枢绕组依次馈电,实现各相绕组的换流,开关器件依据转子的位置信号依次触发,使转子连续旋转。转子每旋转过一周,开关器件依次进行 6 次换流。定子电流引起的磁动势在空间发生 6 次跳变,定子与转子之间磁势的夹角始终在 120°～60° 的范围内周而复始地变化。

　　(3) 无刷直流电动机的数学模型

　　按照磁路结构和永磁体形状的不同,稀土永磁无刷直流电动机的气隙磁场波形分为方波、正弦波和梯形波。如果采用径向激励的结构,则产生的方波磁场在定子绕组中感应的电势为梯形波。若不考虑电枢反应,梯形波反电动势的平顶宽度为 120° 电角度。为便于分析,假设磁路不饱和,不计涡流和磁滞的损耗,并且忽视齿槽效应,绕组均匀地分布于光滑定子的内表面,则三相绕组的电压平衡方程可表示为

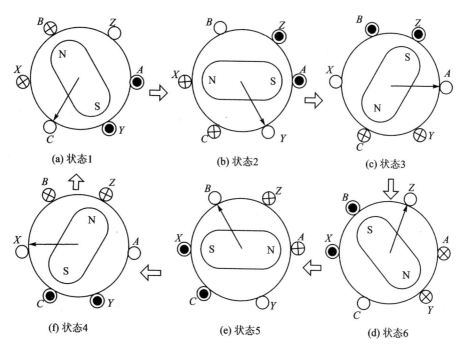

(a) 状态1　　　　　　　(b) 状态2　　　　　　　(c) 状态3

(f) 状态4　　　　　　　(e) 状态5　　　　　　　(d) 状态6

图 8 - 53　无刷直流电动机绕组电流与转子磁场的关系

$$\begin{bmatrix} u_a \\ u_b \\ u_c \end{bmatrix} = \begin{bmatrix} r_a & 0 & 0 \\ 0 & r_b & 0 \\ 0 & 0 & r_c \end{bmatrix} \cdot \begin{bmatrix} i_a \\ i_b \\ i_c \end{bmatrix} + \begin{bmatrix} L_a & L_{ab} & L_{ac} \\ L_{ba} & L_b & L_{bc} \\ L_{ca} & L_{cb} & L_c \end{bmatrix} \cdot S \cdot \begin{bmatrix} i_a \\ i_b \\ i_c \end{bmatrix} + \begin{bmatrix} e_a \\ e_b \\ e_c \end{bmatrix} \qquad (8-35)$$

式中　u_a、u_b、u_c——分别为电动机的三相电压，V；

　　　e_a、e_b、e_c——分别为电动机定子绕组的电动势，V；

　　　i_a、i_b、i_c——分别为每相绕组的电流，A；

　　　L_a、L_b、L_c——分别为三相绕组的自感，H；

　　　L_{ab}、L_{ba}——分别为 A 相和 B 相绕组的互感，H，其余下标类推；

　　　r_a、r_b、r_c——分别为各相绕组的电阻，Ω，根据假设可取 $r_a = r_b = r_c = R$；

　　　$S = \mathrm{d}/\mathrm{d}t$。

　　由于转子是永磁的，故转子的影响可以忽略。近似认为绕组的互感和自感为常数，即 $L_a = L_b = L_c = L$ 和 $L_{ab} = L_{ba} = L_{ac} = L_{ca} = L_{cb} = L_{bc} = M$。

　　定子三相绕组为 Y 形连接且无中线，则 $i_a + i_b + i_c = 0$。

　　最终的电压方程为

$$\begin{bmatrix} u_a \\ u_b \\ u_c \end{bmatrix} = \begin{bmatrix} R & 0 & 0 \\ 0 & R & 0 \\ 0 & 0 & R \end{bmatrix} \cdot \begin{bmatrix} i_a \\ i_b \\ i_c \end{bmatrix} + \begin{bmatrix} L-M & 0 & 0 \\ 0 & L-M & 0 \\ 0 & 0 & L-M \end{bmatrix} \cdot S \cdot \begin{bmatrix} i_a \\ i_b \\ i_c \end{bmatrix} + \begin{bmatrix} e_a \\ e_b \\ e_c \end{bmatrix} \qquad (8-36)$$

电磁转矩方程为

$$T_e = [e_a i_a + e_b i_b + e_c i_c]/\omega \qquad (8-37)$$

永磁无刷直流电动机的电磁转矩方程与普通直流电动机相似,转矩的大小与电流及反电动势成正比,控制逆变器输出方波电流的大小即可控制无刷直流电动机的转矩。为了产生恒定的电磁转矩,要求绕组的电流为平顶宽度(120°方波),反电动势也为平顶宽度(120°梯形波),且在每半个周期内方波电流的持续时间为120°电角度,两者在相位上严格对应。定子在任何时刻只有两相导通,电磁功率为

$$P_e = e_a i_a + e_b i_b + e_c i_c = 2 E_S I_S \qquad (8-38)$$

电磁转矩方程为

$$T_e = P_e/\omega = 2 E_S I_S/\omega \qquad (8-39)$$

运动方程为

$$T_e - T_L - B\omega = J \frac{\mathrm{d}\omega}{\mathrm{d}t} \qquad (8-40)$$

式中　E_S——电枢相绕组的电势,V;

　　　　I_S——各相电流的稳态值,A;

　　　　T_e——电磁转矩,N·m;

　　　　T_L——负载转矩,N·m;

　　　　B——阻尼系数;

　　　　ω——电动机的机械角速度,r/s;

　　　　J——电动机的转动惯量,kg/m²。

采用二相导通Y形三相六状态无刷直流电动机,任一时刻有两相导通(电流相同)。假设换向点选取准确,不考虑电动机的换向转矩脉动。

如果忽略互感,则电动机的模型为

$$\left. \begin{aligned} Ri + L \frac{\mathrm{d}i}{\mathrm{d}t} + K_e \omega &= U \\ T_i - T_d &= J\beta \\ T_i &= K_T i \end{aligned} \right\} \qquad (8-41)$$

式中　R——导通两相的总电阻;

　　　　L——电感;

　　　　K_e——反电动势系数;

　　　　ω——转速;

　　　　U——导通两相两端的电压;

　　　　T_i——电磁力矩;

　　　　T_d——阻尼力矩;

J——转子加负载的转动惯量；

　　β——角加速度；

　　K_T——电磁力矩系数。

图 8-54 所示为由式(8-41)所得力矩电机的结构框图。

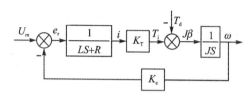

图 8-54　力矩电机结构框图

3. 旋转变压器的工作原理

　　旋转变压器是一种输出电压随转子转角变化的信号元件，具有高可靠性和高精度，在航天技术中应用广泛，主要用于坐标变换、三角运算和角度数据传输；也可以作为两相移相器用于角度-数字转换装置中。它的工作原理是当励磁绕组以一定频率的交流电压进行励磁时，输出绕组的电压幅值与转子的转角成正弦或余弦函数关系；或保持某一比例关系；或在一定的转角范围内与转角呈线性关系。其按输出电压与转子转角之间的函数关系分为三大类：

　　① 正-余弦旋转变压器。

　　输出电压与转子转角之间的函数关系呈正弦或余弦函数的关系。

　　② 线性旋转变压器。

　　输出电压与转子转角之间呈线性函数的关系。线性旋转变压器按转子的结构不同又分成隐极式和凸极式两种。

　　③ 比例式旋转变压器。

　　输出电压与转角之间呈比例关系。

　　正-余弦旋转变压器是按照电磁感应原理工作的元件，它的定子和转子上都有绕组，彼此同心安排、互相耦合。旋转变压器采用正交两相绕组，一次和二次极线圈都绕在定子上，转子由两组相差 90°的线圈构成，如图 8-55 所示。

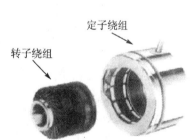

图 8-55　旋转变压器的结构

　　在各定子线圈中加上交流电压，交链磁通的变化在转子线圈中产生感应电压。感应电压和励磁电压之间相关联的耦合系数随着转子的转角改变。根据所测得的输出电压可以知道转子转角的大小。旋转变压器可以看成是由转角改变且耦合的两个变压器构成。转子绕组输出电压的幅值，与励磁电压的幅值成正比，对励磁电压的相位移等于转子的转动角度。检测出相位即可测量出角位移。

4. 框架伺服系统的非线性摩擦补偿

控制力矩陀螺框架伺服系统是一个低速运行的伺服系统,摩擦是影响框架低速性能的主要因素。在单向旋转时,摩擦使框架产生爬行现象;在速度换向时产生跟踪误差和速度的不连续。深入分析摩擦对框架伺服系统低速特性的影响并加以消除,对提高框架伺服系统的性能具有重要的促进作用。人们在 20 世纪 80 年代已经对摩擦进行了比较全面的研究;90 年代随着非线性理论研究的深入,对摩擦的研究更加深入。消除摩擦的影响主要有两种方法,一种是从机械设计和制造上减小摩擦;另一种是设计控制律以消除摩擦的影响,即摩擦补偿。

摩擦补偿的方法多种多样。随着控制理论的发展,近年来人们针对摩擦补偿问题提出了很多新的见解并取得了一定的成效。关于摩擦补偿的文献很多,根据所采用的补偿是否需要具体模型分为两大类,即基于模型的摩擦补偿和非模型的摩擦补偿。

(1) 基于模型的摩擦补偿

基于模型的摩擦补偿一般是选择合适的摩擦模型,根据相关信息计算出系统的摩擦力。在控制力矩中加入一个大小相等、方向相反的控制量与摩擦力矩相抵消。

工程中常用的摩擦模型有库仑摩擦模型、库仑＋粘滞摩擦模型、静摩擦＋库仑＋粘滞摩擦模型和 Stribeck 摩擦模型等,经典的摩擦模型不能反映出增加的摩擦力和摩擦记忆现象。为了更加全面地描述摩擦的动态特性,近年来出现了更加复杂的摩擦模型,如状态变量模型(state variable model)、鬃毛模型(bristle model)、集成模型(integrated friction model)及 Lugre 模型等,复杂的模型在工程中的实现比较困难。Armstrong 和 Caundas de Wit 对摩擦模型的建立、摩擦分析方法和补偿方法进行了概括。

通过系统的设计与仿真,可以大体得到所研究系统的摩擦模型,模型参数需要通过具体的实验确定。随着自适应控制理论的发展,自适应摩擦补偿方法成为研究的重点之一。Gilbart 最早提出了采用模型参考自适应控制补偿的库仑摩擦,通过选择 Lyapunov 函数消除一阶参考模型中的加速度项。有些学者提出了利用滑模自适应或改变暂态性能的模型参考自适应控制进行摩擦补偿,取得了一定的控制效果。Brandenburg 和 Schafer 采用基于 Lyapunov 函数的 MRAC 结构,利用速度估计设计了前向库仑摩擦补偿器,通过实验验证了算法的有效性。针对永磁直线电动机,TAN 利用传统的静态摩擦模型,提出了一种鲁棒自适应位置控制器,较好地考虑了电动机波动力矩的变化。

库仑摩擦是一个不连续的摩擦模型,在低速下不能简单地用库仑模型表示。为了得到更好的低速补偿效果,研究者采用其他摩擦模型如参数线性化的 Stribeck 模型等。Dahl 和 Bliman 利用状态变量摩擦模型,通过设计内部状态观测器实现了摩擦的补偿。Friedland 提出了基于 Lyapunov 的自适应摩擦补偿方法。在库仑摩擦模型补偿滑模控制的基础上,相关学者提出了基于模型参考自适应滑模控制的直线电动机速率环控制方案。Craig 等利用学习补偿控制方法提高了机器人及其他伺服系统的控制性能。

基于模型的补偿方法在实现时相对比较简单,不足之处是模型的选择及参数的确定很繁琐。由于摩擦力矩一般与速率有关,速率信号的检测也是一个重要因素。

(2)非模型的摩擦补偿

基于非模型的补偿方法很多,主要是将摩擦看作外部扰动,通过改变控制器的结构或调整控制器的参数来提高抗干扰能力。主要控制方法有以下几种。

1)基于 PD 或 PID 的摩擦补偿

高增益 PD 控制是最早采用的抑制摩擦非线性控制方法,它的微分项能增大系统的阻尼。摩擦的记忆特性在一定程度上可以改善系统的低速性能。对实际系统来说增益太大会引起系统的不稳定,因此该方法具有一定的局限性。B. Armstrong 研究了非线性 PID 控制策略,通过调整 PID 参数抑制摩擦的影响,积分项的引入从理论上可以消除系统的静态误差。在低速时摩擦的非线性特性会导致极限环的出现,在速度换向时使摩擦的影响更大。

2)信号抖动方法

该方法是在控制信号上叠加一个高频、小幅值的抖动信号,可以从一定程度上平滑系统在低速时的不连续性。L. Horowitz 研究了抖动信号的频率对补偿效果的影响,抖动信号的加入在一定程度上减小了摩擦的非线性,削弱了静摩擦的影响。这种方法不能满足高精度控制的要求。

3)脉冲控制方法

脉冲控制方法的基本原理是将一系列不同宽度的脉冲作为系统控制的输入信号,通过小脉宽、小幅值的脉冲克服静摩擦力。

4)力矩反馈控制

力矩反馈控制是通过在输出轴上安装力矩传感器,检测输出力矩并通过反馈来稳定输出力矩。它不依赖于摩擦模型,如果力矩传感器的带宽足够宽,就可以通过控制补偿摩擦力。

8.4　控制力矩陀螺在航天器上的应用

8.4.1　控制力矩陀螺的动力学基础

1. 陀螺近似原理

假设有一质量对称于轴的刚体,刚体绕此轴高速旋转。如果轴上至少有一点固定不动,则称这种刚体为陀螺。

如图 8-56 所示,设陀螺绕对称轴 Oz' 以角速度 ω 高速转动,其中 ω 为自转角速度。轴 Oz' 称为自转轴,它同时绕空间的一定轴 Oz 以角速度 ω_j 转动,其中 ω_j 称为进动角速度。Oz 轴 与 Oz' 轴之间的夹角为 θ。

陀螺的瞬时绝对角速度为

$$\omega_a = \omega + \omega_j \qquad (8-42)$$

将其投影到陀螺本体的坐标系,角速度为

$$\omega_a = \omega_{jx} + \omega_{jy} + (\omega_{jz} + \omega) \quad (8-43)$$

陀螺对 O 点的动量矩为

$$H_O = J_{x'}\omega_{jx'}i' + J_{y'}\omega_{jy'}j' + J_{z'}(\omega_{jz'} + \omega)k'$$
$$(8-44)$$

考虑到 $\omega_j \ll \omega$,如果忽略 ω_j 对动量矩的贡献,则

$$H_O \approx J_{z'}\omega k' \qquad (8-45)$$

当陀螺的自转角速度远大于进动角速度时,可以近似地认为刚体对固定点动量矩矢量的方向与自转角速度矢量的方向相同,即沿着

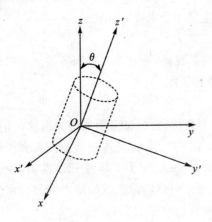

图 8-56　陀螺示意图

对称轴的方向。

由质点系动量矩定理得

$$\frac{dH_O}{dt} = T_O \qquad (8-46)$$

将动量矩 H_O 用矢量 $\overrightarrow{OA}$ 表示,则

$$\frac{dH_O}{dt} = v_A \qquad (8-47)$$

于是有

$$T_O = v_A \qquad (8-48)$$

式(8-48)说明,质点系对固定点动量矩矢量端点的速度,等于外力对固定点 O 的矩。

设陀螺的自转角速度 ω 为常量,则动量矩 H_O 的大小 $J_{z'}\omega$ 为常数。动量矩矢量端点 A 的速度为

$$v_A = \omega_j \times H_O \qquad (8-49)$$

以及

$$T_O = \omega_j \times J_{z'}\omega \qquad (8-50)$$

该力矩的施力物体将受到陀螺反作用力矩的作用,则

$$T_f = -T_O = -\omega_j \times J_{z'}\omega = J_{z'}\omega \times \omega_j \qquad (8-51)$$

式中,T_f 为陀螺力矩,它所产生的效应称为陀螺效应。只要自转轴被迫在空间改变方向,就会产生陀螺效应。框架控制力矩陀螺就是利用这一原理实现姿控力矩输出的。

2. 动量交换原理

空间系统在外力矩的作用下,系统动量矩 H 在惯性空间的变换率等于外力矩 M。M 包括干扰力矩 M_d 和控制力矩 M_c。

$$\frac{\mathrm{d}H}{\mathrm{d}t} = M_\mathrm{d} + M_\mathrm{c} \tag{8-52}$$

系统动量矩 H 包含航天器本体转动的动量矩 H_b 和内部动量装置的动量矩 H_c，即

$$H = H_\mathrm{b} + H_\mathrm{c} \tag{8-53}$$

式中，本体动量矩 H_b 的特性直接反映航天器的姿态定向或机动状态。

由式(8-51)可得动量矩受控方程为

$$H_\mathrm{b}(t) = H_\mathrm{b}(0) + H_\mathrm{c}(0) - H_\mathrm{c}(t) + \int_0^t M_\mathrm{d}\mathrm{d}t + \int_0^t M_\mathrm{c}\mathrm{d}t \tag{8-54}$$

动量矩 $H_\mathrm{c}(t)$ 体现了动量装置的控制作用。

假定物外控制力矩 $M_\mathrm{c} = 0$，令

$$H_\mathrm{c}(t) = \int_0^t M_\mathrm{d}\mathrm{d}t \tag{8-55}$$

则动量装置不断吸收干扰力矩赋予本体的动量矩，使本体角动量保持固定值 $H_\mathrm{b}(t) = H_\mathrm{b}(0) + H_\mathrm{c}(0)$，不受外力矩的影响。

如果令动量矩 $H_\mathrm{b}(t)$ 按给定的规律变化，则本体角动量 $H_\mathrm{b}(t)$（姿态运动状态）将按相应的规律变化。

8.4.2　单框架控制力矩陀螺系统构形设计及分析

1. 构形分析的主要指标

分析评价常见的 SGCMG 系统构形要有指标依据，常用判定构形设计是否合理的定量指标为效益指标。

定义1(构形效益)：在某一构形下的构形效益为 SGCMG 系统的动量包络上的最小角动量与陀螺群角动量的代数和之比，即

$$\gamma = \min_\xi \max_\delta \left[F(\delta)\,|_\xi \right] \frac{1}{nh}$$

式中　ξ——由动量体中心指向包络的方向；

　　　n——控制力矩陀螺 CMG(Control Momentum Gyro)的数量；

　　　$F(\delta)$——CMG 的动量值，它是各个 CMG 框架角度 δ 的函数。

动量包络的性质是根据 SGCMG 的构型，角动量包络关于原点 $H = 0$ 为对称，角动量区域是单连通的。

根据构型效益的指标，对 SGCMG 而言如果要达到最大动量效益，则 CMG 系统应由无限个 SGCMG 组成，框架轴沿球面均匀分布。最大构型效益可达

$$\gamma_{\max} = \frac{\pi}{4} = 0.785 \tag{8-56}$$

该指标没有考虑系统的奇异性和失效后的性能。为了综合考虑构形的优劣，引入构形分

析中的另外两个指标,即失效效益和可控效益。

定义 2(失效效益):在某一构型下的失效效益为 CMG 系统失效一个架控制力矩陀螺后,动量包络上的最小角动量与失效前陀螺群角动量的代数和之比,即

$$\lambda = \min_{\xi} \max_{\delta} [F'(\delta)|_{\xi}] \frac{1}{nh} \tag{8-57}$$

式中 n——失效前 CMG 的数量;

$F'(\delta)$——失效一个 CMG 后的动量值。

定义 3(可控效益):在系统动量空间中,不包括通过零运动不能够非奇异脱离的奇异点 σ_s 的最大角动量与陀螺群角动量的代数和之比,即

$$\chi = \min_{\xi} (h(\sigma_s | \xi) \frac{1}{nh} \tag{8-58}$$

式中 σ_s——奇异点。

定义 4(奇异点损失率):动量体构型效益与可控效益之差,即

$$\mu = \gamma - \chi \tag{8-59}$$

2. SGCMG 的构型

航天器姿态控制系统最基本的功能,是能够在空间三维任意方向输出大小合适的力矩。对控制力矩陀螺系统而言,力矩的大小取决于 CMG 的个数、设计加工及驱动电机的能力,与构型之间没有太大的关系。三维任意方向的输出能力要分情况讨论。SGCMG 的单个 CMG 不具备三维输出能力,它的结构决定了动量包络只是垂直于框架轴的一个圆,只能在垂直于框架轴的平面内输出力矩。必须有两个以上框架轴相互不平行安装的 SGCMG 组合,才具备在空间三维任意方向输出力矩的能力。常见的 SGCMG 构型是成对安装的形式,主要包括 4 个 SGCMG 的双平行构型和 6 个 SGCMG 的三平行构型。非成对对称安装形式主要是 4 个 SGC-MG 的金字塔构型、4 个 SGCMG 的四面体构型、5 个 SGCMG 的五面锥构型、5 个 SGCMG 的四棱锥构型和 6 个 SGCMG 的五棱锥构型等。

(1) 双平行构型

双平行构型共设置 4 个 SGCMG,安装方式如图 8-57 所示。

CMG 的框架轴两两平行,分别与星体轴 y_b 和 z_b 平行。框架沿初始位置转动的角度为 δ_1、δ_2、δ_3、δ_4,双平行构形的 SGCMG 系统总动量为

$$\bar{h} = h \begin{bmatrix} -\sin\delta_1 + \sin\delta_2 - \sin\delta_3 + \sin\delta_4 \\ \cos\delta_3 - \cos\delta_4 \\ -\cos\delta_1 + \cos\delta_2 \end{bmatrix} \tag{8-60}$$

(2) 三平行构型

三平行构型设置 6 个 SGCMG,安装方式如图 8-58 所示。

CMG 的框架轴两两平行,分别与星体轴 x_b、y_b、z_b 平行,框架沿初始位置转动的角度为

σ_1、σ_2、σ_3、σ_4、σ_5、σ_6，三平行构形的 SGCMG 系统总动量为

$$\bar{h} = h \begin{bmatrix} -\sin\sigma_1 + \sin\sigma_2 - \sin\sigma_3 + \sin\sigma_4 \\ \cos\sigma_3 - \cos\sigma_4 - \cos\sigma_5 + \cos\sigma_6 \\ -\cos\sigma_1 + \cos\sigma_2 - \sin\sigma_5 + \sin\sigma_6 \end{bmatrix} \tag{8-61}$$

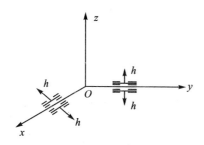
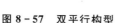

图 8-57　双平行构型

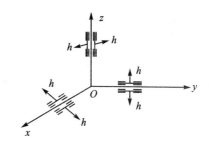

图 8-58　三平行构型

(3) 金字塔构型

金字塔构型设置 4 个 SGCMG，安装方式如图 8-59 所示。

4 个 CMG 框架轴垂直于金字塔的 4 个面，框架沿初始位置转动的角度为 σ_1、σ_2、σ_3、σ_4，金字塔构型的 SGCMG 系统总动量为

$$\bar{h} = h_0 \begin{bmatrix} -\cos\sigma_1 + \cos\beta\sin\sigma_2 + \cos\sigma_3 - \cos\beta\sin\sigma_4 \\ -\cos\sigma_1\cos\beta - \cos\sigma_2 + \sin\sigma_3\cos\beta + \cos\sigma_4 \\ -\sin\sigma_1\cos\beta + \sin\sigma_2\cos\beta - \sin\sigma_3\sin\beta + \sin\sigma_4\sin\beta \end{bmatrix} \tag{8-62}$$

(4) 四棱锥构型

四棱锥构型设置 5 个 SGCMG，安装方式如图 8-60 所示。

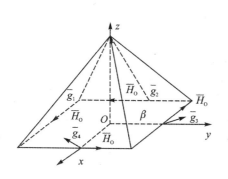

图 8-59　金字塔构型

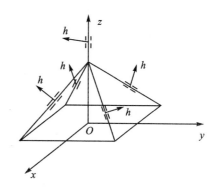

图 8-60　四棱锥构型

在金字塔构型中增加一个 SGCMG，它的框架轴平行于塔顶轴，与塔底面垂直。框架沿初

始位置转动的角度分别为 σ_1、σ_2、σ_3、σ_4、σ_5，四棱锥构型的 SGCMG 系统总动量为

$$\bar{h} = h_0 \begin{bmatrix} -\cos\sigma_1 + \cos\beta\sin\sigma_2 + \cos\sigma_3 - \cos\beta\sin\sigma_4 + \cos\sigma_5 \\ -\cos\sigma_1\cos\beta - \cos\sigma_2 + \sin\sigma_3\cos\beta + \cos\sigma_4 + \sin\sigma_5 \\ \sin\sigma_1\sin\beta + \sin\sigma_2\sin\beta + \sin\sigma_3\sin\beta + \sin\sigma_4\sin\beta \end{bmatrix} \tag{8-63}$$

$$\beta = 68.7°$$

(5) 五棱锥构型

五棱锥构型设置 6 个 SGCMG，安装方式如图 8-61 所示。

SGCMG 框架轴对称地分布在张角为 63.4° 的锥体上，第 6 个 SGCMG 的框架轴平行于锥体轴。任一对 SGCMG 之间的夹角为 63.4°，框架沿初始位置转动的角度分别为 σ_1、σ_2、σ_3、σ_4、σ_5、σ_6。

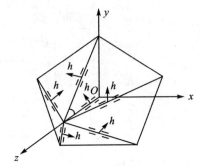

图 8-61 五棱锥构型

8.4.3 各种指标分析

分析构形主要考虑的性能指标，需要求解动量包络上的最小角动量和通过零运动不能非奇异脱离的奇异点的最小角动量。奇异面是各种奇异点（饱和奇异点和通过零运动不能够非奇异脱离的奇异点）组成的三维曲面，综合考虑角动量包络的效率，结合奇异面的复杂程度确定优化的构形，根据奇异面确定出最小角动量。奇异面的求取主要有解析法和数值法两种方法，其中解析法通过 rank $J < 3$ 确定，J 的各三阶余子式皆为零，J 为总动量 $\bar{h}$ 的雅克比矩阵。由此可以得到在框架角空间中使系统奇异的框架角组合，并建立角动量空间中奇异面的表达式。数值法一般是对应给定的任意方向，得到 2^n 个奇点角动量的 h' 值。当系统取遍整个单位球时，所得到的 h' 就组成了角动量空间的奇异面，这种方法适合于计算机分析。采用解析法和数值法相结合的方式对系统进行分析，结果如表 8-7 所列。

表 8-7 构型的效益指标和失效效益

安装构型	构型效益/%	失效效益/%	可控效益/%	奇点损失率/%
双平行构型	50	25	0	50
金字塔构型	64	41	28	45
四棱锥构型	69	50	35	38
三平行构型	67	50	33	33
五棱锥构型	73	59	71	3

8.4.4　单框架控制力矩陀螺系统的控制律

1. 单框架控制力矩陀螺群的力矩方程

敏感器测出航天器的姿态角和角速率偏差后,经过姿态控制律解算,形成姿态控制所需的控制力矩指令。将该指令输入姿态控制执行机构,产生控制力矩作用于星体,进行姿态控制,如图 8 - 62 所示。

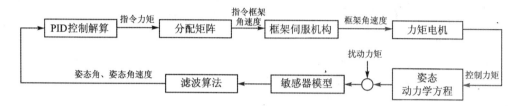

图 8 - 62　基于 CMG 的姿态控制原理

卫星姿态控制执行机构的构型个数往往大于 3。由于控制量的维数大于控制自由度,控制的解不是唯一的。需要合理地进行陀螺控制律的设计,根据控制指令力矩合理分配每一个 CMG 的框架角速度,使陀螺群既能够准确地提供所需的控制力矩,又能够尽量避免产生奇异。SGCMG 动量轮以正交的方式安装在单轴框架上,框架轴与动量轴垂直,框架相对基座可以转动,提供一个控制自由度。

定义两个坐标系,如图 8 - 63 所示。

(1) 框架坐标系 $Ox_g y_g z_g$

x_g 沿框架轴,z_g 沿角动量轴,y_g 与 x_g 和 z_g 构成右手坐标系,为输出力矩轴的相反方向。

(2) CMG 基座坐标系 $Ox_s y_s z_s$

当框架角 δ 为零时,它与框架坐标系相重合,不随框架的运动而运动。

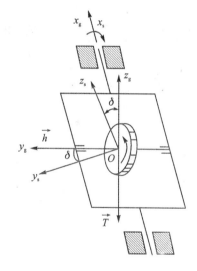

图 8 - 63　坐标系定义

在陀螺基座坐标系中,第 i 个 CMG 的角动量及其变化率分别为

$$\{h_i\}_s = \begin{bmatrix} 0 \\ h\cos\delta \\ h\sin\delta \end{bmatrix} \quad 和 \quad \{\dot{h}_i\}_s = \begin{bmatrix} 0 \\ -\dot{\delta}h\sin\delta \\ \dot{\delta}h\cos\delta \end{bmatrix}$$

其中,下标 s 表示在基座坐标系中的描述。

在星体坐标系 $Ox_\text{b}y_\text{b}z_\text{b}$ 中,陀螺群的动量矩为

$$\{H\}_\text{b} = \sum_{i=1}^{n} [A_{\text{b}i}]\{h_i\}_\text{s} \tag{8-64}$$

式中,$[A_{\text{b}i}]$——由陀螺 i 的基座坐标系到星体坐标系的坐标转换矩阵,由陀螺群的构型和陀螺框架轴的方向布置确定,是一个常值矩阵。

陀螺 i 的动量矩在星体坐标系中可以表示为

$$\{h_i\}_\text{b} = [A_{\text{b}i}]\{h_i\}_\text{s} = h_i \begin{bmatrix} a_{1i}\sin\delta_i + b_{1i}\cos\delta_i \\ a_{2i}\sin\delta_i + b_{2i}\cos\delta_i \\ a_{3i}\sin\delta_i + b_{3i}\cos\delta_i \end{bmatrix} \tag{8-65}$$

式中 a_{ji}、b_{ji}——分别为坐标转换矩阵$[A_{\text{b}i}]$中相对应的各项元素,为常值。

陀螺群的动量矩在星体坐标系中可以写成

$$\{H\}_\text{b} = \sum_{i=1}^{n} h_i \begin{bmatrix} a_{1i}\sin\delta_i + b_{1i}\cos\delta_i \\ a_{2i}\sin\delta_i + b_{2i}\cos\delta_i \\ a_{3i}\sin\delta_i + b_{3i}\cos\delta_i \end{bmatrix} \tag{8-66}$$

根据动量矩定理,陀螺群的输出力矩为

$$\vec{T}_\text{b} = -\frac{\text{d}\vec{H}}{\text{d}t} = -(\dot{\vec{H}} + \vec{\omega} \times \vec{H}) \tag{8-67}$$

式中 下标 b——在星体坐标系中对时间求导;

$\vec{\omega}$——星体角速度。

记 $\vec{T}_\text{m} = -\dot{\vec{H}}$,$\vec{T}_\text{o} = -\vec{\omega} \times \vec{H}$,$\vec{T}_\text{m}$ 为陀螺的控制力矩,$\vec{T}_\text{o}$ 为星体本体转动引起的陀螺耦合力矩。这里主要讨论控制力矩 $\vec{T}_\text{m}$。

$$\{T_\text{m}\}_\text{b} = -\{\dot{H}\}_\text{b} = \sum_{i}^{n} h_i\dot{\delta}_i \begin{bmatrix} a_{1i}\cos\delta_i - b_{1i}\sin\delta_i \\ a_{2i}\cos\delta_i - b_{2i}\sin\delta_i \\ a_{3i}\cos\delta_i - b_{3i}\sin\delta_i \end{bmatrix} \tag{8-68}$$

各 CMG 的动量矩一般是相等的,即 $h_1 = h_2 = \cdots = h_n = h$。记

$$\{C_i(\delta_i)\} = \begin{bmatrix} a_{1i}\cos\delta_i - b_{1i}\sin\delta_i \\ a_{2i}\cos\delta_i - b_{2i}\sin\delta_i \\ a_{3i}\cos\delta_i - b_{3i}\sin\delta_i \end{bmatrix} \tag{8-69}$$

则

$$\frac{\{T_\text{m}\}_\text{b}}{h} = -[C(\{\delta\})]\{\dot{\delta}\} \tag{8-70}$$

式中 $[C(\{\delta\})]$——$3 \times n$ 的矩阵,$[C(\{\delta\})] = [\{C_1(\delta_1)\} \quad \{C_2(\delta_2)\} \quad \cdots \quad \{C_n(\delta_n)\}]$;

$\{\dot{\delta}\} = [\dot{\delta}_1 \quad \dot{\delta}_2 \quad \cdots \quad \dot{\delta}_n]^\text{T}$——$n \times 1$ 的列阵。

若记

$$[A] = \begin{bmatrix} a_{11} & \cdots & a_{1n} \\ a_{21} & \cdots & a_{2n} \\ a_{31} & \cdots & a_{3n} \end{bmatrix}^{T}, \qquad [B] = \begin{bmatrix} b_{11} & \cdots & b_{1n} \\ b_{21} & \cdots & b_{2n} \\ b_{31} & \cdots & b_{3n} \end{bmatrix}^{T}$$

$$[\sin\{\delta\}] = \mathrm{diag}\{\sin\delta_1 \quad \sin\delta_2 \quad \cdots \quad \sin\delta_n\}, \quad [\cos\{\delta\}] = \mathrm{diag}\{\cos\delta_1 \quad \cos\delta_2 \quad \cdots \quad \cos\delta_n\}$$

则 $[C(\{\delta\})]$ 可写为

$$[C(\{\delta\})] = [A][\cos\{\delta\}] - [B][\sin\{\delta\}] \qquad (8-71)$$

式(8-71)即为 SGCMG 群的力矩方程。

可以看出,列阵 $\{C_i(\delta_i)\}$ 为第 i 个 CMG 在星体坐标系中输出的控制力矩方向的单位矢量。当 $[C]$ 中的列矢量 $\{C_1\}$,$\{C_2\}$,$\cdots$,$\{C_n\}$ 相互平行时,陀螺群不能在与各列矢量 $\{C_1\}$,$\{C_2\}$,$\cdots$,$\{C_n\}$ 正交的方向输出力矩;或者当阵 $[C]$ 中的列矢量位于同一个平面内时,陀螺群也不能在垂直此平面的方向输出力矩,陀螺群将失去三维控制能力,陷入奇异状态。根据力矩矩阵 $[C]$ 的几何特性,框架构型奇异相应于列阵 $[C]$ 的秩小于 3,即 $\mathrm{rank}([C]) < 3$,或者行列式 $\det([C][C]^{T}) = 0$。

定义一个陀螺群构型奇异的量度

$$D = \det([C][C]^{T}) \qquad (8-72)$$

可以证明,仅在所有奇点处 $D=0$,对于其他任意框架角的组合 D 恒为正值。在实际控制中可以根据 D 值实时地对框架的构型进行评估,看是否处于或靠近奇异状态。

8.4.5　单框架控制力矩陀螺的控制律

控制律是陀螺群动力学的逆问题,就是根据陀螺框架转角的情况,合理地分配各框架的转速指令,使陀螺群的输出力矩与控制系统要求的指令控制力矩相等。由于控制量的维数一般大于控制自由度,故控制律的解不是唯一的。在寻求控制律的过程中,一个重要的问题是奇异状态的有效避免问题。

采用常用的带空转指令鲁棒伪逆解,将陀螺群的力矩方程重写为

$$\frac{\{T_m\}_b}{h} = -[C(\{\delta\})]\{\delta\} \qquad (8-73)$$

提出优化指标

$$\min: Q = \frac{1}{2}\{\dot{\delta}\}^{T}\{\dot{\delta}\} \qquad (8-74)$$

式(8-73)的力矩方程相当于约束条件。

为了求得满足式(8-73)和式(8-74)中 $\{\dot{\delta}\}$ 的解,引入乘子 $\{\lambda\}$。将具有等式约束的最优问题化为指标函数的极值问题:

$$J(\{\dot{\delta}\}) = \frac{1}{2}\{\dot{\delta}\}^{T}\{\dot{\delta}\} + \{\lambda\}^{T}\left[\frac{\{T_m\}_b}{h} + [C(\{\delta\})]\{\dot{\delta}\}\right] \qquad (8-75)$$

对指标函数求取偏导数,可分别得

$$\frac{\partial J(\{\dot{\delta}\})}{\partial\{\dot{\delta}\}} = \{\dot{\delta}\} + [C(\{\delta\})]^{T}\{\lambda\} = 0 \qquad (8-76)$$

$$\frac{\partial J(\{\dot{\delta}\})}{\partial\{\lambda\}} = \frac{\{T_{m}\}_{b}}{h} + [C(\{\delta\})]\{\lambda\} = 0 \qquad (8-77)$$

从式(8-76)和式(8-77)中消去乘子$\{\lambda\}$,得到满足力矩方程的最优解

$$\{\dot{\delta}\} = -[C(\{\delta\})]^{T}([C(\{\delta\})][C(\{\delta\})]^{T})^{-1}\frac{\{T_{m}\}_{b}}{h} \qquad (8-78)$$

显然,式(8-78)的解是伪逆解。当行列式 $\det([C(\{\delta\})][C(\{\delta\})]^{T})=0$ 时,亦即陀螺群框架陷入奇异时,伪逆解不存在,需要在控制过程中预防框架进入奇异姿态。一种有效的方法是利用框架构型的奇异量度 $D=\det([C][C]^{T})$ 中实时评估构型的品质,作为限制条件不断将框架进行再构型,以避免进入奇异状态。在陀螺群的控制律即框架转速指令中引入再构型指令,再构型指令应不引起附加的陀螺力矩。这种框架构型的调整称为空转,再构型指令称为空转指令或空转控制。空转指令可由力矩方程(8-73)的齐次部分得出,力矩方程的解由两部分组成:

$$\{\dot{\delta}\} = \{\dot{\delta}_{T}\} + \{\dot{\delta}_{N}\} \qquad (8-79)$$

式中　$\{\dot{\delta}_{T}\}$——有控制力矩输出的转速指令;

$\{\dot{\delta}_{N}\}$——空转指令。

$\{\dot{\delta}_{T}\}$ 和 $\{\dot{\delta}_{N}\}$ 分别满足方程:

$$\left. \begin{array}{c} -[C]\{\dot{\delta}_{T}\} = \{T_{m}\}_{b}/h \\ [C]\{\dot{\delta}_{N}\} = 0 \end{array} \right\} \qquad (8-80)$$

式(8-80)中的第一式有伪逆解式(8-78);由广义逆定理可知第二式有解,并且为

$$\{\dot{\delta}_{N}\} = \alpha([E] - [C]^{T}([C][C]^{T})^{-1}[C])\{u\} \qquad (8-81)$$

式中　α——待定标量系数;

$\{u\}$——待定 n 维矢量;

$[E]$——$n\times n$ 的单位阵。

式(8-81)即为空转指令。

将式(8-81)代入式(8-80)得

$$[C]\{\dot{\delta}_{N}\} = \alpha[C]([E] - [C]^{T}([C][C]^{T})^{-1}[C])\{u\} = 0 \qquad (8-82)$$

这样就验证了空转的性质。

下面讨论如何选取 α 和 $\{u\}$,使奇异量度 $D=\det([C][C]^{T})$ 的增值为正,有效地避免奇异。

D 随时间的变化为

$$\dot{D} = \left(\frac{\partial D}{\partial\{\delta\}}\right)^{\mathrm{T}}\{\dot{\delta}\} = \left(\frac{\partial D}{\partial\{\delta\}}\right)^{\mathrm{T}}\{\dot{\delta}_{\mathrm{T}}\} + \left(\frac{\partial D}{\partial\{\delta\}}\right)^{\mathrm{T}}\{\dot{\delta}_{\mathrm{N}}\} \qquad (8-83)$$

式中，$\left(\dfrac{\partial D}{\partial\{\delta\}}\right)^{\mathrm{T}} = \left(\dfrac{\partial D}{\partial\delta_1}\quad\dfrac{\partial D}{\partial\delta_2}\quad\cdots\quad\dfrac{\partial D}{\partial\delta_n}\right)$。

式(8-83)右端第一项必须满足力矩方程，空转控制只能影响第二项。

记

$$R = \left(\frac{\partial D}{\partial\{\delta\}}\right)^{\mathrm{T}}\{\dot{\delta}_{\mathrm{N}}\} \qquad (8-84)$$

表征空转过程中构型脱离奇异状态的速度。若使 D 的增值为正，则该项应取最大值。

将式(8-81)代入式(8-84)得

$$R = \alpha\left(\frac{\partial D}{\partial\{\delta\}}\right)^{\mathrm{T}}([E] - [C]^{\mathrm{T}}([C][C]^{\mathrm{T}})^{-1}[C])\{u\} \qquad (8-85)$$

记 $\{V\}^{\mathrm{T}} = \left(\dfrac{\partial D}{\partial\{\delta\}}\right)^{\mathrm{T}}([E] - [C]^{\mathrm{T}}([C][C]^{\mathrm{T}})^{-1}[C])$，则

$$R = \alpha\vec{V}\cdot\vec{u} \qquad (8-86)$$

式中　· ——点乘。

要使 R 最大，则矢量 $\vec{V}$ 和 $\vec{u}$ 应该平行。不妨取

$$\{u\} = \{V\} = ([E] - [C]^{\mathrm{T}}([C][C]^{\mathrm{T}})^{-1}[C])\frac{\partial D}{\partial\{\delta\}} \qquad (8-87)$$

将式(8-87)代入式(8-81)得到空转指令为

$$\{\dot{\delta}_{\mathrm{N}}\} = \alpha([E] - [C]^{\mathrm{T}}([C][C]^{\mathrm{T}})^{-1}[C])\frac{\partial D}{\partial\{\delta\}} \qquad (8-88)$$

标量参数 α 与再构型的反应快慢有关，它的选取要从系统的总体需求考虑。

综上所述，SGCMG 群的控制律可以归纳为

$$\{\dot{\delta}\} = \{\dot{\delta}_{\mathrm{T}}\} + \{\dot{\delta}_{\mathrm{N}}\} = [C]^{\mathrm{T}}([C][C]^{\mathrm{T}})^{-1}\frac{\{T_{\mathrm{m}}\}_{\mathrm{b}}}{h} + $$

$$\alpha([E] - [C]^{\mathrm{T}}([C][C]^{\mathrm{T}})^{-1}[C])\frac{\partial D}{\partial\{\delta\}} \qquad (8-89)$$

下面讨论梯度矢量 $\dfrac{\partial D}{\partial\{\delta\}}$ 的表达式。

$$D = \det([C][C]^{\mathrm{T}}) \qquad (8-90)$$

$$\frac{\partial D}{\partial\{\delta\}} = \left(\frac{\partial D}{\partial\delta_1}\quad\frac{\partial D}{\partial\delta_2}\quad\cdots\quad\frac{\partial D}{\partial\delta_n}\right)^{\mathrm{T}} \qquad (8-91)$$

令 $[C][C]^{\mathrm{T}}$ 的元素为 e_{mk}，对 δ_i 的偏导数为 $e'_{mki}(m=1,2,3;k=1,2,3;i=1,2,\cdots,n)$，则梯度矢量的各分量为

$$\frac{\partial D}{\partial \delta_i} = \frac{\partial}{\partial \delta_i} \begin{vmatrix} e_{11} & e_{12} & e_{13} \\ e_{21} & e_{22} & e_{23} \\ e_{31} & e_{32} & e_{33} \end{vmatrix} = \begin{vmatrix} e'_{11i} & e'_{12i} & e'_{13i} \\ e_{21} & e_{22} & e_{23} \\ e_{31} & e_{32} & e_{33} \end{vmatrix} + \begin{vmatrix} e_{11} & e_{12} & e_{13} \\ e'_{21i} & e'_{22i} & e'_{23i} \\ e_{31} & e_{32} & e_{33} \end{vmatrix} + \begin{vmatrix} e_{11} & e_{12} & e_{13} \\ e_{21} & e_{22} & e_{23} \\ e'_{31i} & e'_{32i} & e'_{33i} \end{vmatrix}$$
$$(8-92)$$

由于 $[C][C]^{\mathrm{T}}$ 为对称矩阵,故

$$e_{mk} = e_{km}, \qquad e'_{mki} = e'_{kmi} \qquad (8-93)$$

因此

$$\frac{\partial D}{\partial \delta_i} = e'_{11i}(e_{22}e_{33} - e_{23}^2) + e'_{22i}(e_{11}e_{33} - e_{13}^2) + e'_{33i}(e_{11}e_{22} - e_{12}^2) +$$
$$2e'_{12i}(e_{13}e_{23} - e_{12}e_{33}) + 2e'_{13i}(e_{12}e_{23} - e_{13}e_{22}) + 2e'_{23i}(e_{12}e_{13} - e_{11}e_{23}) \qquad (8-94)$$

由式(8-93)容易求得元素 e'_{mki} 的计算公式为

$$e'_{mki} = \frac{\partial([C][C]^{\mathrm{T}})}{\partial \delta_i} = \frac{\partial[C]}{\partial \delta_i}[C]^{\mathrm{T}} + [C]\frac{\partial[C]^{\mathrm{T}}}{\partial \delta_i} \qquad (8-95)$$

将式(8-71)代入式(8-92)得

$$\frac{\partial([C][C]^{\mathrm{T}})}{\partial \delta_i} = \boldsymbol{\eta} + \boldsymbol{\eta}^{\mathrm{T}} \qquad (8-96)$$

式中

$$\boldsymbol{\eta} = -\sin \delta_i \cos \delta_i \begin{bmatrix} \alpha_{1i}^2 & \alpha_{1i}\alpha_{2i} & \alpha_{1i}\alpha_{3i} \\ \alpha_{1i}\alpha_{2i} & \alpha_{2i}^2 & \alpha_{2i}\alpha_{3i} \\ \alpha_{1i}\alpha_{3i} & \alpha_{2i}\alpha_{3i} & \alpha_{3i}^2 \end{bmatrix} + \sin^2 \delta_i \begin{bmatrix} \alpha_{1i}b_{1i} & \alpha_{1i}b_{2i} & \alpha_{1i}b_{3i} \\ \alpha_{2i}b_{1i} & \alpha_{2i}b_{2i} & \alpha_{2i}b_{3i} \\ \alpha_{3i}b_{1i} & \alpha_{3i}b_{2i} & \alpha_{2i}b_{3i} \end{bmatrix} -$$

$$\cos^2 \delta_i \begin{bmatrix} b_{1i}\alpha_{1i} & \alpha_{2i}b_{1i} & b_{1i}\alpha_{3i} \\ b_{2i}\alpha_{1i} & b_{2i}\alpha_{2i} & b_{2i}\alpha_{3i} \\ b_{3i}\alpha_{1i} & b_{3i}\alpha_{2i} & b_{3i}\alpha_{3i} \end{bmatrix} + \sin \delta_i \cos \delta_i \begin{bmatrix} b_{1i}^2 & b_{1i}b_{2i} & b_{1i}b_{3i} \\ b_{1i}b_{2i} & b_{2i}^2 & b_{2i}b_{3i} \\ b_{1i}b_{3i} & b_{2i}b_{3i} & b_{3i}^2 \end{bmatrix}$$

经化简和整理后得

$$\frac{\partial([C][C]^{\mathrm{T}})}{\partial \delta_i} = 2\sin \delta_i \cos \delta_i (\{B\}_i\{B\}_i^{\mathrm{T}} - \{A\}_i\{A\}_i^{\mathrm{T}}) +$$
$$(\sin^2 \delta_i - \cos^2 \delta_i)(\{A\}_i\{B\}_i^{\mathrm{T}} + \{B\}_i\{A\}_i^{\mathrm{T}}) \qquad (8-97)$$

式中 $\{A\}_i$ 和 $\{B\}_i$ ——分别为矩阵$[A]$和$[B]$的第 i 列。

通过式(8-91)和式(8-95)可以计算出梯度矢量 $\dfrac{\partial D}{\partial \delta_i}$。

最后讨论陀螺控制律式(8-88)中标量参数 α 的选取问题。标量参数 α 与再构型的反应快慢有关,α 的取值越大,框架脱离奇异的速度越快。从这个意义来看,α 应尽量取得大一些。陀螺框架转动角速度有上限,α 取得太大会使框架的角速度增大,能量消耗加快甚至达到上限,超出伺服机构的能力范围。可以这样考虑 α 的选取,当 D 大于某个值的时候,认为框架构型远离奇异,不需要进行框架的再构型,α 可以取为零;当 D 小于该值时,α 不取为零。显然 D

的值越小,α 应取得越大,以尽快脱离奇异。

习　　题

1. 简述卫星为什么需要进行姿态控制。
2. 用图示说明主动控制系统的组成及各部分功能。
3. 请绘图说明控制力矩陀螺工作的基本概念、组成和工作原理。
4. 简述磁悬浮轴承与机械滚珠轴承相比的优点。
5. 用图说明主动磁轴承的组成及其工作原理。
6. 如图 8.1 所示,每个磁铁有 2 个磁极以夹角 α 作用于转子,n 为线圈匝数,A 为铁芯横截面积(不考虑铁芯饱和及功放饱和),s_0 为平衡位置气隙。一个磁铁以偏置电流 i_0 与控制电流 i_x 之和激磁;另一个则利用二者之差 $(i_0 - i_x)$ 激磁,气隙则以 $s_0 + x$ 和 $s_0 - x$ 带入,根据差动激磁方式的电磁铁示意图推导其线性化方程。

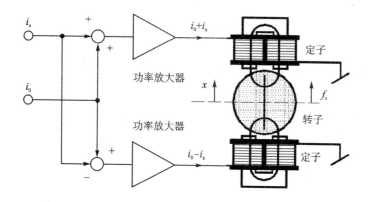

图 8.1　磁铁作用于转子

7. 决定非接触位移传感器的主要参数有哪些? 请列出四种非接触位移传感器。
8. 简述磁轴承系统保护轴承的种类及优缺点。

习题及参考答案

第1章

1. 仪器科学的概念是什么？

答案：

仪器科学就是专门研究、开发、制造、应用各类仪器，使人类的感觉、思维和体能器官得以延伸的科学。人们可以通过使用科学仪器获得更强的感知和操作工具的能力，以最佳或接近最佳的方式发展生产力、进行科学研究、预防和诊断疾病以及从事各种社会活动。

2. 仪器科学的学科属性体现在哪几个方面？

答案：

① 仪器技术处于信息技术中的源头；

② 仪器科学与技术属于信息技术领域；

③ 仪器技术是现代科技中的前沿技术；

④ 仪器产业是国民经济发展中的瓶颈产业。

3. 精密仪器由哪几部分组成？

答案：

精密仪器主要由基准部件（标准器）、感受转换部件（传感器）、转换放大部件、瞄准部件、数据处理部件、显示部件以及将它们连接起来的特定部件所组成。

4. 简单介绍航空航天精密仪器的研究现状与发展趋势。

答案：

航空航天精密仪器的研究现状主要包括惯性导航仪器的研究现状、机载电子综合显示仪器的研究现状、航空电子系统的研究现状、航空火力控制仪器的研究现状、雷达的研究现状和飞行数据记录器的研究现状。

航空航天精密仪器的发展趋势是，精密仪器正朝着微型化、功能多样化、人工智能化、网络化和虚拟化的方向发展。

5. 精密仪器设计的基本要求有哪些？

答案：

① 对设计的要求；② 对结构的要求；③ 对尺寸的要求。

6. 精密仪器设计的程序步骤有哪些？

答案：

① 确定设计任务。

② 调研同类产品。

③ 制定设计任务书。

④ 总体方案设计。

⑤ 技术设计。

⑥ 样机制造与技术鉴定。

⑦ 批量投产。

第2章

1. 精密仪器的设计原理有哪些?

答案:

精密仪器的设计原理主要包括:平均读数原理、位移量同步比较原理、补偿原理、零位测量原理及差动测量原理。

2. 什么是优化设计? 优化设计的方法有哪些?

答案:

优化设计是将优化技术应用于仪器的设计过程中,以便获得比较合理的精密仪器设计参数。

优化设计方法分为直接法和求导法两种。其中直接法是直接计算系统的函数值或比较函数值并作为迭代收敛的基础;求导法则是以多变量函数的极值理论为依据,利用函数性态作为迭代收敛的基础。

3. 在精密仪器设计中,温度影响仪器的精度,那么如何减小温度带来的影响呢?

答案:

(1) 温度的控制:① 控制室温;② 等温处理。

(2) 线膨胀系数的控制:① 合理选择材料的线膨胀系数;② 线膨胀系数的测量。

在仪器设计的过程中,适当地选择各部分的材料和结构参数,同样有助于减小热变形造成的误差。

4. 仪器受力变形影响测量精度主要有哪两种情况?

答案:

受力变形影响仪器的测量精度主要有两种情况:

① 作用力的大小、方向、位置以及内应力的变化所引起仪器的变形量是变化的,这时引起的力变形误差一般具有随机误差的性质。

② 仪器受力后的变形量基本保持不变,可能没有引起力变形误差;或者引起的力变形误差具有系统误差的性质。

5. 精密仪器设计的基本原则有哪些?

答案:

阿贝原则、测量链最短原则、封闭原则、基面统一原则、经济原则、运动学原则、粗精分离原则和价值系数最优原则。

6. 什么是阿贝原则?

答案:

为使仪器能够给出正确的测量结果,必须将仪器读数的刻线尺安放在被测尺寸线的延长线上。也就是说,仪器中被测零件的尺寸线和作为读数用的基准线(如线纹尺)应顺次排列成一条直线。

第 3 章

1. 误差的定义及表示方法分别是什么?

答案:

误差就是测得值与被测量的真实值之间的差异。

误差的表示方法主要有绝对误差、相对误差和引用误差三种:

① 绝对误差:被测量的测得值与真实值之差就是绝对误差。

② 相对误差:被测量的绝对误差与被测量的真实值之间的比值称为相对误差。

③ 引用误差:绝对误差与仪器的满刻度值之间的比值。

2. 测量不确定度的评定方法有哪些?

答案:

① A 类评定:由观测列的统计分析所做的不确定度评定,一般是通过一系列的测得值计算测量数据的分散性,用标准差定量地予以表征。

② B 类评定:由不同于观测列的统计分析所做的不确定度评定。

3. 仪器误差的主要来源有哪些?

答案:

仪器误差主要来源于原理误差、制造误差和运行误差三种。

4. 有哪些因素可能引起运行误差?

答案:

① 自重变形引起的误差;

② 应力变形引起的误差;

③ 接触变形引起的误差;

④ 摩擦磨损引起的误差;

⑤ 间隙引起的误差;

⑥ 温度引起的误差;

⑦ 振动引起的误差。

5. 仪器误差的合成方法分为哪几类？

答案：

对于不同种类的误差,要采用不同的误差合成方法。具体如下：

① 随机误差采用方差运算规则进行合成；

② 已定系统误差采用代数和法进行合成；

③ 未定系统误差,可以采用绝对和法与方和根法进行合成。

6. 仪器误差溯源的常用方法有哪些？

答案：

① 微分法；

② 几何法；

③ 投影法；

④ 瞬时臂法。

7. 仪器的精度设计能够解决哪些问题？

答案：

① 在设计精密仪器的过程中,或者在新产品制造之前,预先估计可能达到的精度指标,避免设计工作的盲目性,防止造成不必要的损失。

② 在设计与研制新产品的过程中,在几种可能的设计方案中,通过精度设计可以从精度的观点进行比较,以便给出最佳的设计方案。

③ 在产品的改进设计中,通过对产品的总误差进行分析,找出影响精度和可靠性的主要因素,提出相应的改进措施,以便提高产品的质量。

④ 在精密测量或科学实验中,根据技术要求和实验条件,通过合理的精度设计,选择最优的测量或实验方案,确定测量装置和相应的实验条件,使测量方法或实验水平达到最佳的状态。

⑤ 在进行新仪器的产品鉴定时,合理地制定鉴定大纲,通过实际测试得到产品的综合技术参数与相应的精度指标。

8. 仪器误差分配的主要依据有哪些？

答案：

仪器误差分配的主要依据是：

① 仪器的精度指标和技术条件；

② 仪器的工作原理；

③ 仪器生产厂家的加工、装配、检验等技术水平；

④ 使用仪器产品所要求具备的环境条件；

⑤ 国家或部门制定的有关技术标准或规范。

第 4 章

1. 支承件的主要技术要求是什么?

答案:

支承件设计的主要技术要求如下。

（1）刚　性

支承件主要受自身重力及其他部件、被测件重力的作用。支承件要确保受力后的弹性变形在允许的范围内,就必须具有足够高的刚度。如果设计的部件刚度不足,那么造成的几何和位置偏差可能会大于制造误差。刚度不仅影响精度,而且与自振频率有直接关系,对动态性能的改善有着重要意义。

（2）抗振性

支承件的抗振性是指其抵抗受迫振动的能力。当基座受到振源的影响而产生振动时,除了使仪器整机振动、摇晃外,各主要相关部件、部件相互之间还可能产生弯曲或扭转振动。当振源频率与构件的固有频率重合或为其整倍数时将产生共振,可能使仪器不能正常工作、降低使用精度或缩短使用寿命。

（3）稳定性

支承件的不稳定性主要由内应力引起。由于基座与支承件的结构比较复杂,在浇铸时各处冷却的速度不均匀,很容易产生内应力。因此,需要对基座和支承件进行时效处理,以消除内应力,提高稳定性。

（4）热变形

几乎所有材料的尺寸都会随着温度的变化而发生变化。由于整机和各个部件的尺寸、形状、结构不同,因此达到热平衡的时间长短各异。构件热膨胀的速度与热容量的大小有关。支承件受热后的变形将造成很大的误差,严重地影响仪器的精度。

2. 提高支承件抗振性应采取什么措施?

答案:

提高支承件抗振性的主要措施如下。

（1）提高静刚度

合理地设计构件的截面形状和尺寸,合理地布置筋板或隔板可以提高静刚度和固有频率,避免产生共振。

（2）增加阻尼

增加阻尼对提高刚度有很大的作用,通常液体动压或静压导轨、气体静压导轨的阻尼比滚动导轨的阻尼大。

（3）减轻质量

在不降低构件刚度的前提下减轻质量,可以提高固有频率。

（4）隔振措施

采取隔振措施，以减小外界振源对仪器正常工作的影响。

3. 导轨的基本设计要求是什么？

答案：

在精密仪器中对导轨的基本要求是：导向精度高，刚度大，耐磨性好，运动灵活性与平稳性好，温度适应性好，结构简单，工艺性好。

4. 试分析滑动摩擦导轨、滚动摩擦导轨、液体静压导轨、气体静压导轨各自的特点。

答案：

在精密仪器中，按摩擦性质的不同可以把导轨分为滑动摩擦导轨、滚动摩擦导轨、弹性摩擦导轨和流体摩擦导轨。

① 滑动导轨是由支承件和运动件直接接触的导轨。其优点是结构简单，制造容易，接触刚度大；缺点则是摩擦阻力大，磨损快，动静摩擦系数差别大，并且在低速度时易产生爬行。

② 滚动摩擦导轨是在两导轨面之间放入滚珠、滚柱、滚针等滚动体，使导轨的运动处于滚动摩擦状态。滚动摩擦副的阻力小，工作台移动灵活，低速移动时不易产生爬行。

③ 液体静压导轨。在导轨面上有油腔，当引入压力油后，工作台或滑板浮起，在两导轨面之间形成一层极薄的油膜，且油膜厚度基本上保持不变。在规定的运动速度和承载范围之内，互相配合的导轨工作面之间不接触，形成完全的液体摩擦。

④ 气体静压导轨是由外界供压设备供给一定的气体，将运动件与承导件分开，运动件在运动的过程中只存在很小的气体层之间的摩擦，摩擦因数极小。它适用于精密、轻载、高速的场合。

5. 滑动导轨间隙调整的方法有哪些？

答案：

为保证导轨的正常工作，承导面与运动面之间应保持合理的间隙。间隙过小会增加摩擦，使运动不灵活；间隙过大则会降低导向精度。为获得所需的间隙，常用的调整方法有：

① 磨、刮相应的结合面或加垫片，以获取适当的间隙。

② 嵌入镶条是调整侧向间隙常用的方法，镶条一般分为平镶条和斜镶条两种。

6. 提高主轴系统刚度有哪些方法？

答案：

提高主轴系统刚度的方法有如下几种。

（1）加大主轴直径

加大主轴直径可以提高主轴的刚度，但主轴上的零件也要相应增大，导致机构庞大。因此，增大直径需要慎重考虑。

（2）合理选择支承的跨距

缩短支承的跨距可以提高主轴的刚度，但对轴承的刚度会有影响，因此需要合理地进行选择。

（3）缩短主轴的悬伸长度

缩短主轴的悬伸长度不仅可以提高主轴系统的刚度和固有频率，而且还能够减小顶尖处的振摆。

（4）提高轴承刚度

对于滑动轴承，选取粘度大的油液可以减小轴承的间隙；对于滚动轴承，采取预加载荷的方法使它产生变形。这些方法都可以提高轴承的刚度。

7. 怎样控制主轴系统的温升？

答案：

控制主轴系统的温升、减少热变形的措施主要有以下几种。

（1）将热源与主轴系统分离

可以将电动机或液压系统放在仪器的外面，光源单独放在仪器主轴外的光源箱内，用光导纤维传光等。

（2）减少轴承摩擦热源的发热量

采用低粘度的润滑油，如锂基油或油雾润滑；提高轴承及齿轮的制造和装配精度等。

（3）采用冷却散热装置

冷却液从滚动轴承中最不容易散热的滚子孔中流过，将部分热量带走；采用风机冷却等。

（4）采用热补偿的方法

热变形对轴承间隙的影响可以得到自动补偿。

（5）合理选择推力支承的位置

为了使主轴具有足够的轴向位置精度，要尽量简化结构，选择好推力轴承的位置。

8. 主轴系统设计有哪些基本要求？

答案：

主轴系统应在一定的载荷转速下具有一定的回转精度，设计时主要有以下基本要求。

（1）主轴回转精度

主轴系统的设计要求主轴在一定的载荷转速下具有一定的回转精度。主轴的回转精度取决于主轴、轴承等的制造和装配精度。一般所说的回转精度包括主轴回转时的定心精度和方向精度。主轴回转的不准确对不同类型仪器的工作和测量精度的影响是不同的。

（2）主轴系统的刚度

主轴系统的刚度分为轴向刚度和径向刚度两种。如果主轴系统的刚度不高，则可能产生较大的弹性变形而直接影响仪器的精度，而且还容易引起振动。因此，必须对影响刚度的因素进行分析研究，有针对性地采取措施，提高主轴系统刚度。主轴系统的刚度是主轴、轴承和支承座刚度的综合反映。

（3）主轴系统的振动

主轴系统的振动会影响仪器工作的精度和主轴轴承的寿命,还会因产生噪声而影响工作环境。影响主轴系统振动的因素很多,如皮带传动时的单向受力、电机轴与主轴连接方式不当、主轴上零件存在不平衡的质量等。

（4）主轴系统的温升

主轴系统温升的主要原因是由于传动件在运转中而产生摩擦。一方面主轴系统和主轴箱体会因热膨胀而变形,造成主轴的回转中心线与其他部件的相对位置发生变化,影响仪器的工作精度;另一方面,轴承等元件会因温度过高而改变已调好的间隙和正常的润滑条件,影响轴承的正常工作,甚至会发生"抱轴"现象。因此,主轴系统的温度必须控制在一定范围内。

（5）轴承的耐磨性

为了长期保持主轴的回转精度,主轴系统需要具有足够的耐磨性。对于滑动轴系,要求轴颈与轴套的工作表面耐磨;滚动轴系的耐磨性则取决于滚动轴承。为了提高耐磨性,除了选取耐磨的材料外,还应在上述磨损部位进行热处理。如果采取液体、气体静压轴承,则运动工作面的磨损将大大减小,精度长期不受影响。

（6）结构设计的合理性

主轴和轴承的结构设计应合理,装配、调试及更换应方便。结构设计的好坏还对主轴回转精度具有一定的影响。

9. 精密微动工作台由哪几部分组成？应满足哪些技术要求？

答案：

精密微动工作台系统一般由工作台滑板、直线移动导轨、传动机构、驱动电机、控制装置和位移检测器等组成。

精密微动工作台应满足的技术要求如下：

① 微动工作台的支承或导轨副应无机械摩擦、无间隙,使其具有较高的位移分辨力,以保证高的定位精度和重复精度,同时还应满足工作行程;

② 微动工作台应具有较高的几何精度,即颠摆、滚摆和摇摆误差要小,还应具有较高的精度稳定性;

③ 微动工作台应具有较高的固有频率,以确保微动台有良好的动态特性和抗干扰能力,最好采用直接驱动的方式,无传动环节;

④ 微动系统要便于控制,响应速度要快。

第 5 章

1. 用简图描述伺服系统的组成及各部分功能。

答案：

伺服系统主要由被控对象、检测装置、功率放大装置、执行机构、信号转换电路、补偿装置、电源装置、保护装置、控制设备和其他辅助设备等组成。检测装置用来检测输入信号和系统的输出；信号转换电路实现交/直流变换、压频变换、脉宽调制等；功率放大装置完成控制信号到驱动信号的放大功能以驱动执行机构；执行机构主要指完成运动功能的机械装置，如电机、丝杠、导轨、减速箱等；补偿装置完成误差信号的综合，形成控制补偿信号，完成调节功能（见习题1图）。

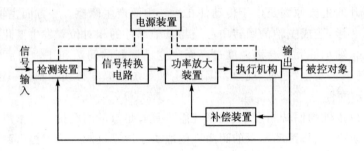

习题 1 图　伺服系统的组成

2. 简述控制系统的要求有哪些？

答案：

应用领域不同，对控制系统的要求也不同。从控制工程的角度考虑，对控制系统有一些共同的要求，可归结为稳定性、精确性、快速性和灵敏性等。

3. 用简图表示步进电动机驱动系统的组成原理。

答案：

步进电动机必须有驱动器和控制器才能正常工作。驱动器的作用是对控制脉冲进行环形分配、功率放大，使步进电动机绕组按一定的顺序通电。其原理如习题3图所示。

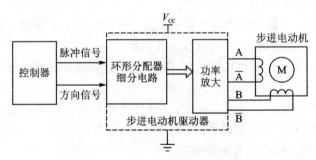

习题 3 图　步进电动机驱动系统的构成

4. 图 5-44 为脉冲信号发生器的示意图。其中，运算放大器 A_1 为延迟比较器，运算放大器 A_2 为积分器。按正反馈方式连接运算放大器 A_1 和 A_2，共同组成自激振荡三角波发生器。工作时，运算放大器 A_1 的输出为方波，A_2 的输出为三角波。三角波的频率由积分器的时间常数 R_8C 决定，R_7 用来微调频率，R_4 用来调节幅值。D_1、D_2、D_3、D_4 为 4 个硅二极管，T_1、T_2

为三极管。当在 Q 端输入给定电压 U_{in} 时,则 U_k 端将会输出相应宽度的脉冲波。试用简图说明脉宽调制的原理,并计算振荡频率和输出振幅。

答案:

脉宽调制的原理如习题 4 图所示。

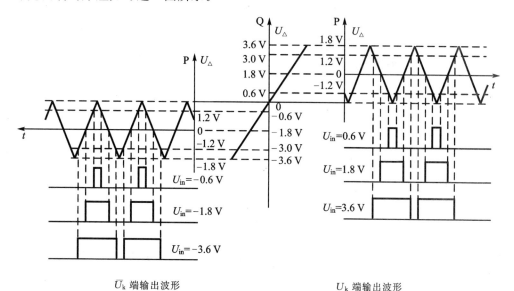

$\overline{U}_k$ 端输出波形 $\qquad\qquad$ U_k 端输出波形

习题 4 图　脉宽调制的原理

振荡频率为

$$f_c = \frac{R_4}{4R_5R_8C}\alpha_W \tag{5.1}$$

输出振幅为

$$E_c = \pm\frac{R_5}{R_4}E_W \tag{5.2}$$

式中,α_W 为电位器 R_7 的分压系数;E_W 为稳压管 D_W 的稳压电压。

5. 为防止电机启动时产生过大的冲击电流,系统中设置了限流环节。它由电流检测和死区电路两部分组成。死区电路采用桥路形式,接在运算放大器的反馈回路中,如图 5.1 所示。其中,4 只二极管 D_1、D_2、D_3、D_4 的导通与输入回路中的直流 I_i 有关。试说明限流的工作状态,并计算限流环节的死区电压。

答案:

当 $U_i > 0$ 且 $I_i < I_o$ 时,反馈电阻 R_3 上没有电流流过,输出电压 U_C 为零,处于死区状态。

当 $U_i > 0$ 且 $I_i > I_o$ 时,有电流流过 R_3 并送至电流的输出端,使桥路中 D_2 和 D_3 导通,D_1 和 D_4 截止,运算放大器进入死区以外的反相比例放大状态。

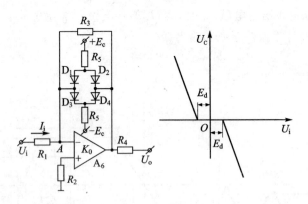

图 5.1 限流环节

当 $I_i = I_o$ 时，无电流流经 R_3，输出电压 U_o 为零。此时输入电压即为限流的上限边界值 E_d。由于

$$I_i = \frac{E_d}{R_1} = \frac{E_c - U_D}{R_5} = I_o$$

所以

$$E_d = \frac{R_1}{R_5}(E_e - U_D)$$

同理，限流下边界值 $-E_d$ 为

$$-E_d = -\frac{R_1}{R_5}(E_e - U_D)$$

即限流环节的死区电压为

$$\pm E_d = \pm \frac{R_1}{R_5}(E_e - U_D)$$

特性曲线的斜率为

$$\lambda = \frac{-R_3}{R_1}$$

6. 根据比例-积分-微分调节器简图（见图 5.2），推导系统的传递函数。调节器的输入-输出应具有如下关系：

$$U_{sc}(t) = K_P\left[U_{sr}(t) + \frac{1}{\tau_1}\int_0^t U_{sr}(t)\,\mathrm{d}t + \tau_D \frac{\mathrm{d}U_{sr}(t)}{\mathrm{d}t}\right] \tag{5-77}$$

答案：

对图中 A 节点列出电流方程（为简单计，可直接写成拉氏变换的形式）。因为 $\sum I_A = 0$，则

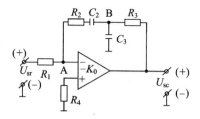

图 5.2　调节器简图

$$\frac{U_{sr}(s)}{R_1} + \frac{U_B(s)}{R_2 + \frac{1}{C_2 s}} = 0$$

同理,对 B 节点有

$$\frac{U_{sc}(s) - U_B(s)}{R_3} - \frac{U_B(s)}{R_2 + \frac{1}{C_2 s}} - \frac{U_B(s)}{\frac{1}{C_3 s}} = 0$$

则 PID 调节器的传递函数为

$$G_{sT}(s) = \frac{U_{sc}(s)}{U_{sr}(s)} = -\frac{R_2 R_3 C_2 C_3 s^2 + [(R_2 + R_3)C_2 + R_3 C_3]s + 1}{R_1 C_2 s}$$

第 6 章

1. 一黑体温度为 500 K,求:① 辐射出射度 M;② 最大辐射出射度对应的峰值波长 λ_m;③ 在 λ_m 处的辐射出射度;④ 如果光源呈球形,半径为 5 cm,求 100 cm 处的辐射照度。

答案:

① 由斯忒蕃-玻耳兹曼公式求辐射出射度 M:

$$M = \sigma T^4 = (5.668\,6 \times 10^{-8} \times 500^4)\ \text{W/m}^2 = 3\,542.8\ \text{W/m}^2$$

② 由维恩位移定律求最大出射度对应的峰值波长 λ_m:

$$\lambda_m = 2\,897.8\ \mu\text{m} \cdot \text{K}/T = 5.79\ \mu\text{m}$$

③ 由普朗克黑体辐射定律求 λ_m 处的辐射出射度:

$$M_{\lambda_m} = \frac{C_1}{\lambda^5} \frac{1}{e^{\frac{C_2}{\lambda_m T}} - 1} = 408\ \text{W/(m}^2 \cdot \mu\text{m})$$

④ 　　$$E = \frac{M(T) \cdot S}{\pi R^2} = \frac{0.354\,2 \cdot 4 \cdot \pi \cdot 5^2}{4 \cdot \pi \cdot 100^2}\ \text{W/m}^2 = 8.855 \times 10^{-4}\ \text{W/m}^2$$

2. 一个年龄为 50 岁的人,近点距离为 -0.4 m,远点距离为无限远,试求他的眼睛的屈光调节范围。

答案:

眼睛的视度为 SD $= 1/l$,其中 l 为视网膜对应的物方共轭面离眼的距离。近点距离

—0.4 m对应的眼睛的屈光调节范围可由下式计算，即

$$\overline{A} = \frac{1}{-\infty} - \frac{1}{-0.4} = 2.5D$$

3. 什么是光学系统设计中的光孔转接原则？

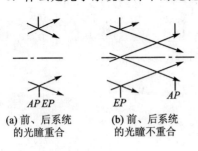

(a) 前、后系统
的光瞳重合 　　(b) 前、后系统
的光瞳不重合

习题 3 图　光孔转接

答案：

每个基本光学系统都有自己的光瞳，即孔径光阑、入瞳、出瞳、视场光阑、入窗、出窗。对于由两个以上基本光学系统组成的复杂光学系统，前组基本光学系统的光瞳应与后组基本光学系统的光瞳统一。在习题3图中，AP表示入瞳，EP表示出瞳，在图(a)中前、后系统的光瞳重合，前一系统出射的光流全部进入后一系统；图(b)为前、后系统光瞳不重合的情形，这时前一系统出射的光通量只有部分进入后一系统，不仅损失了光能，还会造成杂光。

4. 简述直接照明、临界照明和柯勒照明的特点。

答案：

直接照明是最简单的一种照明方式，就是直接用光源去照射物平面。为了使照明均匀，光源发光面积需要大一些，并且光源离物面越远，所需光源的尺寸就越大。为了充分利用光能，通常加入反射镜。反射镜表面涂以冷光膜，使有害红外光透过而反射出需要的光谱；有时还可插入一个毛玻璃使视场均匀。这种照明方式简单，视场较均匀且结构紧凑。但是毛玻璃的散射使光能利用率不高，还伴有杂光。因此这种照明方式只用于对光能要求不高的目视系统。

临界照明是把发光体成像在投影物平面附近的照明方式。在这类系统中，要求照明系统的像方孔径角U'大于投影物镜的孔径角。由于发光体直接成像在物平面附近，为了达到比较均匀的照明，要求发光体本身比较均匀，同时使投影物平面和光源像之间有足够的离焦量。这类系统投影物镜的孔径角应该取得大一些。如果物镜的孔径角过小，则物镜的焦深很大，容易反映出发光体本身的不均匀性。

柯勒照明是把发光体成像在投影物镜的光瞳上的一种照明方式，这类系统的口径由物平面的大小决定。为了缩小照明系统的口径，一般尽量使照明系统和投影物平面靠近。投影物镜的视场角ω决定了照明系统的像方孔径角U'。为了尽可能提高光源的利用率，应尽量增大照明系统的物方孔径角U。

5. 要求分辨相距0.000 375 mm的两点，用$\lambda=0.000 55$ mm的可见光照明。试求此显微物镜的数值孔径。

答案：

显微系统的数值孔径为

$$NA = \frac{0.61\lambda}{\sigma'}$$

式中，λ 为观测用光波的波长；σ' 为欲分辨的线量。由此可得

$$NA = \frac{0.61 \times 0.000\ 55}{0.000\ 375} = 0.894\ 7$$

6. 一台测量显微镜，其物镜垂轴放大率 $\beta = -4^{\times}$，测微目镜的焦距 $f_2'' = 20$ mm，使用双线对称夹单线瞄准，则瞄准误差为多少？

答案：

根据瞄准误差 $\delta = 5'' \times 0.000\ 004\ 848 \times 250$ mm，经过显微镜放大后，在明视距离处为人眼的瞄准误差，可由下式求得，即

$$\delta = \frac{250 \times 5 \times 0.000\ 0048\ 48}{|\Gamma|}\ \text{mm} = \frac{0.006}{|\Gamma|}\ \text{mm}$$

显微镜的视放大率为

$$\Gamma = \beta\Gamma_2 = -4 \times \frac{250\ \text{mm}}{f_2'} = -4 \times \frac{250}{20} = -50$$

由此可得瞄准误差为

$$\delta = \frac{0.006}{|\Gamma|}\ \text{mm} = 0.000\ 12\ \text{mm}$$

7. 用人眼直接观察敌方目标，能在 400 m 距离上看清目标编号，要求使用望远镜在 2 000 m 距离上也能看清。试求望远镜的倍率。

答案：

在 400 m 处人眼所能分辨的最小距离为

$$y = l\alpha$$

式中，α 为人眼极限分辨角，一般为 $1'$（约 0.000 3 rad）。

由此可得

$$y = 400 \times 10^3 \times 0.000\ 3\ \text{mm} = 120\ \text{mm}$$

此距离在 2 km 处对人眼的张角为

$$\tan \omega = \frac{y}{2 \times 10^6} = \frac{120}{2 \times 10^6} = 6 \times 10^{-5}$$

此角度经望远镜放大后应大于或等于人眼的极限分辨角，即

$$|\Gamma| = \frac{\tan 1'}{\tan \omega} = \frac{0.000\ 3}{6 \times 10^{-5}} = 5$$

因此，望远镜的倍率应大于或等于 5。

8. 内、外光电效应的物理学原理是什么？两者有何区别？

答案：

某些光敏物质在光的作用下，不经升温而直接引起物质中电子运动状态发生变化，因而产

生物质的光电子发射、光生伏特或电导率变化等现象,被称为光电效应。产生光电效应的机理是,某些光敏物质在光的作用下,当光敏物质中的电子直接吸收光子的能量足以克服原子核的束缚时,电子就会从基态被激发到高能态,脱离原子核的束缚,在外电场作用下参与导电。

光电效应可分为外光电效应和内光电效应。

外光电效应是指物质受光照后而激发的电子逸出物质的表面,在外电场作用下形成真空中的光电子流的现象。内光电效应则是指某些特殊材料被光照射时,激发的电子并不逸出光敏物质表面,而在物质内部参与导电,使其电导率发生变化或者产生电动势的现象。两者的主要区别在于,受光照而激发的电子,前者逸出物质表面形成光电子流,后者则在物质内部参与导电。

第7章

1. 扩大压电陶瓷变形量有哪几种方法?

答案:

扩大压电陶瓷变形量的措施可从以下几个方面考虑:

① 增加压电陶瓷的长度和提高施加的电压,这是实际中常用的方法。但增加长度会使结构增大,提高电压会造成使用不便。

② 减小压电陶瓷的厚度,可使变形量增加。但厚度减小会使强度下降,如果是承受较大的轴向压力,可能会使器件破坏,故应兼顾机械强度。

③ 不同材料的压电系数不同,可根据需要选择不同的材料。

④ 压电晶体在不同的方向上有不同的压电系数,可以利用极化方向的变形来驱动。

⑤ 采用压电堆提高变形量。

⑥ 采用尺蠖机构提高器件的行程。

2. 试总结各种微动机构的原理及特点。

答案:

目前的微动机构主要有压电和电致伸缩器件、磁致伸缩器件、电磁力执行器件和机械微动机构等。其原理及特点如下:

① 压电、电致伸缩器件是利用机电耦合效应产生微小位移的机构。机电耦合效应包括压电效应和电致伸缩效应。电介质在电场的作用下,由于感应极化的作用而引起应变,应变与电场方向无关,应变的大小与电场的平方成正比,这个现象称为电致伸缩效应。压电效应是指电介质在机械应力作用下产生电极化,电极化的大小与应力成正比,电极化的方向随应力方向的改变而改变。压电、电致伸缩器件具有结构紧凑、体积小、分辨力高、控制简单等优点,同时它没有发热的问题,因此精密工作台不会产生因热量而引起测量的误差。

② 某些铁磁材料在外磁场的作用下,其尺寸和形状发生变化,当外磁场撤离以后又能恢复原来形状的现象称为磁致伸缩效应(Joule 效应)。磁致伸缩器件是利用磁致伸缩效应产生

微位移的一种微动机构。

③ 通电导体会在其周围激起磁场,并与周围的磁体(导磁体、永磁体)相互作用,从而产生力矩、力或位移输出的现象称为电磁力效应。这种磁场和通电导体之间的相互作用力是所有电磁执行器设计的基本原理。电磁执行器是目前仪器技术和自动化控制技术中最重要的一类执行器。从执行器输出的作用力和位移特性上区分,电磁执行器可分为线位移电磁执行器和角位移电磁执行器两大类。

④ 电热式微动机构包括电热伸缩棒和电热伸缩筒两种结构形式,它们都是利用物体的热膨胀来实现微位移的。电热式微动机构的特点是结构简单、操作控制方便。但由于传动杆与周围介质之间有热交换,因而影响位移精度。由于热惯性的存在,其不适于作高速位移。当隔热不合理时,相邻零部件由于受热而引起形变,还会影响整机的精度,因此它的应用范围受到一定的限制。

⑤ 机械式微动机构是一种老式的机构。它的结构形式比较多,主要有螺旋机构、杠杆机构、楔块凸轮机构、弹性机构以及它们之间的组合机构,在精密机械与仪器中应用广泛。在机械式微动机构中存在机械间隙、摩擦磨损以及爬行等,所以其运动的灵敏度、精度很难提高,一般只适于中等精度。

3. 简述振幅光栅测量位移的基本原理。

答案:

长光栅测量位移系统如习题 3 图 1 所示,光源 1 发出的光经透镜 2 变成平行光束,照明标尺光栅 G_1 和指示光栅 G_2,形成莫尔条纹,被硅光电池 4 接收后转变成电信号。当光栅 G_2 沿 x 方向移动时,莫尔条纹沿垂直于 x 方向运动,光栅移动一个栅距,莫尔条纹移动一个条纹间隔;当光栅 G_2 向反方向运动时,莫尔条纹也随之改变。

如果被测对象的长度为 x(如习题 3 图 2 所示),则

$$x = ab = \delta_1 + N\omega + \delta_2 = N\omega + \delta$$

式中 　ω ——光栅栅距;

　　　N —— a、b 间包含的光栅栅线对数;

　　　δ_1、δ_2 ——被测距离两端对应光栅上小于一个栅距的小数。

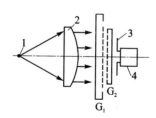

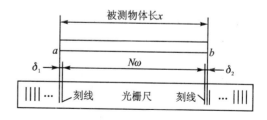

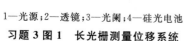

1—光源;2—透镜;3—光阑;4—硅光电池

习题 3 图 1　长光栅测量位移系统　　　　　**习题 3 图 2　长光栅测量原理**

如将光栅的栅距细分成 n 等分，n 为系统的细分数，则光栅系统的分辨力为 $\tau = \omega/n$ 。

被测对象长度公式可改写成

$$x = M\tau$$

式中，$M = Nn + m$ 为以细分分辨力为单位的总计数值（ $m = 0,1,2,\cdots$ ）。

4. 影响莫尔条纹信号质量的因素有哪些？

答案：

影响莫尔条纹信号质量的主要因素有：

① 光栅副在工作的过程中，为避免标尺光栅和指示光栅因擦碰而损坏以及装调的方便，一般在两光栅之间留有一定的间隙。但间隙过大会引起光栅信号质量下降，影响细分精度，甚至会造成系统不能正常工作。

② 光栅副系统由于精密机械运动部分的误差及其他因素的影响，标尺光栅在做测量位移时，在其余 5 个自由度上会偏离原始位置作微量的摆动漂移。在 z 方向存在 $\Delta\bar{z} = \Delta d$ 光栅副间隙偏差和 $\Delta\hat{z} = \Delta\theta$ 光栅刻线夹角偏差；在 y 方向，Δy 运动光栅在 y 方向平移和 $\Delta\hat{y}$ 光栅平行性偏差；在 x 方向，$\Delta\hat{x}$ 光栅平行性偏差。这些因素对莫尔条纹信号的影响如习题 4 表所列。

习题 4 表　光栅副相对位置偏差对信号的影响

质量偏差	信号调制度的相对变化		信号直流电平的相对变化	信号的对称性	相邻二相信号的正交性偏差	测量误差 $\Delta\bar{x}$
Δd				0	0	
$\Delta\dot{x}$	$\varepsilon(d) = T(d)\sum\Delta d$ 式中：$T(d) =$ $\dfrac{2\pi\left(\dfrac{d}{l}+\dfrac{1}{2}\right)\cos\left[\pi\left(\dfrac{d}{l}+\dfrac{1}{2}\right)\right]-2}{2d+1}-$ $\dfrac{5\pi^2\eta^2 d}{12\omega^2 f^2}$ $\sum\Delta d =$ $\Delta d + G\Delta\dot{x} + U\Delta\dot{y}$		$\varepsilon_x(d) = z(d)\sum\Delta d$ 式中：$z(d) =$ $-\dfrac{6\pi\sin\left(2\pi\dfrac{d}{l}\right)}{l\left[103-3\cos\left(2\pi\dfrac{d}{l}\right)\right]}$ $\sum\Delta d =$ $\Delta d + G\Delta\dot{x} + U\Delta\dot{y}$	调制度对称性：$P =$ $1 + T(d)2a\Delta\dot{x}$ 直流电平对称性：$P_x =$ $1 + z(d)2a\Delta\dot{x}$	略去不计	略去不计
$\Delta\dot{y}$				0	略去不计	
ΔQ	$\varepsilon(\theta) = \left[\dfrac{\pi h\theta}{\omega}\cos\left(\dfrac{\pi h\theta}{\omega}\right)-1\right]\dfrac{\Delta\theta}{\theta}$		0	0	$\Delta\phi = \dfrac{2\pi a\Delta\theta}{\omega}$	$\Delta\bar{x} = R_y\Delta\theta$
$\Delta\dot{y}$	0		0	0	0	$\Delta\bar{x} = \theta\Delta\bar{y}$

5. 电子学细分方法对光栅信号有哪些要求？

答案：

要获得高精度的细分，首先要有高质量的原始信号，这是获得高精度细分的前提。从电子细分的角度看，光栅信号应满足下列要求。

（1）信号的正弦性

严格地说，光栅信号是包含多次谐波成分的非正弦性信号，利用差分放大电路可消除二次谐波，但对三次谐波无法克服。因此，对高质量的系统应采用滤波的方法提高信号的正弦性。通常在 $n > 100$ 时，要求三次谐波分量 $< 6\%$。

（2）信号的等幅性及全行程幅值的一致性

光栅制造中的线条质量（如线宽的均匀性、透光的一致性等）会造成不同区域信号波形的幅值不等，当 $n > 100$ 时，要求信号的幅值变化 $< 10\%$。

（3）正弦信号和余弦信号的正交性

正弦信号和余弦信号是电子细分的基础，两者的相位差应是 90°，以保证取样的正确性。一般要求正交性 $< 10\%$。

（4）抑制共模电压

由于光源发光强度的变化，造成接收信号中直流分量（即共模电压）的波动，影响电子细分的精度。通常要求光源亮度变化而造成的剩余电压 $< 6\%$。

（5）反　差

反差是指莫尔条纹转换成电信号中的交流信号电压和直流信号电压的比值。通常反差应 $> 80\%$。

6. 简述激光测距的基本原理。

答案：

根据物理光学原理，迈克尔逊双光束干涉仪测长公式为

$$L = K\frac{\lambda}{2}$$

式中　L——被测长度；

λ——波长，$\lambda = \lambda_0/n$，λ 为激光在真空中的波长，n 为折射率；

K——干涉条纹数。

在如习题 6 图所示干涉仪的光路中，光源 S 发出的光经分光镜（析光镜）BS 分成两束，一束透过分光镜入射到测量反射镜被返回，另一束反射后入射到参考反射镜 M_1 被返回。两束光在分光镜相遇时发生干涉，产生的干涉条纹被光敏元件 P 接收。干涉仪处于起始位置，其初始光程差为

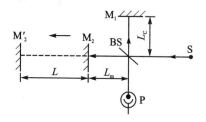

习题 6 图　干涉仪光路图

$2(L_m - L_c)$，对应的干涉条纹为

$$K_1 = 2n(L_m - L_c)/\lambda_0$$

式中　　L_m——测量光路长度；

　　　　L_c——参考光路长度。

当反射镜从 M_2 移动到 M_2' 位置时，如果被测长度为 L，那么

$$K = \frac{2n}{L} + \frac{2n(L_m - L_c)}{\lambda_0}$$

$$K = K_1 + K_2$$

式中　　K_1——初始位置时的干涉条纹数；

　　　　K_2——测量的条纹数。

7. 分析利用兰姆下陷法进行激光稳频的基本原理，并画出稳频系统原理框图。

答案：

对于单纵模气体激光器，当输出频率出现在原子跃迁谱线中心时，会有一个局部极小值，称兰姆下陷。利用兰姆下陷法稳频的激光器在谐振腔的间隔器（如石英管或殷钢管）上，其中一块反射镜胶合在环形压电陶瓷上，陶瓷的内外表面分别为负极和正极，加正负电压后，压电陶瓷伸长或缩短使腔长缩短或增长。它的变化量与加在压电陶瓷上的电压和压电陶瓷的长度成正比，以补偿外界因素引起的腔长变化。用兰姆下陷法要求激光器的输出是单纵模，兰姆下陷对称性好，下陷尽可能深且斜率较大。兰姆下陷稳频可获较高的频率稳定度和灵敏度，稳定度可达 10^{-9}，再现性为 10^{-7}。

利用兰姆下陷稳频实际上是一个负反馈控制系统，其原理框图如习题 7 图所示。

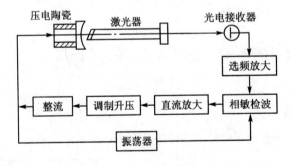

习题 7 图　稳频原理框图

8. 说明旋转变压器的工作原理。

答案：

旋转变压器是一种角度检测元件，具有结构简单、成本低、环境变化影响小、维护方便、工作可靠等特点。

旋转变压器是一种旋转式的小型交流电机，它由定子和转子组成（见习题 8 图）。定子绕

组为变压器的原边,转子绕组为变压器的副边。当激磁电压加到定子绕组时,通过电磁耦合,转子绕组产生感应电压。转子绕组的磁轴自垂直位置转动一角度 θ 时,转子绕组中产生的感应电势为

$$E_2 = nU_1 \sin\theta = nU_m \sin\omega t \sin\theta$$

式中　　n ——变压比;

U_m ——最大的瞬时电压;

U_1 ——定子的输入电压。

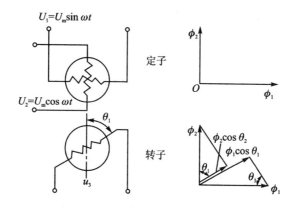

习题 8 图　正弦、余弦旋转变压器

转子绕组感应电压的幅值严格地按转子偏转角 θ 的正弦(或余弦)规律变化,其频率与激磁电压的频率相同。因此,可采用测量旋转变压器副边感应电压的幅值或相位的方法,来间接测量转子转角 θ 的变化。

9. 说明磁栅定位的工作原理,并分析影响磁栅定位精度的因素有哪些。

答案:

磁栅是一种录有磁化信号的磁性标尺或磁盘,由磁栅、读数磁头及测量电路三部分组成,如习题 9 图所示。磁栅移动一个栅距 2τ,漏磁通 φ_0 变化一个周期,可近似认为

$$\varphi_0 = \varphi_m \sin\frac{2\pi x}{2\tau} = \varphi_m \sin\frac{\pi x}{\tau}$$

得到的输出电压为

$$U = K\varphi_m \sin\frac{\pi x}{\tau}\cos 2\omega t$$

式中　　x ——磁栅位移;

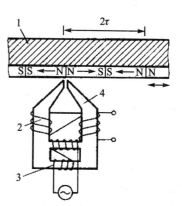

1—磁栅;2—输出绕组;3—激磁绕组;4—测量磁头
习题 9 图　磁栅的工作原理

φ_{m} ——磁通量的峰值；

K ——与结构有关的常数；

ω ——激磁角频率。

影响磁栅精度的原因有：磁栅的栅距误差、磁栅安装与变形误差、磁栅剩磁变化带来的零点漂移、外界电磁干扰。

第 8 章

1. 简述卫星为什么需要进行姿态控制。

答案：

因为在轨运行的卫星由于受到内、外力矩的作用，其姿态总是在变化。姿态控制应在充分利用各种环境力矩的基础上，考虑各种制约因素，采取必要的措施，使卫星姿态满足特定任务的需要。

2. 用图示说明主动控制系统的组成及各部分功能。

答案：

主动姿态控制系统的组成如习题 2 图所示，它由姿态敏感器、控制器、执行机构（控制力矩器）和卫星本体一起构成闭环控制回路。姿态敏感器测量并确定卫星相对空间某些已知基准目标的方位；控制器对测量的信息进一步处理后确定卫星的姿态，按满足设计要求的控制律给出相应的指令；执行机构按控制指令产生所需的控制力矩，实现卫星的姿态控制。

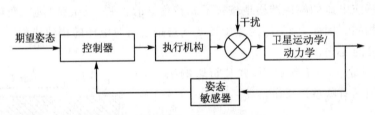

习题 2 图　主动姿态控制系统框图

3. 请绘图说明控制力矩陀螺工作的基本概念、组成和工作原理。

答案：

控制力矩陀螺是一类以惯性力矩为控制力矩的执行机构的总称，有时也称这类装置为角动量储存和角动量交换装置，主要由具有一定的角动量飞轮（飞轮以恒定的角速度旋转）和框架伺服系统组成。在框架轴上装配着力矩电机和传感器，框架轴由框架轴承支承，飞轮由飞轮轴承支承，通过高速电机驱动其高速旋转。

控制力矩陀螺的核心是一个自旋飞轮，其理论基础是牛顿力学定律。工作原理可通过习题 3 图来说明。通过框架伺服系统驱动框架轴旋转，改变飞轮角动量的方向使飞轮进动，从而输出陀螺力矩。输出力矩 τ 可表示为

$$\boldsymbol{\tau} = \dot{\sigma}(\boldsymbol{g} \times \boldsymbol{h}) \tag{8-4}$$

式中　h——CMG 系统中飞轮转子的角动量；

　　　　$\dot{\sigma}$——框架伺服系统的框架角速率；

　　　　g——框架轴安装方向单位矢量。

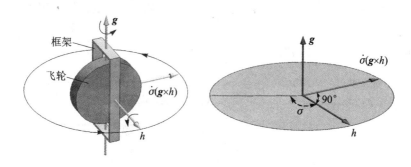

习题 3 图　控制力矩陀螺工作原理示意图

4. 简述磁悬浮轴承与机械滚珠轴承相比的优点。

答案：

磁轴承是一种利用电磁场作用力将转子实现非接触无摩擦悬浮的一种新型高性能轴承。电磁轴承拥有许多传统轴承所不具备的优点：

① 完全消除了磨损。磁力轴承理论上可获得永久性工作寿命。

② 无需润滑和密封。不用相应的泵、管道、过滤器和密封件，不会因润滑剂而污染环境，特别适用于航空航天产品。

③ 圆周转速高。理论上讲，轴承转速只受转子材料抗拉强度的限制。一般来说，在相同轴颈直径下，电磁轴承所达到的速度比滚动轴承大约高 5 倍，比流体动压滚动轴承大约高 2.5 倍。

④ 环境适应性强。对温度不敏感，能在极高或极低的温度（$-253 \sim +450\ ℃$）下工作。

⑤ 发热少、功耗低。仅由磁滞和涡流引起很小的磁损，因而效率高。

⑥ 轴承可以自动绕惯性主轴旋转，而不是绕支承的轴线转动，因此可以消除质量不平衡引起的附加振动。

5. 用图说明主动磁轴承的组成及其工作原理。

答案：

有源磁轴承（又称为主动磁轴承）主要由转子、位移传感器、控制器、功放、电磁铁五部分组成。设质量为 m 的转子在重力和电磁力 f 的作用下保持平衡，使转子处于悬浮位置为平衡位置，也称为参考位置。假设在参考位置上使转子受到一个上下的振动，转子就会偏离其参考位置上下

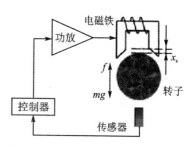

习题 5 图　主动磁轴承的工作原理

运动,此时传感器检测出转子偏离其参考位置的位移,控制器将这一位移信号变换成控制信号,功率放大器调节电磁绕组上的电流,来改变电磁铁的吸力,从而驱动转子返回到原来的平衡位置。

6. 如图 8.1 所示,每个磁铁有 2 个磁极以夹角 α 作用于转子,n 为线圈匝数,A 为铁芯横截面积(不考虑铁芯饱和及功放饱和),s_0 为平衡位置气隙。一个磁铁以偏置电流 i_0 与控制电流 i_x 之和激磁;另一个则利用二者之差 (i_0-i_x) 激磁,气隙则以 s_0+x 和 s_0-x 带入,根据差动激磁方式的电磁铁示意图推导其线性化方程。

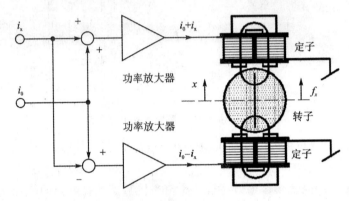

图 8.1　磁铁作用于转子

答案:

根据虚位移原理,一个磁铁的受力方程为

$$f = \frac{1}{4}\mu_0 n^2 A \frac{i^2}{s^2}$$

式中,μ_0 为真空磁导率。

考虑 α 后,计算转子在 x 方向所受合力为

$$f_x = f_+ - f_- = \frac{1}{4}\mu_0 n^2 A \left[\frac{(i_0+i_x)^2}{(s_0-x)^2} - \frac{(i_0-i_x)^2}{(s_0+x)^2} \right]\cos\alpha$$

令 $k = \frac{1}{4}\mu_0 n^2 A$,则上式变为

$$f_x = f_+ - f_- = k\left[\frac{(i_0+i_x)^2}{(s_0-x)^2} - \frac{(i_0-i_x)^2}{(s_0+x)^2} \right]\cos\alpha$$

对于 $x\ll s_0$,若简化该式并使之线性化,则得到磁轴承的线性化模型关系式为

$$f_x = \frac{4ki_0}{s_0^2}(\cos\alpha)i_x + \frac{4ki_0^2}{s_0^3}(\cos\alpha)x = k_i i_x + k_s x$$

式中　k_i——电流刚度;

　　　k_s——位移刚度。

7. 决定非接触位移传感器的主要参数有哪些？请列出四种非接触位移传感器。

答案：

决定非接触位移传感器的主要参数有测量范围、灵敏度、分辨力和频率范围。

非接触位移传感器主要有：电容式传感器、电涡流传感器、电感式传感器、光纤式传感器等。

8. 简述磁轴承系统保护轴承的种类及优缺点。

答案：

磁轴承系统保护轴承的种类及优缺点如习题8表所列。

习题 8 表　磁轴承系统保护轴承的种类及优缺点

磁轴承系统 保护轴承的种类	优　点	缺　点
滑动保护轴承	低成本； 被动保护，无活动部件； 减少预备模式下的退化趋势； 通过气隙可计算磨损情况	摩擦系数高； 发热严重
滚动保护轴承	低成本； 低摩擦系数和发热少； 同时提供径向和轴向保护； 可减小系统体积	加速时可能损坏滚珠或保持架； 需防止污染物
行星保护轴承	有利于减小轴承线速度； 摩擦系数低、发热少	结构复杂、成本高； 需防止污染物； 加速时可能损坏部件
无气隙保护轴承	消除悬浮转子和轴承的间隙； 延长使用寿命； 有利于减小轴承的线速度； 摩擦系数低和发热少	最复杂，成本最高； 需防止污染物； 加速时可能损坏部件； 可靠性相对较差

参 考 文 献

[1] 李庆祥,王东生,李玉和. 现代精密仪器设计[M]. 北京:清华大学出版社,2005.

[2] 王亚丽,王铁流,张黎,等. LabVIEW 在精密仪器控制中的应用[J]. 现代电子技术, 2007,30(6):60-62.

[3] 聂珍媛,夏金兰. 大型精密仪器的良性运转模式[J]. 实验室研究与探索,2003,22(2):130-133.

[4] 贺吟涓. 精密仪器的运动控制模型与实现[J]. 自动化博览,2011,28(2):54-55.

[5] 叶超,冯莉,欧阳艳晶,等. 基于 FPGA 的精密时间间隔测量仪设计[J]. 信息与电子工程,2009,7(2): 159-163.

[6] 王生怀,陈育荣,王淑珍,等. 三维精密位移系统的设计[J]. 光学精密工程,2010,18(1):175-182.

[7] 姚灵. 大中型精密钢球专用电动轮廓仪的设计[J]. 上海计量测试,2009,36(1):2-4.

[8] 刘善林,胡鹏浩. 轴类零部件检测仪中精密头架的设计[J]. 工具技术,2007,41(11):102-105.

[9] 杜旭超,胡鹏浩,陶壹,等. 精密导轨运动特性实验装置设计[J]. 黑龙江科技学院学报,2007,17(6): 443-447.

[10] 叶超,安琪,宋健,等. 基于 PCI 接口的一个虚拟仪器设计[C]. 第四届中国测试学术会议,2006: 187-191.

[11] 陈棣湘,唐莺,潘孟春,等. 高精度智能定硫仪的设计[J]. 仪器仪表学报,2008,29(6):1306-1309.

[12] 王向军,王峰. 显微精密成像与微型机械尺寸检测技术[J]. 光学精密工程,2001,9(6):511-513.

[13] 张旭,毛恩荣. 机械系统虚拟样机技术的研究与开发[J]. 中国农业大学学报,1999(2):94-98.

[14] 袁清珂,李伟光,刘大慧,等. 图论技术在机械系统运动链识别算法中的应用[J]. 华南理工大学学报 (自然科学版),2009,37(2):54-59.

[15] 苏玉鑫,郑春红,等. 非线性机械系统 PID 控制渐近稳定性分析[J]. 自动化学报,2008,34(12): 1544-1548.

[16] 谢平,杜义浩,黄双峰,等. 基于信息熵的复杂机械系统非线性特征提取方法研究[J]. 振动与冲击, 2008,27(7):135-137.

[17] 钟阳,钟志华,李光耀,等. 机械系统接触碰撞界面显式计算的算法综述[J]. 机械工程学报,2011,47 (13):44-58.

[18] 吕小红,朱喜锋. 一类冲击钻进机械系统的动力学特性[J]. 振动与冲击,2011,30(6):239-242.

[19] 王红军,张建民,徐小力,等. 基于支持向量机的机械系统状态组合预测模型研究[J]. 振动工程学报, 2006,19(2):242-245.

[20] 王玉新,王永山. 复杂机械系统空间布局研究[J]. 机械工程学报,2005,41(2):6-14.

[21] 胡巧燕,袁菁,李静,等. 4×4 纵横交换微电机械系统光开关阵列[J]. 中国激光,2005,32(7): 937-941.

[22] 时献江,郭华,邵俊鹏,等. 基于无传感器检测方法的机械系统扭振试验研究[J]. 振动、测试与诊断, 2009,29(3):352-355.

[23] 戈新生,陈立群,吕杰,等. 基于小波逼近的机械系统非完整运动规划数值方法[J]. 机械工程学报, 2004,40(7):41-46.

[24] 李文宇,马君显,杨淑雯,等. 微光电机械系统在光通信中的应用[J]. 深圳大学学报(理工版),2002,

19(3):43-48.

[25] 张楠,侯晓林,闻邦椿,等. 非线性振动系统的频率俘获特性[J]. 东北大学学报(自然科学版),2009,30(8):1170-1173.

[26] 王玉新. 机械系统概念设计自动化方法[J]. 机械工程学报,2002,38(10):148-154.

[27] 连晋毅,华小洋,史清录,等. 可修复机械系统的模糊可靠性分析[J]. 农业机械学报,2004,35(6):192-194.

[28] 赵春雨,朱洪涛,闻邦椿,等. 多机传动机械系统的同步控制[J]. 控制理论与应用,1999,16(2):179-184.

[29] 熊会元,周凡利,姚建初,等. 约束机械系统自动建模公式化矩阵组装方法[J]. 华中科技大学学报(自然科学版),2003,31(9):90-92.

[30] 鱼永平. 机械系统可靠性设计及分析[J]. 机电信息,2011(15):136-137.

[31] 董岩,张涛,李文明,等. 机载立体测绘相机滚转轴伺服系统的辨识与设计[J]. 光学精密工程,2011,19(7):1580-1587.

[32] 王红茹,等. 轻武器伺服跟踪的模糊 PID 变阻尼控制[J]. 北京理工大学学报,2009,29(10):861-864.

[33] 陈进才,高琨,周功业,等. 一种微硬盘半自伺服刻写机制与实现方法[J]. 华中科技大学学报(自然科学版),2008,36(2):58-61.

[34] 赵小刚,王海卫,谢长生,等. 一种抑制硬盘自伺服刻写中径向误差传播的方法[J]. 计算机研究与发展,2009,46(8):1399-1407.

[35] 龚仲华. 论通用伺服与专用伺服[J]. 制造技术与机床,2011(5):141-142.

[36] 陈璐,徐文东,朱青,等. 光磁混合存储动态测试系统中的聚焦伺服模块研究[J]. 光学学报,2009,29(5):1341-1346.

[37] 梅凤翔. 包含伺服约束的非完整系统的 Lie 对称性与守恒量[J]. 物理学报,2000,49(7):1207-1210.

[38] 黄令龙,郭阳宽,蒋培军,等. 高精密伺服转台控制系统的设计[J]. 清华大学学报(自然科学版),2004,44(8):1054-1057.

[39] 董浩,霍炬,毕永涛,等. 虚拟复合轴伺服系统的等效复合控制方法[J]. 哈尔滨工程大学学报,2011,32(3):309-313.

[40] 梁骄雁,胡育文,鲁文其,等. 基于梯度算法的永磁伺服系统惯量辨识性能研究[J]. 航空学报,2011,32(3):488-496.

[41] 刘栋,陶涛,梅雪松,等. 伺服系统线性特性和非线性摩擦的解耦辨识方法研究[J]. 仪器仪表学报,2010,31(4):782-788.

[42] 张文博,范大鹏,朱华征,等. 基于采样控制理论的光电跟踪伺服系统内模控制[J]. 光学精密工程,2008,16(2):221-229.

[43] 刘栋,陶涛,梅雪松,等. 伺服系统 Hammerstein 非线性模型及参数辨识方法研究[J]. 西安交通大学学报,2010,44(3):42-46.

[44] 程国扬,曾佳福. 快速定位伺服系统的控制器设计[J]. 电机与控制学报,2009,13(1):52-56.

[45] 王燕波,王祖温,杨庆俊,等. 气压伺服系统的建模与特性[J]. 吉林大学学报(工学版),2009,39(5):1186-1191.

[46] 刘丽兰，刘宏昭，吴子英，等. 低速下机床进给伺服系统稳定性研究[J]. 振动与冲击，2010，29(5)：187-190.

[47] 陈荣，邓智泉，严仰光，等. 基于负载观测的伺服系统抗扰研究[J]. 中国电机工程学报，2004，24(8)：103-108.

[48] 谭文斌，李醒飞，向红标，等. 伺服系统转矩纹波的补偿研究[J]. 机械工程学报，2011，47(12)：1-6.

[49] 刘强. 高性能机械伺服系统运动控制技术综述[J]. 电机与控制学报，2008，12(5)：603-609.

[50] 林靖，陈辉堂，王月娟，等. 机器人视觉伺服系统的研究[J]. 控制理论与应用，2000，17(4)：476-481.

[51] 杨松，曾鸣，苏宝库，等. 重复控制算法在转台伺服系统中的应用[J]. 电机与控制学报，2007，11(5)：508-511.

[52] 张彪，赵克定，李阁强，等. 被动力伺服系统摩擦非线性控制[J]. 吉林大学学报(工学版)，2008，38(6)：1348-1353.

[53] 徐向波，房建成. 基于角加速度的陀螺框架伺服系统干扰观测器[J]. 北京航空航天大学学报，2009，35(6)：669-672.

[54] 贾辉，姚勇. 微小型光栅光谱仪光学系统的特点与光谱分辨率的提高[J]. 光谱学与光谱分析，2007，27(8)：1653-1656.

[55] 王安国，王华斌，唐君，等. 基于星图自动辨识的光学系统精确标定方法[J]. 电子学报，2011，39(3)：575-578.

[56] 李志来，薛栋林，张学军，等. 长焦距大视场光学系统的光机结构设计[J]. 光学精密工程，2008，16(12)：2485-2490.

[57] 吕丽军，石亮. 平面对称光学系统像差理论的扩展[J]. 光学精密工程，2009，17(2)：2975-2982.

[58] 刘建卓，王学进，黄剑波，等. 三波段电晕检测光学系统的设计[J]. 光学精密工程，2011，19(6)：1228-1234.

[59] 杨慧珍，李新阳，姜文汉，等. 自适应光学系统几种随机并行优化控制算法比较[J]. 强激光与粒子束，2008，20(1)：12-17.

[60] 沈学举，沈洪斌，周胜国，等. 高斯光束通过含失调窄缝光阑的失调光学系统的传输特性[J]. 强激光与粒子束，2008，20(9)：1447-1451.

[61] 王红，田铁印. 三线阵测绘相机光学系统的设计和公差分析[J]. 光学精密工程，2011，19(7)：1444-1450.

[62] 宋岩峰，邵晓鹏，徐军，等. 离轴三反射镜光学系统研究[J]. 红外与激光工程，2008，37(4)：706-709.

[63] 张良，刘红霞. 长波红外连续变焦光学系统的设计[J]. 红外与激光工程，2011，40(7)：1279-1281.

[64] 孟剑奇. 双视场6倍变焦红外热成像光学系统[J]. 红外与激光工程，2008，37(1)：89-92.

[65] 王红，田铁印. 轴向温差对空间遥感器光学系统成像质量的影响[J]. 光学精密工程，2007，15(10)：1489-1494.

[66] 白剑，尉志军，牛爽，等. 二元球透镜可见/紫外双波段光学系统[J]. 红外与激光工程，2009，38(6)：1068-1071.

[67] 张瑞，王勇，谢敬新，等. 浸没流多透镜多注电子光学系统的模拟研究[J]. 电子与信息学报，2009，31(7)：1722-1726.

[68] 黄圣铃,穆宝忠,伊圣振,等. 基于辅助光学系统的 KB 显微镜瞄准方法[J]. 强激光与粒子束,2009, 21(6):841-845.

[69] 王福豹,史龙,任丰原,等. 无线传感器网络中的自身定位系统和算法[J]. 软件学报,2005,16(5): 220-231.

[70] 蔡艳辉,程鹏飞. 差分 GPS 水下定位系统的解析法网形分析[J]. 武汉大学学报(信息科学版),2008, 33(8):824-827.

[71] 许志刚,盛安冬,陈黎,等. 被动目标定位系统观测平台的最优机动轨迹[J]. 控制理论与应用,2009, 26(12):1337-1344.

[72] 张燕萍,任荣权,王辉,等. 基于膨胀管定位系统的多分支井钻完井技术[J]. 石油勘探与开发,2009, 36(6):768-775.

[73] 顾一中,孙亚民,王华,等. 基于北斗定位系统的新型无线传感器网络路由算法[J]. 兵工学报,2009, 30(3):306-312.

[74] 付进,梁国龙,张光普,等. 界面反射对定位系统性能影响及应对策略研究[J]. 兵工学报,2009,30 (1):24-29.

[75] 曹晓梅,俞波,陈贵海,等. 传感器网络节点定位系统安全性分析[J]. 软件学报,2008,19(4): 879-887.

[76] 谢晓佳,程丽君,等. 基于 ZigBee 网络平台的井下人员跟踪定位系统[J]. 煤炭学报,2007,32(8): 884-888.

[77] 谷红亮,史元春,申瑞民,等. 一种用于智能空间的多目标跟踪室内定位系统[J]. 计算机学报,2007, 30(9):1603-1611.

[78] 劳达宝,杨学友,郏继贵,等. 网络式激光扫描空间定位系统标定技术研究[J]. 机械工程学报,2011, 47(6):1-6.

[79] 谢驰,周肇飞,蔡鹏,等. 激光跟踪测距方法及其应用的研究[J]. 兵工学报,2007,28(11):1377-1381.

[80] 张新宝,赵斌,李柱,等. 无衍射光莫尔条纹准直、跟踪和定位系统的研制[J]. 激光技术,2001,25(2): 118-121.

[81] 孟宗,赵新秋. 双频激光干涉式大尺寸轴径测量仪的研究[J]. 中国激光,2004,31(S1):290-292.

[82] 费业泰. 误差理论与数据处理[M]. 北京:机械工业出版社,2005.

[83] 王中宇,等. 测量误差与不确定度评定[M]. 北京:科学出版社,2008.

[84] 王中宇,等. 精密仪器的小样本非统计分析原理[M]. 北京:北京航空航天大学出版社,2010.

[85] 沙定国. 误差分析与测量不确定度评定[M]. 北京:中国计量出版社,2003.

[86] 梁晋文. 误差理论与数据处理[M]. 北京:中国计量出版社,2006.

[87] 王中宇,温坤礼,葛乐矣. 测量误差分析与数据处理[M]. 台北:五南图书出版股份有限公司,2008.

[88] 潘仲明,方元坤,张勇斌,等. 压电微动机构的电荷反馈控制技术研究[J]. 中国机械工程,2007,18 (10):1205-1208.

[89] 王清明,卢泽生,梁迎春,等. 压电陶瓷微动机构在超精密车削中的应用[J]. 工具技术,1999,33(5): 24-26.

[90] 孙立宁,王振华,曲东升,等. 六自由度压电驱动并联微动机构设计与分析[J]. 压电与声光,2003,25

(4):277-279,286.

[91] 刘国淦，张学军，王权陡，等. 基于 DSP 的宽动态范围莫尔条纹计数与精密细分技术[J]. 光学精密工程，2001，9(2):146-150.

[92] 吕孟军，张纯良，游有鹏，等. 提高莫尔条纹正切法细分精度的改进算法[J]. 纳米技术与精密工程，2011，9(3):194-198.

[93] 崔骥，李怀琼，陈钱，等. 光栅莫尔条纹信号的细分与辨向新技术[J]. 光学技术，2000，26(4):294-297.

[94] 苏法刚，梁静秋，梁中翥，等. 光辐射吸收材料表面形貌与吸收率关系研究[J]. 物理学报，2011，60(5):731-738.

[95] 刘伟峰，赵国民，谢永杰，等. 天空光辐射亮度测量系统定标及数据分析[J]. 红外与激光工程，2011，40(4):713-717.

[96] 宋艳，吴晓鸣，邢冀川，等. 激光辐射器的性能测试系统[J]. 红外与激光工程，2006，35(S3):233-237.

[97] 张晖，陈焕钦. 紫外光辐射下臭氧在水中的分解动力学[J]. 高校化学工程学报，2002，16(1):28-33.

[98] 李平，王煜，冯国进，等. 超短激光脉冲对硅表面微构造的研究[J]. 中国激光，2006，33(12):1688-1691.

[99] 王锋，范江兵，郑毅，等. 光辐射模拟在轨测试系统跟踪能力与捕获能力试验研究[J]. 核电子学与探测技术，2009，29(5):1248-1252.

[100] 宋一中，赵志敏，贺安之，等. 激光莫尔干涉谱投影信息提取[J]. 光谱学与光谱分析，2009，29(1):66-69.

[101] 黎敏，廖延彪，赖淑蓉，等. 一种新型的光纤光栅制作方法[J]. 激光杂志，2001，22(1):24-28.

[102] 乔彦峰，王成龙，李向荣，等. 莫尔条纹测量扭转变形角的方案研究[J]. 光学精密工程，2008，16(11):2132-2139.

[103] 吕恒毅，刘杨，王延东，等. 莫尔条纹正交偏差的智能补偿方法[J]. 仪器仪表学报，2010，31(9):2075-2080.

[104] 王海霞，苏显渝，吕静，等. 基于莫尔条纹的三维物体相关识别[J]. 光电子·激光，2005，16(3):349-353.

[105] 蔡盛，梁爽，丁振勇，等. 基于莫尔条纹的自准直测角方法研究[J]. 光电子·激光，2008，19(10):1375-1377.

[106] 赵斌. 环栅图像的数字莫尔条纹扫描定中方法[J]. 光学精密工程，2002，10(1):19-24.

[107] 张金龙，刘京南. 莫尔条纹信号在精密检测与定位中的应用[J]. 测控技术，2003，22(6):8-10.

[108] 吴刚，刘昆，张育林. 磁悬浮飞轮技术及其应用研究[J]. 宇航学报，2005，26(3):385-390.

[109] 韩邦成，虎刚，房建成，等. 50 N·m·s 磁悬浮反作用飞轮转子优化设计方法的研究[J]. 宇航学报，2006.27(3):536-541.

[110] 张敬. 混合式磁悬浮轴承及其控制系统的研究[D]. 沈阳:沈阳工业大学硕士学位论文,2005.

[111] 王冠. 永磁偏置磁悬浮轴承研究[D]. 南京:南京航空航天大学硕士学位论文,2004.

[112] 顿月芹，徐衍亮. 一种新型转子磁体永磁偏置混合磁轴承[J]. 山东大学学报(工学版)，2004，V34(5):46-50.

[113] 顿月芹. 转子磁体永磁偏置混合磁轴承的研究[D]. 济南:山东大学硕士学位论文,2005.

[114] 徐衍亮,刘刚,房建成. 控制力矩陀螺用高性能永磁无刷直流电机研究[J]. 中国惯性技术学报,2003,11(1):40-44.

[115] 赵振卫,王秀和,王旭国. 永磁直流电机计算极弧系数的确定[J]. 山东工业大学学报,2000,30(6):540-546.

[116] 刘宁,徐秀英,直流永磁电机的气隙与计算极弧系数的选取[J]. 微电机,1998,31(1):10-14.

[117] 贾英宏,徐世杰. 采用变速控制力矩陀螺的一种姿态/能量一体化控制研究[J]. 宇航学报,2002,24(1):32-37.

[118] 章仁为. 卫星轨道姿态动力学与控制[M]. 北京:北京航空航天大学出版社,1998.

[119] 屠善澄. 卫星姿态动力学与控制(1)[M]. 北京:中国宇航出版社,1999.

[120] 屠善澄. 卫星姿态动力学与控制(2)[M]. 北京:中国宇航出版社,1998.

[121] 屠善澄. 卫星姿态动力学与控制(4)[M]. 北京:中国宇航出版社,2006.

[122] David Michael Harland. The story of space station Mir[M]. Chichester: UK, Springer, 2005.

[123] 施韦策 G,布鲁勒 H,特拉克斯勒 A. 主动磁轴承——基础、性能及应用[M]. 虞烈,袁崇军,译. 北京:新时代出版社,1997.

[124] 赵建辉. 单框架控制力矩陀螺磁悬浮支承系统关键技术研究[D]. 北京:北京航空航天大学,2002.

[125] Roser X, Sghedoni M. Control Moment Gyroscopes(CMG's) and their Application in Future Scientific Missions[C]. Proceedings Third International conference on Spacecraft Guidance, Navigation and Control System,1996:523-528.

[126] Crenshaw J W. "2-SPEED", a Single- gimbal Control Moment Gyro Attitude Control Systems[R]. AIAA Paper, No. 73-895, 1973:1-10.

[127] Dack T W. The Proceedings of the Committee to Investigate the Skylab CMG No. 2 Orbital Anomalies [R]. NASA:Guidance and Control Division Astrionics Laboratory, Jan. 18, 1974:1-9.

[128] Richard R B, Richard W L. Failure Analysis of International Space Station Control Moment Gyro[C]// Proceedings of 10th European Space Mechanisms and Tribology Symposium. San Sebastian, Spain, Sept. 24-26, 2003:13-25.

[129] Ford K A, Hall C D. Singular Direction Avoidance Steering for Control-moment Gyros[J]. Journal of Guidance, Control, and Dynamics, 2000, 23(4):648-656.

[130] Krishnan S, Vadali S R. An Inverse-free Technique for Attitude Control of Spacecraft Using CMGs [C]// Proceedings of the AAS/AIAA Spaceflight Mechanics Conference. Advances in the Astronautical Sciences, 1995,89(1):611-616.

[131] 吴忠,丑武胜. 单框架控制力矩陀螺系统运动奇异及回避[J]. 北京航空航天大学学报,2003, 29(7):579-582.

[132] 朱敏. 空间站的力矩陀螺控制[D]. 北京:北京航空航天大学,1997.

[133] 汤亮. 使用控制力矩陀螺的航天器姿态动力学与控制问题研究[D]. 北京:北京航空航天大学,2005.

[134] Tsuneo Yoshikawa. A Steering Law For Three Double-Gimbal Control Moment Gyro Systems[R]. NASA, 1975, NASA-TM-X-64926.

[135] Kennel H F. A Control Law For Double-Gimbaled Control Moment Gyros Used For Space Vehicle Attitude Control[R]. NASA，1970，NASA-TM-X-64536.

[136] 冯烨. 空间实验室 SGCMG 系统的故障诊断[D]. 北京：北京控制工程研究所，2005.

[137] Wie B，Byun KW，Warren VW，et al. New Approach to Attitude/Momentum Control for the Space Station [J]. Journal of Guidance，Control，and Dynamics，1989，12(5)：714-722.

[138] Hermann R，Krener A J. Nonlinear Controllability and Observability[J]. IEEE Trans. on Automatic control，1977，V22(5)：728-740.

[139] Lian K Y，Wang L S. Controllability of Spacecraft Systems in a Central Gravitational Field [J]. IEEE Trans. on Automatic Control，1984，V39(12)：2426-2441.

[140] Lobry C. Controllability of Nonlinear System on Compact Manifold [J]. SIAM J. Contr.，1974，V12 (1)：1-4.